www.tredition.de

Uwe Roth

Europa - Tragödie eines Mondes

www.tredition.de

© 2020 Uwe Roth

Verlag und Druck:
tredition GmbH, Halenreie 40-44, 22359 Hamburg

ISBN
Paperback: 978-3-347-20287-0
Hardcover: 978-3-347-20288-7
e-Book: 978-3-347-20289-4

Prolog

Große, lange Lastengleiter schwebten über der Baustelle, in der seit einiger Zeit Xiron und sein Team an der Errichtung neuer, modernster Wohneinheiten arbeiteten. Diese Lastengleiter schwebten mit ihrer schweren Last lautlos über der großen Baustelle. Nur das leise Summen der straffen Taue drang in die empfindlichen Ohren des Maboriers. Die stetige, leichte Strömung ließ die Taue in einem gleichmäßigen Rhythmus schwingen. Ganz leicht wippte die große Dachkonst6ruktion, die an vier Tauen unter dem Lastengleiter hing, in der stetigen Strömung dieser Unterwasserwelt hin und her. Jeden Augenblick würde die Crew des Lastengleiters damit beginnen, die große Muschelplatte herabzulassen, um sie passgenau auf die Unterkonstruktion der neuen Wohneinheit zu setzen.

Im selben Augenblick drehten sich auch schon die mächtigen Umlenkrollen, die unterhalb des Lastengleiters zur Hälfte herauslugten und die Taue aus dem Innern des Lastengleiters entließen. Somit erhöhte sich nun langsam die Länge der Taue. Diese Verlängerung der Taue bewirkte eine Veränderung der Eigenschwingung, wie eine Gitarrensaite, die man entspannt. So vibrierten nun die Taue in einer niedrigeren Frequenz als zuvor. Die dicken Taue durchschnitten das Wasser mit einem immer dumpferen und lauter werdenden Vibrieren, dass Xiron deutlich hören konnte. Für ihn der Hinweis, dass sich nun die Last nicht nur herabsenkte, sondern auch noch gegen die Strömung drehte. Ihm war bewusst, dass dieser Moment die volle Konzentration des Lastenpersonals verlangte. Schon die kleinste Unachtsamkeit würde die große Muschelplatte unkontrolliert in der leichten Strömung, die über der Stadt herrschte, pendeln lassen. Die vier Taue, die an jeder Seite der ovalen Muschelplatte angebracht waren, beulten sich merklich in Richtung der Strömung aus.

Während die Platte sich senkte, schoss das Wasser durch die vorbereiteten Öffnungen, die es den Bewohnern später ermöglichen sollten, aus ihrer Wohnung ins Freie zu schwimmen. So senkte sich das neue Dach der neu errichteten Wohneinheit immer mehr seinem Endpunkt entgegen. Jeden Augenblick würde sie sich auf die Wände legen, die ebenfalls aus großen Muschelplatten bestanden. Dieses Dach sollte den Abschluss der nun schon fünfstöckigen Wohneinheit bilden. Die vorherigen Etagen konnte Xiron mit seinem Team problemlos auf die darunter befindlichen Wände aufsetzen. Ohne jegliche Probleme fügte sich eine Etage auf die nächste. Er war äußerst zufrieden mit sich und vor allem mit seinen Arbeitern, die die entscheidenden Arbeitsschritte ausführten.

„Ihr müsst noch etwas weiter nach links", rief er seinen Mitarbeitern über Funk zu.

Äußerst konzentriert versuchten sie die Platte in Empfang zu nehmen, um sie anschließend in die vorbereiteten Verankerungen zu versenken. Mit kräftigen Flossenbewegungen stemmten sie sich gegen die schwere Platte, die sich nur langsam nach links bewegte. Unentwegt sogen sie dabei Atemwasser in ihre Kiemen ein, um ihren mit dicken Muskeln bepackten Körpern genug Energie zur Verfügung zu stellen. Nur so würden sie den enormen Anstrengungen gewachsen sein. Ihre Schuppen schimmerten durch diese immerwährenden Pumpbewegungen in einem glänzenden, pulsierenden Blau. Mit größter Anstrengung versuchten sie, gegen die große Last anzukämpfen. Deren Trägheit erforderte es von Xirons Team, die letzten Kraftreserven zu aktivieren. Gemeinsam packten sie diese große letzte Platte, um sie zu ihrem letzten Ruheplatz zu manövrieren. Nur langsam driftete die Muschelplatte in die richtige Position. Xiron ergriff erneut sein Funkgerät, um seinen Leuten mitzuteilen, dass sich die Platte immer mehr seiner Endposition zubewegte. Genau in diesem Moment sah er, wie die große Platte, ohne Vorwarnung, plötzlich anfing unkontrolliert zu schwanken. Nur leicht, aber dennoch ausreichend, schwebte sie somit immer weiter über den

Verankerungsbereich hinweg. Entsetzt sah er seinen Leuten zu, wie sie sich vehement gegen die Abdrift der Platte wehrten.

Genau vor solchen unvorhersehbaren Ereignissen fürchtete sich Xiron. Denn schon die kleinste Welle könnte das gesamte Vorhaben scheitern lassen. Daher hoffte Xiron, dass es sich nur um eine schwache Welle handelte. Aber ebenso hoffte er, dass sie sich schnell über die Baustelle hinweg bewegen würde.

Wahrscheinlich gab es schon wieder mal eines von diesen Kernbeben, die in unbestimmten Abständen in Maborien auftraten. Irgendwo am Ende ihrer Welt erzeugte solch ein Kernbeben diese Welle, die daraufhin unaufhörlich durch Maborien kroch. Mit der Zeit immer schwächer werdend, löst sie sich erst am anderen Ende von Maborien auf. Es konnten viele Zyklen vergehen, ehe solch eine Welle in sich zusammenbrach. Seine Erfahrung als Bauleiter riet ihm in einem solchen Fall dazu, sofort jegliche Weiterarbeit einzustellen. Erst wenn die Welle vorübergezogen war, würde er seinen Leuten die Weiterarbeit erlauben.

Er sah zu dem Lastengleiter hinauf, den er völlig aus den Augen verloren hatte. Eigentlich brauchte er auch während dieses Abschnittes der Absenkung nicht auf den Lastengleiter achten, da dieser seine korrekte Position schon längst eingenommen hatte. Der Crew des Lastengleiters oblag es nun, ihn in Position zu halten, damit seine Crew die Deckenplatte ordnungsgemäß verankern konnte. Aber, wie Xiron mit Schrecken erkennen musste, drängte diese starke Strömung offensichtlich den Lastengleiter ebenfalls von seiner Position weg. Ehe er seinen Leuten den Befehl geben konnte, für diesen Augenblick die Arbeit ruhen zu lassen, stellte er sein Funkgerät auf die Frequenz des Lastengleiterpersonals.

„Hey, was macht ihr denn da? Habt ihr die Strömung nicht bemerkt?", rief er erschrocken über Funk dem Kapitän des Lastengleiters zu.

Er schaute fassungslos dem Schauspiel zu, dass nun an Intensität zu nahm. Entsetzt sah er, wie der Lastengleiter immer mehr seine Position verließ. Aber offensichtlich bemerkte der Kapitän die Welle bereits. Denn er sah, wie kleine Steuerungsdüsen am Lastengleiter aktiviert wurden, die den Lastengleiter wieder in Position bringen sollten.

„Wir haben sie bemerkt und versuchen unser Bestes!", ertönte es genervt aus Xirons Funkgerät.

Der Kapitän des Lastengleiters, mit dem Xiron nicht das erste Mal zusammenarbeitete, war ein fähiger Maborier. Das konnte Xiron schon oft auf ähnlichen Baustellen beobachten. Er war sich sicher, dass der Kapitän in diesem Moment alle Flossenhände zu tun hatte, um gegen diese starke Strömung anzukämpfen. Die Welle, die den Lastengleiter in seinen Griff nahm, schien eine größere Welle als sonst zu sein. Xiron konnte die unzähligen herum schwimmenden, niederen Lebensformen erkennen, die sich mit der Welle mitbewegten. In einem langgezogenen Strom, der sich deutlich von dem umgebenen Bereich unterschied, zog dieses Band aus mitgerissenem Leben über seine Baustelle hinweg. Solch eine heftige Welle hatte er in seiner langen Tätigkeit als Bauleiter noch nie gesehen. Sie übertraf alles, was er bis dahin gesehen hatte. Das Erschreckende war aber, dass diese Welle offensichtlich nicht die letzte war, die auf den Lastengleiter zu raste.

In der Ferne überquerte eine Vakuumbahn die Stadt, die in diesem Moment von einer unsichtbaren, mächtigen Flossenhand ergriffen und mitgerissen wurde. Xiron beobachtete, wie sich die Röhre der Vakuumbahn in seine Richtung ausbeulte. Schließlich unter dem enormen Druck der heranrollenden Superwelle nachgab und auseinanderriss. Die beiden zerberstenden Röhrenenden wurden mit der Strömung in Xirons Richtung gebogen und sogen augenblicklich Unmengen Wasser in die Medium freien Röhrenenden ein. Aus dem rechten, zerfransten Röhrenende schoss wenige Sekunden nach dieser Katastrophe eine Vakuumbahn ins offene Terrain, die aber durch das einströmende Wasser in ihrem Sturz gebremst wurde. Nachdem die Bahn dennoch einen weiten Bogen über die Stadt zeichnete, stürzte die Bahn schließlich in die Wohneinheiten Darimars. In einem flachen Winkel durchschnitt die Bahn erst die Dächer mehrerer Wohneinheiten, um letztendlich, die aus massiven Muschelplatten bestehenden Wände der Wohneinheiten zu durchbohren. Die ersten Waggons der Bahn behielten ihren nach vorn gerichteten Sturz noch bei. Während die Bahn weiter nach vorn schoss, neigten sich aber die hinteren Waggons zur Seite und mähten so komplette Wohneinheitenzeilen nieder. Ein Waggon raste so unglücklich gegen die Kante eines Daches einer Wohneinheit, dass der Waggon der Länge nach in der Mitte zerteilt wurde. Xiron erkannte unzählige Passagiere, die zerstückelt aus dem Waggon geschleudert wurden und nun im Wasser mit den Trümmerteilen herum schwebten.

Nur langsam begriff Xiron, dass diese gewaltige Welle auch auf seine Baustelle zuraste. Sein Blick trennte sich daraufhin augenblicklich von dem schrecklichen Ereignis, dass unaufhaltsam auch seiner Baustelle bevorstand. Er richtete seine Aufmerksamkeit wieder dem Lastengleiter zu, der immer noch die große Muschelplatte am Haken hielt. Die Steuerdüsen stellten bereits ihre Arbeit ein, da die kleine Welle vorübergezogen war. Ehe er das Funkgerät erneut zu seinem Mund führen konnte, um die Crew des Lastengleiters zu warnen, geschah schon das Unglaubliche. Ganz langsam, aber mit einer unsagbaren Endgültigkeit entkrampfte sich seine Flossenhand, die mittlerweile sein Funkgerät fest umschlossen hielt und entließ dieses nun ins Lebenswasser. Dessen noch leichte Strömung trug das sanft taumelnde Funkgerät von Xiron fort. Vor dem herannahenden Schrecken weiteten sich seine großen, runden Augen und schienen so seinen gesamten flachen Kopf auszufüllen. Sie registrierten die vielen, kaum sichtbaren, winzigen Lebewesen, die so derb fortbewegt wurden, dass für Xiron keine Chance mehr bestand, irgendetwas zu unternehmen.

Ihm war bewusst, dass der Kapitän des Lastengleiters den Widrigkeiten der Welle voll und ganz ausgeliefert war. Der Lastengleiter wurde ebenso wie die kleinen Lebewesen so derb mitgerissen, dass sich die Taue zum Bersten spannten. Der Lastengleiter drehte sich daraufhin um 90 Grad in die Welle und wurde augenblicklich mitgerissen. Der Kapitän des

Lastengleiters aktivierte im selben Augenblick erneut die Steuerdüsen, um sich gegen die Welle zu stemmen. Erst langsam, aber immer mehr mit der Eigengeschwindigkeit der Welle, entfernte sich der Lastengleiter dennoch von der Baustelle weg. Die Muscheldecke setzte sich ebenfalls in Bewegung. Seine Mitarbeiter wurden ebenso von der Strömung durchs Wasser gewirbelt wie die unzähligen Arbeitsutensilien seiner Crew. Wäre die Platte nach oben mitgerissen wurden, wäre vielleicht nicht zu viel Schaden entstanden. Da aber der Lastengleiter durch die Strömung eher nach unten gerissen wurde, senkte sich die große Platte hinab. So bewegte sie sich immer weiter in die schon fertiggestellten Wohneinheiten und riss unzählige Etagen dieser nieder. Wie eine riesige Flossenhand, die eine Spielzeugstadt niedermähte. Immer wieder wurde diese Zerstörungsfahrt durch die mächtigen, hochragenden Korallenarme gebremst, in deren Konstrukt die einzelnen Wohneinheiten hingen. Unter ohrenbetäubendem Krachen brach ein Korallenarm nach dem nächsten und riss Teile der Wohneinheiten, die in diesem Konstrukt verankert waren, mit sich. So hinterließ die Deckenplatte eine Schneise der Zerstörung. Erst als bereits unzählige Wohneinheitenzeilen von der Deckenplatte niedergemäht wurden, wirkte die Deckenplatte wie ein Anker, der sich in den so entstandenen Trümmern der Korallenverästelungen festkeilte. So wurde nach einigen Dutzend Metern diese Zerstörungsfahrt beendet und der Lastengleiter stürzte ebenfalls in die Wohneinheiten Darimars.

Aus dem Funkgerät ertönten die verzweifelten Rufe des Lastengleiterkapitäns. Trotz dessen, dass das Funkgerät schon einige Meter von Xiron fort getrieben wurde, konnte er nun die zu entsetzten Schmerzensschreien werdenden Flüche des Kapitäns hören. Das Medium Wasser war eben ein guter Schallleiter. Die Flüche des Kapitäns ebbten aber schnell ab. Dies war nicht nur dem Umstand geschuldet, dass der Kapitän nun nicht mehr in der Lage war, Schmerzensschreie über den Äther zu senden. Vielmehr lag es daran, weil sich das Funkgerät immer schneller von Xiron fortbewegte. Die Welle erreichte nun

11

auch seinen Schwebepunkt, den er in den letzten Minuten innehielt. Das dumpfe Donnern der zerberstenden Trümmerteile, dass Xiron darauf vernahm, ebbte aber schnell ab. Hier schien das Wasser die auseinander berstenden Trümmerteile in ihrem Schallgetöse abzudämpfen. Deshalb konnten sich seine Ohren nur bedingt in Richtung des zerstörerischen Donnerns ausrichten. Langsam schmiegten sie sich daraufhin wieder an seinen flachen Kopf an.

Aber nur wenige Sekunden später spürte Xiron, wie sich seine Ohren von einem noch gewaltigeren Donnern wiederaufrichteten. Noch die Katastrophe in den Nervenbahnen als Schallquelle gespeichert, bewegten sie sich als allererstes in Richtung dieser zerstörerischen Katastrophe. Aber Xiron spürte schnell, wie seine Ohren nicht dies als Quelle des erneuten Donnerns ausmachten. Unentwegt versuchten sie sich in die Richtung zu bewegen, von der das Donnern wirklich zu kommen schien. Aber egal wie sehr sich Xiron anstrengte, seine Ohren konnten die Quelle nicht lokalisieren. Das grollende Donnern schien von überall her zu kommen. Es war ein gewaltiges Grollen. So etwas hatte Xiron noch nie gehört. Erst vermutete er, dass es sich um ein weiteres, noch mächtigeres Kernbeben handeln könnte. Aber diese Kernbeben erwiesen sich nie als so gewaltig. Und schon gar nicht in Begleitung eines solchen unheimlichen Grollens. Langsam löste sich Xiron aus seiner Lethargie, die ihn wie angewurzelt hier verharren ließ. Er sah zu seinen Mitarbeitern, die er aber nicht mehr lokalisieren konnte.

Überall, rings um ihn herum, breitete sich das Chaos aus. Wenn er nicht auch sterben wollte, wie wahrscheinlich in diesem Moment seine Crew, dann müsste er endlich damit beginnen, sich in Sicherheit zu bringen. Mit dieser Erkenntnis wandte er sich von dieser Katastrophe ab und begann damit, sich von diesem Ort des Schreckens zu entfernen. Langsam, aber immer kräftiger, schlug er seine Flossenbeine auf und ab. Um schneller vorwärts zu kommen, breitete er auch noch seine Flossenarme aus, um mit kräftigen Flossenarmbewegungen seine

Geschwindigkeit zu erhöhen. Er wusste nicht, wohin er flüchten sollte. Ihm war klar, dass er ebenso keine Chance haben würde, sich zu retten, wie seine Crew. Mit Schrecken sah er immer wieder nach hinten, zu der gewaltigen Welle, die unaufhaltsam auch auf ihn zuraste. Er versuchte seine Schwimmbewegungen zu erhöhen. Aber umso schneller er seine Extremitäten bewegte, umso unkoordinierter wurden diese. Deshalb versuchte er, sich mit größter Anstrengung auf seine Extremitäten zu konzentrieren.

Noch während er versuchte, seine Schwimmbewegungen wieder in Einklang zu bringen, erreichte ihn die gewaltige zweite Welle und zog ihn mit sich. Egal wie sehr er seine Extremitäten durchs Wasser zog, er wurde erbarmungslos dorthin mitgerissen, wohin die Welle unterwegs war. Ihre Baustelle befand sich am Rand der Stadt Darimar. Hier hatte er schon unzählige Wohneinheiten errichtet, über die er nun brutal hinweggeschleudert wurde. In diesem Moment wünschte er sich, dass die Welle in die entgegengesetzte Richtung über die Stadt hinwegfegen würde. Dann müsste er nicht befürchten, in irgendeine der Wohneinheiten geschleudert zu werden. So aber wurde er und unzählige andere Arbeiter sowie Bewohner dieser Stadt, in Richtung der Altstadt mitgerissen. Nur wenige Meter über den Dächern der Altstadt von Darimar schoss er hinweg. Immer wieder stieß er mit Trümmerteilen oder anderen Maboriern zusammen, die sich ebenfalls in diesem Strudel des Grauens befanden. Egal wie sehr er sich auch anstrengte, durch Flossenbewegungen diesen Zusammenstößen zu entgehen, es half nichts. Die Welle spülte ihn erbarmungslos durch zerberstende Korallenkonstrukte, mit deren dicken Verstrebungen er immer wieder zusammenstieß. Entsetzt musste er dabei mitansehen, wie diese, mit samt Teilen der von ihm errichteten Muschelwänden, aus ihrem festen Gebäudeverbund gerissen wurden.

Langsam ergriff ihn ein immer größer werdendes Schwindelgefühl, das durch seine taumelnden Bewegungen verursacht wurde. Dadurch entging ihn jenes Trümmerteil, dass ihn schließlich endgültig weiter nach unten stieß. Der Schlag, den er dadurch erhielt, trug noch mehr zu einer beginnenden Ohnmacht bei. Herumschleudernd und kurz vor einer Ohnmacht stürzte er in die Tiefe und landende zwischen zwei Dachkonstruktionen, in denen er festgekeilt wurde. Im Unterbewusstsein bekam er nur noch mit, wie urplötzlich das Grollen aufhörte und sich eine unheimliche Stille über die Stadt legte. Die Welle schien außerdem in sich zusammen zu fallen. Ehe er vollends in die Ohnmacht glitt, registrierte Xiron die übrigen mitgerissenen Maborier und die unzähligen Trümmerteile, wie sie plötzlich über den schönen, kunstvoll gestalteten Dächern der Altstadt zum erliegen kamen und langsam auf die Stadt hinabsanken.

*

Als Xiron wieder aus seiner Ohnmacht erwachte, konnte er nicht sagen, wieviel Zeit vergangen war. Aber es musste eine lange Zeit vergangen sein, denn um ihn herum schien wieder Ruhe eingekehrt zu sein. Mit Entsetzen sah er sich um. In seiner unmittelbaren Umgebung trieben mehrere Maborier leblos herum. Trümmerteile lagen auf den Dächern der Wohneinheiten, vermengt mit unzähligen, zerborstenen Korallengestängen, deren bucklige Oberfläche unzählige Risse aufwiesen. Trotz der extremen Festigkeit der Muschelmauern wurden zahlreiche dieser Wohneinheiten von den Trümmerteilen eingerissen. Überall wo er hinsah, sah er nur Zerstörung und Verwüstung. Und dazwischen trieben immer wieder leblose, nicht mehr metallisch glänzende, sondern all ihrer Farbe beraubter Leiber herum.

Er versuchte sich zu orientieren und drehte deshalb seinen schmalen, gelenkigen Körper. Dabei durchschoss ihm ein so heftiger Schmerz, dass er sofort in der Bewegung innehielt. Dieser heftige, stechende Schmerz schien von seinen Flossenbeinen zu kommen. Erst jetzt erinnerte er sich daran, dass er während dieser Katastrophe eingeklemmt wurde. Langsam versuchte er nach unten zu seinen eingeklemmten

Flossenbeinen zu greifen. So sehr er sich aber anstrengte seine Flossenbeine zu erreichen, sie schienen zwischen den zertrümmerten Muscheldächern unerreichbar zu sein. Trotz heftiger hin und her Bewegungen seines schlanken Körpers, blieben seine Flossenbeine eingeklemmt. Er verzog seinen schmalen, langen Mund zu einer schmerzverzerrten Grimasse. Zwischen den schweren Muschelplatten quoll etwas von seinem blauen Blut hervor. Xiron nahm an, dass die Verletzung nicht schwerwiegend war. Wenn er aber keine Hilfe erhalten würde, könnte diese kleine Wunde seinen Tod bedeuten. Denn ohne eine schnelle Versorgung seiner Wunde, würde sich sein blaues Blut unweigerlich ins Lebenswasser ergießen.

Weiter weg, in der Ferne, konnte er den zerschmetterten Lastengleiter erkennen, der mehrere Wohneinheiten unter sich begraben hatte. Er fragte sich, ob der Kapitän oder dessen Mannschaft diese Katastrophe unverletzt überstanden hatte. Aber nachdem er die enormen Schäden am Lastengleiter sehen konnte, ging er davon aus, dass wohl niemand überlebt hatte. Noch weiter entfernt lag die Muscheldecke, die ebenfalls ein Bild der Verwüstung hinterließ.

Erst zögerlich, schließlich aber immer klarer, bemerkte er die seltsamen schwarzen Klumpen, die sich auf den Trümmerteilen befanden. Ehe er über die Herkunft dieser Klumpen spekulieren konnte, fielen einige von ihnen von oben an ihm vorbei und legten sich sanft auf die sich vor ihm befindlichen Trümmerteile. Verwundert wandte er seinen Kopf nach oben, um zu sehen woher diese seltsamen Gesteinsbrocken kamen. Ein stetiger Strom von diesem seltsamen Material bewegte sich von dem unendlichen Oben hinab in die Trümmerlandschaft Darimars, um sich lautlos auf die Trümmerteile niederzulegen. Erst nur wenige, schließlich aber immer zahlreicher werdend, bedeckten sie die Trümmerteile. Das Grauen um ihn herum wurde langsam von diesen schwarzen Klumpen bedeckt. Soweit es sein begrenzter Blick erlaubte, sah er, wie dieses seltsame Phänomen die Stadt in Beschlag nahm. Langsam richtete er seinen Blick nun wieder nach oben, in den unergründlichen Schleier. Dort, wo

15

sich in unendlicher Ferne das Oben befinden musste. So weit wie er nach oben blicken konnte, sah er, wie aus der Dunkelheit des Schleiers diese schwarzen Klumpen ihren Weg hinab in die Stadt suchten. Unaufhörlich fielen unzählige von diesen Klumpen an ihm vorbei. Er konnte kleinere, nur wenige Zentimeter große Brocken ausmachen. Aber auch große Brocken, von mehreren 20 bis 40 Zentimetern, fielen auf die Stadt.

„Was ist das?", sagte er nur so zu sich selbst. Um über die Trümmerteile hinweg schauen zu können, zwang er seinen lädierten Körper in eine schmerzvolle, unbequeme Lage. Sogar sein schlanker Hals blieb von dieser Tortur nicht verschont. Die unzähligen Trümmerteile versperrten ihm dennoch den Blick. Aber damit wollte er sich nicht zufrieden geben. Bevor er jegliche Kraft verlieren würde, versuchte er es ein weiteres Mal. Als er nun doch über den Rand einiger der Trümmer sehen konnte, sah er, wie über der gesamten Stadt dieser schwarze Regen herabfiel. Es war ein fantastischer Anblick, stellte er fest, wenn er nur nicht so grauenvolle Folgen hätte. Aber diese Folgen konnten Xiron und die wenigen übrigen Überlebenden nicht lange genießen. Schicht um Schicht lagerte sich der Befall auf die Stadt und ihre Bewohner ab. Langsam, aber erbarmungslos, wurden sie so in ein schwarzes Grab eingebettet, dass der Beginn einer noch viel größeren Katastrophe werden sollte. Unentwegt legte sich nun ein schwarzer, schleimiger Film auf Darimar. Über mehrere Zyklen hinweg regnete es diese schwarzen Klumpen und machte von nun an diese einst so schöne Stadt unbewohnbar.

1. Die Unterwasserwelt von Maborien

Nur einige Schwimmstunden von Darimar entfernt, befand sich eine der größten Städte Maboriens namens Lorkett. Mit vielen in die Höhe ragenden Gebäuden, von denen sicherlich auch einige durch die Flossenhände von Xirons Team errichtet worden waren. Über eine weite Ebene erstreckte sich diese Stadt, die von einem hohen Hang begrenzt wurde. Halbrunde Gebilde, deren Korallengeäst sich fest in diesem Hang eingrub und somit besonders den Strömungswidrigkeiten enormen Widerstand leisteten. Mit hunderten von Durchlässen, die in die Dachkonstruktionen der Wohneinheiten so eingefasst wurden, dass diese ins unendliche Oben zeigten. Neben diesen Durchlässen der Dachkonstruktionen zierten ebenfalls Unmengen von ihnen die dicken Muschelwände. Dies ermöglichte es den Bewohnern direkt von ihrer Wohnung hinauszuschwimmen, um in den Trubel der Großstadt einzutauchen. Wie übereinander geschichtete Pilze, mit ihren weit nach außen reichenden Köpfen, lagen diese Unterwassergebäude eines neben dem anderen. Manche überlappten sich, andere lagen teilweise in den Felswänden eines angrenzenden Hanges verborgen. Andere ragten über mehrere Etagen in die Höhe. Die einzelnen Etagen wurden von weitverzweigten, runzligen Korallenarmen gehalten, die außerhalb sowie zwischen den einzelnen Wohneinheiten ihren natürlichen Wuchs vollzogen. Dieses Gitternetz aus Korallenarmen hielt die Wohneinheiten fest umklammert. Sogar die schirmartigen Dächer der Wohneinheiten, die weit über die Außenwände der einzelnen Etagen hinaus lugten, wurden überwiegend von den Korallenarme getragen. Sehr alte Korallenarme verwuchsen bereits mit ihnen. So bildeten die Gebäude mit dem Korallenkonstrukt eine feste Einheit. Diese Bauweise zog sich über mehrere Etagen hinauf. Mal waren es nur drei Etagen, während gleich nebenan vier bis sechs Etagen der angrenzenden Gebäude in die Höhe ragten. Mehrere Dutzend dieser Gebäude waren so in Gruppen zusammengefasst und bildeten eine Gemeinschaft, die von Schwimmschneisen und Flitzerstrecken getrennt wurde. Unzählige Gemeinschaften von diesen Wohneinheiten bildeten diese Stadt.

Zwischen diesen Wohnsiedlungen reihten sich ausgiebige Anpflanzungen an, die sich in der stetigen, gleichmäßigen Strömung dieser Unterwasserwelt in eine Richtung bogen. Am Boden dieser Gebäude, wuchsen unzählige leuchtende Kristalle in einem hellen Grün. Aus Spalten dieser Kristalle wuchsen die verschiedensten Pflanzen, mit denen die Kristalle eine symbiotische Beziehung eingingen. Darunter eine besonders breitflächige, wuchernde Art, die von dem grünen Licht der Kristalle regelrecht durchleuchtet wurde. Deren schachtelartige Struktur streute anschließend das Licht zu strahlenförmigen Gebilden, die sternförmig das umgebende Wasser erleuchteten.

Diese gegenseitige Symbiose stellten die hiesigen Wissenschaftler vor ein großes Rätsel. Man hatte Versuche angestellt, diese Pflanzen ohne die Kristalle anzupflanzen, was nicht gelang. Ebenso verhielt es sich mit den Kristallen. Entfernte man die Pflanzen mit den Wurzeln aus den Rissen der Kristalle, verloren diese schnell ihre Leuchtfähigkeit. Man konnte noch nicht herausfinden, was die beiden verband. Über viele Zeitzyklen hinweg, bildeten diese Kristalle mit ihren, in Symbiose lebenden Pflanzen, die einzige natürliche Lichtquelle in dieser Unterwasserwelt. Nun, nachdem sich der technische Fortschritt in Maborien ausbreitete, wurden die Schwimmschneisen und Flitzerstrecken sowie die Wohneinheiten der Bewohner immer mehr elektrisch beleuchtet. Aber diese Vorgehensweise setzte sich nur schleppend durch. Die Natürlichkeit sollte bewahrt werden. Dieses Bild zeigte sich in sämtlichen Schwimmschneisen in den Städten dieser Welt. In sehr alten Stadtgebieten wuchsen diese leuchtenden Kristalle sogar an den alten, aus Muschelplatten bestehenden

Fundamenten der Gebäude. Noch ältere breiteten sich bis in die dunkelsten Ecken aus. In den neuen Ansiedlungen setzte man nicht nur auf das moderne elektrische Licht. Man züchtete heutzutage sogar die Kristalle und setzte diese in die Wände der Gebäude ein, damit sie sich von Beginn an mit der Bausubstanz der Gebäude verbinden konnten. In den entstehenden Ritzen fanden die Pflanzen ausreichend Halt, um ihren unaufhörlichen Wuchs zu beginnen. Einige von ihnen umklammerten sogar die unteren Korallenarme, an deren Geäst sie bis hinauf zu den ersten Etagen der Wohneinheiten wuchsen. Damit sollte erreicht werden, dass auch in diesen Bereichen ausreichend natürliche Beleuchtung erfolgte. In den äußeren Gebieten wurden sogar künstliche Anbauanlagen errichtet, um den wachsenden Bedarf der Leuchtkristalle zu gewährleisten. Auch wenn man bis heute noch nicht verstand, wie es zu diesem Leuchten kam, konnte man doch eine florierende Industrie etablieren, die genügend Leuchtkristalle produzierte. Wo früher die Ansiedlungen dahin gebaut wurden, wo es ausreichende Leuchtkristalle und deren Pflanzen gab, konnte heutzutage überall gebaut werden.

*

In einer dieser Siedlungen erwachte gerade die Wissenschaftlerin Zeru. Nur langsam, erst zu zwei dünnen Schlitzen, öffnete sie ihre großen, ovalen Augen. Vorsichtig ließ sie das schwache grüne Licht der Kristalle bis zu ihrer Netzhaut durchdringen. Erst als sich ihre Netzhaut an das Licht gewöhnt hatte, zwang sie sich dazu, ihre Augen gänzlich dem frühmorgendlichen Licht auszusetzen. Sie würde am liebsten noch ein wenig weiterschlafen. Diese modernen Schlafnischen der neuen Siedlung erwiesen sich als so bequem, dass sie am liebsten noch ein wenig liegen bleiben würde. Sie rekelte sich noch eine Weile in ihrer Schlafnische. Nachdem sie aber argwöhnisch den Zeitmesser betrachtet hatte, schaltete sie den automatischen Schlafnischenerneuerer ein und schwamm zur Körperreinigungsdusche. Bevor sie sich für die Fahrt zum Wissenschaftskomplex aufmachen konnte, musste sie noch ihre tägliche Körperreinigung über sich ergehen lassen.

Jedes Mal, wenn sie das tat, musste sie an Darimar denken. An die Stadt, die nur wenige Schwimmstunden von hier entfernt lag und vor nicht mal zwei Zeitzyklen von einer grauenvollen Katastrophe heimgesucht worden war. Dieser Katastrophe verdankte sie es, dass sie nun jeden Morgen diese lästige Körperreinigungsdusche über sich ergehen lassen musste. Seit dieser Katastrophe herrschte in dieser Welt eine so starke Verschmutzung mit Algen, dass die Gefahr einer Veralgung nur durch diese tägliche Prozedur abgewendet werden konnte. Aber dennoch war sie froh, dass nicht ihre Stadt von dieser Befallskatastrophe heimgesucht wurde.

Eine glückliche Verspätung jener Strömung, die immer zur selben Zeit über Lorkett hinwegfegte, ließ damals diese Befallskörper an ihrer Stadt vorbeiziehen. Eigentlich sollte die Strömung schon vor einigen Zyklen über Lorkett hinwegfegen, wie sie es jeden Zeitzyklus tat. Aber diesmal verspätete sie sich um die glücklichen 16 Zyklen. Schon seit langem stellte man in Maborien fest, dass die starken Strömungen, die sich zyklisch in den verschiedensten Höhen in sämtliche Richtungen fortbewegten, immer unregelmäßiger stattfanden. Einige blieben sogar ganz aus. Andere wiederum verspäteten sich nicht nur, sie nahmen neue, unerwartete Routen ein, die verheerende Auswirkungen in der Unterwasserwelt von Maborien auslösten.

Auch wenn sie froh war, damals verschont worden zu sein, trauerte sie doch um die vielen Opfer, die vor zwei Zeitzyklen in Darimar dieser Katastrophe zum Opfer gefallen waren. Wissenschaftliche Untersuchungen belegten damals, dass dieser Befallsstrom vermutlich aus dem oberen Schleier gekommen war. Erst kurz bevor er den Grund erreichte, wurde er durch diese Strömung in Richtung Darimar abgelenkt. Hätte es diese verspätete Strömung nicht gegeben, würde Lorkett, Zerus Wohnort, nun Schauplatz der Katastrophe sein.

Nach diesen zwei Zeitzyklen begann für Maborien eine Zeit, die mit Entbehrungen und Katastrophen verbunden war. Wie doch die Zeit verging, wunderte sich Zeru. Nun waren schon wieder zwei Zeitzyklen vergangen. Das waren 648 Zyklen, die

Zeru hier in ihrer Wohnung ungehindert verbringen konnte. Wo würde sie jetzt wohl wohnen, wenn diese Katastrophe über ihre Stadt herniedergegangen wäre. Sie wusste es nicht und wollte es auch nicht wissen. Sie verfolgte seitdem jeden Bericht, der über diese Katastrophe verfasst wurde.

*

Ein gewaltiges Beben und dessen gewaltige Welle hatte demnach damals Maborien überrannt. Aber nicht dieses Beben hatte unmittelbar darauf die größten Schäden verursacht, sondern dessen Folgen, die im Laufe der zwei Zeitzyklen immer bedrohlicher geworden waren. Darimar war zum Katastrophengebiet erklärt und weiträumig abgesperrt worden. Die wenigen Überlebenden hatte man auf die übrigen Städte Maboriens aufgeteilt. Dieses Beben und die anschließende Befallskatastrophe betrachtete man zuerst wie eine vorübergehende Laune der Natur. Niemand konnte sich so recht erklären, woher diese dunklen Gesteinsbrocken stammen sollten. Wissenschaftler sprachen davon, dass sich eventuell durch dieses Beben irgendwo diese Felsbrocken gelöst haben könnten und schließlich durch eine starke Strömung nach oben gerissen wurden. Nachdem diese Strömung nachgelassen hatte, ergossen sich diese Partikel über ihre Welt. Aber nach wissenschaftlichen Analysen der Gesteinsbrocken wurde festgestellt, dass sie keiner Gesteinsart ihrer Welt entsprachen. Nur langsam begann man damit, die Stadt von diesem Befall zu befreien. Aber diese schwarze Substanz erwies sich als so hartnäckig, dass man nicht so recht damit vorankam. Als sich schließlich auch die wenigen verbliebenen Bewohner und die Reinigungstrupps über einen merkwürdigen Algenbefall beklagten, entschloss man sich dazu, Darimar endgültig zu verlassen. Irgendwie schienen die unbekannten, schwarzen Gesteinsbrocken für die damals geringe, vorwiegend in den äußeren unbewohnten Gebieten vorkommende Algenpopulation als Katalysator zu wirken.

Nun, nach diesen vielen Zyklen hatte sich der Algenbefall so stark ausgebreitet, dass ganz Maborien davon betroffen war.

Sogar vor den Bewohnern selbst machten die Algen keinen Halt. Es wurde so schlimm, dass sie jeden Zyklus dafür sorgen mussten, sich davon zu reinigen.

*

Zeru begab sich dafür in die Körperreinigungsdusche und ließ besonders behandeltes Wasser mit einem hohen Druck auf ihren nackten Körper prasseln. Früher hatte sie diese Druckduschenbehandlung gemocht, aber heute dagegen, mit den chemischen Zusätzen, war es einfach nur noch lästig. Nachdem diese Prozedur überstanden war, begab sie sich in Richtung Wohnungsauslass und schwamm nun doch gut gelaunt aus der Deckenöffnung ihrer Wohnung.

Über ihr erstreckte sich die unendliche dunkle Weite ihrer Welt, mit dem unergründlichen, bis jetzt verborgen gebliebenen Oben. Sie sah hinauf und versuchte ihre Augen so gut es ging zu fokussieren, um Einzelheiten im Schleier zu erkennen. Vor einiger Zeit hatte sie noch viele hundert Meter in die Höhe schauen und doch nicht das Geringste des Obens erkennen können, so unendlich weit entfernt befand er sich. Nur tiefstes Blau konnte sie ausmachen. Wegen der Algenverschmutzung brach sie jedoch diesen Versuch nach nur wenigen Sekunden ab und setzte so enttäuscht wie jeden Zyklus ihren Weg fort. Sie war jeden neuen Zyklus traurig und wütend über diese Enttäuschung, die sich jedes Mal in ihr breit machte. Wie gern würde sie sich mit ihrem Flitzer hinaufbegeben, in die tiefsten Höhen dieses Schleiers. Um zu ergründen, was es dort oben gab, wie es dort oben aussah. Aber das lag im Augenblick außerhalb ihrer Möglichkeiten. Da ihr aber bewusst war, dass dieser Wunsch in wenigen Zyklen doch in Erfüllung gehen könnte, begab sie sich trotz alledem enthusiastisch zu ihrem Flitzer. Wie jeden Morgen freute sie sich auf die lange Fahrt zum Wissenschaftszentrum. Sobald sie an ihre Arbeit im Wissenschaftszentrum dachte, waren auch die negativen Gedanken verschwunden.

Mit einem leichten Druck auf die Luke des Flitzers öffnete sich diese mit einem leisen Zischen, indem sie sich in der Mitte teilte und in die seitlichen Verkleidungen verschwand. Zeru bewegte daraufhin kurz ihre Flossenbeine und schwamm in die Kabine des Flitzers hinein. Noch während sie in die Sitznische des Flitzers eintauchte und ihre Flossenbeine um die innere Haltevorrichtung schlang, berührte sie mit der linken Flossenhand die linke Seitenwand des Flitzers. Unmittelbar danach ertönte abermals das Zischen und die beiden Lukenhälften fuhren aus den seitlichen Wänden des Flitzers heraus und trafen sich über Zerus Körper. Sie umschloss mit der linken Flossenhand das Steuer und startete gleichzeitig mit der rechten Flossenhand den Motor, der gleich daraufhin am Heck das Wasser zum Herumwirbeln brachte.

*

Der schlanke Flitzer, dessen Besitzer der Länge nach in ihm Platz nahm, sauste daraufhin über den Dächern der Wohneinheiten hinweg. Dieses lag außerhalb der Stadt. Vorbei an Vakuumbahnen, deren Wände im Abstand von wenigen Metern mit durchsichtigen Fenstern versehen waren. So konnte man ab und zu eine Vakuumbahn in der Röhre entlang sausen sehen. Nun reihte sich Zeru in den endlosen Strom von Unterwasserflitzern ein, die alle unterwegs waren, um zu ihren Arbeitsstätten zu gelangen. Nach mehreren Schwimmminuten führte sie ihr Weg fort von den Flitzerströmen, hin zu entlegenen Gegenden.

Hier wuchsen nur vereinzelt die leuchtenden Kristalle. Besonders in Gräben und Ansammlungen von Gesteinsformationen gediehen sie zahlreich. Auf weiten, flachen Ebenen sah man dagegen kaum welche. Dort wiederum gab es umso mehr Korallen, die aber im Vergleich zu den Korallenkonstrukten, die die Wohneinheiten hielten, winzig ausfielen. Zwischen ihnen tummelten sich die verschiedensten niederen Lebensformen, die unentwegt nach Nahrung suchten oder ihr Revier gegen Eindringlinge verteidigten. In der Ferne machte sie mehrere große Niedriglebensformenschwärme aus. Sie fand es immer wieder wunderbar, wenn sie mit ihrem Flitzer in diesen einsamen Gebieten unterwegs sein konnte. Besondere

Freude bereitete es ihr, wenn sie durch diese wundervollen Schwärme flitzen konnte. Wie sie dann zu allen Seiten auseinander strömten, fand sie faszinierend.

Ihr Weg führte sie weiter vorbei an den Muschelminen. Hier wurden, im großen Stil, Muscheln gezüchtet, um deren harte Panzer als Baumaterial zu nutzen. Dazu waren aufwendige Prozeduren notwendig. Erstmal mussten die Muscheln geerntet werden. Anschließend wurden sie nach Größe sortiert. Danach wurde entschieden, ob sie für die Baumaterialgewinnung nutzbar gemacht werden konnten oder nur als Dekomaterial verarbeitet wurden. Bei beiden Arten wurden die Muscheln anschließend von ihrem fleischigen Kern befreit. Der wiederum wurde zu Futtermitteln verarbeitet und für die zahlreich in dieser Gegend befindlichen Niedriglebensformenmastanlagen als Futtermittel verwendet. Die sehr großen Muscheln, und Zeru hatte schon welche gesehen die mehrere Quadratmeter maßen, wurden zu großen Platten gesägt und zu quadratischen Baumaterialien verarbeitet. Besonders die großen Platten stellten beliebte Materialien für den Wohneinheitenbau dar. In der Bausubstanz von Altbauten fand man an den Fassaden immer wieder uralte Maserungen von Muschelarten, die es gar nicht mehr gab. Über diesen Anlagen bestand eigentlich ein striktes Schwimmverbot. Um aber ihren Weg abzukürzen, wagte sie es immer wieder, die Abkürzung über diese Anlage zu nehmen.

Ihr Weg zur Arbeit führte sie anschließend weiter, entlang der vielen Arbeitskomplexe ihrer Welt. Besonders hier befanden sich viele industrielle Arbeitsstätten. Nach einigen Minuten des Dahinflitzens erreichte sie die Zuchtanlagen, in denen verschiedenste Zuchtlebewesen gehalten wurden. Zu diesen Zuchtanlagen hatte Zeru ein gespaltenes Verhältnis. Sie wusste, ohne diese Anlagen würde ihre überbevölkerte Welt Hunger leiden müssen. Aber trotzdem, dachte sie, brauchte es nicht so viele davon zu geben. Es gab nur noch wenige frei herum schwimmende Niedriglebensformenschwärme. Wenn man sie etwas natürlicher halten würde, könnte sich Zeru beim Verzehr der Nahrung viel wohler fühlen. So wurden sie in riesigen, netzartigen Käfigen gehalten, die viele hundert Kubikmeter fassten. Am oberen Ende befanden sich ballonartige Kugeln. Sie wurden mit dem Sauerstoff gefüllt, der aus einigen Sauerstoff produzierenden Pflanzen gewonnen wurde. Der Auftrieb des Sauerstoffs hielt die Käfige in der Waage. So wurde gewährleistet, dass sich die Lebensformen frei in diesen Käfigen bewegen konnten. Aber von Niedriglebensformenschutzorganisationen, die regelmäßig die Zustände in diesen Käfigen dokumentierten, wusste man, dass viel zu viele Lebensformen in diesen Käfigen gehalten worden.

Weit in der Ferne konnte sie schon die Lichter der Energieerzeugungsanlagen ausmachen. Diese Anlagen produzierten den nötigen Strom aus Wärmeanlagen. Diese Anlagen umspannten ihren gesamten Lebensraum. Es gab dutzende davon. Sie nutzen die natürliche Wärmeenergie aus dem Inneren ihrer Welt. Generation für Generation wurden in zahlreichen Schwimmstunden lange, verzweigte Gräben in den Untergrund getrieben. Diese Gräben reichten bis in die Bereiche des heißen, flüssigen Kerns. Anfangs, vor dem Fortschritt der Technik, wurden nur einzelne Wärmeförderer gebraucht. Vorwiegend zur Nutztierhaltung. Niedriglebensformenschwärme, die mit Wärme versorgt wurden, gaben einen höheren Ertrag ab. Zeitzyklus um Zeitzyklus kamen immer mehr Wärmeverbraucher hinzu. Deshalb wurden immer mehr Gräben in den Untergrund getrieben. Als man entdeckte, dass man aus dieser Wärme elektrische Energie erzeugen konnte, explodierte dieser Zweig der Nutzbarmachung der Innenwärme. Nun gab es so viele Energieerzeugungsanlagen, dass einige Naturschützer behaupteten, die Innenwärme nehme ab. Der Kern würde abkühlen und wäre Ursache für einige schreckliche Phänomene, die in ihrer Welt stattfanden. Besonders seit der Befallskatastrophe beschleunigte sich dieser Vorgang. Das machte Zeru ein wenig nachdenklich. Auch wenn sie und Professor Bereu nicht auf diesem Gebiet forschten, so glaubte sie doch, dass man den Naturschützern mehr Glauben schenken sollte.

Vor ihr breitete sich eine weite Ebene aus. Auch hier tummelten sich einige kleinere Niedriglebensformenschwärme. Als sie diese Schwärme passierte, konnte man nun einen ovalen Gebäudekomplex ausmachen. Auch hier beschwamm man die Gebäude entweder durch die an der Seite jeder Etage angebrachten Einschwimmdurchlässe oder durch die am Dach integrierten Eingangsöffnungen. Neben den Gebäuden befanden sich große, runde Parabolantennen, deren viele Meter durchmessene Antennenschüsseln nach oben in den Schleier zeigten.

Zeru parkte ihren Flitzer neben vier anderen in einem Hangar, der seitlich des Komplexes lag. Dort dockte sie ihren Flitzer an einer freien Ladestation an, damit er zum Feierabend voll betriebsbereit zur Verfügung stand. Sobald der Flitzer mit der Ladestation gekoppelt war, schaltete er sich automatisch aus und öffnete die Einstiegsluke. Mit eben solch einem Satz, wie sie vor einigen Schwimmminuten in den Flitzer schwamm, entwand sie sich ihm und stieg graziös in die Höhe. Ohne die, mit vielen Riffeln bedeckte Muschelwand zu berühren, glitt sie nur wenige Millimeter an ihr vorbei und schwamm anschließend zu der ersten Dachöffnung, in der sie rasch verschwand.

Ihr Weg führte sie durch verschiedenste Flure, vorbei an Vakuum gesicherten Rechnerschränken, in denen ständig tausende von Analysen berechnet wurden. Als sie auf die letzte Luke traf, die sie vom Rechnerraum trennte, atmete sie noch mal einen kräftigen Schwall Atemwasser ein. Zeru arbeitete nun schon so lange in diesem Institut. Professor Bereu hielt viel von ihr. Dass wusste sie. Auch mit den anderen Mitarbeitern kam sie gut aus. Aber, wie an jedem neuen Arbeitszyklus, verweilte sie für ein paar Sekunden vor der letzten Luke, die sie vor den erneuten Herausforderungen trennte. Ein letztes Mal sammelte sie ihre mentalen Kräfte, nahm noch einen kräftigen Zug Atemwasser in ihre Kiemen auf. Erst dann, nachdem sie sich gesammelt hatte, überwand sie sich und schwamm in den Öffnungsbereich der Luke.

Mit einem Zischen glitt die Luke nach oben und ließ den Blick in den großen Hauptraum zu. Wie an jedem neuen Zyklus herrschte schon rege Betriebsamkeit in dem Institut. Sie und die vielen anderen Mitarbeiter arbeiteten hier unter der Leitung von Professor Bereu an der Erforschung des Obens. Erst viele Zeitzyklen nachdem Professor Bereu sein Institut zur Erforschung des Obens gegründet hatte, stieß Zeru als ständiges Mitglied dazu. Professor Bereu erfuhr von der jungen Wissenschaftlerin, nachdem sie einige interessante Abhandlungen über die Entschlüsselung von alten Inschriften längst vergessener Sprachen veröffentlicht hatte.

*

Diese Inschriften hatte sie in den nördlichsten Bereichen Maboriens gefunden, die schon lange zu Ruinen verfielen. Über viele tausende Zeitzyklen hinweg vergaßen die Maborier ihre Herkunft und die damit verbundene vergangene Geschichte. Nur wenige Maborier interessierten sich für die Vergangenheit ihres Volkes. So kam es dazu, dass die einst verlassenen Städte und die damit verbundene Geschichte ihrem Schicksal überlassen wurden. Die wenigen Maborier, die die Vergangenheit wieder für die Gemeinschaft zugänglich machen wollten, arbeiteten am Rande der Legalität. Nicht nur, dass die Gesellschaft der Maborier so gut wie keine Vergangenheitsaufarbeitung kannte, sondern es war auch verpönt, sich mit der Vergangenheit zu beschäftigen. Daher erwies es sich für die Wissenschaftler, wie Zeru es eine war, immer wieder als sehr schwierig, von der Gesellschaft akzeptiert zu werden. Es kam sogar vor, dass man sie von Regierungsbeauftragten beobachten ließ. Man fürchtete offensichtlich die Entdeckungen der Forscher.

Diese Entdeckungen könnten beweisen, dass die Maborier nicht die einzigen Lebewesen sind, die zu intelligenten Handlungen fähig waren oder auch immer noch sind.

„Das war alles schon so lange her", dachte Zeru. Inzwischen wurden die Fundstätten allesamt von der Eisbarriere eingeschlossen und machten einer genauen Untersuchung ein jähes Ende.

„Immer wieder diese verdammte Eisbarriere", fand Zeru.

Aber bevor sie die Fundstätten verlassen musste, konnte Zeru noch ein Artefakt retten. Dieses überzeugte sie davon, dass nicht nur die Maborier existierten, sondern, dass offensichtlich im Oben mehr existierte, als man allgemein annahm. Dieses Artefakt beinhaltete Schriftzeichen, die Zeru auf keinem der bisher gefundenen entdecken konnte. Sie unterschieden sich so dermaßen von den Schriftzeichen ihrer vergangenen Vorfahren, dass sie zu der Erkenntnis gelangte, dass sie nicht von Maboriern geschrieben sein konnten. Nicht nur die Schriftzeichen auf diesem Artefakt überzeugten sie von der Andersartigkeit der Erschaffer dieses Artefaktes. Es war die Form dieses Gegenstandes und dessen Fundort oder, besser gesagt, dessen Lage. Es steckte regelrecht im Grund der einstigen Stadt. Sie untersuchte die Ruinen der Stadt schon seit vielen Zyklen. In jedem noch so entlegenen Winkel stöberte sie nach Anzeichen der Maborier, die einst hier gelebt und ihre Hinterlassenschaften zurückgelassen hatten. Unzählige Gegenstände, die die alten Schriftzeichen enthielten, hatte sie schon aufspüren können. Sie hatte dadurch schon so viel Wissen über diese einstige Sprache erlangt, dass sie deren Leben und Kultur nachbilden konnte.

Aber dann stieß sie auf dieses seltsame Ding. Es steckte senkrecht im Boden dieser vergangenen Stadt. Ein seltsam silbern glänzendes, längliches Ding, das nach unten hin spitz zulief. So, wie es aussah, nahm Zeru an, dass es nur ein Bruchstück eines größeren Gegenstandes sein musste. Aber das erstaunlichste an dem Artefakt bildeten die kleinen Schriftzeichen, die sich an der Innenwand des Gegenstandes befanden. Diese Schriftzeichen hatten nichts mit den Schriftzeichen dieser verlassenen Stadt zu tun. Im Gegenteil, sie sahen völlig anders aus. Sie hatten mit den Schriftzeichen der

Maborier nichts gemein. Nicht der Maborier der Vergangenheit, noch der Maborier der Gegenwart. Davon war Zeru überzeugt. Sollten die vielen unheimlichen Geschichten um das Oben völlig anders sein? Sie wusste nicht mehr, was es war, dass sie dazu bewegt hatte, damals nach oben zu blicken, nach oben in den Schleier. Ob es Eingebung gewesen war oder nicht. Sie war fest davon überzeugt, dass dieses Artefakt nur aus dem Oben stammen konnte, dass sich hinter dem Schleier befinden muss. Für sie war das der Beweis, dass dort oben intelligente Lebewesen existierten. Nur Professor Bereu schenkte ihr die gebührende Aufmerksamkeit.

Der Professor galt als sehr eigensinnig und Querdenker, also fast genauso wie sie. Die Gremien mussten ihn dulden, da er mehr als einmal mit seinen Forschungen das Leben der Maborier vor einigen Katastrophen bewahren konnte. Er erforschte schon seit vielen Zeitzyklen das Oben. Mit einem fähigen Team von Wissenschaftlern baute er eine Forschungsstation auf, die mit riesigen Antennen den oberen Schleier abhorchten. Erst die Veröffentlichung ihrer Arbeiten brachte Professor Bereu dazu, Zeru in sein Team aufzunehmen. Von dem Oben erhoffte sie weitere Erkenntnisse, mit deren Hilfe sie Rückschlüsse zu ihrer, zu der Vergangenheit der Maborier, erlangen würde. Auch wenn sie von den Gremien dafür argwöhnisch beobachtet wurde. Das interessierte sie nicht im Geringsten. Sollten sie doch mit ihren alten Vorstellungen von der Einzigartigkeit der Maborier hausieren gehen. Sie würde sich nie davon beeinflussen lassen. Für sie stand fest, dass dort oben weit mehr existierte als nur der undurchdringbare Schleier.

*

All ihre Unentschlossenheit beiseite schiebend schwamm sie zu Professor Bereu.

„Hallo Zeru, schön dich zu sehen. Die in den letzten Zyklen empfangenen Daten stehen zur Analyse bereit!", sagte er zu Zeru.

„Das ist wunderbar. Werde sie mir gleich vornehmen. Ich bin froh, weiter an den Daten arbeiten zu können."

Seitdem Zeru an diesem speziellen Projekt arbeitete, konnte sie an nichts Anderes mehr denken. Mit voller Hingabe arbeitete sie mit ihren Kollegen die anfallenden Daten der Empfangsanlage ab. So begaben sich die beiden zu den Beobachtungsinstrumenten.

*

Schon seit vielen Zeitzyklen beobachteten sie nun den oberen Schleier ihrer Welt. Diese Welt war, soviel wie sie wussten, rund 5 Mrd. Zeitzyklen alt. Im Kern ihrer Welt herrschte so eine ungeheure Hitze, dass das Leben hier ungehindert gedeihen konnte. Viele Forscher spekulierten darüber, wieso ihr Kern so warm war, niemand konnte es sich so richtig erklären. Manche nahmen an, dass irgendeine größere Kraft den Kern wie einen Gummiball drückte und wieder losließ. Seismologische Messungen zeigten gewisse Abweichungen in den einzelnen Zyklen, zwischen der Lebensaktivität und der Ruhephase der Maborier. In einer Hälfte der Zyklen zeichneten die Seismologen mehr Aktivität in den Tiefen ihrer Welt auf als in der anderen Hälfte. Auch die Uhr ihres Zyklusses hatte sich nach diesem Rhythmus gestellt. Ein Zyklus bei ihnen entsprach eben diesem Dehnungsrhythmus. In grauer Vorzeit richteten sich schon ihre Vorfahren nach diesem Rhythmus, dessen Ursachen nun von der Wissenschaft erklärt werden konnte. Durch diesen Dehnungsrhythmus entstanden im Innern ihrer Welt Reibungskräfte, die für die Erwärmung ihrer Welt verantwortlich sein mussten. Andere nahmen an, dass der Kern aus einem hochenergetischen Material bestand, das diese Wärme abgab. Egal, wie dieser Rhythmus entstand. Seit der Befallskatastrophe hatte irgendetwas diesen Rhythmus durcheinander gebracht. Die Abstände zwischen diesen Dehnungsphasen wurden ständig größer. Und seitdem sanken die Temperaturen in ihrer Welt, zwar bis jetzt nur minimal. Fest stand aber auch, dass die Temperaturen, umso höher man aufstieg, auch abnahmen.

Dieses Leben begrenzte sich nur auf die unteren 2000 Meter. In 3000 Metern Höhe musste man schon Schutzanzüge gegen die niedrigen Temperaturen und den enormen Druckabfall tragen. Ab 4000 Metern war es für die Bewohner dieser Welt unmöglich zu existieren. Messungen ergaben eine ungefähre Höhe von 100 Kilometern. Man wusste daher nicht genau, wie es dort oben aussah. Deshalb gab es diese Forschungseinrichtung, in der Zeru und andere arbeiteten, um etwas von dieser oberen Welt zu erfahren. Die Maborier lebten somit auf dem Grund einer mit Wasser gefüllten Welt. Oberhalb dieser 100 Kilometer fing der Bereich des ewigen Eises an, von dem die Maborier aber nichts ahnten. Dieser Panzer aus Eis umgab ihre gesamte Welt. Da aber dieser Panzer aus Eis von dem dichten, unüberwindbaren Schleier vor den Maboriern verborgen blieb, pflanzte sich der Begriff des Obens in den Sprachgebrauch der Wesen dieser Welt ein. Nur in alten Erzählungen, die trotz der Verweigerung der Vergangenheit überliefert wurden, gab es immer wieder Berichte von unheimlichen Wesen, die dort oben ihr Unwesen trieben. Schon aus diesem Grund verpönte man die Beschäftigung mit diesen Dingen. Man fürchtete sich zu sehr vor dem, was dort oben sein könnte.

Immer wieder wurde ihre Welt von leichten bis schweren Beben erschüttert. Diese Beben existierten schon vor vielen ihrer Zeitzyklen. Von Nord nach Süd rollten diese Seebeben über ihre Wohneinheiten hinweg. Meistens handelte es sich nur um leichte Beben, die die Röhren ihrer Vakuumbahnen schaukeln ließen, mehr aber nicht. Das wurde gar nicht mehr wahrgenommen. Zwischen den einzelnen Beben lagen manchmal unglaublich lange Zeitzyklen, bis sie wieder in kurz aufeinander folgenden Zyklen auftraten. Jetzt gab es eine sehr lange Phase der Ruhe, in der nur kleine Beben registriert wurden. Mehrere Generationen von Maboriern kannten größere Beben nur aus alten Erzählungen.

Aber das Beben, welches sich vor zwei Zeitzyklen ereignet hatte, war anders als alle anderen gewesen. Kurze Zeit nach diesem Beben gab es schließlich diesen merkwürdigen Befall einer Stadt in der Nähe von Lorkett, wo unbekannte Gesteinsbrocken auf die Dächer der Stadt Darimar herabregneten. Die Seismologen stellten fest, dass dieses Beben nicht aus dem Inneren ihrer Welt kam, sondern vom Oben, dass sich oberhalb des Schleier befinden muss.

*

Zeru erinnerte sich sehr deutlich an diesen Zyklus. Sie trat damals ihre Arbeit in dem Institut von Professor Bereu erst vor wenigen Zyklen an. Auch wenn sie unter ihren neuen Kollegen sehr angesehen war, hielt sie sich doch in dieser Zeit immer noch im Hintergrund. Sie saßen gerade an ihren Instrumenten, als ein schwerer Schlag durch das gesamte Gebäude fuhr. Sämtliche Einrichtungsgegenstände wurden erschüttert. Eigentlich hätte es eine gewaltige Katastrophe werden können. Aber da der Lebensraum dieser Wesen rundherum abgedichtet war, wurde die Schockwelle nur von einem Punkt des Mondes auf die andere Seite des Mondes getragen. Die Auswirkungen auf der Mondoberfläche erwiesen sich als viel verheerender, als es sich die Maborier vorstellen konnten. Da sie aber nichts von der Mondoberfläche wussten, brauchten sie sich auch keine Gedanken darübermachen.

„Professor, was war das denn?", fragte Zeru damals den Professor, der wie sie keine Erklärung für dieses Ereignis hatte.
Sie sah sich erschrocken um. Sämtliche Gegenstände, die sich, der Schwerkraft folgend, im Laufe der Zeit auf den unterschiedlichsten Regalen abgesenkt hatten, trieben nun daraufhin losgelöst im Raum herum. Wie sie später erfuhr, kroch anschließend diese gewaltige Welle durch Maborien, die nicht nur Darimar verwüstete, sondern unzählige andere Ortschaften Maboriens. Glücklicherweise wurde die Region um Lorkett von dieser Welle verschont.

„Das kann ich auch nicht sagen", gestand der Professor, der verwundert die unzähligen treibenden Gegenstände betrachtete, „ich werde mich bei der seismologischen Station informieren."
Der Professor schaltete die Datenverwaltungskontrollen ein, die sowohl als Rechner fungierten, als auch zur Kommunikation und Bildinformationsübertragung dienten. Auf dem Bildschirm erschien ein mit tiefen Furchen und Narben besetztes Gesicht.

Seine Schwimmfinger drehten im Hintergrund an mehreren Apparaten. Der Seismologe, dessen seismologische Station eine Direktverbindung zu dem Institut hatte, in dem Zeru und ihre Kollegen nach Antworten über das Oben suchten, erschien auf dem Monitorbild.

„Ah Apuretus, ich grüße sie. Was war das eben?", fragte der Professor ungläubig den Seismologen.

Zeru und der Professor sahen den Maborier im Monitor gespannt an. Zeru wusste, dass er ein Vertrauter des Professors war. Er sprach des Öfteren mit der seismologischen Station. So war es auch nicht verwunderlich, dass Professor Bereu gleich eine Verbindung zu ihm aufbauen konnte.

„Tja, ein Kernbeben war das nicht. Wir haben keinerlei Kernbewegungen registriert. Wir können uns das auch nicht erklären.", stammelte der Seismologe.

Zerus Blick schweifte von dem Monitor zu einem anderen Monitor ab, der die Daten von dem Oben aufzeichnete.

„Professor, sehen sie. Unsere soeben empfangenen Daten."

Der Professor wandte sich von Apuretus ab und blickte zu Zeru rüber, die verwundert auf einen anderen Monitor sah. Professor Bereu erkannte sofort die außergewöhnlichen Anzeigen, die der Monitor präsentierte.

„Was geht da bei ihnen vor sich, Professor?", wollte Apuretus wissen, der mitbekam, wie Professor Bereu sich von ihm abwandte.

„Einen kleinen Augenblick Geduld, Apuretus", unterbrach ihn der Professor forsch. Er schaute Zeru aufgeregt an. Er wusste um die Bedeutung der Entdeckung, auf die sie ihn aufmerksam machte.

„So, wie es aussieht, lag der Ausgangspunkt über uns", interpretierte der Professor die Daten zweifelnd.

„Professor Bereu, wie meinen sie das?" Apuretus, der ungeduldig am anderen Ende der Verbindung schwamm, wollte Näheres wissen. Er konnte nicht fassen, dass man ihn so lange hinhielt. Ihn, der in der Wissenschaftswelt hoch angesehen war.

Aber er wusste auch, dass er sich bei Professor Bereu in Geduld üben musste.

„Sie haben recht, Apuretus. Das Beben war wirklich kein Kernbeben.", erklärte der Professor Apuretus endlich.

„Sondern? Sagen sie schon, was war es?", wurde er eindringlicher von Apuretus aufgefordert, ihm endlich zu antworten.

Der Professor schwamm zu den vielen Apparaturen, die für die Erkundung der oberen Hemisphäre zuständig waren. Er überprüfte Skalen und checkte Datenmengen ab. Aufgeregte Blicke wanderten zwischen Zeru und ihm hin und her. Beide waren sich über die Ergebnisse einig. Zeru fühlte sich äußerst zufrieden. Sie verspürte eine innere Zufriedenheit bei der gemeinsamen Betrachtung und anschließenden Analyse der Daten.

„Professor, was geht da vor sich?" Unaufhaltsam verlangte am anderen Ende der Kommunikation Apuretus eine Erklärung vom Professor.

Langsam und mit ernstem Gesicht drehte sich der Professor zu dem Kommunikationsmonitor um.

„So wie es aussieht, haben wir die ersten vernünftigen Daten von der oberen Hemisphäre erhalten. Das Beben kam vom Oben. Irgendetwas ist dort oben passiert. Ich kann mir nicht erklären, was das gewesen sein könnte. Die Daten sagen ganz deutlich, dass dort oben eine riesige Erschütterung stattgefunden hat." Der Professor schaute begeistert und doch besorgt den Seismologen an.

„Wie kann das sein, Professor? Sind sie sich da ganz sicher? Vielleicht gibt es Störungen in ihren Geräten?", spekulierte Apuretus.

„Unsere Geräte funktionieren einwandfrei. Die Erschütterung kam eindeutig vom Oben.", sprach Bereu beleidigt und voller Überzeugung in die Kommunikationsanlage.

Zeru ahnte damals noch nicht, welche Auswirkungen dieser Zyklus in ihrem Leben und dem Leben aller Bewohner Maboriens bedeuten würde.

„Wie lange war das nun schon her", dachte sie, „wie doch die Zeit verging. Und wir haben seitdem keine neuen Erkenntnisse über die Ursache der Erschütterung erhalten", grübelte sie.

Das empfand sie als sehr frustrierend. Aber immer, wenn sie Enttäuschungen und Niederlagen hinnehmen musste, erinnerte sie sich wieder an das Artefakt, das sie seit damals in einem kleinen Bauchrucksack mit sich trug. Es gab ihr immer wieder die Kraft, weiter zu Forschen und niemals aufzugeben.

*

Mehrere Monate nach diesen Ereignissen kam es zu gravierenden Veränderungen in der Unterwasserwelt. Das Forschungsinstitut, welches sich mit der Erforschung der oberen Hemisphäre beschäftigte, erhielt plötzlich seltsame Ergebnisse. In den oberen Bereichen sank die Temperatur rapide ab. Wurden bei 1000 Metern noch vor dem Ereignis etwa 10 Grad gemessen, so waren es nun nur noch 8 Grad. Das war nicht weiter besorgniserregend. Es gab immer mal wieder Abweichungen von den üblichen Werten, aber diese normalisierten sich schnell wieder. Nun aber blieb es bei den Werten. In den nördlichen Stadtwelten sank ebenfalls die Temperatur. Aber dort war es erschreckender. War die Temperatur auf dem gesamten Innenraum ihrer Welt stets gleich gewesen, etwa 24 Grad, so sank sie in den nördlichen Bereichen bereits auf 18 Grad. Die Tierwelt flüchtete von den nördlichen Bereichen in den Süden, wo es keine Temperaturveränderung gab. Die Pflanzenwelt starb langsam ab. Man begann damit, diese Bereiche zu evakuieren. Aber viele der Bewohner wollten ihr Zuhause nicht verlassen. Heizapparaturen wurden in den Wohnsiedlungen installiert. Das entschärfte erst mal die Situation. Einige Viertel Zeitzyklen später begann sich die Situation zu verschärfen. Die lichtgebenden Pflanzen starben in entlegenen Gebieten vollends ab und damit auch die Kristalle. Es wurde immer dunkler. Das Licht, was von den Kristallen abgegeben wurde, begann in den nördlichen Bereichen immer schwächer zu werden. Die Temperatur sank abermals um 10 Grad, auf gerade mal 8 Grad.

Nun gab es hier kein Leben mehr. Alle Bewohner packten ihre Sachen und wurden aus dem Gefahrenbereich evakuiert. In den übrigen Lebensräumen der Unterwasserbewohner breitete sich die bekannte Algengefahr erschreckend weit aus. Es kam zu Übergriffen von freilebenden Raubquallen, einer sonst in entlegenen Breiten verkommene Art von Raubtieren, die sonst keine Gefahr für die Maborier bedeuteten. Nun aber wurden sie durch die Umweltbeeinflussung aus ihren Jagdgründen vertrieben und versuchten ihr Glück in den Siedlungen der Maborier. Hunderte von ihnen fielen den gefräßigen Raubtieren zum Opfer. Spezielle Säuberungstrupps wurden entsendet, um der Plage her zu werden. Nachdem aber die Tiere an Übermacht gewannen, evakuierte man auch diese Städte.

Die Temperatur sank immer weiter. In den Reihen der verantwortlichen Regierungsverwaltung wurde das Problem lange diskutiert. Zu lange. Als die Temperatur die Minusgrade erreichte, war es bereits zu spät für irgendwelche Gegenmaßnahmen. Was hätte man auch tun können? Man war gegen diese Naturgewalt machtlos. Die nördliche Hemisphäre begann einzufrieren.

Aber ganz tatenlos waren die Bewohner der Unterwasserwelt nicht. Besonders die Wissenschaftler bemühten sich um Aufklärung der Ursachen dieses Phänomens. Mit den Beobachtungsmessergebnissen, die die Forschungseinrichtung um Professor Bereu während des Ereignisses machte, begann man eine bemannte Expedition auszurichten. Sie sollte durch den Schleier emporsteigen, um das dort darüber vermutete Oben zu finden. Mit bisher geheim gehaltenen neuen Techniken und wissenschaftlichen Errungenschaften schafften es die Ingenieure, ein Forschungsschiff zu konstruieren, das mit einer sechs Mann Besatzung aufbrechen sollte. Die Besatzung erhielt den Auftrag diese unbekannte Hemisphäre zu erforschen. Erkenntnisse zu beschaffen, um zu ergründen, was sich dort oben vor so vielen Zeitzyklen ereignet hatte. Man erhoffte sich so viel von dieser Mission. Aber für Zeru und Professor Bereu war besonders die Frage wichtig, was sich dort oben überhaupt befand. Insbesondere wollten sie in Erfahrung bringen, ob es dort oben Hilfe für ihre gebeutelte Welt gab. Und vor allem hoffte Zeru, dort oben die Herkunft ihres Artefaktes zu finden.

Inzwischen waren etwa zwei Zeitzyklen vergangen. Mehrere Kilometer der nördlichen Bereiche waren bereits durch einen undurchdringbaren, glasklaren Eispanzer vereinnahmt wurden. Man errechnete den ungefähren Ausgangspunkt der Befallskatastrophe, der das Ziel dieser bemannten Mission werden sollte.

*

In der Rechnerzentrale herrschte rege Betriebsamkeit, als Zeru schwimmend den Raum betrat. Die vielen Anzeigen der Datenverarbeitungsgeräte, die die gesamten Wände einnahmen, blinkten unaufhörlich. In ihnen wurden die empfangenen Daten ständig analysiert und neu kombiniert. Dies taten die Geräte schon lange vor dem Zeitpunkt, an dem das seltsame Beben stattfand.

Die Mitarbeiter, die in dem großen Raum ihren Forschungen nachgingen, unterbrachen für kurze Zeit ihre Arbeit und schauten zu Zeru, wie sie graziös ihre Flossenbeine bewegte. Den Schwung bis zum letzten ausnutzend, schwebte sie an Verkum vorbei. Der bewunderte, wie an jedem neuen Zyklus, ihre wunderschöne Erscheinung. So graziös, wie sie in den Raum schwamm, beendete sie nun auch ihren Weg zu ihrem Arbeitsplatz.

„Du bist aber gut gelaunt", stellte Verkum fest.

Das war sie wirklich, musste sie selbst feststellen. Sie wusste auch, dass sie dazu allen Grund hatte. Sie würde immerhin bald eine aufregende Reise antreten.

„Ja, bin ich das?", neckte sie Verkum.

Sie wusste, dass er sie gerne als Partnerin hätte. Aber sie wollte sich noch nicht binden. Schon gar nicht vor dieser Reise.

Der Projektleiter Bereu saß an der Empfangsanlage und gab Daten ein. Seine, mit dem Alter entsprechend laschen, faltigen mit Schwimmhäuten überzogenen Hände, huschten nur so über die Vakuumbildschirme. Diagramme und Daten erschienen, wurden bearbeitet und verschwanden wieder, um neuen Daten Platz zu schaffen. Zeru begrüßte ihn besonders höflich. Er erwiderte ihren Gruß mit einem leichten Lächeln und wandte sich erneut dem Monitor zu. Anschließend begrüßte sie die übrigen Mitarbeiter.

„Gruß an alle." Zeru nickte allen zu und schwamm an eine Datenverarbeitungskonsole, kurz DVK genannt, und öffnete ein Eingabemenü. Sie öffnete die Datei mit den vor einigen Zyklen aufgefangenen Signalen. Auf dem Bildschirm erschien eine Reihe von Diagrammen, die unterschiedlich hohe Amplituden aufwiesen. Zeru sah sich die Eingangszeiten der Signale genauer an und bemerkte eine Gemeinsamkeit der Daten.

„Professor, sehen sie", forderte sie den Professor auf, sich ihre Beobachtung anzusehen, „Die Empfangsstärke ändert sich im Verhältnis zu den Eingangszeiten."
Der Professor schwamm augenblicklich zu ihr rüber. Er hoffte nun endlich, einen Ansatzpunkt gefunden zu haben, wie sie mit den Signalen umgehen sollten.

„Zeig her, Zeru, das würde bedeuten, dass...", er überlegte kurz und versuchte das Erfahrene zusammenzusetzen und spekulierte schließlich weiter, "irgendetwas, die Signale stärker werden lässt", beendete er seinen Gedankengang.
Für Zeru stand diese Erkenntnis schon beim Betrachten der Daten fest. Aber sie wollte dem alten Mann nicht sein Recht auf Alterserkenntnis rauben. Sie wusste, dass er ihr jeden Erfolg gönnte. Da er aber schon viel länger in dieser Einrichtung arbeitete, ließ sie ihm den Vortritt. Außerdem war er ihr Mentor und Freund.

„Was haben wir Neues aufgefangen?", fragte Verkum, der Techniker in der Runde. Auch er bekam mit, wie Zeru dem Professor etwas zeigte, das den Professor in Aufregung versetzte.

„Kommen sie her, Verkum. Wir könnten ihr technisches Verständnis gebrauchen."

„Ich helfe gerne bei technischen Dingen aus", scherzte er und schwamm zu den anderen.

„Vielleicht können Sie uns das erklären?", hoffte Bereu. Er schlug einmal kräftig seine Flossenbeine und war im nu bei den anderen. In jedem der fünf Wissenschaftler, die sich in dem Raum aufhielten, blitzte es regelrecht in den Augen. Verkum sah sich ebenfalls die Daten an, konnte aber nichts Außergewöhnliches erkennen.

„Tja, ich kann nichts Ungewöhnliches feststellen", erklärte Verkum verlegen.

Professor Bereu überlegte und schien nun eine vage Erklärung für die Daten parat zu haben, die sie im letzten Ruhezyklus empfangen hatten. Deshalb ergriff Bereu als erster das Wort, indem er sich zu Verkum umdrehte. Aufgeregt fing er an zu erklären, um was es sich bei den eingegangenen Daten handeln könnte.

„Ich weiß nicht, wie ich es erklären soll, aber wenn ich dies hier richtig interpretiere, dann sieht es so aus, als ob die, die die Signale gesendet haben, entweder die Stärke der Signale erhöht haben, oder...", er machte eine kleine Pause und sah jetzt zu Zeru, die zustimmend nickte, "der Sender hat sich an uns angenähert." Er sah seine Mitarbeiter einen nach dem anderen an und beendete den Rundblick bei Zeru. Er gab ihr zu verstehen, sie solle die Erklärung weiterführen.

„Das würde bedeuten", fuhr sie fort, „wenn dort oben irgendetwas oder irgendwer existiert, dann hat er sich uns zubewegt. Er ist uns nähergekommen." Sie fühlte sich in dieser Situation wunderbar und war ihrem Professor sehr dankbar für diese Chance reden zu dürfen.

Die letzten Minuten waren so aufregend, fand sie. Und wünschte, es würde nie zu Ende gehen. Sie würde sicher lange damit beschäftigt sein, diese Datenmengen auszuwerten.

„Jetzt wissen wir also, dass wir unsere Antennen auf den richtigen Punkt gerichtet haben", folgerte Verkum.

Er hoffte von Zeru anerkennend gelobt zu werden, da er es war, der den Vorschlag machte, die Antennen auf den errechneten Ausgangspunkt der Befallskatastrophe auszurichten. Zeru nickte dem Techniker anerkennend zu, was Verkum verlegen machte.

„Da hast du sehr gutes Gespür gezeigt, Verkum."

„Da unsere liebe Zeru nicht mehr lange zur Verfügung steht, sollten wir keine Zeit verlieren. Wir haben noch viel zu analysieren, Freunde", unterbrach Bereu den Disput und forderte alle auf, an ihre Arbeit zu gehen.

Zeru ging an ihren DKV und öffnete sich die empfangenen Signale einzeln auf ihren Bildschirm. Nach längerem Vergleichen und Interpretieren machte sie noch eine erstaunliche Feststellung. Umso energischer wurde sie in ihrer Überzeugung bestärkt, etwas Wichtiges entdeckt zu haben. Sie würde jetzt ohne Professor Bereus Erlaubnis ihre Theorie dazu erläutern.

„Professor, ich glaube es sind immer die gleichen Datenblöcke, die wir von dort empfangen."

Sie war sehr nervös, denn sie wusste nicht so recht, wie der Professor auf ihren Vorstoß reagieren würde. Sie schickte ihre Daten an den Rechner des Professors. Der öffnete die Datei und sah sich Zerus Erkenntnisse an.

„Ah, ich habe die Daten jetzt auf meinem DVK." Der Professor sah sich die Struktur der Daten an und erkannte, dass Zeru auf dem richtigen Weg war und sah, genauso wie sie, eine Gemeinsamkeit.

„Professor Bereu, was ist, wenn das Funksignale sind?" Alle sahen sie erstaunt an. Professor Bereu überlegte angespannt und ergriff schließlich das Wort. Er sah nicht erbost aus, dachte Zeru. Aber etwas eingeschüchtert schaute sie ihren Professor doch an. Der wusste, wie seine junge Kollegin tickte. Sie war sehr impulsiv, manchmal preschte sie sogar vor, ohne nachzudenken. Aber hier hatte sie eine logische Folgerung der Daten hervorgebracht. Andere ältere Professoren wären jetzt sehr böse auf sie aber er war keiner von diesen alten Rückständlern.

„Du meinst also, dass da irgendetwas ist, was durch den Schleier vom Oben Funksignale zu uns sendet? Aber das würde ja bedeuten...", ihm stockte fast der Atem bei den weiteren Worten.

„Nein, nicht uns direkt. Aber sie sind vielleicht unbeabsichtigt zu uns gelangt", überlegte Zeru und legte ihren

Kopf etwas schräg, was bei ihr ein Ausdruck von Verlegenheit war.

Die Angst mit solchen Äußerungen nur Hohn und Spott zu ernten war groß, dass hatte sie ja schon des Öfteren feststellen müssen. Aber hier, in dieser Runde, brauchte sie davor keine Angst zu haben. Sie wusste, dass sie eine voll respektierte Mitarbeiterin in ihrem Institut war. Und ihr war auch bewusst, dass sie von allen ernst genommen wurde. Ihre Mitarbeiter wussten, wenn Vorschläge zu einem Problem aus ihrem Mund kamen, dann waren das immer handfeste Argumente.

„Wenn dort wirklich intelligentes Leben wäre und uns diese Signale schicken würde oder wenn sie nur durch Zufall zu uns gelangen. Das wäre unglaublich."

Der Professor schüttelte ungläubig den Kopf und hantierte an seinem DVK herum. Alle Mitarbeiter sahen gespannt auf das, was der Professor tat. Immer wieder schüttelte er langsam den Kopf und sprach dabei mit sich selbst. Zeru konnte die Worte ganz deutlich hören:

„Das würde unsere Weltanschauung über den Haufen werfen. Sollten dort oben wirklich Geschöpfe existieren, die sogar in der Lage sind, irgendwelche Signale zu senden? Eine Sensation."

Diese spießigen, vom Glauben über die Einzigartigkeit der Maborier verblendeten, Gruppen waren Zeru schon lange ein Dorn im Auge. Sie war fest davon überzeugt, dass sie nicht die einzigen intelligenten Wesen in dieser Welt waren. Die Antworten dazu lagen oberhalb des Schleiers. Und diese Antworten würden sie noch sehr überraschen. Davon war sie fest überzeugt.

Der Professor spekulierte und kombinierte leise vor sich hin. Seine Mitarbeiter folgten seinen Ausführungen aufmerksam weiter. Sie wagten nicht, ihn jetzt bei dieser hohen Konzentration zu stören.

„Was ist, wenn es sich nicht um irgendwelche Datensignale handelt, sondern wirklich um Funksignale?", wiederholte er diese Feststellung und so schoss es auch aus dem Professor heraus. Nicht wie eine daher gesagte Feststellung, sondern wie eine absolute Gewissheit.

„Ist sie nicht genial, unsere Zeru?", schwärmte Verkum.

„Ja, das ist sie", bestätigte stolz der Professor. Professor Bereu schloss hastig mehrere Geräte zusammen. Es herrschte unglaubliche Spannung in dem Raum. Zeru und ihre Kollegen sahen dem Professor zu und wunderten sich, was ihm wohl nun eingefallen war.

„Zeru, gib mal den Signalumwandler her!" Er wedelte hastig mit seinen Flossenarmen und forderte Zeru dazu auf, schneller zu machen. Er verband den Signalwandler mit den übrigen Geräten. Ein großes, klobiges Ding, mit einer doppelten Wandung, wie sie hier alle Geräte besaßen. Diese doppelte Wandung sollte das Vakuum im Gerät aufrechterhalten und deren Innenleben vor ihrer natürlichen Lebensumgebung, dem Wasser, schützen.

„Was wollen sie mit den Signalumwandler?" stutzte Verkum verblüfft. Auch er verfolgte die Anstrengungen des Professors und wunderte sich über dessen Handlungen.

„Überlegen sie doch mal, Verkum, sehen sie sich doch die Signale an. An was erinnert Sie die Struktur der Signale?" Verkum sah ein weiteres Mal konzentriert auf den Monitor. Zeru schwebte amüsiert daneben. Sie hatte schon längst des Professors Gedanken erraten können.

„Verkum, manchmal bist du aber sehr begriffsstutzig", neckte Zeru den Techniker. Der schaute sich weiterhin die Daten an und fing an, seine Mundwinkel leicht zu einem Lächeln zu verziehen.

„Ja, natürlich", versuchte er endlich zu schlussfolgern,

„wenn sie annehmen, dass es sich um Funksignale handelt, dann müssen wir sie auch hören können."

„Genau, Verkum. Es hat zwar lange gedauert aber irgendwie kommst du dann doch hinter das Geheimnis der Erkenntnis, was?", scherzte Zeru.

„So nun lasst uns mal hören, was uns die dort oben zu sagen haben." Verkum sah ihn immer noch verwundert an und signalisierte schließlich Erkenntnis.

Das zeigte mal wieder, dass der Professor nicht umsonst zu den Fähigsten ihrer Welt gehörte. Nachdem Professor Bereu mit seiner Flossenhand am Monitor ein Abspielsymbol gedrückt hatte, lief die aufgenommene Audiodatei ab. Es herrschte völlige Ruhe. Jeder starrte auf die Signatur aus der oberen Hemisphäre. Der Techniker Verkum ergriff als erster das Wort, nachdem eine Minute lang nichts zu hören gewesen war.

„Professor, haben sie denn die Schallgeber angeschlossen?", fragte Verkum.

Verkum, der genau zur gleichen Zeit zu der Erkenntnis gelangte wie Professor Bereu und vor ihm Zeru, überprüfte sofort die Anschlüsse. Im gleichen Augenblick verkabelte er die Anschlüsse an den Geräten. Aber es funktionierte immer noch nicht. Er überprüfte ein zweites Mal die Verbindungen. Aber alles schien richtig angeschlossen zu sein. Kein Ton war zu hören. Enttäuschung machte sich unter den Wissenschaftlern breit.

„Mm, merkwürdig, wir haben doch aber eindeutig eine Audiodatei vor uns. Aber wieso hören wir dann nichts? Verkum, können sie sich das erklären?", fragte Bereu, der immer noch fragend die Schallgeber ansah.

Der Techniker sah sich nochmal genau die Daten auf seinem DVK an. Ohne eine Antwort parat zu haben, wandte er resigniert seinen Blick dem Professor zu, in dessen Gesicht er eine Erkenntnis aufblitzen sah.

„Zeru, in was für einen Frequenzbereich sprechen wir?"

„Ich denke, zwischen 1000 und 2000 Hertz." Zeru sah verwundert den Professor an. Sie konnte nicht verstehen, was der Professor mit dieser Frage bezweckte.

„Auf was wollen sie hinaus?"

„Auf diese Frequenz sind auch unsere Schallgeber ausgerichtet. Andere Frequenzen höher oder sogar niedriger

könnten sie gar nicht wiedergeben. Stimmt das Verkum?"
Verkum neigte den Kopf zur Seite während er nachdachte.

„Sie meinen, die dort oben kommunizieren in einem anderen Frequenzbereich? Das ist ja unglaublich. Was müssen das für Wesen sein, die dort oben wohnen? Aber Sie haben Recht. Unsere Schallgeber können nur die von uns zu hörenden Schallwellen wiedergeben. Ich glaube, es gibt solche speziellen Schallgeber. Es wurden mal Versuche mit höheren Frequenzen gemacht, um die Kristalle oder deren Pflanzen zu beeinflussen und sie somit zu einer größeren Lichtintensität zu zwingen. Was natürlich nicht gelang. Aber was nützen uns diese Schallgeber, wenn wir die Töne trotzdem nicht hören können?" Der Einwand des Technikers Verkum leuchtete allen ein.

„Ich werde versuchen, die Signalfolge auf unser Gehör umzurechnen. So, dass die Schallgeber ohne Schwierigkeiten diese Signale wiedergeben können."
Verkum hantierte über den Monitor seines DVKs. Alle anderen schwammen zu ihm rüber und schauten gespannt über seine Schultern.

„So, nun muss der DVK nur noch rechnen. In wenigen Minuten muss die fertige Datei erscheinen." Verkum versetzte sich in eine bequeme Lage, in dem er sich schwebend die Arme verschränkte und besonders Zeru ansah.
Er hatte sich mit der jungen Maborierin angefreundet, seitdem sie hier im Institut arbeitete. Aber trotzdem wusste er nicht viel von ihr. Gerne würde er sie näher kennenlernen wollen. Er hoffte, dass sich bald eine Gelegenheit dazu ergeben würde.

Nach kurzer Rechenzeit war der DVK auch schon fertig. Auf dem Monitor erschien die gleiche Signalfolge, nur um etwa 20 khz gesenkt. Als ob der jetzige Tastendruck die Welt anhalten würde, sahen alle Mitglieder der kleinen Forschungsgruppe auf die Hand des Professors, der die Ehre besaß, die Datei jetzt noch mal abspielen zu lassen. Umso erschrockener war jeder, nachdem die Datei auf dem Monitor ablief und ein undefiniertes Zirpen mit rhythmischen Auf- und Abschwellungen zu hören war.

„Was ist das?", versuchte Zeru als erste die Stille zu brechen.

„Nimm die Frequenz noch etwas niedriger", forderte der Techniker Zeru auf.

Nachdem Verkum nochmals alles durch den DVK gejagt und den Professor aufgefordert hatte, auf den Wiedergabebutton zu drücken, ertönte ein viel feinerer Ton aus den Schallgebern. Dumpfe Töne, als ob jemand Sätze sprach, ertönten im Raum. Immer, nach ein paar Sekunden dieser Töne, setzte eine Pause von wenigen Sekunden ein. Wonach wieder die gleichen Tonfolgen zu hören waren.

„Das ist ja unglaublich. Das hört sich ja wirklich wie Sprache an, eben nur zu schrill. Das bedeutet ja, dass dort oben doch Leben existiert. Aber was ist dort oben über dem Schleier, dass dort wirklich Lebewesen existieren können?"

Der Professor war fassungslos vor Aufregung.

„Es sind definitiv gesprochene Worte", folgerte Zeru, nachdem der Professor die Datei mehrmals hinter einander hatte ablaufen lassen.

Sie griff mit der Flossenhand an ihren kleinen Bauchrucksack, in dem sich das Artefakt befand. Sie spürte die ungewöhnliche Wölbung des Artefakts, bis hindurch zu ihrem dünnen, hautengen Gewand, das sie trug. Es beulte nur sehr wenig die enge Kleidung aus, die ihre natürliche Beschuppung erahnen ließ. Sie spürte regelrecht die Zusammengehörigkeit des Artefaktes zu den Funksprüchen der Fremden. Es schien in diesem Augenblick, so nah an ihrem Körper, zu glühen. Aber nach nur wenigen Augenblicken dieses Glücksgefühls wandte sie sich wieder dem Monitor zu. Nach dem gleichen Prinzip gingen sie bei den anderen Dateien vor, die in kleinen Zeitabständen aufgezeichnet wurden.

„Hier handelt es sich definitiv um die gleiche Art von Sprache", stellte Bereu fest.

Niemand wollte das Wort Sprache aussprechen, aber jeder von ihnen wusste, dass es sich nur um Sprache handeln konnte.

„Aber diese ist von einem anderen Individuum gesprochen worden", erklärte Zeru, die als Kommunikationswissenschaftlerin die meiste Erfahrung im Umgang mit Sprachen hatte.

„Sehen Sie, Professor. Die Frequenzen dieser Datei, die nur wenige Sekunden später eintraf, sind etwas kleiner. Damit also etwas tiefer in der Stimme, würde ich sagen." Ihre Entdeckung faszinierte den Professor.

„Da hat sie doch mal wieder den richtigen Riecher gehabt", dachte er und war sehr stolz auf sie.

Es war die richtige Entscheidung von ihm, Zeru diesen Posten anzubieten. Seine Hartnäckigkeit gegenüber dem Vorstand hatte sich voll bezahlt gemacht. Er nickte ihr zustimmend zu.

„Und wenn wir uns die nachfolgenden ansehen", folgerte der Professor weiter, "dann stellen wir fest, dass es sich wieder um den ersten Sprecher handelt." Zutreffender konnte der Professor das nicht sagen, überlegte Zeru und ließ den Professor weiterreden.

„Es handelt sich also um zwei Teilnehmer, die miteinander kommunizieren." Urplötzlich schlug er kurz kräftig mit seinen Flossenbeinen und schwamm nachdenkend in dem großen Raum herum.

„Nein, nein, das kann nicht sein", sagte er und wiegte dabei seinen großen, nicht mehr so stromlinienförmigen Kopf, hin und her. „Es sind bis dort oben unvorstellbare Weiten, die überbrückt werden müssen. Und ich rede da noch nicht mal von dem ungeheuerlichen Minusdruck, den diese Wesen ausgesetzt sind."

Er schwamm wieder zu dem Monitor, der die unwiderlegbaren Daten anzeige. Zeru und die anderen machten ihm ausreichend Platz, damit er ungehindert zum Monitor gelangen konnte. Diese plötzlichen Ausbrüche kannten die Mitarbeiter schon zu genüge. Dann durfte man ihm nicht in die Quere kommen. Er schwamm unaufhörlich in dem großen Raum herum. Das Wasser wurde so sehr aufgewirbelt, dass Zeru und die anderen

Mitarbeiter sich nur durch leichte Flossenbewegungen an ihren Plätzen halten konnten.

Sie alle arbeiteten hier am Rande der Legalität. Von der Regierung wurden sie nur geduldet, weil sie sich von den Forschungen Hinweise auf die Kältekatastrophen der letzten Zeit erhofften. Im Allgemeinen vertraten die Behörden der Regierung sowie die alteingesessenen Gremien die Meinung, dass nur ihre Welt, hier am Grund des Wassers, intelligentes Leben hervorbrachte, sonst nirgendwo. Das in dem Oben, oberhalb des undurchdringbaren Schleiers, keine Art von Leben, geschweige denn intelligentes Leben, existieren könnte. Andere Behauptungen galten als Ketzerei. Aber als es vor einem Zeitzyklus schließlich zu der Befallskatastrophe kam und nun die Kälte auf dem Vormarsch war, billigte man solche Forschungen wie die um Professor Bereu. Als die Situation immer bedrohlicher wurde, hatte man sogar in Erwägung gezogen, eine bemannte Expedition in den Schleier zu entsenden, an der sogar eine Mitarbeiterin ihrer Forschungseinheit teilnehmen sollte. Die Teilnehmerin hieß Zeru.

„Ich werde Zeru sehr vermissen", stellte Professor Bereu fest, als er mit dieser Erkenntnis daran erinnert wurde.

Die Zyklen vergingen. Die analysierten Daten wurden noch ausgiebiger untersucht. Jede noch so kleine Nuance in der Tonfolge schaute sich Zeru daraufhin immer wieder an. Sie wollte keine Einzelheit überhören, die eventuell wichtige Ergebnisse liefern könnte. Diese Entdeckung bestärkte sie noch mehr in ihrem Glauben an die Intelligenzen im Oben. Umso mehr fieberte sie dem Start der Expedition entgegen.

„Schon bald würde es soweit sein", dachte sie.

Dann endlich könnte sie in Erfahrung bringen, um was es sich bei dem Artefakt handelte, das sie bei sich trug.

*

Während sie wieder über den Analysen der Daten hing, schwamm der Professor in ihr kleines Labor. Die kahlen Muschelwände schimmerten in verschiedenen Perlmuttfarben, an denen sich in den Ecken ein leichter Algenbefall befand. Die beiden Monitore, die Zeru zur Analyse ihrer Daten benutze, hingen an vier Korallenstangen, die in der Decke verankert waren. Schwebend verharrte sie vor den Monitoren, deren Tastatur sich in einer kleinen Muschelplatte befand. Diese Muschelplatte war mit samt dem dazugehörigen Unterbau in einem Gewirr von Korallengeäst befestigt, das sich wiederum mit den Korallenstangen der Monitore verband. Mit den flinken Fingern ihrer Flossenhand tippte sie über mehrere winzige in Kristallen eingebettete Symbole, die nacheinander auf dem Monitor erschienen. Sie bemerkte sofort, dass irgendetwas nicht stimmte. So aufgelöst hatte sie den Professor das letzte Mal gesehen, als sie die seltsamen fremden Töne aus dem Schallgeber hörten. Irgendetwas Unvorhersehbares musste geschehen sein, vermutete Zeru. Langsam ließ sich der Professor vor Zerus Monitor sinken und blickte ihr ernst in die Augen.

„Zeru, es ist so weit. Ich erhielt soeben die Nachricht, dass die Expedition vorverlegt wurde."

Ihr kleiner, schmaler Kopf erhob sich von dem Monitor und schaute den Professor mit einem leichten Lächeln an. Auch wenn Zeru wusste, dass diese Expedition insbesondere wegen der Eisbarriere stattfand, konnte sie eine leichte Freude nicht unterdrücken.

„Jetzt schon? Aber Professor wieso denn?", fragte sie den Professor.

„Ich weiß es nicht. Aber ich nehme an, dass es mit dem schnelleren Fortschreiten der Barriere zu tun hat", erklärte der Professor, der ebenfalls von diesem schnellen Aufbruch überrascht war. Nie hätte er gedacht, dass das Eis so schnell voranschreiten könnte. Aber nun musste er mit Bedauern feststellen, dass es so war.

„Ja, ist gut. Ich werde gleich aufbrechen. Aber zuerst muss ich noch diese Daten analysieren", erklärte sie ihm. Der Professor wusste, wenn Zeru die Sprache entschlüsseln könnte, dann würde das ein entscheidender Vorteil im Umgang mit den

Intelligenzen sein und die Expedition eine ganz andere Gewichtung bekommen.

„Du nimmst die Daten doch sowieso mit an Bord des Aufstiegsschiffs. Dort kannst du in Ruhe deine Forschung weitertreiben. Aber sieh dir erstmal die Nachricht an, die für dich hinterlegt wurde!", erklärte er ihr.

Sie war sehr aufgeregt. Sie wusste, dass diese Nachricht für ihr weiteres Leben eine Wendung bedeuten würde. Sie war zwar für die Mission angenommen wurden, aber es könnte immer noch eine Absage erfolgen.

Zeru öffnete mehrere Ordner, bis sie auf der Seite der Nachricht für sie angelangte. Sie hoffte auf eine positive Nachricht des Kommandos. Nach den vielen Anträgen und Begutachtungen der Forschungsergebnisse war lange nicht klar, ob die Expedition stattfinden würde. Vor 10 Zyklen war dann endlich das OK gekommen. Sie war so erleichtert. Sie war gespannt, was nun in der Mitteilung stehen würde.

Dort las sie, dass der Start auf übermorgen vorverlegt wurde. Sie solle sich morgen in der Kommandozentrale melden, wo anschließend alle Startvorbereitungen getroffen werden sollten. Mit einer unendlichen Genugtuung schaltete sie den Monitor aus. Sie hob ihren Kopf und lächelte den Professor an, der erwartungsvoll versuchte, in ihrem Gesicht zu lesen. Sie würde nicht unbedingt behaupten, der Professor wäre wie ein Vater für sie. Aber eine sehr freundschaftliche Beziehung hatte sie schon zu ihm. Bei ihm war diese Bindung etwas stärker ausgeprägt. Ihm lag sehr viel daran, wie Zeru ihr Leben weiterlebte. Daher empfand er tiefste Trauer und doch gleichzeitig freute er sich für sie. Wenn er daran dachte, dass sie auf diese sehr gefährliche Mission ging, schauderte es ihm. Aber wiederum gönnte er ihr diese einmalige Chance, dieses Oben aus der Nähe zu erforschen. Wenn er jünger wäre, würde er selbst auf diese aufregende Mission gehen. Dafür war er aber zu alt.

„Es freut mich für dich. Ich wünsche dir alles Gute auf eurer Fahrt. Und pass mir ja gut auf dich auf. Ich möchte meine beste

Mitarbeiterin wieder gesund zurückhaben." Der Professor nahm sie in die Flossenarme und drückte sie fest an sich.

„Manchmal konnte er so ein Biest sei", dachte sie sich,

„Und dann war er wieder der gute Freund, der sie so oft gefördert hatte". Sie war unendlich traurig, dass er nicht mitkommen konnte. Aber da ließen die alten den jungen Forschern doch den Vortritt.

„Zeichnet ja alles auf, was dort oben passiert, damit wir hier unten eine Menge Arbeit haben."

„Das tun wir. Jetzt werden wir endlich erfahren, wie unsere Welt dort oben beschaffen ist, was sich dort oben verbirgt. Ich bin so stolz darauf, mit dabei sein zu dürfen."

„Ich werde die neuen Daten noch auf einen Datenspeicher übertragen, damit du sie weiter untersuchen kannst", erklärte er ihr, "vielleicht sind sie hilfreich, dort wo ihr hinschwimmen werdet." Er drückte sie nochmals und ließ sie schließlich ziehen. Als sie in ihrem Flitzer die Forschungseinrichtung verließ, schaute ihr auch der Techniker Verkum hinterher. Er hoffte, sie bald wiederzusehen.

2. Das Aufstiegsschiff

Am frühen Morgen des nächsten Zyklusses bestieg Zeru die Vakuumbahn, die sie zum Kontrollzentrum der Mission bringen sollte. Da sich der Bahnhof nicht weit von ihrer Wohnsiedlung entfernt befand, begab sie sich schwimmend dort hin. Sie war froh, nicht ewig nach einer Dockingstation für ihren Flitzer suchen zu müssen. Es war lange her, dass sie auf eine solche geschäftige Flut von Maboriern traf. Das Eingangsportal zu den einzelnen Vakuumbahnen schien durch die Massen an Maboriern zu verstopfen. Jeder schien als Erster durch die enge Röhre die Innenhalle beschwimmen zu wollen. Zeru hatte keine Wahl. Sie musste sich in den Strom der Schwimmer einreihen. Körper an Körper drängten sich die vielen Reisenden vorwärts. Unentwegt wurde Zeru von fremden Maboriern angestoßen und zur Seite gedrängt. Deren Atemwasserzüge drangen bis tief in ihre Ohren ein, die zwar eng an ihren flachen Kopf anlagen, aber immer wieder versuchten, die vielen Geräuschen zu orten. Wäre sie nicht schon in engen, verfallenden Ruinen herumgeschwommen, die manchmal enger waren als dieser Strom an Reisenden, wäre sie bestimmt in Panik verfallen. So aber schwamm sie ruhig und gelassen dem Ende der Eingangsröhre entgegen.

Sekunden später erblickte sie glücklicherweise das Ende des Tunnels. Sie sah, wie die Reisenden vor ihr am Ende des Tunnels auseinander strömten und sich in der Halle verloren. Wenige Augenblicke später erreichte auch sie das Ende der Röhre und schwamm ebenfalls, wie die Reisenden vor ihr, zur Seite in die riesige Empfangshalle ein. Gegenüber der Enge der Eingangsröhre schien die Empfangshalle riesig zu sein. Aber umso tiefer sie in die Empfangshalle eintauchte, umso gewaltiger wurde sie auch. Sie war erfüllt von den Reisenden, die über ihr, unter ihr oder neben ihr wimmelten. Viele reihten sich in Schlangen vor Kiosken und Ticketterminals ein. Diesen Eindruck aber schnell beiseite schiebend orientierte sie sich und suchte ihren Bahnzustiegsbereich.

Als sie anschließend ihren Bahnsteig von dem ihre Bahn starten sollte erreichte, erkannte sie, dass sie viel zu früh aufgebrochen war. Das war ihr aber egal. Eine gute Chance den Reisenden zuzuschauen, die unentwegt an ihr vorbei schwammen. Da jeder Bahnzustiegsbereich nur die Höhe der vorhandenen Bahnzustiegsschleuse maß, huschten die vielen Reisenden nur in ihrer Augenhöhe an ihr vorbei. Wenn sie an die riesige Vorhalle dachte, die sie noch vor kurzem durchschwommen hatte, gab diese Enge dem ganzen Treiben eine klaustrophobische Atmosphäre. Mit ihr befanden sich im Bahnzustiegsbeich noch etwa ein Dutzend andere Maborier, die ebenfalls auf ihre Bahn warteten. Sie stellte fest, dass mehr als 80 Prozent der Reisenden hier im Bahnhof von Lorkett ankamen. Sie überlegte, ob es sich bei diesen vielen Maboriern um Flüchtlinge handelte. Wenn das so wäre, würde ihre schöne Heimatstadt bald überfüllt sein. Aber davon durfte sie sich jetzt nicht ablenken lassen.

Sie dachte wieder an die seltsamen Funksprüche, die sie seitdem nicht aus ihrem Kopf bekam. Wenn sie die Intelligenzen finden würde, dann könnten diese bestimmt den vielen Flüchtlingen helfen, ihre Heimat nicht weiterhin durch die Eisbarriere zu verlieren.

Sie wandte sich von dem Strom der eintreffenden Maborier ab und richtete ihren Blick nach vorn, auf die noch verschlossene Bahnschleuse, die die wasserleere Röhre vom Bahnsteig trennte. Eine Anzeige über der Schleuse leuchtete grell blau, so dass ihre Augen schmerzten. Sie signalisierte, dass die Bahn in diesem Moment einfuhr. Nun brauchte sie nur noch wenige Sekunden zu warten, um ihre aufregende Reise zu beginnen. Die Signalleuchte änderte ihre Farbe. Nur wenige Sekunden später öffnete sich die Schleuse und gab den Blick ins Innere der Bahn frei. Aber ehe sie die Vakuumbahn beschwimmen konnte, strömte ihr ein erneuter Schwall von Maboriern entgegen.

*

Die Vakuumbahn brachte sie pünktlich und sicher zum Startzentrum der Mission. Sie kannte sich hier ein wenig aus, da sie schon einige Male hierher eingeladen worden war, um sich mit der Mission vertraut zu machen. Sie schwamm durch mehrere Korridore und gelangte schnell in den für die Crew reservierten Raum. In einer Ecke hing ein Bildfernübertragungsmonitor in Schwimmhöhe der Maborier. Er wurde von einem elegant gebogenen Korallenarm getragen, dessen kantige Form von grünen, ekligen Algen abgerundet wurde. Zeru achtete nicht weiter auf den Monitor, da eine unwichtige, belanglose Sendung lief. Sie schwamm ein wenig verloren in dem Raum umher und wunderte sich, dass man sie nicht empfing. Sie war sicherlich viel zu früh, überlegte sie. Aber diesen Gedanken musste sie nicht lange weiterverfolgen, da sich in diesem Moment die Tür öffnete.

Sie drehte sich zur Tür um und erkannte den Captain der Mission, Captain Tarom, der gleich auf sie zu geschwommen kam. Hinter ihm schwamm ein schlaksiger, dünner Maborier in den Raum.

„Hallo, Zeru, ich heiße Sie herzlich willkommen auf unserem wundervollen Gelände. Ich hoffe, sie hatten eine angenehme Anreise?", begrüßte er sie herzlich.

„Ja, danke, die Reise war schon angenehm, wenn die Züge nicht so voll wären."

„Ja, die vielen Flüchtlinge aus den betroffenen Gebieten. Das ist schon traurig. Aber darf ich Ihnen unseren Missionsleiter vorstellen?" Tarom drehte sich zu dem anderen Maborier um, der gemeinsam mit ihm den Raum beschwamm.

„Ja, gerne", bejahte Zeru seine Frage.

„Das ist unser Missionsleiter. Er wird uns bis zum Start begleiten. Er ist sozusagen unsere Nabelschnur zum Überwachungspersonal", sagte er.

„Hallo, ich bin Zeru."

„Ich heiße sie willkommen. Es freut mich, ihre Bekanntschaft zu machen." Der Missionsleiter reichte ihr zur Begrüßung die

Flossenhand und wandte sich wieder dem Captain des Aufstiegsschiffs zu.

„Wir sollten uns in den Besprechungsraum begeben, Captain", forderte der Missionsleiter den Captain auf.

„Ja, sie haben recht", bestätigte der Captain und schwamm voraus. Zeru und der Missionsleiter folgten ihm.

Im Besprechungsraum angelangt, erwarteten bereits die weiteren Mitglieder der Mission ihr Erscheinen. Ohne Umschweife schwamm der Captain zu einem Monitor, der ebenfalls in der Ecke hing und versuchte ihre Mission mit einfachen Worten zu erklären.

„Unsere Mission besteht darin, herauszufinden, was das Oben ist, und inwieweit uns das Oben, das sich oberhalb des Schleiers verborgen hält, in der jetzigen Situation helfen kann. Wir müssen herausfinden, ob das Oben für die Katastrophen verantwortlich ist. Wir werden also an der nördlichen Barriere emporsteigen, die wahrscheinlich weit in den Schleier hinaufreichen wird. Wir halten währenddessen ständig Kontakt zur Bodenstation. Wie schließlich unser Weg weiter aussieht, entscheidet sich, wenn wir das Oben erreicht haben und wissen, was es darstellt. Dank der Forschungen unseres Mitgliedes Zeru, die unter der Leitung des ehrenwerten Professors Bereu erstaunliche Erkenntnisse gewonnen hat, vermuten wir, dass das Oben eventuell eine Art von Leben beherbergt." Ein Raunen ging durch die Reihen der Anwesenden. Zeru lächelte dem Captain verlegen zu. Damit hatte sie nicht gerechnet. Sie fühlte sich irgendwie enttarnt. So sehr sie ihre Theorie weit hinaus brüllen wollte, so sehr beunruhigte sie die Tatsache, dass man sie in der Öffentlichkeit nicht ernst nahm.

„Ja, Zeru, Sie dürfen sich ruhig geehrt fühlen", lächelte er wieder zurück und erwies ihr so seinen Respekt, „Und dieses Leben könnte genau über der Stelle existieren, die errechnet wurde, nachdem vor einem Zeitzyklus der Brockenbefall stattgefunden hatte", redete er weiter.

„Ja, ich weiß, hätte sich damals die allzeitzyklische Strömung nicht verspätet, würde Lorkett jetzt unbewohnbar sein", erinnerte Zeru die anderen daran, wie knapp Lorkett einer Katastrophe entgangen war.

„Sie haben völlig recht, Zeru", pflichtete der Captain ihr bei, „deshalb vermuten wir, dass sich genau über Lorkett eine Anomalie befinden muss." Tarom machte eine kurze Pause, um in den Gesichtern seiner zukünftigen Mannschaft zu lesen. Er sah Neugierde und Entschlossenheit.

„Ist das unser Ziel, Captain?" fragte Zeru. Sie brauchte aber Taroms Antwort erst gar nicht abzuwarten. Sie wusste, dass das so war.

Er holte tief Atemwasser und redete schließlich weiter.

„Genau Zeru, dieser Ort stellt unser Ziel dar. Diese Abnormität werden wir suchen und entscheiden dann, was zu tun ist."

Seine Miene verfinsterte sich mitten im Satz, als vom Nachbarmonitor, auf dem die Nachrichten liefen, eine Meldung vorgetragen wurde. Der Nachrichtensprecher wirkte nervös, so, als ob er es nicht gewohnt war, solche Nachrichten vorzutragen. Da das aber seit einem Zeitzyklus auf der Tagesordnung stand, fasste er sich schnell wieder und redete souverän weiter.

„Wie uns vom Ministerium der Umweltbehörde mitgeteilt wurde, bewegen sich die großen Eisbarrieren mit immer größerer Geschwindigkeit auf die noch nicht betroffenen Bereiche zu. Der Lebensraum wird kälter und wird gefrieren. Auch die bisher noch nicht betroffenen Bereiche fangen nun an, rapide an Temperatur zu verlieren." Der Moderator sah von seinem Manuskript auf und in die Kamera. Erst jetzt begriff er offensichtlich, was er vorgelesen hatte. Auch im Kontrollzentrum ging ein Raunen um. Niemand konnte fassen, was da eben gesagt wurde.

*

In diesem Moment beschwamm ein weiterer Maborier den Raum, den Zeru nur vom Fernübertragungsmonitor her kannte. Es war der Präsident von Maborien! Gemeinsam mit seinem Gefolge schwamm er in den Besprechungsraum ein und positionierte sich vor der versammelten Mannschaft.

„Ich begrüße sie alle", sagte der Präsident, dessen Blick sich gleich zum Monitor wandte, auf dem noch vor wenigen Sekunden diese fürchterlichen Nachrichten liefen.

„Nun bringen sie es auch schon in den Nachrichten. Zu meinem Bedauern muss ich Ihnen leider mitteilen, dass das, was sie eben in den Nachrichten gesehen haben, alles der Wahrheit entspricht. Umso wichtiger ist Ihre Mission. Ich kann Sie nur anflehen, herauszufinden, was sich dort oben verbirgt. Vielleicht gibt es einen Ausweg aus dieser schlimmen Lage. Sonst sind wir alle verloren."

Der Präsident ließ seinen Blick durch die Runde schweifen. Er sah jeden Einzelnen von ihnen direkt ins Gesicht. Seine Schuppen glänzten in dem hellen Licht der Scheinwerfer, was ein Ausdruck für absolute Anspannung war. Zeru wusste, wenn der Präsident unter solcher Anspannung stand, musste es wirklich sehr ernst sein. Sie war nicht auf solche schlimmen Nachrichten vorbereitet und wirkte deshalb etwas abwesend. Zeru war geschockt. Nachdem Zeru den Blick vom Monitor abgewandt hatte, sah sie den Präsidenten an. Sie traute sich erst nicht, ihn anzusprechen. Da aber nun nicht die Zeit für unnötige Schüchternheit war, fasste sie all ihren Mut zusammen und sprach.

„Mr. Präsident, mein Name ist Zeru."

„Ja, ich weiß. Ich bin über alle Mitglieder der Expedition unterrichtet. Sprechen Sie!"

Kaum erstaunt darüber, dass der Präsident jeden von ihnen kannte, sprach sie ihn so direkt an, als wäre er ein ganz normaler Maborier.

„Ist es wirklich so schlimm, wie der Nachrichtensprecher berichtet hat?", wollte sie von ihm wissen.

Der Präsident schaute verlegen in ihre Augen. Ihm gefiel es selbst nicht, dass diese Nachrichten durchdringen konnten. Er hätte am liebsten dafür gesorgt, dass man die Maborier noch ein wenig im Unklaren ließ.

„Ja, das ist es. Aber glauben Sie mir, wir werden alles Mögliche daransetzen, um diese schwere Stunde zu überstehen.

Ihre Mission ist eines davon", sprach er voller Stolz auf die Expeditionsteilnehmer.

Aber Zeru begriff trotzdem nicht, wieso die Bevölkerung so lange im Unklaren gelassen worden war. Jeder wusste inzwischen von den eingeschlossenen Städten, aber dass es so dermaßen Schlimm war, hatte sie nicht geahnt.

„Sie wissen davon schon länger. Oder?"

„Ja, gut, wir wissen schon seit einiger Zeit, dass das Eis seine Geschwindigkeit erhöht hat. Aber, dass das so dramatisch erfolgen würde, ahnten wir nicht. Die Wissenschaftler, die sich damit beschäftigen, sind schon seit längerem vor Ort. Sie haben Tiefentemperaturmessungen vorgenommen. Unser Kern kühlt sich schneller ab, als bisher vermutet wurde. Und das geschieht seltsamerweise proportional. Wenn das so weitergeht, dann gibt es für unser Volk bald keinen Lebensraum mehr. Wir wissen nicht, was uns dort oben helfen könnte. Aber trotzdem legen wir alle Hoffnungen in Ihre Mission zum Oben. Ich möchte Sie eindringlich darum bitten, schnellstmöglich einen Weg zu finden, um uns zu retten. Außerdem bitte ich darum, Ihre Forschungen zurückzustellen. Darauf zu verzichten, unnötige, zeitraubende Ausflüge zu unternehmen, um Hirngespinsten hinterherzujagen."

Zeru wusste genau, was er damit meinte. Der Präsident war wahrscheinlich schon längst von ihren Forschungen unterrichtet und von den hohen Gremien angewiesen worden, ihnen Einhalt zu bieten. Sie sah Tarom an, dass er ebenso von diesen Äußerungen geschockt war, wie Zeru. Sie ließen ihn aber weiterreden. Immerhin handelte es sich hier um bestätigte Daten, die nicht widerlegt werden konnten, stellte Zeru fest. Aber diese ignoranten Gremien beharrten wohl doch immer noch auf ihre alte Doktrin. Zeru hörte dem Präsidenten weiter zu.

„Dabei beobachten Sie die nördliche Barriere, um eventuelle Spalten oder ähnliches zu finden. Außerdem bitte ich Sie darum, festzustellen bis zu welcher Höhe die Barriere im Schleier emporragt. So lange eine Funkverbindung besteht, senden Sie uns diese Informationen, damit wir unser Vorgehen weiter koordinieren können",

Der Präsident machte eine kurze Pause und nahm einen weiteren kräftigen Schwall Atemwasser in seine Kiemen auf und erläuterte schließlich weiter, „Wenn Sie das Oben erreicht haben, suchen Sie nach Hinweisen, die uns helfen können, diese Katastrophe noch rechtzeitig abzuwenden." Der Präsident machte eine weitere kleine Pause, um zu sehen, ob es eine Reaktion der Mannschaft gab. Etwas eingeschüchtert von dem hohen Besuch nickte Tarom dem Präsidenten zustimmend zu. Während er weiter redete wandte er seinen Kopf zu Zeru.

„Und wenn das Oben irgendetwas beherbergt, dass uns in dieser schweren Stunde helfen kann, dann nehmen Sie dazu Kontakt auf!"

Zeru konnte es nicht fassen. Zog man nun doch in Erwägung, dass ihre Forschungen ein Fünkchen Wahrheit enthalten könnten? Der Präsident wandte seinen Kopf zur Seite, zu dem Maborier, der mit dem Präsidenten den Raum beschwommen hatte.

„Das ist Shatu. Er wird in allen Belangen darüber entscheiden, ob und wie mit potentiellen Fremden umgegangen wird."

Shatu nickte der versammelten Mannschaft zu. Er schwebte völlig ruhig und emotionslos neben dem Präsidenten. Zeru staunte, wie wenig Flossenbewegungen dieser Shatu dazu brauchte.

„Wir müssen in dieser Lage jede noch so unwahrscheinliche Möglichkeit ergreifen, die es ermöglichen könnte, uns von der Eisbarriere zu befreien."

Ehe Zeru ein Wort dazu sagen konnte, richtete der Präsident den Blick wieder dem Captain zu und signalisierte somit, Zustimmung zu erhalten.

„Ja, gut", konnte Tarom darauf nur erwidern.

Nachdem er sich etwas gefasst hatte setzte er noch etwas hinzu, „Gut, wir werden unser Möglichstes versuchen", sagte er zu dem Präsidenten.

Tarom gab dem Präsidenten, was er wollte. Das fand Zeru gut. Er wurde ihr dadurch umso sympathischer. Der Präsident nickte dem Captain dankend zu.

„Darf ich Sie dann alle bitten, Ihren Blick zum Monitor zu wenden!", forderte der Missionsleiter die Anwesenden auf.
Der bis jetzt untätig im Raum herum schwimmende Missionsleiter startete im selben Augenblick eine kurze Simulation, die der Monitor daraufhin anzeigte.

„Hier ist die Barriere", zeigte er, "Sie Starten von hier, etwa 1 km weit weg von der Barriere. Während Sie emporsteigen, wird die Barriere auf die Hälfte des Weges auf Sie zugewachsen sein. Sie müssen Acht geben, dass Sie nicht zu nahe heranschwimmen. Denn dann besteht die Gefahr, dass Sie im gefrierenden Wasser hängen bleiben. Mit Ihrem heizbaren Außenmantel können Sie sich zwar wieder befreien. Das würde aber unnötige Energiereserven kosten, die Sie noch woanders dringender gebrauchen könnten." Das Gesicht des Missionsleiters senkte sich. Er schwamm an die Seite des Präsidenten und überließ ihm das weitere Reden.

„Ich wünsche Ihnen also viel Glück bei Ihrer Mission."
Nachdem er nochmals allen Mitgliedern der Expedition die Flossenhände geschüttelt hatte, verließen sie den Raum. Die Tür verschloss sich hinter ihnen. Die sechs Besatzungsmitglieder sahen dem Präsidenten mit seinem Gefolge verdutzt nach. Jedem von ihnen wurde bewusst, dass ihre Welt dem Untergang geweiht war, wenn nicht ein Wunder geschah.

*

Der Mechaniker der Mannschaft, Kakom, ergriff als erster das Wort. Seine hellgelben Schuppen glänzten im Monitorlicht. Seine Mundwinkel zog er nach unten, so dass ein verschmitztes Lächeln zu sehen war.

„Ich werde mir erst mal die Maschine ansehen. Kontrollieren ob alle Energiespeicher aufgeladen sind. Unsere Reise wird ja nun etwas aufregender."

„Tun Sie das, Kakom, und sehen Sie gleich noch nach, ob die äußeren Greifarme funktionieren!"

„In Ordnung, Captain."

Damit verabschiedete sich Kakom von den anderen und schwamm zur Luke, die durch Bewegungssensoren auch gleich nach oben glitt und Kakom nach draußen entließ.

„So, Zeru, nun kann ich Ihnen die anderen Mitglieder vorstellen," der Captain drehte sich zu den anderen dreien um und sprach weiter, „da wäre also unser Geograph Jirum."

Der Geograph begrüßte Zeru.

„Sie sind das also, die diese Signale von oben aufgefangen hat. Es ist aufregend."

Zeru war erstaunt, dass man hier schon von ihrem Institut gehört hatte und dass man sie kannte.

„Nicht nur ich allein. Das Team um Professor Bereu hat diese Signale entdeckt."

„Was bedeuten diese Signale, Zeru, wissen Sie es?" Jirum redete sehr begeistert von dem, was die Wissenschaftlerin tat.

„Wir haben seltsame Geräusche isolieren können. Wir wissen aber nicht genau woher sie stammen, noch weniger wissen wir, was sie bedeuten könnten. Was wir mit Gewissheit wissen, ist, dass sie aus dieser Anomalie kommen. Wir nehmen an, dass erst diese Anomalie das Durchdringen dieser Signale ermöglicht hat."

„Sie meinen den Ort, von dem die Befallskatastrophe ausging?"

„Ja, genau das meine ich", bestätigte Zeru und führte ihre Antwort weiter aus, „irgendetwas Intelligentes ist dort oben und ich lasse mir das nicht von irgendwelchen Gremien ausreden."

Jirum dachte da etwas anders. Er war mit den alten Prinzipien seiner Welt erzogen worden, die keinerlei Freiraum für irgendwelche Spekulationen über die Existenz anderen Lebens außerhalb ihres unmittelbaren Lebensraumes zuließen. Er nahm diese Erziehung immer so hin, wie sie eben war und kümmerte sich nie darum, ob das stimmte oder nicht. Wenn sie dort oben etwas entdeckten, was nicht seiner Erziehung entsprach, dann war es ebenso und wenn sie nichts entdecken würden, auch gut. Er nahm an dieser Mission nur teil, weil er gut bezahlt wurde und weil er solche Expeditionen mochte. Aber, wenn er richtig darüber nachdachte, was er eigentlich nie getan hatte, dann wäre es erstaunlich, dort oben etwas Anderes anzutreffen, als das, was sie bis jetzt kannten.

„Und Sie sind der Meinung, dass diese Signale von Lebewesen stammen könnten, die dort oben wohnen?"

Zeru überlegte, was sie ihm antworten sollte. Sollte sie frei herausreden, so wie sie dachte oder sollte sie etwas vorsichtiger sein, mit dem was sie dem Geologen sagte. Auch wenn nun sogar der Präsident in Erwägung zog, dass dort oben etwas existierte, was allgemein als unmöglich galt, wollte sie in ihren Äußerungen doch zurückhaltend sein.

„Ob es sich nun wirklich um lebendige Lebewesen handelt, kann ich nicht sagen. Immerhin haben wir aber Signale aufgefangen, die nur von intelligenten Wesen gesendet sein können, da es sich um Funksignale handelt." Sie war langsam genervt von dieser aufdringlichen Fragerei.

Captain Tarom unterbrach zum Glück dieses Gespräch, um Zeru dem Biologen der Mission vorzustellen. Einem dicklichen, kleinen, untersetzten Maborier. Seine dicken, mit laschen Schwimmhäuten besetzten, Hände ließen Zeru zögern, ihn zu grüßen.

„Das ist Waru, unser Biologe und Arzt." Nachdem Waru vom Captain vorgestellt wurde, ergriff Zeru dennoch seine Flossenhand und grüßte ihn.

„Tja und der fünfte im Bunde scheinen Sie zu sein, Shatu", hieß der Captain den vom Präsidenten gesandten Maborier willkommen.

„Ja, so ist es. Ich bin Regierungsbeauftragter und werde Sie als Berater begleiten, so wie es der Präsident verlangt hat."

Zeru war geschockt. „Ein Vertreter der Regierung", dachte sie, „Das hat ihr gerade noch gefehlt. Erst dieser Jirum, der das ganze Problem der Einzigartigkeit ihrer Welt wohl nicht so ernst nahm, aber immerhin, und nun noch dieser Regierungsbeauftragte."

Shatu war ein gutaussehender, junger Maborier. Seine grünen Augen schienen Zeru zu durchdringen. Zeru reichte auch ihm die Hand zur Begrüßung. Shatu erwiderte ihre Freundlichkeit mit einem Lächeln. Er wurde durch den Präsidenten über die junge Wissenschaftlerin ausgiebig unterrichtet. Demnach selektierten sie und die anderen Wissenschaftler des Forschungszentrums Signale von der oberen Hemisphäre, was er sehr besorgniserregend empfand. Auch wenn er davon überzeugt war, dass dort oben kein Leben existieren konnte, so würde er seinen vom Präsidenten auferlegten Auftrag ausführen. Aber er fand, dass diese Zeru in seinen Augen nicht sonderlich bedrohlich wirkte, eher naiv. Auch wenn ihre Erkenntnisse den Gremien, die er vertrat, nicht zusagten, wagte er doch zu behaupten, dass Zeru sehr überzeugt von ihren Forschungsergebnissen war.

„Ich begrüße Sie, werte Zeru."
Sein charmantes Lächeln würde Zeru nicht darüber hinwegtäuschen, dass er von der Regierung geschickt wurde, um in ihre Forschungen einzugreifen. Egal ob sie es wollte oder nicht. Aber das würde sie zu verhindern wissen. Sie würde erst mal mitspielen, ihren Forschungen nachgehen und reagieren, wenn er einzugreifen gedachte.

„Ich grüße Sie auch", erwiderte sie seinen Gruß, ohne ihn eines Blickes zu würdigen. Sie würde ihn einfach ignorieren, überlegte sie.
Nachdem sich Zeru von Shatu abgewandt hatte, stellte der Captain die Mannschaft weiter vor.

„Der, der schon weggeschwommen ist, war unser Mechaniker Kakom", sagte der Captain, und wies mit dem Arm zur Luke, durch die der Mechaniker vor kurzem geschwommen war.

„So, nun kennen Sie alle Mitglieder unserer Mission. Erlauben Sie mir nun, Sie alle zu unserem Aufstiegsschiff zu begleiten."

*

Die fast komplette Mannschaft schwamm nun durch mehrere Gänge, die unterirdisch in einen großen Hangar führten. In der

Mitte befand sich ein etwa 20 Meter langes und 4 Meter hohes Aufstiegsschiff. Vorne lief es zu einer nach unten gebogenen Spitze zusammen. An den Seiten befanden sich kleine Aufwölbungen. Hinter diesen Aufwölbungen verbargen sich die Verschlusskappen der ausfahrbaren Greifarme. Vier Stück gab es davon. Zwei vorne, zwei hinten. Das gesamte Fahrzeug bedeckte eine blau schimmernde Legierung, durch die das gesamte Außenschiff beheizt werden konnte. So wollte man dem schnell voranschreitenden Einfrieren begegnen. Dies war eine besondere Entwicklung, an der auch Kakom mitgearbeitet hatte. Das Schiff befand sich etwa 5 Meter oberhalb des Bodens auf einer Rampe. Längsseits dieser Rampe befanden sich mehrere Überwachungscontainer, in denen sich das Überwachungspersonal aufhielt. Mehrere Meter oberhalb des Aufstiegsschiffes, an der Hangardecke, befand sich eine Luke, die etwas größer als der Apparat war. Durch die würde das Schiff in ein paar Stunden nach draußen gelangen, um seine Mission zu beginnen. In den oberen Ecken des Hangars befanden sich auf jeder Seite zwei gigantische Strahler, die ihr gelbes Licht direkt auf das Schiff schickten.

Als sich Zeru zu dieser Mission gemeldet hatte, hatte sie zwar Pläne des Schiffes gesehen. Dass es aber so groß sein würde, hatte sie nicht geahnt. Es übertraf alles was sie bis dahin gesehen hatte. Am Heck des Schiffes wurden gerade noch die letzten Kisten mit Verpflegung und wissenschaftlichen Materialien verladen. Die sechs Expeditionsteilnehmer bewegten sich nun auf die Rampe zu. Dort schwammen mehrere Mitarbeiter des Bodenpersonals hin und her. Zeru bewunderte die rege Betriebsamkeit des Personals. Jeder von ihnen hatte offensichtlich etwas Wichtiges zu tun. Und das alles nur, um ihr diese Reise zu ermöglichen.

„Ich begrüße Sie und Ihre Mannschaft, Captain Tarom." Ein grün schimmernder Schwimmer drehte sich den Ankömmlingen entgegen.

„Ich darf Sie auf Ihre Plätze begleiten." Der Mitarbeiter des Bodenpersonals gab ein Zeichen, ihm zu folgen.

Zeru und die anderen Folgten ihm ins Schiff. Ein schmaler Gang führte sie ins Innere des Schiffes. An den Seiten befanden sich mehrere Luken, hinter denen sich zu einer Seite die Mannschaftsquartiere und auf der anderen Seite die einzelnen Labore befanden. Kommunikatoren sowie Alarmmelder schmückten die Seiten der Luken. Beleuchtet wurde der Gang von der Decke. An dieser Decke des Korridors zogen sich links und rechts in den Ecken mehrere Rohrleitungen mit den unterschiedlichsten Flüssigkeiten für den Druckausgleich und andere Versorgungselementen entlang. Die Luke zur Kommandozentrale befand sich am Ende des Ganges.

Zeru schwamm als Dritte in den großen Raum. Vorn fielen gleich die großen Fenster auf. Wie zwei große Augen nahmen die zwei Fenster fast die gesamte Vorderfront der Kommandozentrale ein. Lediglich in der Mitte durchzog ein schmaler Streifen von oben nach unten mit verschiedensten Instrumenten und Anzeigen die Vorderfront. An der rechten, bzw. linken Seite des Kommandoraumes strahlte grün schimmerndes Licht durch jeweils ein Fenster. Unterhalb der vorderen Fenster befand sich die Steuerkonsole, vor der der Kapitän und der Steuermann sitzen würden. Hinter ihnen reihten sich die Sitze der anderen Mitglieder ein. An den Wänden des Raumes befanden sich diverse Computer, Analyseaggregate und andere Instrumente.

„So, dies ist also die Kommandozentrale", begann der Chef des Bodenpersonals.
Alle sechs Besatzungsmitglieder sahen sich in dem großen Raum um. Jeder von ihnen begab sich an die Konsole, die für seinen Arbeitsbereich zuständig war.

„Na, dann können wir ja starten." Voller Enthusiasmus sah der Captain in die Runde. Er wurde vorher ausgiebig mit den vielen Möglichkeiten des Aufstiegsschiffes vertraut gemacht. Daher fühlte er sich gleich wie zuhause in seiner kleinen Wohnung, die er noch nicht lange bewohnte. Nach dieser Reise würde er endlich auf die Suche nach einer Lebenspartnerin gehen. Es wurde für ihn endlich Zeit, eine Familie zu gründen.

Aber jetzt würde er erst mal all sein Wissen und sein Können in die Führung dieses außergewöhnlichen Schiffes stecken. Trotz der großen Gefahr, in die sie sich begeben würden, waren alle von ihrem Vorhaben begeistert. So verwunderte es auch nicht, dass jeder dem Captain mit Begeisterung zustimmte. Nachdem sich jeder vom Chef des Bodenpersonals verabschiedet hatte, schwamm dieser aus dem Schiff heraus.

„Ich wünsche Ihnen viel Glück und eine erfolgreiche Mission", sagte er zu ihnen.

Als er das Schiff verließ, sah er nochmal kurz zurück und erblickte in den Augen der Mannschaft Zuversicht und Begeisterung für diese Mission. Das beruhigte ihn und er konnte so mit Zuversicht das Schiff verlassen. Kakom verschloss die Eingangsluke mit einem Knopfdruck. Mit einem Zischen bewegte sich die Luke von oben nach unten und schloss die Mannschaft somit ein.

„So Freunde, nun sind wir auf uns allein gestellt. Ich hoffe, unsere Mission ist von Erfolg gekrönt. Begeben wir uns also auf unsere Plätze und warten den Startbefehl ab."

Zeru konnte es immer noch nicht glauben, dass sie bei dieser Mission dabei war. Von dem Gedanken geprägt, bald das Oben selbst zu sehen, zu erfahren, wie das Oben geschaffen war, schwamm sie in die Kommandozentrale ein. Sie fragte sich, ob sie im Oben wirklich die Absender der Signale finden würde und ob diese Absender wirklich die Erschaffer ihres Artefaktes waren. Dass alles bewegte sie so sehr. Voll Enthusiasmus und Aufregung folgte sie den Anderen.

Ruhig und geordnet begab sich jeder in seine Sitznische. Vorn nahmen Captain Tarom und der Mechaniker Kakom Platz. Kakom war gleichzeitig berechtigt, das Schiff in Vertretung des Captains zu steuern. Hinter ihnen saßen der Regierungsbeauftragte Shatu, sowie der Geograph Jerum und Zeru. Waru, der Biologe und Arzt, saß an einer Nebenkonsole, von der er die Instrumente für sämtliche Bioscans überblicken konnte.

„Wann werden wir starten, Captain?" fragte Zeru.

Ihre innere Unruhe ließ sie einfach nicht los. Sie hoffte, dass ihre Aufregung nicht zu offensichtlich bemerkt wurde. Dennoch musste sie nach dem Zeitpunkt der Abreise fragen. Der Captain drehte sich zu ihr um und wollte gerade antworten, als Shatu, der Regierungsbeauftragte ihm ins Wort fiel.

„Wir werden noch einige Stunden warten müssen. Nachdem wir die neuesten Informationen von der Eisbarriere erhalten haben, werden die dort draußen unseren genauen Kurs bekannt geben. Erst wenn das getan ist, werden wir in unser Abenteuer starten. Also haben Sie noch etwas Geduld."

Zeru sah den Regierungsbeauftragten ganz erstaunt an. Wie kam dieser Regierungsschwimmer dazu, sich in diese wissenschaftliche Expedition einzumischen. Auch wenn es ums Überleben ihrer Spezies ging, war es immer noch eine wissenschaftliche Expedition. Und da durfte die Regierung keinen Einfluss drauf nehmen. Da war sie sich sicher.

„Ich habe mit dem Captain gesprochen und nicht mit Ihnen. Ich verstehe sowieso nicht, wieso auf unserer Expedition ein Regierungsbeauftragter anwesend sein muss."

„Das kann ich Ihnen ganz genau erklären!" wandte sich Shatu zu Zeru um.

Shatu, der eine Sonderstellung in der Regierung einnahm, unterbrach die junge Wissenschaftlerin ungern. Aber er wusste, dass sie ihm nur so respektieren würde. Sein gewissenhafter Umgang mit dem vielen Wissen, dass er sein Eigen nannte, wenn es um die Beurteilung von fundamentalen Entscheidungen ging, machten ihn zu einem wichtigen Unterhändler dieser Mission. Bei wichtigen Entscheidungen hatte er das letzte Wort, auch gegen über dem Captain.

„Dann versuchen Sie mir das doch zu erklären." In Zeru machte sich großer Ärger breit. Immerhin hätte statt diesem Shatu ein wichtiger Wissenschaftler an Bord Platz gefunden. Shatu sah Zeru amüsiert über ihre naive Art neckisch in die Augen. Er war, trotz ihrer naiven Art, ganz angetan von dieser jungen Wissenschaftlerin.

„Immerhin könnte es sein, wenn ich Ihnen und Ihrem Professor Bereu Glauben schenken soll, dass wir Kontakt mit etwas bekommen, das für unsere Anschauung der Welt fundamentale Veränderungen bringen würde. Immerhin waren Sie es ja, werte Zeru, die diese Signale aufgefangen hat. Und so viel wie ich weiß, kennt niemand die Herkunft dieser Signale, geschweige denn, deren Bedeutung. Da macht es nur Sinn, dass jemand von der Regierung mit dabei ist. Und ich", er betonte dieses „ich" besonders, "werde diese Verhandlungen führen, damit wir unserer Welt so schnell wie möglich helfen können." Voll Triumph lehnte sich Shatu in seiner Sitznische zurück.

Zeru war positiv geschockt von seiner Aussage. Nicht nur der Präsident, von dem jeder wusste, dass er nur eine Marionette der Regierung darstellte, sondern auch die hohen Gremien selbst, erwägten tatsächlich die Möglichkeit, dass sie und Professor Bereu recht haben könnten. All die vielen Zeitzyklen des Versteckens und des Verschweigens von Forschungsergebnissen. Sollte diese Zeit nun vorbei sein? Sie konnte es nicht glauben. Die Entscheidung, ihr Artefakt vor der Regierung geheim zu halten, fand sie immer noch als die richtige Entscheidung. Die Gremien in ihren prachtvollen, mit den schönsten Muschelwänden verzierten, Gebäuden bekamen nun Angst, da ihre einst so vollkommene Welt zusammenbrach. Sie sahen 0ffensichtlich keinen anderen Ausweg mehr, als den Spinnern in ihren Laboren etwas mehr zu vertrauen als sonst. Davon würde sich Zeru aber nicht beirren lassen. Sie würde weiterhin alles daransetzen, den Geheimnissen des Obens auf den Grund zu gehen. Aber Zeru wusste auch, dass Shatu recht hatte. Sie war die Wissenschaftlerin, die die Geheimnisse aufdeckte. Aber wie mit diesen Geheimnissen umgegangen werden sollte, das hatte sie nicht zu entscheiden. Dafür war Shatu da.

Tarom verfolgte diesen Disput eine Weile interessiert mit. Auch er hatte ein gespaltenes Verhältnis zu Regierungsbeauftragten. Aber hier und jetzt war er froh, dass einer da war.

„Na, nun ist aber gut. Sie werden sich doch nicht jetzt schon streiten, wo wir noch gar nicht losgeschwommen sind. Im Übrigen finde ich es ganz gut, dass jemand von der Regierung dabei ist. Wer weiß, über was wir noch zu entscheiden haben."
Zeru war froh, von Tarom in ihrem Disput mit Shatu gestoppt worden zu sein. Sie hätte sich in sonst was rein steigern können. So war sie eben. Neben dem Captain amüsierte sich Kakom, der diese Diskussion ebenfalls mitverfolgte.

„Das kann ja eine lustige Reise werden", scherzte er.
Er wusste mit all dem nichts anzufangen. Für ihn zählte nur, ob er und die anderen Konstrukteure des Schiffes gute Arbeit geleistet hatten und dass er gesund und wohlbehalten wieder von dort oben zurückkehren würde.

„Da wir noch Zeit haben, werde ich in den Laderaum des Schiffes schwimmen. Überprüfen ob auch alles ordnungsgemäß verstaut ist." Kakoms Ansage kam zur richtigen Zeit, um diesen Zwist zu beenden.

„Tun sie das Kakom. Ich melde mich bei Ihnen, wenn wir starten."

„In Ordnung Captain."

*

Kakom löste sich von seinem Sitz und schwamm zur Luke. Mit einem Zisch fuhr die Luke nach oben. Nachdem Kakom durch sie hindurch war, schloss sie sich mit eben dem gleichen Zischen nach unten. Der Captain drehte sich zu Zeru um.

„Zeru, hat Ihr Professor Bereu inzwischen noch mehr aus den Signalen entschlüsseln können?"
Seitdem sie von dem Forschungszentrum aufgebrochen war, stand sie ständig in Verbindung zu Professor Bereu. Sie tauschten sich über die neuesten Ergebnisse aus. Bis auf die Erkenntnisse, die sie im Zentrum erringen konnten, gab es aber keine neuen Ergebnisse. Sie persönlich empfand das als sehr frustrierend. Egal, wie sie mit den Daten umging, es führte zu keiner neuen Erkenntnis.

„Ich habe vor kurzem noch mit ihm gesprochen. Er konnte aber keine neuen Ergebnisse nennen."

„Das ist schade", antwortete der Captain, der weiterhin an seinen Instrumenten Werte ablas.

„Ich habe aber die Dateien mitgebracht und werde weiterhin in dem schicken Labor hinter uns daran arbeiten."
Sie hatte im Vorfeld erfahren können, dass auf dem Schiff ein voll ausgestattetes Labor existierte, in dem sie ihre Forschungen weiterführen konnte. So warteten sie in dem Aufstiegsschiff auf den Startbefehl, der immer näher rückte.

3. Die gnadenlose Eisbarriere

Maru steuerte gemeinsam mit ihrem Sicherheitskollegen Atara den schlanken Flitzer in Richtung der senkrechten Eisbarriere. Hinweg über zerklüftete, schroffe Felsen, in deren Gräben und Spalten sich nur vereinzelte Niedriglebensformen tummelten. Geschockt von diesem massiven Rückgang des Lebens so nahe der Eisbarriere, drosselte sie die Geschwindigkeit des Flitzers, um das Ausmaß der Zerstörung genauer betrachten zu können.

„Sieh dir das an, Atara!", forderte sie ihren Kollegen auf.

Atara, der neben ihr ebenfalls die gravierenden Auswirkungen der Eisbarriere registrierte, vermochte nicht zu urteilen, ob sich die Niedriglebensformen nur vor ihnen versteckten, oder ob der Rückgang des pulsierenden Lebens an den niedrigeren Temperaturen lag. Die Hysterie um die Barriere ging ihm viel zu weit. Es stimmte, es gab einige Berichte von eingeschlossenen Städten, die aber allesamt durch die Medien dramatisiert wurden. In den nächsten Stunden würde er sich ja selbst von den Ausmaßen der Barriere überzeugen können.

„Du nimmst das alles viel zu ernst, Maru. Wenn wir mit unserem Flitzer über dieses Gebiet hinweg sind, quillt das Leben wieder aus allen Ritzen dieser Felsen", versuchte er Maru zu besänftigen.

„Meinst du?", fragte sie skeptisch.

„Ich denke schon. Du wirst sehen, wenn wir unseren Auftrag erledigt haben und hier wieder entlangflitzen, wird das Leben in diesen Felsspalten zurückgekehrt sein", versicherte er ihr.

Sie glaubte Atara zwar nicht so recht, aber dennoch umschloss sie das Ruder entkrampfter und steuerte den Flitzer wieder schneller und entspannter ihrem Auftragsort entgegen.

So weit weg von den belebten Städten Maboriens hatte sie sich noch nie befunden. Immer wieder lagen unendlich weite Entfernungen zwischen den vereinzelten Siedlungen, die sie mit ihrem Flitzer zurücklegen mussten. Dieser Auftrag sollte sie bis zu der nördlichsten Siedlung Maboriens bringen, die bereits von den Bewohnern evakuiert wurde. Sie sollten sich davon überzeugen, dass wirklich niemand zurückgelassen wurde. Nachdem sie die letzte Siedlung, die sie von der nördlichsten Siedlung Maboriens trennte, hinter sich gelassen hatten und sich der spärlich bewohnten letzten nördlichsten Siedlung immer mehr näherten, musste auch Atara erkennen, dass das Leben hier rapide abnahm. Der Flitzer, der etwas größer war, als die Flitzer, in denen nur ein Maborier Platz fand, schoss unentwegt über sterbende Gegenden.

Unter ihnen wurden die ersten Wohneinheiten der Siedlung sichtbar, die nur spärlich von einigen Kristallen erhellt wurden. Maru griff zum Schalter, der die Scheinwerfer einschaltete, um das wenige Licht, dass die immer kraftloseren Leuchtkristalle abgaben, zu unterstützen. In diesem Mix aus natürlicher Kristallbeleuchtung und künstlicher Flitzerbestrahlung erkannte sie nun das gesamte Ausmaß, dass die voranschreitende Kälte dieser Umgebung antat. Flächenweise versiegte hier die natürliche Beleuchtung ihrer Welt. Sie schossen über leere Wohnsiedlungen hinweg, deren Korallenkonstrukte bereits ihre natürliche, runzlige Außenhaut eingebüßt hatten. Entsetzt betrachteten die beiden Sicherheitsmaborier die glatten, mit unzähligen Rissen versetzten, tieferen Strukturen der Korallenarme. Zwar mussten die Korallenkonstrukte, im Gegensatz zu den großen Metropolen Maboriens nur ein oder höchstens zweistöckige Bauwerke tragen, dennoch zeigten sich an einigen Stellen der freigelegten Knochenstruktur der Korallenarme umfangreiche Beschädigungen. Einige von ihnen brachen sogar unter der enormen Last der Gebäude und rissen ganze Wohnkomplexe mit sich. Zwischen zerborstenen Korallengestängen lagen daher Trümmer auseinandergerissener Wohngebäude. Deren runde, aus kleinen zusammengefügten Muschelplatten bestehenden Außenwände, schimmerten daher nur vereinzelt im Licht der schwächer werdenden Kristallbeleuchtung. Zahlreiche von ihnen steckten tief im lockeren Sand, der sich in Streifen zwischen dem felsigen Untergrund schlängelte. Wie Inseln lugten schroffe, hoch auftürmende Felsformationen aus diesem sandigen Boden, auf dessen festem Untergrund einst die Siedler hier ihre Behausungen errichteten. Mit samt an den Korallenarmen befestigten, zersplitterten Muschelplatten, versanken nun langsam komplette Gebäudereste im sandigen Morast und rissen an ihnen festhängende Gebäudereste mit sich.

Es war noch gar nicht so lange her, dass hier Kinder gespielt hatten, die übereinander schwammen, um sich gegenseitig zu fangen. Oder sie schossen durch die Spielröhren, die mit kleinen Pumpen dafür sorgten, dass eine schwache Strömung in ihnen herrschte, damit die Kinder wie schnelle Niedriglebensformen durch sie hindurch sausen konnten. Einige wurden sogar mit einem höheren Druck versorgt, damit die größeren, mutigeren Kinder ebenfalls ihren Spaß hatten.

Nun spielte hier kein Kind mehr. Die Pumpen wurden schon vor einiger Zeit abgestellt und vom Stromnetz getrennt. Nachdem die Nachricht bekannt geworden war, dass das Fortschreiten der Barriere rapide zunahm, wurden die Siedlungen augenblicklich evakuiert. Sogar die sonst so üppige Fauna konnte hier nicht mehr gedeihen, da das Wasser hier schon merklich kühler wurde. Die üppige Pflanzenwelt, die zwischen den Gebäuden einst spross, wich nun einer trostlosen, regungslosen Sandwüste.

Nur schemenhaft tauchte aus dem mit grünen Algen verseuchten Wasser nun etwas auf, dass Atara und Maru entsetzt staunen ließ. Maru drosselte zaghaft die Geschwindigkeit des Flitzers, der sich einer spiegelartigen, nach allen Seiten hin, ausstreckenden Wand näherte. Je näher sie dieser Erscheinung kamen, desto gewaltiger erhob sich diese Wand aus Eis vor ihnen in die Höhe. Da aber die begrenzte Sicht durch das Cockpitfenster dadurch immer weiter abnahm, mussten sich Maru und Atara vorbeugen, um die in die Höhe ragende Barriere in ihrem gesamten Ausmaß sehen zu können.

„Sie reicht bis in den Schleier, Maru", stellte Atara entsetzt fest.

Geschockt von der doch offensichtlichen Gewaltigkeit der Barriere, die bis in den undurchdringbaren Schleier reichte, wich jede noch so geartete Gelassenheit aus seinem Wesen, das er bis hierher an den Tag legte.

Während sie sich diesem Spiegel immer weiter näherten, wurde dieser Spiegel mehr und mehr durchsichtig. Sie konnten riesige Farnengewächse am hinteren Grund ausmachen, die wie erstarrt nicht mehr im Strom der ständigen Strömungen tanzten. Jegliches Leben schien hinter dieser Eiswand wie erstarrt zu sein. Von der verlassenen Siedlung, deren Zentrum sie nun erreichten, steckte der nördlichste Bereich bereits vollständig in dieser Barriere. Eine Vakuumbahn, die wahrscheinlich aus den großen Metropolen Maboriens kam, verschwand in der Eiswand und setzte ihren Weg, bedingt durch die optische Krümmung des Eises, versetzt innerhalb der Barriere fort, um im entlegensten Bahnhofs Maboriens zu enden. Maru und Atara konnten ihre Augen von diesem so phänomenalen Schauspiel, das gleichzeitig so entsetzlich wirkte, nicht fortreißen. Daher riss Maru das Ruder nur zögerlich nach links, als sie die kaum sichtbaren Ausbuchtungen sah, die die Barriere begleiteten.

„Was ist Maru?", fragte Atara, der wie aus einer Starre erwachte.

Im gleichen Augenblick erkannte auch er, wieso sie so abrupt die Richtung änderte. Überall konnte er seltsame, beulenartige Aufwölbungen an der Barriere erkennen, die weit von der Barriere ins noch nicht gefrorene Wasser reichten. Da die Barriere fast völlig durchsichtig war, waren ihnen diese Ausbuchtungen erst nicht aufgefallen. Aber nun schienen sie die gesamte Fläche der äußeren Barriere zu bedecken.

Ohne Atara zu antworten, versuchte Maru diesen Ausbuchtungen auszuweichen. Mit äußerster Kraft umschloss sie das Ruder und drückte es bis zur äußersten linken Seite. Der Flitzer vollzog eine scharfe Linkskurve, die ihn trotzdem immer näher an diese Ausbuchtungen heranführte. Die Maschinen im

Innern heulten derweil immer lauter auf, so sehr, dass Maru glaubte, dass sie jeden Moment zerbersten würden. Entsetzt sah sie wieder zur Barriere, auf der inzwischen das Spiegelbild des Flitzers deutlich zu erkennen war. Dem Spiegelbild immer näher kommend betrachtete sie, nun noch entsetzter, sich selbst neben Atara sitzend. Immer detailgetreuer konnte sie sich selbst dabei beobachten, wie sie den Flitzer immer näher an die glatte Fläche heran steuerte. Aber bevor sie ihr eigenes Spiegelbild dazu bewegte, den Flitzer endlich von der Barriere weg zusteuern, endete die glatte Fläche und ging zu gewaltigen Ausbuchtungen über. Überrascht von diesen Ausbuchtungen, versuchte sie den Flitzer durch deren Furchen hindurch zu steuern, um nicht doch noch an der Eisbarriere zu zerschellen. Dennoch streifte sie einen Teil der Ausbuchtungen, die inzwischen zu langgezogenen, spitzen Ausläufern mutierten. Nur kurz vernahm sie das dumpfe, knirschende Geräusch, das von außen zu ihnen drang. Trotz dieses Geräusches konnte Maru nun den Flitzer von der Barriere weg steuern und somit einen ausreichenden Abstand zu ihr gewinnen, um erschöpft das Geschehen resümieren zu können. Mit der nötigen Eile, aber dennoch bedächtig, steuerte sie den Flitzer von der Barriere weg und setzte ihn sanft auf einen breiten, ausgespülten Weg, der sich zwischen einigen Wohnkomplexen befand. Erschöpft, aber dennoch froh. glimpflich diesen Zusammenstoß überstanden zu haben, betrachteten sie nun genauer die Eisbarriere, die sich majestätisch inmitten des Weges vor ihnen in die Höhe erhob. Die von ihnen noch vor kurzem so bewunderten Erscheinungen rückten nun augenblicklich in den Hintergrund.

Fassungslos über diese Gewalt starrten sie aus ihrem Cockpitfenster, hinter dem die Eisbarriere wie ein Mahnmal emporragte. Nun konnten sie deutlich beobachten, wie an mehreren Stellen der Barriere aus diesen Ausbuchtungen langgezogene, spitze, sperrartige Nadeln entstanden. Diese Nadeln wuchsen regelrecht aus den Ausbuchtungen, die erst mäßig abgerundet waren und schließlich zu langen und scharfkantigen Schwertern wurden. Wie Sperrspitzen ragten sie nun aus der Barriere heraus. Wenn Atara und Maru länger und konzentrierter einen Bereich davon beobachteten, konnten sie regelrecht mitverfolgen, wie sich diese Ausbuchtungen veränderten. An Massigkeit zulegten, schließlich aber wieder zum Stillstand kamen. Dafür wuchsen an anderen Stellen der Eisbarriere neue Ausbuchtungen, die erst klein, schließlich aber schnell an Größe zulegten. So schritt das Eis der Barriere immer weiter voran, um ihre Welt zu verschlucken. Die Unregelmäßigkeiten, die nun deutlich sichtbar wurden, verzerrte die sich dahinter befindliche restliche Siedlung zu einer geisterhaften Stadt.

„Was ist passiert, Maru?", fragte Atara, als sie hörten, wie die Motoren des Flitzers verstummten.

„Ich weiß nicht", antwortete Maru, die vergeblich versuchte, die Motoren wieder zu starten. Als nur ein leises Klicken zu hören war, während sie den Startknopf drückte, sah sie verzweifelt Atara an.

„Ich bekomme ihn nicht wieder zum Starten", versuchte sie unnötigerweise ihrem Kollegen zu erklären.

„Während wir eine der Spitzen gestreift haben, wurde wahrscheinlich unser Antrieb beschädigt", stellte Atara fest, der nun doch besorgter wirkte.

In der Kabine breitete sich eine beängstigende Totenstille aus, der sich Maru und Atara nur schwer widersetzen konnten. Sie lehnten sich erschöpft in ihren Sitznischen zurück und überlegten, wie sie nun weiter verfahren sollten. Atara wusste nicht, was beschädigt wurde. Aber er war zuversichtlich, dass er die Lage meistern würde. Er würde sich und Maru aus dieser Lage retten.

„Keine Panik, ich werde ihn wieder zum Starten bringen".

„Du weißt doch gar nicht, was beschädigt ist", antwortete sie ihm resigniert.

Wenn ihnen hier etwas zustoßen würde, wäre es alleine ihre Schuld. Denn sie war nicht aufmerksam genug, so dass sie mit diesen verdammten Sperrspitzen zusammengestoßen waren. Wie hatte sie sich auch so sehr von dieser Eisbarriere ablenken lassen können, überlegte sie. Aber nachdem sie ihren Kopf hob und erneut zu der Barriere sah, musste sie wieder deren Ausmaße staunend bewundern. Sie wusste, dass jeder andere Flitzerpilot im Angesicht dieser gewaltigen Barriere ebenso gehandelt hätte. Aber dennoch trug nur sie die alleinige Verantwortung für dieses Desaster.

Da hatte sie recht, fand Atara. Er wusste tatsächlich nicht, was beschädigt war. Aber er musste sie beruhigen. Daher tat er so, als habe er alles im Griff. Was aber nicht der Wahrheit entsprach. Sollten irgendwelche Aggregate am Flitzer defekt sein, würde er sie kaum reparieren können. Dafür war er nicht ausgebildet.

„Ich sehe nach und begutachte den Schaden", sagte er zu Maru, die ihn völlig entgeistert ansah.

Auch wenn sie hoffte, dass der Schaden gering ausfiel, glaubte sie nicht, dass Atara ihn beheben konnte. Mehr als um den Schaden des Flitzers sorgte sie sich um die Temperaturen, die draußen herrschen mussten. Auch wenn sie mit Atara schon manche bedrohliche Situation hatte meistern können, machte sie sich deshalb umso mehr Sorgen.

„Sei aber vorsichtig. Bleib nicht so lange. Es ist hier für uns zu kalt."

Entschlossen schwamm Atara aus seiner Nische heraus und zog sich einen wärmenden Außenanzug an, den er sich über seinen schuppenengen Overall überstreifte. So gegen die Kälte geschützt schwamm er an Maru vorbei, die ihn respektvoll, aber dennoch skeptisch ansah. Von sich und seinem Können völlig überzeugt, erreichte er die Ausgangsluke und öffnete sie dennoch verhalten. Mit nur einen kurzen Schlag seiner Flossenbeine tauchte er augenblicklich in das kalte Außenwasser ein, dessen Kälte, trotz des Anzuges, sofort die dicken Schichten des Anzuges durchdrang. Er spürte sofort diese eisige Kälte, die unaufhörlich durch seinen Körper kroch und seine Bewegungen augenblicklich verlangsamten. Das würde er nicht lange durchhalten. Da war er sich ganz sicher. Atara war froh, seinen Schutzhelm aufgesetzt zu haben. Müsste er dieses kalte Wasser pur einatmen, würden seine Kiemen bestimmt augenblicklich den Dienst verweigern. So sog er das angewärmte Atemwasser ein, das wohltuend seine Kiemen durchspülte. Da aber der Vorrat für nur wenige Minuten reichte, verlor er keine unnötige Zeit, die, wie er wusste, schneller verstreichen würde, als ihm lieb war.

Mit kräftigen Flossenbewegungen schwamm er an der Außenhaut des Flitzers entlang, bis seine Augen am hinteren Bereich des Flitzers eine aufgerissene Wunde erspähten. Je näher er der Stelle kam, desto mehr zweifelte er an seinem Vorhaben. Erst wenige Meter vor dem Riss, der etwa vierzig Zentimeter lang sein musste, manifestierten sich diese Zweifel zu erbitterten Wahrheiten.

Atara drehte sich zu der Barriere um. Von hier draußen sah es noch viel gewaltiger aus, fand er. Jetzt konnte er mehrere hundert Meter in das Eis hineinsehen. So glasklar präsentierten sich die Stellen zwischen den Ausbuchtungen und den Spitzen, die wie Sperrspitzen auf ihn zeigten. Zwischendurch immer wieder glatte Bereiche, die lang genug glatt blieben, um ungehindert in die erstarrte Welt der Eisbarriere schauen zu können. In ihr tummelten sich unzählige Niedriglebensformen, die zwischen den zerborstenen Gebäuden reglos im Eis hingen oder zwischen erstarrten Farnengewächsen lungerten. Ihm wurde plötzlich unwohl. Ohne weiter zu zögern, wandte er sich dem Schaden an seinem Flitzer zu.

„Kannst du was erkennen?", hörte er Maru über Funk in seinem Helm.

Er begutachtete den Schaden ausgiebig und bekam im Angesicht des Wirrwarrs, das hinter der Vakuumverkleidung sichtbar wurde, sofort ein mulmiges Gefühl. Ihm war sofort klar, dass er diesen Schaden nicht hier reparieren konnte und somit hier gestrandet war. Wie würde er das Maru erklären können? Er wusste, dass sie eigentlich eine taffe Sicherheitsbeauftragte war. Aber in solch einer Situation würde sie bestimmt durchdrehen. Trotzdem musste er ihr die Wahrheit sagen.

„Es sieht nicht gut aus. Mehrere Vakuumkabel sind gebrochen. Dies können wir nur im Dock reparieren lassen. Gib einen Notruf ab!"

„Dann müssen wir hier so lange ausharren, bis wir abgeholt werden?"

Eigentlich stellte solch eine Situation keine große Hürde für Maru dar. Sie hatte schon des Öfteren schlimmere Situationen meistern müssen. Aber hier packte sie die bloße Angst. Wenn sie daran dachte wie sie bei ihrem letzten Auftrag, gerade so in letzter Sekunde, die Maborier aus ihren Wohnungen retten konnte und sie und Atara hinterher freudig zusammensaßen, wurde ihr jetzt ganz anders zu mute. Hier gab es sobald kein freudiges Ende, vermutete sie.

„Ja, das müssen wir. Wir haben keine andere Wahl", hörte sie Atara aus dem Lautsprecher sagen.

Die Unruhe, die sie ergriff, ließ sie ihren Blick wieder der Eisbarriere zuwenden, an der ihr der ausgespülte Weg wieder ins Bewusstsein rückte. Denn, als sie diesen Weg vor einigen Minuten betrachtet und die angrenzenden zerborstenen Korallenarme begutachtet hatte, in deren Konstrukt die Gebäude bereits halb in die Barriere eingetaucht waren, hatten sich trotzdem immer noch drei Gebäude außerhalb der Barriere befunden. Nun zählte sie aber nur noch zwei Gebäude, die sich außerhalb der Barriere befanden. Das Dritte, dass nur halb in ihr steckte, war nun von der Barriere vollends verschlungen worden. Sie beugte sich weiter nach vorne, um das Gesehene besser fokussieren zu können. Sie konnte es nicht fassen, was sie da gerade beobachtet hatte. Ihr war sehr bewusst, dass die Barriere sich ausbreitete, jedes Kind wusste das inzwischen. Dass das aber so schnell geschah, ahnte sie nicht. Nachdem was sie da sah, schossen ihr die gerade gesehenen eingeschlossenen Tiere ins Bewusstsein zurück. Sie gab sofort den Notruf ab. Hastig huschten ihre Flossenfinger über die Bedienelemente des Notsignalgebers. Das Signal umfasste alle relevanten Informationen: Ort Uhrzeit, wie viele Personen sowie eine kurze Beschreibung der Lage.

„Atara, wir haben ein Problem. Egal wie, aber du musst den Flitzer sofort reparieren. Schnell beeil dich!" schrie sie voller Angst.

Atara, der mit beiden Flossenhänden im Gewirr der zerborstenen Vakuumkabel herumhantierte, drehte sich zur Eisbarriere um.

„Was meinst du Maru?"

„Sieh genau auf die Gebäude. Sie werden unheimlich schnell verschluckt."

Er blickte von dem Wirrwarr der Vakuumkabel auf und richtete seinen Blick, wie Maru es ihm geraten hatte, der Eisbarriere zu. Auch er betrachtete das Geschehen, das vor der Barriere seinen Lauf nahm. Konnte aber keinen Unterschied erkennen.

„Was meinst du, Maru?", fragte er deshalb.

„Die Barriere hat bereits das dritte Gebäude verschluckt", erklärte sie ihm entsetzt.

Sowieso von seinem nutzlosen Eintauchen ins Vakuumkabelwirrwarr überzeugt, richtete er seinen flachen Kopf der Barriere entgegen, um Marus Rat zu folgen. Da er nicht über solch ein fotografisches Gedächtnis verfügte, über das aber Maru verfügte, wusste er nicht mehr so recht, wie viele von den Gebäuden nun wirklich bereits in der Eisbarriere steckten. Aber eines wusste er mit absoluter Gewissheit. Eines von ihnen steckte nur halb in der Barriere. Da nun sämtliche Gebäude vollkommen in der Eisbarriere steckten, zweifelte er Marus Beobachtung nicht an. Da er den komplizierten, zerborstenen Vakuumkabeln doch nichts entgegenzusetzen hatte, entschloss er sich, sofort zurück ins Cockpit zu schwimmen. Noch während Atara zurückschwamm und mit den Widrigkeiten des kalten Wassers kämpfte, informierte er sich ständig bei Maru über die Lage.

„Wie weit ist die Barriere noch von uns entfernt Maru?", fragte er unentwegt Maru, die zitternd vor Angst die heranschreitende Barriere ängstlich beobachtete.

Aber was ihr noch mehr Angst einjagte, waren Ataras quälende Schwimmbewegungen, deren Geräusche aus dem Cockpitlautsprecher drangen.

„Schnell, beeile dich doch Atara!" Immer wieder musste Maru ihren Kollegen antreiben. Die Abstände zwischen den rasselnden Schwimmbewegungen seiner schlanken Schwimmarme, die an dem Außenanzug rieben, nahmen merklich zu. Mit Schrecken lauschte sie diesen merklich leiser werdenden Geräuschen hinterher.

„Es geht nicht schneller, es ist hier draußen so kalt. Meine Schwimmarme sind wie Blei. Sogar in meine Flossenbeine dringt die Kälte", erklärte er Maru.

Auch wenn es erst wenige Minuten zurücklag, dass er aus dem Flitzer geschwommen war, krochen die eisigen Temperaturen bereits durch seinen Außenanzug. Mit jedem Flossenschlag durchdrang die Kälte seinen gesamten Körper.

„Du darfst nicht an die Kälte denken", versuchte ihn Atara dazu zu bewegen, seinen Weg fortzusetzen, „ignoriere die Schmerzen deiner Glieder."

Mit letzter Kraft erreichte er dennoch die Einstiegsluke und schwamm zurück in seinen Flitzer. Er spürte sofort die angenehme Wärme, die noch im Innern des Flitzers herrschte.

Während er zu Maru schwamm, nahm er den Helm vom Kopf. Aber seinen Außenanzug ließ er sicherheitshalber angezogen. Er sah zu Maru, die erleichtert darüber, dass sie nicht allein im Flitzer ausharren musste, ihn ebenso ratlos betrachtete, wie er sie. Atara sah ratlos nach draußen, wo die Barriere immer näher zu kommen drohte.

„Welche Alternativen haben wir?"

„Raus können wir auf keinen Fall. Das musste ich ja am eigenen Leib spüren", antwortete Atara resigniert.

Er musste noch nie eine solche Kälte spüren. Bis in die tiefsten Regionen seines Körpers konnte sie vordringen. So etwas wollte er nicht noch einmal erleben.

„Außerdem würde uns die Kälte sowieso zu langsam machen. Die Barriere würde uns so oder so einholen. Die Beste

Chance haben wir, wenn wir hier drin bleiben und die Heizung auf volle Leistung stellen, so könnten wir einige Stunden in der Barriere überleben", stellte er resigniert fest.

Entsetzt wandte sich Maru von ihrem Kollegen ab und betrachtete erneut die Barriere, die unaufhaltsam auf sie zuwuchs.

„Wir werden lebendig eingefroren sein. Auch wenn Hilfe eintrifft und wir noch am Leben sind, können sie uns nur noch zusehen, wie wir sterben. Es gibt keine Möglichkeit, uns dann zu befreien." Voller Mutlosigkeit senkte sie ihren Kopf und ließ die Ereignisse auf sich zukommen.

Atara wusste, dass sie Recht hatte. Er schwamm lautlos neben ihr in seine Sitznische und sah ebenso resigniert nach draußen, wie es Maru tat.

*

Draußen bewegte sich die Eisbarriere immer weiter auf den schlanken Flitzer zu. Zwischen den Sperrspitzen und den Ausbuchtungen kristallisierte das Wasser ständig zu neuem, alles vereinnahmendem Eis. In dieser Weise formierten sich die Ausbuchtungen zu glatten Flächen und die Sperrspitzen wurden immer stumpfer. Stetig schrumpften sie schließlich zu halbrunden Auswüchsen und verschwanden letztendlich in der voranschreitenden Barriere. Währenddessen formierten sich an den noch glasklaren, glatten Stellen der Eisbarriere neue Ausbuchtungen und Sperrspitzen. Dies geschah in einem stetigen Wechsel. So schritt diese gigantische Wand aus Eis immer näher in die bewohnte Welt dieser Lebewesen.

„Hörst du dieses Geräusch Atara?", fragte Maru lustlos und voller Gleichgültigkeit ihren Kollegen.

Sie hatte inzwischen jegliche Hoffnung auf Rettung verloren und lauschte deshalb resigniert in die Stille, die sich über dem Flitzer ausbreitete. Diese Stille durchbrach inzwischen ein immer lauter werdendes Knistern, dass sich in der Kabine ausbreitete. Atara hob seinen Kopf und sah durch das Cockpitfenster.

„Es ist das zu Eis erstarrende Wasser Maru, sonst nichts."

„Es ist das Geräusch unseres Todes, Atara!"

Atara drehte sein Gesicht vom Cockpitfenster weg. Er wusste, dass Maru damit recht hatte. Sie würden hier und heute sterben. Er würde bald wieder diese schreckliche Kälte spüren, wie sie in seinen Körper kroch und seine Glieder erstarren ließ. Er würde nichts dagegen tun können.

Währenddessen erreichten die ersten bullaugenartigen Eiswülste und Sperrspitzen den Flitzer. Mit eisiger Hand griff das Eis nach dem Flitzer, um ihn in sein kaltes Grab zu ziehen. Das Knistern wurde immer lauter. Voller Entsetzen hielt sich Maru die Ohren zu. Aber das schützte sie nicht vor diesem Schrecken. Mit den knisternden Geräuschen kamen neue grauenvolle Geschehnisse auf sie zu. Sie sahen, wie sich einzelne kleine Kristalle in der Nähe der Barriere bildeten. Sie schwebten immer zahlreicher werdend im Wasser umher und verbanden sich schließlich zu größeren Eisklumpen, die wiederum immer größer wurden und sich mit den Auswüchsen der Barriere verbanden.

„Ich kann das nicht mehr hören!" Ihr Kreischen zerrte Atara an seinem Willen, die Fassung nicht zu verlieren.

„Wir können nichts dagegen tun, Maru. Es tut mir leid, aber höre mit dem Schreien auf!"

„Ich will nicht sterben. Nicht hier in dieser Einsamkeit, dieser Kälte, nicht so, eingefroren zu werden, starr wie diese Lebewesen dort hinter dieser verfluchten Barriere."
Das Schreien in ihrer Stimme wich immer mehr einem resignierten Weinen, dass Atara nicht in sein Bewusstsein eindringen lassen wollte.

„Nein, ich will so nicht sterben", wiederholte Maru ihren sehnlichsten Wunsch.
Sie sank in ihrer Nische zusammen und brach in bitteres Weinen aus. Atara konnte nichts Anderes tun, als sie sanft in die Arme zu nehmen.

Das Knacken und Knirschen wurde unterdessen immer lauter. Die Seitenruder wurden als erstes vom Eis umschlossen. Wie ein Totentuch schmiegte sich das Eis um diese. Mit seinen eisigen Krallen hatte die Barriere nun den Flitzer in seiner

Gewalt und würde ihn nie wieder freigeben. Die beiden Insassen umklammerten sich immer fester, je lauter und näher das Krachen und Knistern kam. Nachdem das Seitenruder vollständig umschlungen war und der Rumpf des Flitzers erfasst worden war, krochen die Auswüchse der Ausbuchtungen und Sperrspitzen an den rechten Rand des Cockpitfensters. Maru mag gar nicht hinsehen wollen, aber dieses faszinierende Bild ließ sie einfach nicht wegsehen. Immer wieder versuchte sie, ihren Blick abzuwenden, aber es gelang ihr nicht. Schließlich gab es einen gewaltigen Ruck, der aus Richtung des Seitenruders kam. Das Eis hatte es zerdrückt. Die Vakuumkammern der elektronischen Geräte konnten den Druck nicht mehr standhalten. Ataras rechte Flossenhand drehte einen Schalter, an dem das Wort Heizung stand. Er war jetzt bis zum Anschlag aufgedreht.

„Mir ist kalt, Atara!"

„Ja, ich weiß Maru. Es wird noch kälter werden."

Sie schmiegte sich in ihren Außenanzug. Sie hoffte, dadurch länger ihre Wärme halten zu können.

An der Cockpitscheibe kroch das Eis immer weiter nach links. Es waren nicht nur diese, wie Bullaugen und Sperrspitzen aussehenden Auswüchse, die aus der Eisbarriere austraten. Zu unendlich vielen Formen kristallisierten sich Auswüchse aus der vorderen Front der Barriere.

Jetzt wurde das Cockpitfenster vollkommen vom Eis eingeschlossen. Die Formen verschwanden. Dafür trat dieses vollkommen durchsichtige Eis hervor. Die beiden Besatzungsmitglieder konnten nun völlig ungehindert in die Barriere hineinsehen. Das Gebäude, das Maru noch vor kurzem verschwinden sah, wurde nun so deutlich sichtbar, wie unzählige Lebewesen, Gebäude der evakuierten Bewohner und riesige Farnengewächse, die besonders in dieser Gegend zu meterhohen Gebilden heranwuchsen. Alles Leben, das hier eins herrschte, war erstarrt.

Immer weiter auf die andere Seite des Flitzers rückte das Kratzen und Knistern. Das Eis umschloss nun das gesamte

Schiff. Maru und Atara schmiegten sich zitternd aneinander. Sie konnten kaum atmen. Ihr kleiner Vorrat an beheizbarem Atemwasser war längst aufgebraucht. Mit einem Mal war es totenstill im Schiff. Sie waren nun eins mit der Eisbarriere. Es wurde immer kälter in dem kleinen Schiff. Auch in der Kabine bildeten sich unzählige Eiskristalle, die sich zu immer größeren Klumpen formierten. Zum zweiten Mal musste Atara miterleben, wie die Kälte in seinen Körper kroch und ihn und seine Kollegin immer apathischer werden ließ. Den dumpfen Knall, der entstand, als dass Eis das kleine Schiff zerdrückte, haben die beiden gar nicht mehr gehört. Die sinkende Temperatur hatte sie vorher ohnmächtig werden lassen.

*

Als man von ihnen nach mehreren Stunden nichts mehr hörte, wurde eine zweite Mannschaft an die betreffende Stelle geschickt. Die sollten nachsehen, was den beiden zugestoßen war. Nachdem diese an der Stelle eintrafen, an der die beiden Sicherheitsleute ihren Auftrag abarbeiten sollten, war der Schrecken groß. Der Flitzer von Maru und Atara befand sich inzwischen schon viele Meter im Eis. Und damit kam jede Hilfe zu spät. Man funkte diese neuen Erkenntnisse sofort an die Basis.

4. Der Aufstieg

Um die Zeit bis zum Aufstieg zu überbrücken, forderte der Captain Jirum auf, die Lage ihrer Welt zu erklären.

„Jirum, Sie können uns doch bestimmt am besten erklären, was mit unserer Welt geschieht?"

Jirum ließ sich treiben und sah in die Runde. Seine Augen erblickten fragende Gesichter, die zwar durch Bildfernübertragungen informiert wurden, aber von einem echten Geologen diese Geschehnisse erklärt zu bekommen, erschien allen sehr entgegenkommend.

„Ja, ich werde versuchen, Ihnen die Geschehnisse zu erklären." Nach kurzem Überlegen begann er zu erläutern.

„Also, wie Sie ja bestimmt wissen, ist der Kern unserer Welt seit Milliarden von Zeitzyklen die Energiequelle allen Lebens bei uns. Auch unser lebenswichtiges Wasser wird durch den Kern schon ewig flüssig gehalten. Es gab Zeiten, in denen unser Lebensraum so groß war, dass wir manchmal unendlich lange Zeitzyklen brauchten, um zu unseren Nachbarsiedlungen zu gelangen. Unser Lebensraum schrumpft schon immer. So lange wie wir Aufzeichnungen darüberführen, verloren wir innerhalb eines Zeitzyklusses vielleicht einen Zentimeter Wasser an das Eis. Seit dem Ereignis vor zwei Zeitzyklen hat sich das Ganze um ein Mehrfaches erhöht. Durch dieses Ereignis muss irgendetwas mit unserem inneren Kern passiert sein. Ich verstehe das Ganze selber nicht. Der Kern war immer stabil. Nach Auswertung aller seismologischer Daten und natürlich durch die Arbeiten von Professor Bereu und Ihnen, werte Zeru, und sämtlichen Aufzeichnungsgeräten stellten wir fest, dass unsere gesamte Welt durch irgendetwas erschüttert wurde. So unfassbar das klingt, ist es auch. Seit diesem Beben registrieren wir diesen Temperaturabstieg. Das Seltsame daran ist, dass die

Temperatur des Untergrundes nur wenig gesunken ist. Nun sinkt nicht nur die Temperatur des Wassers immer schneller, auch der Untergrund ist nun immer mehr davon betroffen. Sie wissen ja selbst, wie eng unser Lebensraum in den letzten Monaten geworden ist."

Jeder im Raum nickte dem Geographen zu. Zustimmende Worte machten die Runde.

„Die Temperaturabsenkung des Kerns ist nicht die Ursache dieser Katastrophe. Wir hätten noch viele Millionen Jahre hier in Ruhe leben können. Es ist dieses gewaltige Beben gewesen, das unserer Welt diese Katastrophe brachte", erläuterte er den Anwesenden. Er hatte sich in den letzten Zyklen ausgiebig mit Professor Apuretus vom seismologischen Institut deswegen unterhalten. Genauso wie Jirum war auch er davon überzeugt, dass der Kern nicht schuld an dieser Tragödie war. Jirum kannte Apuretus gut. Er hatte einige Zeit mit ihm im seismologischen Institut gearbeitet und konnte sehen, dass er eine Koryphäe auf seinem Gebiet war. Mehr als er, musste Jirum zugeben. Das sollte aber nicht bedeuten, dass er für diese wichtige Mission nicht qualifiziert war. Im Gegenteil. Er sah sich als einen der führenden Geologen in Maborien, natürlich nach Professor Apuretus, „erst dieses Beben brachte den Kern aus seinem Takt. Die Temperaturabsenkung des Kerns ist eine direkte Folge des gewaltigen Bebens."

Plötzlich blinkte ein Lämpchen am Pult auf. Wie die Pausenglocke einer Schule wurden alle von dieser Signallampe aus diesem Vortrag in die Realität zurückgeholt.

„Eine Nachricht für Sie, Shatu!"

*

Der Regierungsbeauftragte nahm die Kopfhörer und lauschte der Stimme am anderen Ende. Seine Kiemen bewegten sich etwas schneller. Sicheres Anzeichen dafür, dass es eine wichtige Nachricht sein musste. Nachdem er „ist in Ordnung", ins Mikrofon gesprochen hatte, legte er den Kopfhörer wieder an seinen Platz zurück.

„Nun war es also soweit", dachte er, „wieder zwei Todesopfer, die der Barriere zum Opfer fielen. Langsam wurde die Situation wirklich Ernst" befürchtete er. Er spürte, wie das Atemwasser hastig durch seine Kiemen drang und versuchte, sich zu beruhigen. Während er sich langsam in seine Sitznische zwang, schaute er seine Mitstreiter an.

„Was ist, Shatu?", fragte der Captain. Tarom bemerkte seine schnelle Atmung und kombinierte, dass die Nachricht nicht besonders erfreulich war.

„Ich habe gerade eine Nachricht vom Oberkommando bekommen. Demnach ist ein Sicherheitstrupp, der die äußeren Siedlungen überprüfen sollte, von der Barriere überrannt worden. Ehe Hilfe eintreffen konnte, befanden sich die beiden mit ihrem Flitzer schon viele Meter in der Eisbarriere. Aufklärungsteams sind an andere Stellen entlang der Eisbarriere geschickt worden. Auch dort wurde festgestellt, dass sich die Eisbarriere schneller fortbewegt, als bis jetzt angenommen."

Die Expeditionsteilnehmer sahen sich ungläubig an. Niemand wollte diesen Worten Glauben schenken, die der Regierungsbeauftragte eben von sich gab.

„Was gedenken Sie jetzt zu tun, Captain?", fragte Zeru, die ebenso entsetzt war, wie alle anderen Mitglieder der Expedition. Tarom drehte sich zu Shatu um. Er wusste, dass nur er den Startbefehl geben konnte. Deshalb wartete er auf dessen Befehl.

„Shatu?", erwähnte Tarom nur fragend seinen Namen.

Shatu hatte schon längst den Startbefehl von der Regierung bekommen. Er kostete diese Wichtigkeit seiner Person voll aus. Ab dem Startbefehl würde Tarom die Befehlsgewalt übernehmen, bis zu dem Moment, an dem sie Kontakt erhalten würden.

„Wir werden sofort aufbrechen. Ich bitte Sie daher, sich sofort auf den Start vorzubereiten."

„Endlich", dachte Zeru, die es sich sofort in ihrer Sitznische bequem machte.

Jirum packte seinen Schreibrahmen beiseite, den er gebraucht hatte, um seinen Erklärungen graphische Unterstützung zu geben. Tarom betätigte die Sprechtaste, um dem Missionsleiter am anderen Ende der Funkverbindung ihre Startbereitschaft zu melden.

„Ich wünsche Ihnen viel Erfolg", sagte daraufhin der Missionsleiter dem Forschungsteam.

Nachdem er das gesagt hatte, trennte er die Verbindung. Nun waren die sechs auf sich allein gestellt. Niemand konnte Ihnen nun noch helfen.

*

Tarom startete die Schiffstriebwerke. Ein leichtes Ruckeln wurde spürbar, das schnell abnahm. Gleichzeitig hörte man ein leises Summen. Auf einem Kontrollmonitor, der zwischen den beiden großen Fenstern angebracht war, sahen die Crewmitglieder, wie die Hangarluke am Dach geöffnet wurde. Langsam schoben sich die wabenähnlichen Lukenklappen in einen blau erhellten Zwischenraum zurück, der den Lukenrand umgab. Nachdem sie im Lukenrand verschwunden waren, änderte sich die Signalfarbe des Lukenrandes. Ein grüner Rand aus vielen, einzelnen Signallampen pulsierte daraufhin auf und ab. Das stellte das Signal dar, das die Luke freigegeben war.

Der Captain bewegte den Steuerjoystick etwas nach vorne. Augenblicklich begab sich das Gefährt in Bewegung. Mit der rechten Flossenhand drückte er das Höhenruder etwas nach hinten. Nun stieg das Schiff sanft nach oben in Richtung der Luke. Danach gab der Captain mehr Fahrt, indem er den Joystick mehr nach vorn drückte. Das Gleiche tat er mit dem Höhenruder. Das mit Wasser gefüllte Schiff bewegte sich in die Höhe, ohne dass die Besatzung irgendeinen Druck auf ihren Körpern spürte. Bedingt durch den gefüllten Innenraum des Schiffes kannten die Maborier solche Probleme des Druckausgleichs nicht. Die Luke wurde immer größer. Nun konnte man die einzelnen grünen Lampen des Signalringes deutlich erkennen. Innerhalb weniger Sekunden glitten sie durch die Öffnung, die nun wie ein Schlund aussah, der sie in eine fremde Welt entließ. Nachdem sie durch die Luke ins offene

Wasserland gedrungen waren, wechselte der grüne Signalring seine Farbe wieder zu blau. Die Luke schloss sich wieder.

Die Scheinwerfer des Schiffs erhellten die Umgebung mehrerer Meter vor ihren Sichtfenstern, vor denen die Besatzung der Expedition gebannt saß. Das Schiff stieg etwa mit 70 Grad auf, schwamm einige Meter in die Höhe und ging schließlich in die Waagerechte über. Sie ließen das Hangardeck schnell hinter sich. Immer mehr Fahrt aufnehmend vollführte das Schiff einen Bogen nach rechts und überschwamm langgestreckte, grüne Algenbänke. Hinter den Algenbänken sichteten sie größere Kopfkrebse, die mit ihren Vorderkrallen in Kristallablagerungen nach Nahrung suchten.

„Nun geht es endlich los." Zeru konnte es sich vor Anspannung kaum in ihrer Sitznische bequem machen. Sie sah aus dem großen Frontfenster, wie sie in die Höhe stiegen. Unter ihnen wurde die Stadt immer kleiner. Stetig stieg das Aufstiegsschiff empor. Nach und nach konnten sie nun Einzelheiten weiterer ihrer Städte erkennen, die aber immer mehr in dem trüben Wasser unsichtbar wurden. Tarom schaltete die starken Scheinwerfer ein, um besser durch das immer geringer grünschimmernde Wasser sehen zu können. Umso höher das Aufstiegsschiff empor stieg, umso weiter weg entfernte sich die Zivilisation von ihnen. Die Strahlen der Scheinwerfer durchschnitten nun eine Dunkelheit, die die Besatzungsmitglieder vorher noch nie gesehen hatten. Zeru fühlte sich plötzlich so dermaßen einsam, dass sie Heimweh nach ihrem Zuhause und ihrem Kollegen Verkum bekam. Sie hatte sich so lange auf diese Reise gefreut. Aber nun, nachdem sie sich fernab allen Lebens befanden, empfand sie nur noch Angst. Angst davor, was sie vorfinden würden. Aber ebenso verspürte sie unheimliche Angst davor, dass sie gar nichts entdecken könnten. Aber noch mehr fürchtete sie sich davor, wie ihre Welt, Maborien, aussehen würde, wenn sie hoffentlich unbeschadet heimkehrten. Sie wusste nun, dass ihre Welt in größter Gefahr steckte und dass man sich auf sie verließ.

Shatu saß neben ihr gelassen in seiner Sitznische und verfolgte gebannt die Bewegungen der Bedienungscrew. Auch er sah nach draußen und empfand, anders als Zeru, Stolz, seine volle Kraft in dieses Unternehmen setzen zu können. Aber was sie alle gemeinsam hofften, war eine glückliche und erfolgreiche Mission.

5. Im Raumschiff Carl Sagan

Die große Brücke erstreckte sich in einem Halbkreis, welcher in der Mitte von einem riesigen Plasmamonitor bestimmt wurde. Im hinteren Bereich befanden sich mehrere Bedienpulte mit einem Sessel davor. An den Wänden dieser Bedienpulte flackerten mehrere Kontrollmonitore. Im vorderen Bereich der Brücke standen zwei größere Sessel, die des Kapitäns und des Steuermanns. An der Decke befanden sich mehrere Reihen mit quadratischen Leuchtmitteln, die aber zurzeit nicht eingeschaltet waren. Nur das diffuse Licht des großen Plasmamonitors erhellte die Brücke. Die vorderen zwei Sessel warfen dadurch einen langen, grauen Schatten nach hinten auf die Plätze der Bedienpulte. Nur das rhythmische Blinken einiger Kontrolllampen schien diesen Schleier aus Schatten und gedämpftem Licht etwas aufzuhellen. Vier Besatzungsmitglieder saßen in ihren Sesseln. Die übrigen Mitglieder dieses Raumfluges standen hinter den Plätzen der Bedienungscrew der Carl Sagan. Auch sie wollten mit dabei sein, wenn das große Schiff in das Jupitersystem einflog und den ersten Blick auf ihr Ziel zuließ. Hagere, von der zwei Jahre dauernden Reise durchs All ausgezehrte, Männer und Frauen. Gebannt blickten sie auf den Monitor.

Die Carl Sagan vollführte mehrere Bremsmanöver, ehe sie nun dem Jupitersystem immer näherkamen. Vorbei an Callisto und Ganymed drang die Carl Sagan nun immer tiefer in das Jupitersystem ein. Die großen Gallischen Monde hinter sich lassend tauchte der viertgrößte der Gallischen Jupitermonde hinter Jupiter auf. Hinter der rotierenden Atmosphäre des Jupiters schien Europa schimmernd durch. Immer größer werdend zeigte sich Europa in seiner ganzen Pracht, bis er zu einer runden Scheibe angewachsen war. Die Carl Sagan vollführte weitere Manöver, um schließlich auf Europa zu zusteuern. Nun nahm der Jupiter Mond fast die gesamte Fläche des Monitors ein, welcher eine weiß-bläuliche Oberfläche besaß.

Die Mannschaft blickte erstaunt auf die kilometerlangen Gräben, von denen Europa übersät war. Kreuz und quer zogen sie sich über den Mond. Gigantische weiße Bergmassive waren zu sehen. Unglaublich hohe Schluchten mit seit Millionen von Jahren gefrorenem Eis. Der gesamte Mond schien aus einem gigantischen Eispanzer zu bestehen. Soweit man sehen konnte: nur Eis, riesige Flächen aus Eis, durchzogen von Rissen und Spalten, die kreuz und quer verliefen. Unglaublich tiefe Felsspalten aus Eis. Bei näherem Hinsehen erkannten die Raumfahrer gewaltige Verschachtelungen von gewaltigen Eispanzern, die sich auf andere Eispanzer drauf schoben oder unter anderen Eispanzern geschoben wurden. Überall entlang der Gräben sahen sie solche Verwerfungen.

Das musste der Beweis dafür sein, dass die Oberfläche des Mondes Europa jünger war, etwa 100 Millionen Jahre, als der Mond selbst, mit etwa 4,7 Milliarden Jahren. Die Oberfläche befand sich in ständiger Bewegung. Nur eine Zeitrafferaufnahme von vielen hundert Millionen Jahren hätte aber erst eine Bewegung erkennbar gemacht. Manche Gräben verliefen bis zum Horizont, andere bildeten nur kleine Abschnitte, die von parallelen Gräben durchwandert wurden. Fast in der Mitte des Mondes zerschnitt aber ein mehrere hunderte Kilometer langer Streifen die gleichmäßige und saubere Oberfläche des Mondes. Dieser Graben unterschied sich von den anderen natürlichen Gräben des Mondes gewaltig. Bis zu 4-mal breiter als die anderen Gräben, mit am Rand aufgeschichtetem, geschmolzenem Eis, das schnell wieder gefroren war. Sichtbar höher als alles andere, was auf diesem Mond existierte, türmten sich diese Eismassen wie riesige Schutzwälle auf. Die Ränder des Einschlagstreifens bildeten riesige Buckel, deren unterer Bereich sich, gegenüber den gleichmäßigen und geordneten Eispanzern des übrigen Mondes, außergewöhnlich abgerundet und blank präsentierte. Das wird wohl beim Aufschlag des Kometen passiert sein. Nachdem durch die hohe Temperatur das Eis geschmolzen worden war, gefror Sekunden danach das Wasser sofort wieder zu Eis. Sah man zum Ende des Einschlagstreifens, der durch den sehr hohen Einschlagwinkel des Kometen entstanden war, erkannte man nur einige kleine Reste eines dreckigen Klumpens, halb im Eis eingefroren liegen.

Der Kapitän der Carl Sagan richtete sich in seinem Sessel auf und blickte jeden seiner acht Kameraden mit entschlossenen Augen an.

„Da ist er also", sagte er.

Flynn war froh, die Mannschaft unbeschadet bis hier her gebracht zu haben. Die zwei Jahre dauernde Reise hatte seiner Mannschaft, aber besonders die Wissenschaftler, sehr zugesetzt. Seine Crew hatte wenigstens noch etwas zu tun, aber die übrigen waren zu Langeweile verdammt. Er konnte sie zwar leichte, wenig spezialisierte Arbeiten erledigen lassen. Das füllte sie aber nicht aus. Nun aber würden sie ihn endlich nicht mehr auf den Wecker gehen, dachte er. Sie würden nun ausreichend Arbeit bekommen. Davon war er überzeugt.

„Sehen Sie, wie groß dieser Krater ist", staunte Narrow, der Navigator.

Er hatte die meiste Zeit der zwei Jahre hier in diesem Kommandostand verbracht und freute sich, endlich etwas Anderes zu sehen als nur den schwarzen Weltraum.

„Leute, wir haben gewusst, dass es sich um einen großen Kometen handelt, der auf den Mond Europa eingeschlagen ist. Dass wir noch Reste davon an der Oberfläche finden, ist erstaunlich, aber nur gut für uns. Trotzdem, wir haben den Auftrag, diesen Kometen zu erforschen. Und ich denke mal, Leute, das werden wir tun."

Auf Kapitän Flynn würden nun viele organisatorische Aufgaben zukommen. Er musste nun Entscheidungen treffen, über die er zwei Jahre Zeit hatte, nachzudenken. Er würde liebend gerne der Erste sein, der seinen Fuß auf diesen Mond setzt. Aber dafür war er nicht an Bord dieses Schiffes. Seine Aufgabe bestand darin, die Mannschaft wohlbehalten hierher zu bringen. Danach musste er darüber entscheiden, wen er auf die Oberfläche schicken würde. Zum Glück hatte er diese Entscheidung schon längst getroffen. Er blickte wieder zum Monitor, wo sich immer noch dieser mit Eis bedeckte Mond befand.

„Gater, was wissen wir genau über Europa?"
Gater, der der Wissenschaftsoffizier an Bord war, drehte seinen Stuhl zum Kapitän um und warf einen langen aussagekräftigen Blick zum Kapitän. Der junge Raumfahrer, dessen schmales Gesicht sich erst nicht von dem Anblick des Mondes abwenden konnte, entzog nun dem Monitor seinen Blick und fing an, zu erzählen. Er war überaus froh, auf dieser Mission dabei zu sein.

„Europa ist der zweit innerste Mond des Jupiters. Er ist, so wie unser ganzes Planetensystem, etwa vier Milliarden Jahre alt. Seit mehreren hundert Jahren wissen wir, dass er von Eis oder Schnee bedeckt ist. Die Sonde Heugens hat das im Jahre 2005 bei einer Mission herausgefunden. Mehr wurde aber nicht bekannt, weil die Funkverbindung unterbrochen wurde. Der Mond ist von einer schwachen Atmosphäre umgeben, die vermutlich auf die Emission während der Sonneneinstrahlung von Eis zu Sauerstoff und Wasserstoff zu erklären ist. Auf der Oberfläche herrschen Temperaturen von minus einhundert Grad. Da sich Europa mit Jupiter in einer Wechselbeziehung befindet, vermuten wir, dass es im Innern einen Ozean geben könnte. Jedes Mal, wenn Europa durch das sehr starke Magnetfeld des Jupiters streift, kommt es zu gravitätischen Ereignissen im Innern des Mondes, die wahrscheinlich verantwortlich dafür sind, dass der Kern Europas erwärmt wird und es somit im Innern Europas flüssiges Wasser geben könnte. Vor einigen hundert Jahren versuchte man, mittels einer Schmelzsonde, durch diesen Eispanzer zu dringen. Akribische Vorbereitungen wurden getroffen, um eventuellen Schwierigkeiten aus dem Weg zu gehen. Die Sonde sollte mittels eines Wärmebohrers den mächtigen Eispanzer durchschmelzen. Im vermuteten Ozean sollte sie umfangreiche Daten sammeln und zum, im Orbit befindlichen, Orbiter funken. Die Sonde drang zwar damals ins Eis ein und sendete noch kurz danach die ersten Messergebnisse an den Orbiter. Aber nach nur kurzer Zeit brach die Funkverbindung zur Sonde ab. Niemand konnte sich die Ursachen für diesen gravierenden und vor allem teuren Fehlschlag erklären. Danach brach jedes Interesse an diesem Mond ab. Erst jetzt, mit dem Einschlag des Kometen, erweckte wieder das Interesse an diesem Mond. Durch die sehr konstante Umrundung des Jupiters gab es kaum Turbulenzen auf dem Mond. Aber nachdem der Komet auf den Mond eingeschlagen war, wurde er aus seiner stabilen Bahn herausgeschleudert", erklärte Gater den Anwesenden.

„Davon habe ich gar nichts gewusst", stellte Carter, die Biologin, erstaunt fest.

„Sehen Sie, wie schnell Fehlschläge in den Köpfen der Menschen verdrängt werden", erwiderte Gater ihr.

„Wollen wir hoffen, dass man unsere Mission nicht auch zu schnell vergisst", warnte Flynn vor ebensolchen Fehlschlägen. Ehe er weitere Entscheidungen traf, die über Fehlschlag oder Erfolg entscheiden würden, dachte er über das weitere Vorgehen nach. Noch einen Tiefenscan einiger Bereiche des Mondes zu machen, wäre eine gute Idee, fand er. Das würde ihren Bodeneinsatz vereinfachen. Dort, wo der Komet eingeschlagen war, hatte sich eine gigantische Spalte gebildet. Im Bereich des Einschlagzentrums musste es sehr tief zu Schmelzungen gekommen sein.

„Miller, bereiten Sie einen Tiefenscan vor. Am besten an einer Stelle, wo die Spalten am tiefsten sind!" befehligte Flynn. Miller nickte gehorsam und drückte einige Tasten an seinem Pult. Auf seinem Kontrollmonitor huschten Reihen von Zahlen hinweg. Nach wenigen Minuten wurden die neuen Daten auf dem großen Hauptschirm angezeigt.

„Sehen Sie, wie tief der Spalt ist", staunte Gater, der die neu empfangenen Scans auswertete. Gegenüber den allgemeinen Befürchtungen rechnete er damit, dass der Komet solch eine tiefe Furche hinterlassen würde. Die übrigen Wissenschaftler auf der Erde gingen davon aus, dass der

Komet eher an der Oberfläche des Mondes zerschellen würde und somit nur einen relativ kleinen Krater erzeugen würde.

*

Der Kapitän drehte sich zu Gater um und verzog seine Lippen zu einem leichten Lächeln. Er kapierte die Intentionen dieser Wissenschaftler einfach nicht. Für ihn war das alles nur ein Job, den er zu erledigen hatte.

„Na Gater, ich denke, dass damit ihre Vermutungen erfüllt wurden?"

Der Komet war also doch sehr steil auf dem Mond eingeschlagen, so wie Gater es immer den Verantwortlichen erklärt hatte. Dann aber betrachtete Gater die weiteren Ergebnisse, die der Tiefenscan hervorbrachte. Er wandte langsam sein Gesicht vom Monitor ab und betrachtete mit Freude seine Kollegen. Es war also wirklich so, wie er und viele Wissenschaftler es immer vermuteten.

„Wir haben unter dem Krater flüssiges Wasser, Kapitän." Die übrigen Sieben schauten verdutzt aus dem Fenster auf den großen Krater.

„Und da sind sie sich sicher, Gater?"

„Absolut, Kapitän, wir haben auf Europa flüssiges Wasser", bestätigte Gater abermals.

Flynn war jetzt schon ein wenig positiv schockiert. Er war sich sicher, dass das in die Annalen der Raumfahrt eingehen würde. Aber trotzdem würde er erst einen Eintrag ins Lockbuch machen, wenn der Bodentrupp den Beweis liefern würde.

„Wir müssen davon ausgehen, dass der einschlagende Komet das Eis zum Schmelzen gebracht hat. Das reicht wahrscheinlich aus, um die unterste Schicht des Eises flüssig zu halten", dämpfte er erstmal die Euphorie der Mannschaft.

Gater konnte Flynn in den vergangenen zwei Jahren näher kennenlernen. Ihn wunderte es deshalb nicht, dass Flynn skeptisch reagierte. Aber er war der Kapitän und deshalb wollte Gater nicht weiter protestieren. Die vier Besatzungsmitglieder starrten trotzdem wie gebannt auf die Werte, die der Tiefenscan hervorbrachte. Mit flüssigem Wasser hatte niemand von ihnen im Ernst gerechnet, auch wenn alle Spekulationen darauf hingedeutet hatten.

„Also gut. Wir werden die Landefähre fertigmachen und uns das von der Nähe aus betrachten. Narrow, Sie bereiten die Fähre vor. Carter, Narrow und Gater, Sie werden als erstes den Mond betreten. Ich erwarte eine ständige Aufzeichnung."

„Ei, Kapitän", erwiderten alle drei.

Carter, die hier an Bord die Exobiologin und Ärztin war, freute sich schon sehr, endlich Europa betreten zu können. Aber wiederum fürchtete sie sich vor den Gefahren, denen sie dort ausgesetzt sein würden. Sie nahm sich vor, sich zusammenzureißen und keine Angst zu zeigen. Flynn könnte sie sonst durch ein anderes Besatzungsmitglied ersetzen.

„Und schon aufgeregt?", fragte Gater sie.

Carter hatte Gater während der vergangenen zwei Jahre ausgiebig kennenlernen können. Er war genauso fasziniert von Europa wie sie selbst auch. Auch seine Intentionen waren nur auf den wissenschaftlichen Erfolg der Mission ausgerichtet.

„Oh ja, sehr sogar. Endlich können wir diesen faszinierenden Mond aus der Nähe betrachten."

„Nicht nur den Mond, wehrte Kollegin", protestierte Gater „also ich bin eigentlich wegen des Kometen hier." Beide konnten nun ihren Fachgebieten nachgehen und in den Laboren Untersuchungen durchführen.

Sie gingen in den großen Korridor in Richtung des Hecks, in dem die Shuttles bereitstanden. Narrow, der Navigator, ging voraus. Er hatte in den letzten Wochen die Shuttles ausgiebig inspizieren können. Ebenso hatte er sämtliche Batterien geladen und die Shuttles mit allem Nötigen versorgt. Deshalb ging er ohne Sorge und voller Tatendrang voraus. Auch er freute sich, endlich aus diesem Schiff zu kommen und endlich eines von den beiden Shuttles zu steuern. Es herunter auf die Mondoberfläche zu fliegen, dessen navigatorischen Eigenheiten auszuprobieren. Darauf hatte er schon zu lange warten müssen.

Carter begab sich mit den anderen beiden zum Shuttle Hangar und verbarg so gut es ging ihre Angst.

Nur wenige Monate vor Beginn der Mission hatte man sie gefragt, ob sie Interesse daran hätte, auf eine Mission zu gehen, um den Jupiter Mond Europa zu erforschen. Sie, als anerkannte Biologin, die sich auch mit Exobiologie beschäftigte, war ganz erstaunt gewesen. Ihre Forschungen und Publikationen schienen in der wissenschaftlichen Welt Anklang zu finden. Gespannt hatte sie verfolgt, wie vor etwa 3 Jahren die Nachricht von dem Kometen P/Wolf um die Welt ging, P/Wolf war ein kurzperiodischer Komet, der bereits 1884 entdeckt wurde und 1922 schon einmal dem Jupiter sehr nahekam. Nur durch einen Zufall wurde er wieder auf die alte Bahn versetzt. Damals schrammte er nur knapp an Jupiter vorbei. Aber diesmal hatte er nicht solch ein Glück. Der Komet sollte, wie damals, an Jupiter vorbeifliegen. Als dann aber neue Berechnungen zeigten, dass der Komet nicht an Jupiter vorbeifliegen würde, sondern auf den 2. Mond, Europa, aufschlagen würde, machten sich alle Wissenschaftler daran, eine Mission dorthin vorzubereiten. Man wollte die Trümmer studieren und eventuell Proben von aufgetautem Wasser nehmen. Das konnte sich die Biologin nicht entgehen lassen.

Schließlich, vor zwei Jahren, war es soweit. Alle Startvorbereitungen wurden abgeschlossen. Sämtliche Teilnehmer lernten sich kennen. Das große lange Raumschiff, die Carl Sagan, das von der Mondbasis aus starten würde, stand bereit. Besonders begeistert war sie, als sie erfuhr, dass das Raumschiff den Namen ihres großen Vorbildes Carl Sagan erhalten sollte. Der große Astrophysiker und Exobiologe des zwanzigsten Jahrhunderts, der sich auch mit der Frage beschäftigt hatte, wie Leben auf anderen Planeten aussehen könnte. Wie sich dieses Leben entwickeln würde, unter Bedingungen, die es auf der Erde nicht gab. Er war es, der daran schuld war, dass sie sich mit der Exobiologie beschäftigte. Sie kannte sämtliche Bücher von ihm. Besonders „Contact" fand sie faszinierend.

Sie wurden alle mit der neuen Erde-Mond Seilbahn ins All gebracht. Von da an flogen sie mit einem Shuttle zur Mondbasis, wo die letzten Vorbereitungen getroffen wurden. Die Fahrt mit der Seilbahn war zuerst ruppig und ging anschließend in eine leise, ruhige Fahrt über. Sie fand es aber aushaltbar. Seitdem es diese geniale Seilbahn gab, musste nicht mehr von der Erde aus mit Raketen ins All gestartet werden. Die Anforderungen an die Astronauten waren seitdem nicht mehr so groß, erfuhr sie von den Leuten auf der Mondbasis. Man musste keine Erdanziehung mehr überwinden, um ins Weltall zu gelangen. Alles Notwendige wurde mit dieser Seilbahn auf die geostationäre Station gebracht, die sich in der Erdumlaufbahn befand.

Von dort aus transportierten Shuttles die Raumfahrer, bzw. sämtliche Güter zum Mond. So die geringere Anziehungskraft des Mondes ausnutzend, starteten die Raumschiffe zu ihren Missionen.

Nach dieser Seilbahnfahrt blieb sie noch für mehrere Tage auf der Mondbasis. Die Startgeschwindigkeit der Raumschiffe lag nun um einiges unter den Werten der damaligen Weltraummissionen. Sie war froh da rüber. Denn die Strapazen der damaligen Flugvorbereitungen hätte sie wohl nicht überstanden. Bis zum Start der Carl Sagan hatte sie so die Gelegenheit, ihre Mannschaftskameraden kennen zu lernen.

Als sie schließlich ein Jahr unterwegs waren, schlug der Komet tatsächlich auf Europa auf. Alle Teleskope der Erde waren zu dieser Zeit auf Europa gerichtet. Sie zeigten, wie sich der Komet dem Mond schnell näherte und dann, außerhalb der Sicht der Erdteleskope, auf dem Jupitermond Europa einschlug. Anschließende Berechnungen zeigten tatsächlich eine Abweichung von seiner bisherigen Bahn um Jupiter. Aber nicht so sehr, wie man vorher annahm. Während des nächsten Jahres flaute die Begeisterung der Erdenbevölkerung ab. Nur wenige Wissenschaftler und natürlich die Besatzung der Carl Sagan befassten sich weiterhin mit dieser Katastrophe. In den Medien wurden andere neue Themen ausführlich besprochen und ausgebreitet. Wie es bei solchen Dingen immer so ist. Die alten Nachrichten wurden von neuen Nachrichten verdrängt.

*

Nun befanden sie sich endlich hier. Hier, wo sich diese Katastrophe ereignet hatte. Die Carl Sagan schwenkte in die geostationäre Bahn um Europa ein. Unter ihnen der große Graben, den der Komet vor einem Jahr in diese strukturierte Oberfläche gerissen hatte. Hinter dem Mond lugte der gigantische Jupiter hervor mit seinem berühmten großen roten Fleck. Seit mehreren hundert Jahren wütete in dieser Erscheinung, in der die Erde dreimal hinein passen würde der größte Sturm, der sich innerhalb von etwa 10 Stunden um sich selbst drehte. Im Vergleich zu dem größten Planeten in unserem Sonnensystem sah das Raumschiff der Menschen wie eine Spitze einer Stecknadel aus.

6. Der Schleier

Seitdem die Mannschaft des Aufstiegsschiffs unterwegs war, schien es sehr still in der Kommandozentrale geworden zu sein. Der Aufstieg verlief bisher sehr ruhig. Der Funkkontakt zur Bodenstation brach seit einigen Minuten immer wieder ab. Da sie noch keine Ergebnisse vorweisen konnten, klangen die Mitarbeiter des Präsidenten ernüchtert und niedergeschlagen. Wie sie von Shatu erfahren mussten, fand die Barriere bis jetzt kein Ende. Wohl wissend, wenn die Besatzung des Aufstiegsschiffs weiter oben den Grund für diese Katastrophe herausfinden würde, dass sie am Boden nie davon erfahren würden. In diese Höhen war bis jetzt noch nie ein Wesen ihrer Art vorgestoßen. Man wusste daher nicht, bis zu welcher Höhe die Funkverbindung aufrechterhalten werden konnte. Das Wasser war hier oben sehr klar. Die Scheinwerfer warfen ihr Licht weit nach vorn und durchschnitten einen kleinen Bereich der Dunkelheit. Zeru wollte sich gar nicht vorstellen, was geschehen würde, wenn nun die Scheinwerfer ausfallen würden. Sie würden mit ihrem Aufstiegsschiff in einer völligen Finsternis einer unbekannten Welt entgegen steigen. Waru, der Biologe, meinte, dass die Wasserverschmutzung durch die Algen nicht bis in diese Höhe gelangt sei. Außerdem zeigten die Temperaturfühler eine um zehn Grad niedrigere Temperatur an, wodurch ebenfalls das Wachstum der Algen gehemmt wurde. Erstaunlicherweise kreuzten vereinzelte, große, fleischige Ungetüme ihren Weg, die mit ihren sonderbaren an den Seiten schwirrenden, wellenartigen Flossen graziös durchs Wasser schwammen. Wenn auch von den renommierten Gremien dieses Leben angezweifelt wurde, schienen sie hier oben doch ideale Lebensbedingungen zu finden. Einige wenige Wissenschaftler hatten schon immer vermutet, dass es in diesen Höhen anders artiges Leben geben könnte. Bedingt durch das kältere Wasser und den niedrigeren Wasserdruck, der hier oben herrschte, könnte sich, nach Aussagen dieser Wissenschaftler, eine völlig andersartige Biosphäre gebildet haben. Aber auch diese Wissenschaftler wurden von den Regierungsbeauftragten argwöhnisch beobachtet, wusste Zeru. Zeru würde gerne deren Augen sehen wollen, wie sie sich beim Anblick des Lebens, dass hier oben herrschte, weiteten. Aber da reichte es aus, wenn sie diesen Shatu ansah, fiel ihr ein. Denn er stierte unentwegt und völlig ungläubig hinaus, hinaus auf das rege Treiben des Lebens, das sich im Scheinwerferlicht tummelte. Nur langsam glitt sie aus ihren Gedanken heraus und hörte Waru weiter zu.

„Wäre unser Schiff nicht mit Druckausgleichstechnologie versehen, würden wir hier aufplatzen wie gärende Algenbüchsen", meinte Waru zu dem Thema Außendruck und zeigte sein hämisches Lächeln, das Zeru mit Widerwillen betrachtete.

Sie war während des Aufstieges sehr ruhig gewesen und sah die ganze Zeit nach draußen. Als schließlich das Aufstiegsschiff von einer unheimlichen Dunkelheit umhüllt wurde, die finsterer war als mache Höhlen, in denen Zeru nach Spuren ihrer Vorfahren gesucht hatte, verspürte sie ein ungutes Gefühl. Daher verfolgte sie Warus Argumentationen nur von sehr weit weg. Das saubere Wasser begleitete sie nun schon eine Weile. Wie schön wäre es, wenn es auch am Grund wieder so schön klar und sauber sein könnte, dachte sie. Vielleicht könnte man eines Zeitzyklusses auch wieder diese Sauberkeit am Grund erreichen. Sie hoffte es.

Tarom konnte nicht sagen, welche Höhe sie inzwischen erreicht hatten, aber dennoch war er sich sicher, dass sie ihrem Ziel, dem Oben, sehr nahe sein mussten. Kilometer für Kilometer stiegen sie an der nördlichen Barriere nach oben, deren Ende nicht abzusehen war. Niemand ahnte, dass die Barriere wirklich bis in diese Höhe reichen würde. Wie ein einsamer Begleiter folgte die Barriere den Aufstiegsfahrern in die Höhe. Immer mit der Gefahr verbunden, wenn sie der Barriere zu nahekamen, im Eis steckenzubleiben. Aber das geschah zum Glück nicht. Sie mussten aber immer wieder den Abstand zur Barriere korrigieren. Sie konnten sehr oft beobachten, wie sich kleine Eiskristalle nahe der Barriere bildeten, die schließlich das Vielfache ihrer Selbst an Größe zunahmen. Nach solchen Prozessen beobachteten sie, wie diese größeren Eiskristallhaufen sich mit der Eisbarriere verbanden. Sie lernten diese Abfolge der Prozesse zur Eisbildung auszunutzen und ihren Abstand zur Barriere dementsprechend zu korrigieren. Diese Erkenntnis erlaubte es ihnen, immer einen sicheren Abstand zur Barriere einzuhalten

Nach einem stundenlangen, monotonen durchsteigens des Schleiers löste sich Zeru von dem Blick der Wasserwelt und schwamm den Hauptkorridor entlang, um auf andere Gedanken zu kommen. Sosehr sie jede Sekunde des Aufstieges miterleben wollte, musste sie einfach für einige Minuten für sich allein sein. Der Anblick, den sie bis jetzt genießen konnte, war faszinierend. Soviel Leben gab es hier, fand sie. Aber die erhofften Intelligenzen blieben bis jetzt aus. Auch hätte sie gedacht, dass diese Intelligenzen wieder einen solchen Funkspruch abgeben würden. Hier, in der Nähe des Obens, könnte Zeru viel leichter diese Signale auffangen. Aber nichts geschah. Resigniert schwamm sie langsam den Korridor entlang, als Shatu ihr entgegenkam. Er verließ bereits vor ihr die Kommandozentrale. Trotz der Größe des Korridors berührten die Beiden sich fast. Zeru konnte dessen Anspannung sehen und wunderte sich deshalb darüber. Noch ehe Zeru ihn passierte, überwand sie ihre Abneigung gegen ihn und drehte sich zu ihm um.

„Was ist passiert?", fragte sie, „Sie wirken so gehetzt." Er wunderte sich, dass sie ihn ansprach, denn nach dem ersten Kontakt mit ihm wirkte sie ihm gegenüber sehr distanziert. Shatu gefiel das Ergebnis ihres ersten Kennenlernens gar nicht. Ihm wäre ein freundlicherer Kontakt mit ihr viel lieber gewesen. Er dachte darüber nach, wie er das ändern könnte. Im Grunde fand er sie sehr nett und attraktiv. Daher stoppte er seinen Weg und wandte sich Zeru zu, um ihr zu antworten.

„Hören Sie Zeru, es tut mir leid, dass wir einen solchen schlechten Start hatten. Ich bin auch nur an einem Erfolg unserer

Mission interessiert. Mir gefällt die ganze Situation selbst nicht, aber ich kann nichts daran ändern", erklärte er ihr.

Sie schlug ihre Flossenarme in rhythmischen Bewegungen, um in der Schwebe zu bleiben.

„Ich verstehe trotzdem nicht, wieso ein Regierungsbeauftragter bei dieser Mission anwesend sein muss." Zerus Blicke deuteten Skepsis an. Er versuchte doch nur, gute Miene zum bösen Spiel zu machen, dachte sie.

Shatu drehte sich ganz zu ihr um, sah ihr angestrengt in die Augen und antwortete schließlich.

„Die Ereignisse hatten sich so zugespitzt, dass die Regierung keine andere Möglichkeit sah, als mich mit auf diese Mission zu schicken." Mit ernstem Blick schaute er Zeru ins Gesicht.

Er hoffte, sie etwas zu besänftigen, so dass sie nicht mehr so wütend auf ihn und seinen Job war. Aber Zeru interessierten seine Ausflüchte nicht. Auch wenn sie anfangs dazu neigte, ihm seine Aufgabe hier anzuerkennen, machte nun seine Anwesenheit keinen Sinn mehr. Nachdem immer noch kein Kontakt mit den Intelligenzen hergestellt werden konnte, gab das alles keinen Sinn mehr.

„Ich habe neue Erkenntnisse, die ich soeben empfangen habe. Bitte kommen Sie mit in die Kommandozentrale", forderte er sie stattdessen auf.

Noch völlig in Gedanken versunken drangen seine eben gesagten Worte in ihr Gehirn vor

„Er hat neue Erkenntnisse empfangen", hörte sie wieder seine eben gesagten Worte.

„Was meinen Sie mit empfangen? Ich dachte, die Funkverbindung wäre abgebrochen", wunderte sie sich.

„Ich verfüge über andere Mittel, von denen Sie nicht wissen müssen!" sagte er ertappt.

Noch eine solche Anmaßung der sogenannten Regierung wunderte sie sich nicht mehr.

„Hätten wir diese Möglichkeit nicht anderweitig nutzen können?" warf sie ihm vor.

Verstohlen versuchte Shatu den Blick von ihr abzuwenden. Aber das gelang ihm nicht. Shatu sah ihr an, dass sie unzufrieden und vor allem wütend war. Ob das nun an ihm, an seinem Auftrag oder an der Tatsache lag, wie bis jetzt die Expedition verlief. Es spielte keine Rolle. Er musste nun mit ihr auskommen.

„Das spielt nun keine Rolle mehr. Auch diese Verbindung gibt es nicht mehr", verteidigte er sich, „aber hören Sie zu, ich bin gerade auf dem Weg in die Kommandozentrale, um etwas bekannt zu geben. Kommen Sie bitte mit."

Trotz dessen, dass sie eigentlich auf dem Weg in das Forschungslabor war, um allein zu sein, wollte sie nun doch in Erfahrung bringen, was dieser Shatu zu berichten hatte. Sie ahnte, dass es nichts Gutes sein würde. Sie drehte sich um und schwamm mit Shatu, wütend über dessen Geheimniskrämerei, zurück in die Kommandozentrale. Sie schwammen entlang an Mannschaftsquartieren, und wissenschaftlichen Räumen. Das Seitenflutlicht warf ihre Schatten links und rechts des Korridors an die Wände. Als sie einschwammen, befanden sich alle Besatzungsmitglieder in dem kleinen Raum.

„Ah, da sind Sie ja wieder", registrierte der Captain die beiden.

Zeru schwamm ohne ein Wort zu sagen in ihre Sitznische und schaute lustlos aus dem Cockpitfenster. Verwundert blickte Tarom erst Shatu und anschließend Zeru an.

„Muss ich irgendetwas wissen?", fragte er verwundert und beendete seinen Blick bei Zeru.

„Fragen sie ihn", antwortete Zeru dem Captain und wies mit der Flossenhand auf Shatu.

„Shatu?" Auch Tarom nervte langsam die Geheimniskrämerei des Regierungsbeauftragten.

Die Spitze von Zeru ignorierend platzierte sich Shatu über den Sitznischen und ruderte kaum merklich mit seinen Flossenarmen. Zeru konnte es nicht lassen. Sie musste erneut seine Gewandtheit und diese Ruhe in ihm bestaunen. Ehe sie aber von den anderen dabei erwischt werden konnte, wandte sie sich wieder von der stattlichen Gestalt des

Regierungsbeauftragten ab und blickte nach draußen, wo das Wasser eine Klarheit erlangt hatte, dass es sie noch trauriger machte.

„Captain, ich habe beunruhigende Neuigkeiten", sagte Shatu, den die Blicke seiner Mitstreiter durchbohrten.

„Ich verstehe nicht, was für Neuigkeiten? Wir haben seit einiger Zeit keine Funkverbindung mehr herstellen können."

„Sehen sie, Captain, wer weiß, was man Ihnen noch vorenthält?", schimpfte Zeru und betrachtete weiterhin das klare Wasser außerhalb ihres Schiffes.

Langsam und ebenso wütend schaute Tarom zu Shatu.

„Können Sie mir das erklären, Shatu?", verlangte Tarom von ihm eine Erklärung.

Aber für Shatu gab es da nicht viel zu erklären. Für ihn zählten nur die Informationen, die er dem Captain augenblicklich mitteilen musste.

„Ich verfügte über eine Möglichkeit, über ihre Bordfunkanlage nur ein wenig länger mit meinen Kollegen in Kontakt zu bleiben. Da dieser Kontakt nun ebenfalls abgebrochen ist, brauchen wir darauf keine Energie mehr verschwenden", sagte er. Diese Sache schnell beiseite schiebend sprach er eindringlicher weiter, „Das, was ich erfahren habe, ist zu wichtig, um in einem unnützen Streit unterzugehen", forderte er den Captain auf, nun lieber ihn berichten zu lassen.

Auch Zeru wandte sich nun dem Regierungsbeauftragten zu. Denn auch sie wollte die Neuigkeiten erfahren.

„Wir hören", deutete ihm der Captain an, dass er beginnen könne.

„Sie wissen ja, dass unsere Welt immer kleiner wird. Dass unser Kern durch uns nicht bekannte Umstände abkühlt, wissen Sie ja. Ich habe, bevor die Funkverbindung abbrach, von meiner Zentrale beunruhigende Nachrichten bekommen. Demnach bewegt sich das Gefrieren immer schneller auf die größeren Siedlungen zu. Mehrere größere Städte unserer Welt werden zurzeit unmittelbar durch das Eis bedroht. Viele der Zuchtmastanlagen wurden in den letzten Stunden vernichtet.

Dadurch wird es zu Engpässen in der Nahrungsverteilung kommen. Unsere Seismologischen Institute registrierten im Innern unserer Welt massive Aktivitäten. Es kam schon zu gewaltigen Spannungsrissen in der Barriere, so dass es zu gewaltigen Wasserbeben kam. Man hat uns dringlichst davor gewarnt, uns vor diesen Wasserbeben in acht zu nehmen. Wir sollen kein Risiko eingehen, um die Mission nicht zu gefährden. Außerdem hat man uns nochmals eindringlich gebeten, so schnell wie möglich einen Weg zu finden, um diese Katastrophe noch rechtzeitig abwenden zu können. Wenn das Einfrieren so weiter voranschreitet, wird unsere Welt in wenigen Zyklen eingefroren sein. Deswegen bestärkt Sie die Regierung in ihrem Unterfangen, alles Mögliche zu unternehmen, um herauszufinden, was das für Signale sind. Sie gehen davon aus, dass das unsere letzte Chance ist", beendete Shatu seinen Bericht.

Nun gab es für ihn keine Möglichkeit mehr, den Gremien zu berichten oder von ihnen weitere Anweisungen zu erhalten. Er war nun, ebenso wie die übrige Mannschaft des Aufstiegsschiffs, von seinen Leuten und allem anderen alleingelassen. Shatu wusste nun, dass er sein Verhalten gegenüber der Mannschaft ändern musste, wenn er nicht im Abseits landen wollte. Die Möglichkeit, länger mit den Gremien in Kontakt zu bleiben, funktionierte zwar nicht viel länger, als der normale Bordfunk. Aber diese wenigen Augenblicke öffneten ihm umso mehr die Augen. Die Panik in den Stimmen seiner Kollegen am anderen Ende des Funks zeigten ihm die ausweglose Situation in der sie sich befanden. Von nun an würde er sich ausschließlich dem Captain unterordnen müssen.

Ein Raunen floss durch den Raum. Augenpaare trafen sich. Entsetzen spiegelte sich wider. Captain Tarom dachte über diese Worte nach. Wie konnte das alles nur geschehen? Wenn die Berichte nicht übertrieben waren, und Tarom konnte sich nicht vorstellen, wieso Shatu den Bericht künstlich dramatisieren sollte, dann lag das Schicksal seiner Welt in ihren Händen. Er musste dafür sorgen, dass sie endlich dieses verdammte Oben finden würden. Er drehte sich zu seinen Kameraden um und sah sie einen nach dem anderen an. Er sah Schrecken und Verzweiflung in den Gesichtern. Ehe der Captain zu Shatus Bericht etwas sagen konnte, verlor Verkum die Fassung.

„So ernst steht es also um unsere Welt!" Verkum konnte es nicht glauben. Er hatte seine Lebenspartnerin und sein Kind zurückgelassen. Jetzt wünschte er sich, dass er nicht mit auf diese Expedition gegangen wäre. Er sollte in dieser schweren Stunde bei seiner Familie sein.

„Unsere Welt wird weiter existieren, nur wir werden für alle Ewigkeiten in einem riesigen Eisklumpen eingefroren sein", setzte Waru noch hinzu. Er sank weiter in seine Sitznische und resignierte ebenso wie vorher auch Zeru.

„Ja, so wird es sein", gab Verkum noch hinterher. Zeru hing ihren Gedanken nach.

"Wird es wirklich so schlimm kommen? Werden wir alle in diesem verfluchten Eis sterben?"

Tarom hatte sich die Ausbrüche seiner Mannschaft aufmerksam angehört. Er konnte seine Leute verstehen. Ihm selbst fiel es schwer, in dieser Situation nicht den Mut und seine Zuversicht zu verlieren. Aber er würde alles daransetzen, um das Oben zu erreichen und eine Lösung zu finden. Das gleiche wollte er auch von seiner Mannschaft verlangen.

„Hören Sie mir alle bitte zu", fing er an, zu seiner Mannschaft zu reden. „Wir haben immer noch einen Auftrag und ich sehe nicht ein, wieso wir uns von diesen schlimmen Nachrichten entmutigen lassen sollen. Im Gegenteil, ich finde, dass diese schlechten Nachrichten ein immenser Grund dafür sind, weiter aufzusteigen. Nur im Oben werden wir Antworten und Hilfe finden. Deshalb bitte ich Sie, nicht zu resignieren und weiterhin ihre volle Kraft dem Unternehmen zu widmen."

Während er redete, kam er so in Fahrt, dass er mit seinen Flossen das Kabinenwasser so durch wirbelte, dass die Mannschaft sich festhalten musste. Aber nun, nachdem er zur Ruhe gekommen war, beruhigte sich auch das Kabinenwasser wieder. Jeder schaute ihn begeistert und verdutzt an. Niemand hätte Captain

Tarom solch einen Enthusiasmus zugetraut. Aber diese Rede gab den Expeditionsteilnehmern den nötigen Schub, um ihre Mission mit aller Kraft fortzusetzen.

Auch Zeru erlangte endlich wieder ihren Drang nach wissenschaftlichen Erkenntnissen zurück. Sie musste unbedingt die empfangenen Signale entschlüsseln. Sie in ihre Sprache übersetzen. Denn davon war sie immer noch überzeugt. Es waren gesprochene Funksprüche. Auch wenn man ihr das immer noch nicht so richtig glauben wollte.

„Ich habe hinten im Labor etwas zu tun, Captain. Dort warten ein paar Daten auf mich, die übersetzt werden wollen."

Captain Tarom nickte ihr wohlwollend zu. Er war froh, endlich wieder eine Mannschaft zu haben, die alles daransetzte, das Geheimnis um den Schleier zu ergründen. Auch die anderen gingen nun ihrer Arbeit nach. Da war nur noch Shatu, dessen eigenmächtiges Handeln er nicht mehr dulden konnte. Er löste sich von seiner Sitznische und richtete seinen Blick dem Mechaniker zu.

„Kakom, sie übernehmen das Steuer!"

„Ei, Captain", erwiderte Kakom und schaltete die Steuereinheit auf sein Terminal.

„Shatu, bitte begleiten Sie mich in den Besprechungsraum!" forderte er ihn auf.

Ohne zu antworten, folgte Shatu dem Captain, der ohne Umschweife die Kommandozentrale verließ.

Als sie den Raum des Captains erreichten und in ihn einschwammen, schloss sich hinter ihnen die Luke mit einem Zischen. Shatu wusste, egal was ihm der Captain nun vorzuwerfen hatte, er handelte im Auftrag der Gremien, die, solange wie der Funkkontakt zu ihnen bestand, die stille Leitung der Expedition innehatten.

„Erstens", fing der Captain an, wütend auf Shatu einzureden, „ich respektiere Ihre Stellung in der Regierung und deshalb kann ich Sie auch nicht verurteilen. Sie hören auch nur auf Ihre Vorgesetzten. Aber hinter meinem Rücken zu agieren, empfinde ich als Vertrauensbruch mir gegenüber. Ich bin schon mehreren

Leuten Ihres Schlages begegnet." Shatu versuchte, sich in diesem Moment gegen diese Verallgemeinerung seines Berufes zu wehren. Aber ehe er sich dazu äußern konnte, sprach Tarom weiter: „Sie brauchen mir dazu nichts sagen, Shatu. Ich kenne die Methoden der Gremien. Aber jetzt, da Sie keine Verbindung mehr zu denen haben, sitzen wir in einem Boot!" Er machte eine Pause, um Shatu zum Nachdenken zu bewegen.

„Ich habe verstanden, Captain", konnte Shatu in dieser angespannten Situation nur sagen. Er wusste, dass er den Captain seine Standpauke austragen lassen musste.

„Und zweitens", sprach Tarom nun etwas gedämpfter weiter, „versuchen Sie mit Zeru besser auszukommen. Ich bin mir sicher, dass Sie noch eine große Hilfe sein wird."

„Aber, Captain, auch wenn der Präsident ihr angedeutet hat, dass er ihr in gewissem Maße glaubt, denken Sie doch nicht etwa auch, dass wir etwas Anderes dort oben vorfinden werden, als diese niederen Lebensformen?"

Tarom wusste nicht, was sie dort oben vorfinden würden. Er rechnete ebenfalls, wie Shatu, nicht damit, intelligentes Leben zu entdecken. Aber er würde Zeru trotzdem nicht in ihrem Glauben im Wege stehen.

„Nein, ich glaube nicht daran", antwortete er Shatu wahrheitsgemäß, „Aber solange wir nicht dort oben sind und ihr das Gegenteil beweisen können, möchte ich, dass Sie sie nicht weiter verspotten. Und außerdem möchte ich, dass, wenn wir dort oben doch etwas antreffen, das Zerus Vorstellung entspricht, Sie Ihr gesamtes Können einsetzen, um uns aus dieser Situation zu bringen."

Shatu sah ihn erstaunt an. Glaubte er nun an die Intelligenzen oder nicht? Aber egal, wie der Captain nun dachte, auch dafür war er ja hier.

„Dafür bin ich hier, Captain. Darauf können Sie sich verlassen", antwortete er ihm deshalb.

„Gut, dann sind wir uns ja einig", beendete Tarom den Disput. Zufrieden und erleichtert, sich die Sorgen von der Seele geredet zu haben, schwammen die beiden zurück in die Kommandozentrale.

*

Das Forschungsboot stieg unterdessen weiterhin an der sich immer weiter ausbreitenden Eisbarriere nach oben. Inzwischen müssten sie an die 80 Kilometer zurückgelegt haben, vermutete Tarom. Die Scheinwerfer des Schiffes, die weit ins Eis hineinleuchteten, offenbarten ihnen eine vielfältigere Tierwelt in dieser Höhe, als sie erwartet hatten. Sie konnten immer wieder viele von diesen dicken, übermächtigen Kolossen in der Eisbarriere eingefroren sehen. Sie waren ebenso Opfer dieser Katastrophe wie die Maborier selbst. An den Stellen, an denen das Wasser noch flüssig war, tummelten sich zahlreiche kleinere und größere Lebewesen. In dieser Höhe schien das Leben ebenso seinen Platz gefunden zu haben wie am Grund ihrer Welt. Es waren aber immer wieder sehr dicke, massige Tiere. Waru meinte dazu, dass es wohl an dem immensen, niedrigen Druck lag, der hier oben herrschte. Dadurch würden diese Tiere in der Lage sein sich, trotz ihrer Masse, so graziös zu bewegen.

Sie stiegen immer weiter nach oben. Stunde um Stunde erklommen sie das unbekannte Terrain. In den Bereichen, durch die sie nun glitten, gab es immer wieder Abschnitte, in denen sie von der seitlichen Eisbarriere dazu gezwungen wurden, einen anderen Kurs einzunehmen. Immer wieder versperrten ihnen die seitlichen Eismassen den Aufstieg. Mehrmals kam es dazu, dass sie beinahe im Eis stecken geblieben wären. Einmal mussten sie sogar ihre äußere Heizung einschalten, damit sie sich wieder befreien konnten.

Nach dieser turbulenten Phase des Aufstieges registrierten die Abstandssensoren plötzlich seltsame Werte. Demnach kamen sie einer festen Masse, die sich über ihnen befand, immer näher. Sollte dies das Oben sein, überlegte Tarom. Wenn es sich um eine feste Masse handelte, könnten dort vielleicht wirklich Wesen leben, die diese obere Hemisphäre bevölkert haben könnten. Er überlegte sich eine neue Theorie, in der sich doch eine weitere Ebene mit bewohnbarem Boden und sich darin befindliches Wasser gebildet haben könnte. Und dieser Boden wurde nun von den Sensoren registriert. Das wäre eine Erklärung für diese Funksprüche, die definitiv aus dieser Gegend kamen, die Zeru und Professor Bereu empfangen hatten. Er behielt seine Gedanken für sich. Wäre Zeru in der Kommandozentrale, würde sie bestimmt ebenso denken. Er war aber froh, dass sie weiter an den Daten arbeitete. Er wusste, dass vieles davon abhing, was sie von diesen Daten erfahren würde.

Immer weiter stieg das Schiff der Maborier auf und näherte sich immer mehr dieser neu entdeckten, festen Masse. Der Captain wusste, dass Zeru jetzt hier von Nöten war. Sie würde ihm nie verzeihen, ihr nicht Bescheid gesagt zu haben, dass sie ihrem Ziel nun sehr nahekamen. Er betätigte den Sprechfunk und rief sie.

„Zeru, hier Captain Tarom, bitte kommen Sie in die Kommandozentrale, wir erreichen in diesen Minuten einen Bereich, der das Oben sein könnte."

Am anderen Ende vernahm Zeru den Aufruf des Captains und beendete sofort ihre begonnene Arbeit. Ohne Umschweife schwamm sie in die Kommandozentrale. Nun war es endlich soweit, dachte sie, nun würden sie das Oben endlich erreichen. Wie lange hatte sie darauf hingearbeitet? Sie konnte es nicht mehr sagen. Sie öffnete das Schott zu der Kommandozentrale und begab sich in ihre Sitznische.

„Ich dachte mir, dass Sie dabei sein wollten", sagte Tarom.

„Ja, danke Captain, das wollte ich", antwortete sie und schaute aus dem Fenster, das die Sicht auf diese nie zuvor gesehene Welt frei gab.

Der Captain drosselte die Aufstiegsgeschwindigkeit. Langsam bewegten sie sich nun auf diesen unbekannten Bereich zu. Gleich war das Rätsel um das Oben gelüftet. Der Entfernungsmesser schwankte unaufhörlich. Die Zahlen variierten von wenigen Metern bis mehreren hundert Metern. Das Schiff stieg immer weiter auf. Vorbei an seltsamen großen, kugligen Dingern, die auf einer Art Schnur aufgereiht waren. Diese Gebilde waren von einem durchsichtigen Panzer umgeben, der den Blick ins Innere dieser Kugeln frei gab. Tarom steuerte das Schiff näher an diese Kugelketten heran, um sie aus der Nähe zu betrachten.

„Was ist das?", fragte er niemanden bestimmtes.

Aber Waru, der Biologe, antwortete nicht nur ihm. Die gesamte Besatzung konnte sich nicht erklären, was diese Gebilde darstellen könnten.

„Es sind Eier", sagte Waru ganz einfach. So, als ob es das normalste der Welt wäre. Tarom und die anderen sahen ihn verwundert an.

„Eier, aber", wollte Tarom gerade weiter fragen, da sprach Waru weiter.

„Sehen Sie nicht die kleinen Embryos in dem Innern dieser Kugeln?"

Sie sahen genauer hin. Tatsächlich, wunderte sich Tarom immer noch. Im Innern schienen sich kleine, längliche Lebewesen zu befinden, die mit winzigen, durchsichtigen, an den Flanken angebrachten Schwimmhäuten in ihrem eisigen Gefängnis träge herum wuselten.

„Sie haben recht. Aber Eier von was? Ich meine, sie sind ziemlich groß."

Ehe er diesen Satz beendet hatte, erkannte er schon die Gemeinsamkeit zu einem Wesen, dem sie hier schon begegnet sind. Aber Waru kam ihm wieder zu vor. Der Biologe schien in seinem Element zu sein. Er strahlte über beide Kiemen. Dass er so viel neue biologische Funde machen würde, damit hatte er nicht gerechnet.

„Es werden die Eier der großen, klobigen Tiere sein, denen wir schon begegnet sind. Es scheint ihr Laichgebiet zu sein", erklärte er.

Zeru sah sich die, wie auf einer Kette aufgereihten, Eier noch genauer an. Es hingen hunderte davon an schnurähnlichen Gebilden aufgereiht herab. Deren Anfang konnte sie nur erahnen, soweit oben schienen sie im Schleier zu verschwommenen Silhouetten zu werden. Die unglaubliche Menge von Eierketten bildete so einen sonderbaren, mehrschichtigen Vorhang. Tarom steuerte das Schiff zwischen diesen Eierketten vorsichtig hindurch und stieg dabei weiter auf. Diese Eierketten schienen mehrere hundert Meter lang zu sein. Sie wollten kein Ende nehmen.

Nach einiger Zeit, in der sie zahlreiche solcher Eierkettenvorhänge erklommen, erreichten sie den Punkt, an dem die Perlenschüre ihren Anfang nahmen. Wie der verlängerte Flossenarm dieser Perlenschnüre ragten gigantische Eiszapfen von oben herab, in denen die Perlenschnüre verankert hingen. Aus diesen Eiszapfen entsprangen hunderte der Eierperlenschnüre, die weit oben in den Eiszapfen ihren Anfang nahmen. Aber im Verlauf der sinkenden Temperaturen mussten die Eiszapfen um das Vielfache ihres Selbst an Umfang und Länge zugenommen haben. Denn mehrere bizarr gewachsene Eiszapfen ragten so unglücklich in einem Bogen mehrere Meter von oben herab, dass einige Reihen der Perlenschnüre in der Mitte durch das Eis regelrecht durchbohrt wurden. Sie konnten erkennen, wie die Eier dieser Perlenschnüre im Eis der seltsam gewundenen Eiszapfen verschwanden. Auch in denen befanden sich Embryos. Dutzende dieser Eiszapfen bildeten inzwischen, bedingt durch die immer niedrigeren Temperaturen, weitreichende zusammenhängende, fächerartige Eisplatten, die es Tarom erschwerten, in diesem Wirrwarr an schluchtartigen Gängen den richtigen Weg zu finden.

„Sie sind einfach eingefroren", schauderte es Zeru, die erkannte, wie leblos die Embryos wirkten.
Einige weiter unten in der Perlenschnur bewegten sich noch. Aber nur wenige, erkannte Zeru. Auch hier schien die Kälte langsam alles Leben, was es hier einst gegeben hatte, auszulöschen.

Sie ließen diese Kinderstube des Grauens hinter sich. Tarom steuerte das Schiff durch die letzten Eierketten und ließ es erneut weiter aufsteigen. Den Eiszapfen immer weiter nach oben folgend, kamen sie endlich an dem Dach ihrer Welt an. Es ging nicht weiter höher.

Zeru stellte sich das Oben immer wie eine kuglige Höhle vor, auf deren inneren Wände sich das fremde Leben abspielte. In ihren Gedanken gab es unzählige kleinere Höhlen in diesen Wänden, die mit den farbigsten Leuchtkristallen und deren Pflanzen übersät waren. Die Höhlen übertrafen an Glanz und Pracht alles, was sie aus Maborien kannte. Maborien, mit seinem heißen, inneren Kern, prangte in ihren Vorstellungen immer im Mittelpunkt dieser gigantischen kugligen Sphäre. Diese Sphäre war wiederum mit dem Lebenswasser gefüllt. Somit wären Maborien und diese obere Welt eine unfassbar gigantische, bewohnbare Welt, in der sich ein reger Verkehr zwischen beiden Kulturen entwickeln könnte. Aber diese Vorstellung ihrer Welt behielt sie stets für sich. Es wäre einfach zu gefährlich, solche Gedanken zu äußern. Sie wollte einfach nicht an die offizielle Theorie ihrer Welt glauben, die die Gremien propagierten. Demnach gab es kein Oben. Sogar der Schleier wäre einfach nur unendliches Lebenswasser, das sich ohne ein Ende in alle Richtungen ausbreitete. Diese These ihrer Welt empfand Zeru als zu deprimierend, zu traurig. Wenn das der Wahrheit entspräche, gäbe es keinen Sinn für sie, in die Zukunft zu blicken.

*

Aber anders als sie es in ihren Vorstellungen sah, bestand diese feste Hemisphäre, die sie nun erreichten, nicht aus einem felsenähnlichen oder andersartigen, bodenähnlichen Material, aus der ihr Untergrund in Maborien bestand. Über ihnen breitete sich eine geschlossene Eisdecke aus, an der unzählige Eiszapfen hingen und kilometerweit nach unten ragten. Gigantische Eisschluchten, deren massive, bergrückenähnliche Eisplateaus nach unten zeigten und von unzähligen Spalten und Rissen durchwandert wurden. Ihre Enttäuschung schien ihr kleines Herz für Sekunden aussetzen zu lassen. Nur die Genugtuung, dass die Gremien um Längen mehr mit ihrer Theorie danebenlagen als sie mit ihrer Vermutung, ließ es weiter schlagen.

„Was sagt das Radar, Kakom?" wollte Tarom wissen.

Kakom blickte kurz auf die Anzeige des Radars.

„Laut Radar geht es nicht mehr höher", sagte er resigniert.

„Aber das kann doch nicht sein", protestierte Zeru.

Sie konnte es nicht fassen. Dies sollte das Oben sein. Eis. Genau solche Eisformationen wie die nördliche Barriere. Mit deren Auswuchtungen und Spitzen, die nicht zur Seite zeigten, sondern nach unten. Deshalb konnte der Entfernungsmesser keine korrekten Werte anzeigen.

Zeru war zutiefst enttäuscht von dem, was sie da sah. Damit hatte sie nicht gerechnet. Also auch hier waren sie von Eis umgeben. Keine neue bewohnte Hemisphäre. Kein andersartiger Lebensraum. Keine Lebewesen, die Funksignale aussenden konnten. Bis auf die Lebewesen, die sich hier oben eine für sich lebenswerte Hemisphäre aufgebaut hatten, gab es keine intelligenten Wesen. Niemanden, von dem sie Hilfe erwarten konnten.

Auch Shatu betrachtete das Ende ihrer Welt. Aber nicht so wie Zeru, enttäuscht, sondern mit Genugtuung. Es konnte für ihn gar nicht anders ausgehen als so. Auch, wenn er nun, da sie keinen Kontakt aufbauen konnten, davon ausging, dass seine Welt, Maborien, nun wirklich dem Untergang geweiht war. Er sah genauso ein wie Zeru, dass nur durch diese vermeintlichen Intelligenzen ihre Welt gerettet werden konnte. Er blickte deshalb doch mitleidig zu Zeru.

„Es tut mir leid", sagte er voller Überzeugung zu ihr.

Er wusste aber auch, dass sie seine Anteilnahme dem nicht Vorhandensein der Intelligenzen zuordnen würde und nicht dem Bedauern darüber, dass er nun auch davon ausging, dass seine Welt untergehen würde. Aber er würde sie in dem Glauben belassen.

„Was können wir tun, Captain?", wollte Kakom wissen. Tarom überlegte kurz. Auch er war von dieser Erkenntnis wenig begeistert. Auch er hatte sich unter dem Oben etwas Anderes vorgestellt aber keine Eisdecke.

„Wir werden weiter unter diesem Eis, dem Oben, wenn es das wirklich ist, weiterfahren." Shatu schaute ihn entgeistert an.

„Sie meinen, dass ist nicht das Oben?" fragte er den Captain.

„Ich weiß es nicht, aber ehe wir nicht nachgesehen haben, können wir es nicht mit Gewissheit sagen."

„Wie weit sind wir noch von der Stelle entfernt, von der unsere Signale aufgefangen wurden?", erkundigte sich Zeru nun doch wieder hoffnungsvoller.

Der Mechaniker Kakom betrachtete den Navigationsmonitor, auf dem das sich über ihnen befindliche Eis als eine schwarze, bis zum Monitorrand reichende, Silhouette angezeigt wurde.

„Wir müssen noch einige Kilometer in diese Richtung zurücklegen. Dann dürfte sich einiges aufklären", antwortete er Zeru.

Sie legte ihre letzte Hoffnung auf diese Anomalie, die erst lange nach dem seltsamen Beben entdeckt wurde.

Trotz, dass die Navigationsanzeigen nicht richtig funktionierten, ordnete er die Weiterfahrt in Richtung der vermuteten Anomalie an.

„Das liegt wohl an den neuen Bedingungen hier oben", spekulierte der Geologe Jirum.

„Captain, sehen Sie, vor uns!" Jirum zeigte mit seinem Schwimmarm zur zentralen Frontscheibe.

Hinter ihr tauchten plötzlich wieder diese großen fleischigen Tiere auf, die aber bereits den neuen Lebensbedingungen hier oben erlegen waren. Nur einzelne schienen noch zwischen Leben und Tod zu wandeln. Apathisch trieben sie zwischen den nach unten reichenden Eisschollen hindurch. Immer wieder stießen sie mit ihren großen, breiten weit aufgerissenen Mäulern gegen diese. Einige von ihnen verharrten bestimmt schon länger an den Eisschollen. Deren Körper wurden bereits zum Teil, wie ihre erfrorene Brut in den Eierketten, von der Eisbildung eingeholt. Ab und zu versuchten sie sich, durch unkoordinierte Rumpfbewegungen, von dem sie immer mehr umgebenen Eis zu befreien. Waru spekulierte, dass diese Herde die Mütter der Eierketten sein könnten und sie nun ihre Brut nie mehr ernähren würden.

Sie schwammen weiter zwischen hunderte Meter nach unten reichende Eisspitzen. Soweit man sehen konnte, ragten sie von dem Oben herunter. Über ihnen gab es nur noch die unendliche Eisdecke von der sie annahmen, dass dies das Oben sein musste. Keiner der Besatzungsmitglieder konnte eine andere Erklärung dieser Eisdecke finden. Das war also ihre Welt. Ringsum eingeschlossen von Eis.

Schließlich gab es plötzlich eine Veränderung der Umgebung. Die obere Eiswand hörte plötzlich auf und über ihnen erstreckte sich wieder das Wasser ihrer Welt. Wie eine umgekehrte Stufe gab es nun also wieder freies Wasser nach oben. Ohne lange seine Kameraden anzusehen und von ihnen Erklärungen zu erwarten, steuerte Tarom das Aufstiegsschiff in diese neue Struktur.

„Captain, sehen Sie das Radar!", wunderte sich Kakom. Hatte das Radar eben noch den gleichmäßigen Wert der sich über ihnen befindlichen Eisdecke angezeigt, so wurden nun wieder unterschiedliche Werte angezeigt. Genauso wie vorhin, als sie noch weit von der Eisdecke entfernt waren.

„Wir sind praktisch wieder auf Höhe der Enden der Eisspitzen", kombinierte Tarom.
Und so war es auch. Über ihnen erstreckte sich wieder eine unendliche Weite bis zur nächsten Eisdecke.

„Wollen Sie damit sagen, dass wir noch mal weiter aufsteigen können?", freute sich Zeru, die nun wieder Hoffnung schöpfte, doch noch etwas Anderes zu finden, als das Vermeintliche vor Kurzem entdeckte Oben.

„Ja, so sieht es aus. Vorhin, dass muss nur eine gigantische Eiswand gewesen sein, die tiefer ragte, als andere."

„Na, dann gibt es vielleicht doch noch Hoffnung für sie", freute sich auch Shatu für sie.
Zeru lächelte ihn an und freute sich auf das, was kommen würde. Vor Freude merkte sie gar nicht, dass Shatu genau in diesem Augenblick mehr in ihr sah als nur das naive Maboriermädchen. Er erkannte, dass sie äußerst zielstrebig und liebenswert war. Er hatte vorher noch nie solche Gefühle

empfunden. Gegen seinen Willen lächelte er zurück und erkannte, dass sie deshalb etwas irritiert war.

„Sie können sich also auch freuen. Na das lässt aber hoffen", scherzte sie.

Auch wenn Zeru seinen Beruf verabscheute, erkannte auch sie, dass Shatu hinter seiner Fassade ein ganz normaler Maborier war. Und das freute sie noch mehr.

Der Captain lenkte das Schiff so, dass sie weiter nach oben in die Eiszapfen hineinsehen konnten. Wie vorher ging auch jetzt wieder ein Staunen durch die Mannschaft. Riesige Schwärme von toten unterschiedlichen Tieren tummelten sich dort zwischen den riesigen Zapfen. Überall der gleiche Anblick, dachte Zeru. Der Captain befahl, zwischen den Eiszapfen nach oben zu steigen. Umso höher sie kamen, desto scharfkantiger und schroffer wurden die Eisformationen. Sie gingen nicht einfach von Eiszapfen zu Eiszapfen ineinander über. Nein, lange, dünne und messerscharfe Rücken verbanden die einzelnen Eiszapfen miteinander. Riesige Eisschollen ragten nun aus dem sich über ihnen befindlichen Eispanzer herunter. Auch hier hatten die Tiere zwischen ihnen ihren Lebensraum gefunden. Das Schiff versuchte, durch dieses Labyrinth immer weiter nach oben zu gelangen. Nachdem sie sich durch mehrere solcher Schluchten ihren Weg gebahnt hatten, steuerte der Captain das Aufstiegsboot immer souveräner. Immer mehr lichtete sich das Geheimnis um das Oben. Es schien genauso gefrorenes Wasser zu sein, wie es die restliche Welt bedrohte. Nur dass diese Eismassen schon seit Millionen von Jahren hier existierten. Hier schien sich das Eis nur wenig auszudehnen. Links und rechts des Schiffes erstreckten sich hunderte Meter hohe Schluchten, aus denen sich immer wieder fächerartige Eisschluchten nach unten erstreckten. Wenn die Eisschicht dünn genug war, konnten sie noch einige vereinzelte unbekannte Oberseetiere hinter ihnen herumschwimmen sehen. Aber die meisten dieser Tiere trieben leblos im Wasser. Der Navigator des Schiffes musste vorsichtig navigieren, damit er nicht gegen die teils unsichtbaren Eisformationen stieß. So schlängelten sie sich

Kilometer für Kilometer immer weiter nach oben. Vorbei an noch seltsameren Formationen von Eis. Kreaturen, so bizarr, so unglaublich, dass sie aus dem Staunen nicht mehr herauskamen.

*

Nach stundenlangem Vordringen in diese Welt, wo trotz der seltsamen neuen Entdeckung doch im Großen und Ganzen alles ihrer Welt entsprach, ihrer Biologie, ihrem physiologischen Aufbau, machten die Aufstiegsfahrer schließlich doch eine Entdeckung, die andersartig war als alles bis jetzt Gesehene.

7. Die ersten Menschen auf Europa

Die Landefähre der Menschen schoss über die schroffen Eismassen des Mondes Europa hinweg. Vorbei an riesigen Eisspalten, die hunderte Meter tief sein mussten. An Bergen vorbei, die wiederum hunderte von Metern hoch sein mussten. Gigantische, aus Eisplatten bestehenden Bergketten umrandeten ein riesiges Tal. Neben den unzähligen Gräben, die ein regelrechtes Netzwerk um diesen Mond bildeten, fanden sich auch immer wieder große, einzelne Ebenen. Diese großen Ebenen wurden von diesen Gräben umschlossen, auf denen sich eine dünne geschlossene Schneedecke befand.

Das Shuttle bewegte sich immer weiter dem unübersehbaren langen Krater entgegen, den der Komet hinterlassen hatte. Immer näher kommend, konnten sie nun schon die aufgewühlten Ränder des Kraters ausmachen. Narrow steuerte das Shuttle anschließend direkt in den langen Krater. Im Innern machte die Mannschaft einen gigantischen Spalt aus, der erahnen ließ, wie der Komet hier eingeschlagen sein musste. Ohne lange zu zögern, steuerte Narrow die Fähre in einem sanften Bogen in den Spalt. Nur wenige Meter über den schroffen Eisplateaus sauste die Fähre immer tiefer hinab in diese unbekannte Welt.

„Sehen Sie sich das an, ist das nicht faszinierend?", fragte Gater niemand bestimmtes.

Er stierte unentwegt aus den Shuttlefenstern. Ebenso wie er, war auch Carter von dieser Narbe auf dem Eismond fasziniert.

„Ja, da kann ich ihnen nur zustimmen, Gater", pflichtete sie ihm bei.

„Sehen sie sich die tiefen Hänge und Spalten an. Das muss während des Aufpralls des Kometen auf dem Eis entstanden sein", argumentierte er.

Narrow steuerte die Fähre noch weiter herunter und flog schließlich quer über den Riss. Was von Weitem nicht zu erkennen war, wurde jetzt sichtbar. Der Riss war an der Oberfläche bestimmt mehrere Kilometer breit. Soweit es zu erkennen war, verjüngte er sich nach unten hin. Er musste an die 1000 Meter tief sein. An seinen Hängen befanden sich zerklüftete Abbrüche, die wie eine Treppe in die Tiefe führten. Mehrere hundert Meter von hier war der Komet eingeschlagen. Wie eine überreife Melone, die man an einer Seite mit dem Messer anschneidet. Sticht man tief genug hinein, gibt es ein reißendes Geräusch und der Riss bewegt sich schließlich von selbst weiter. Genau so musste es auch hier gewesen sein. Als der Komet P/Wolf hier eingeschlagen war, wirkte das wie das Messer in der Melone. Das Eis spaltete sich und der Riss zog kilometerweit.

Sie flogen mit dem Shuttle weiter in den Graben. Aus ihren Fenstern sah es aus, als würden die Hänge an den Seiten nach oben wandern. Narrow bewegte nun das Shuttle vorwärts, innerhalb des Risses, in Richtung der Einschlagstelle des Kometen. Die scharf gezeichneten und schroffen Abbrüche bewegten sich jetzt nicht mehr aufwärts, sondern sie bewegten sich nach hinten. Sie konnten entlang des Risses viele Abbrüche erkennen. So groß wie Autos oder so groß wie Omnibusse lagen sie überall verteilt herum. Als es zu diesen Rissen gekommen war, müssen sie abgeplatzt sein wie, wenn man auf einem zugefrorenen See das Eis zerbricht, splitterten auch dabei Brocken ab.

„Wir sollten Flynn davon berichten. Er könnte das zweite Shuttle damit beauftragen, davon Proben zu bergen."
Als ob Narrow Gaters Gedanken lesen konnte. Er betätigte umgehend den Sprechfunk und informierte Flynn. Auf der Carl Sagan wurde extra eine Sektion für solche massiven Eisproben eingerichtet, die mehrere tausend Kubikmeter Wasser fasste. Sie verließen den Bereich des großen Risses. Vor ihnen tauchte der Einschlagbereich des Kometen auf.

„Vom Weltall aus sah dieser Bereich schon gewaltig aus. Aber vor Ort sprengt es alle Dimensionen", ließ sich der sonst so stille und beherrschende Narrow zu einer Äußerung verleiten. Darauf hatte er so lange warten müssen. Endlich konnte er ungezwungen das Shuttle steuern. Es über die Ebenen und Spalten dieses Mondes hinweg sausen lassen. Er konnte spüren, wie es sofort reagierte, wenn er den Steuerknüppel bewegte. Anders als die riesige Carl Sagan, die nur sehr träge auf Steuerimpulse reagierte.

„Dort könnten wir hinabsteigen und eine Erkundung starten." Carter zeigte durch die großen Panoramafenster auf das Plateau, was sich vor ihnen auftat.

Sie hoffte, dass ihre Aufregung nicht allzu offensichtlich war. Sie hatte lange darauf warten müssen, hierherzukommen. Sie konnte ihre Nervosität einfach nicht zurückhalten.

Alle Drei starrten wie gebannt in die Tiefe. In der Tiefe gab es mächtige Eismassive, die entlang der Schlucht hinab reichten. Überall erhoben sie sich hunderte Meter in die Höhe. Narrow steuerte die Fähre an den rechten Rand des Einschlagkraters, in den sie nun bis fast zum Grund vorstoßen konnten. Nahe des wie eine Treppe aussehenden Hanges bremste er den Flug ab und wendete das Shuttle so, dass es sich längsseits des Hanges befand. Als die Fähre zur Landung ansetzte, wirbelten ihre Triebwerke Eisstaub auf, der sich nur langsam wieder legte. Mehrere Zentimeter bohrten sich die Stützen in den lockeren Eisstaub. Schließlich blieb die Fähre abrupt stehen.

„Einmal Europa, wie versprochen", feigste Narrow, von dem Carter gar nicht wusste, dass er zu so etwas fähig war.
Er war während des gesamten Fluges zum Jupitersystem äußerst ruhig gewesen. Scherze hatte sie von ihm gar nicht gehört. Vielleicht war es der Mond, der ihn nun zu Späßen greifen ließ, dachte sie. Sie freute sich, von Narrow eine andere, angenehme Seite zu sehen.

„Danke, Chauffeur, für die Reise", erwiderte sie auf seinen Witz.

So überraschend Narrow dieser Scherz von den Lippen gesprungen war, so schnell war er wieder der Alte, bemerkte Carter schnell. Ohne auf ihren erwiderten Scherz zu reagieren, schaltete Narrow die Maschinen aus und erhob sich, um der Mannschaft emotionslos mit den Raumanzügen zu helfen.

Schnell aber doch konzentriert stiegen sie in ihre Raumanzüge, um jedem Fehler vorzubeugen. Anschließend schritten sie gemeinsam zur Schleuse.

„Bei Ihnen alles in Ordnung?", fragte Narrow die beiden unerfahrenen Raumfahrer.

Er konnte nicht sagen, ob sie, so wie er, schon des Öfteren dem freien Raum ausgesetzt waren. Wenn nicht, würden sie nun ihren ersten Raumspaziergang unternehmen. Besonders bei Carter konnte Narrow eine gewisse Nervosität erkennen. Er wusste, dass der erste Raumspaziergang immer der schwerste war. Auch er hatte damals Angst verspürt, als er zum ersten Mal auf dem Erdenmond dem freien Weltraum ausgesetzt war. Aber die Angst war bei ihm schnell vorbeigegangen. Er hatte schon so viele Außeneinsätze hinter sich, dass er sie nicht mehr zählen konnte.

„Ja, es geht schon", antwortete ihm Carter.

Sie hatte zwar ein wenig Bange vor der Kälte, die auf dem Mond herrschte. Dennoch wirkte sie gelassen, fand sie selbst. Die Aufregung, dass sie nun endlich auf Europa herumspazieren würde, verdrängte jede Angst.

„Das ist gut. Und Sie Gater, bei Ihnen alles in Ordnung?" Gater verstand die Sorge von Narrow, aber für ihn war es nicht der erste Ausflug außerhalb der Erde. Er war für kurze Zeit leitender Wissenschaftler auf der Mondbasis gewesen. Und während dieser Zeit war er bestimmt öfters über den Mond gewandert als Narrow Außeneinsätze führte, vermutete er.

„Alles in Ordnung. Anzug sitzt, ich bin dann soweit", antwortete er ihm lapidar.

Als alle drei Mannschaftsmitglieder das Schleuseninnere erreichten, betätigt Narrow den Druckausgleichsmechanismus. Mit einem Zischen entwich die Luft aus der Schleuse. Als das getan war, öffnete Narrow die Außenluke. Carter konnte es immer noch nicht glauben, dass sie gleich den Fuß auf diese unwirtliche Welt setzen würde. Jahre der Entbehrung, die sie während des Fluges hierher hatten erdulden müssen. Und nun sind sie hier. Sekunden vor ihren ersten Schritt auf diese Eiswüste. Sie musste an den ersten Menschen auf dem Erdenmond denken. An Armstrong, wie er die berühmten Worte gesprochen hatte. Sie überlegte, ob sie auch solche gewichtigen Worte sagen sollte, die der Situation entsprechen würden. Entschloss sich aber dann dazu, es sein zu lassen. Immerhin würde sie nicht die Erste auf dem Jupiter Mond Europa sein, sondern Gater.

*

Langsam schritt Gater die kurze Treppe hinab, die nach der Öffnung der Luke ausgefahren wurde. Als erster Mensch setzte Gater seinen Fuß auf Europa. Sein Fuß sank ebenfalls, wie die Fährenstützen, mehrere Zentimeter in den Eisstaub. Nach dem er ein paar Meter seine Spuren im Eisstaub hinterlassen hatte, stiegen auch Narrow und Carter die Treppe hinab und betraten den Jupitermond Europa.

„Was ist das?", wunderte sich Carter.

„Staub aus Eis. Sie müssen bedenken", führte Gater fort, „der Komet wird Teile des Eises direkt in Wasserdampf verwandelt haben. Als er dann in den Tiefen des Mondes absank und es hier wieder die eisigen Temperaturen gab, ist dieser Dampf als Schnee herab geschneit. Dadurch ist es hier zu dieser Staub-, Entschuldigung, zu dieser Eisstaubschicht gekommen."

„Ah, ich verstehe. Es ist das gleiche Phänomen, dass man erzielen kann, wenn man in eisigen Gegenden der Erde kochend heißes Wasser in die Luft schleudert. Sofort tritt das Wasser in Schnee über und überspringt den Aggregatzustand des Dampfes", versuchte sie Gaters Ausführung mit bekannten Phänomenen der Erde zu erklären.

„Ja, genau, so kann man das erklären", pflichtete er ihr bei.

„Wir sollten uns auf den Weg machen", unterbrach Narrow die beiden Wissenschaftler. Er musste auf ihren Sauerstoffvorrat achten. Da konnte er kein Trödeln zulassen.

„Ja, Narrow, wir sind dann bereit", sagte Gater, der eigentlich die Führung innehatte.

Er wusste aber auch, dass Narrow pingelig sein würde, wenn es um die Ausrüstung ging. Und Gater vermutete, dass er hier wegen des begrenzten Sauerstoffs zur Eile drängte.

„Wir müssen uns immerhin an unseren Zeitplan halten", verteidigte Narrow sich.

Ihm schauderte es schon, wenn er daran dachte, dass das den ganzen Weg so gehen könnte. Es sind eben Wissenschaftler. Im Grunde verstand er sie auch. Wenn sie wegen irgendwelcher Maschinen hier wären, dann wäre er derjenige, der ständig über diese diskutieren würde. Aber zum Glück wurde er durch Gater aus seinen Gedanken gerissen, als er die Führung übernahm.

„Hier entlang", forderte Gater die anderen zum Gehen auf. Jeder trug eine beachtliche Bergsteigerausrüstung mit sich, so dass der Marsch für die zwei Männer und eine Frau sehr beschwerlich war. Als sie am Rand der Schlucht angelangt waren, blieben sie kurz stehen und sahen in die Tiefe.

„Es wird schwerer werden, als wir gedacht haben", sagte Narrow.

Auch wenn der Abstieg hier äußerst schwierig werden würde, stellten andere Stellen noch größere Kletterkünste an die Raumfahrer.

„Wir müssen eben vorsichtig sein. Hier ist der beste Platz, um am nächsten an die unteren Schichten des Kraters zu gelangen."
Gater, der Wissenschaftsoffizier konnte es nicht abwarten in die Tiefe steigen zu können.

Auch er hatte vor dem Start zum Europa sein Leben lang mit der Erforschung unseres Sonnensystems und insbesondere mit der Erforschung von Kometen verbracht. Als er davon erfahren hatte, dass es eine bemannte Mission zum Jupiter geben sollte, um den heranrasenden Kometen P/Wolf zu untersuchen, da war sein erster Gedanke gewesen: da muss ich dran teilnehmen. Deshalb hatte er sich gleich beworben.

Nachdem sie eine Strickleiter heruntergelassen hatten, versuchte Gater als erster den Abstieg. Vorsichtig, aber dennoch zielstrebig, begab er sich über die Eiswand und versuchte, mit den Füßen die ersten Stufen der Leiter zu fassen. Was gar nicht so einfach war, wie er nun feststellen musste. Trotz aller Vorsicht rutschte er von den Stufen weg und konnte sich geradeso noch mit den Händen an der Strickleiter festhalten.

„Sie werden schon früh genug nach unten kommen, Gater." Narrow, der das sah, war von so viel Enthusiasmus überrascht. Er glaubte bis jetzt, Gater wäre ein rationaler, besonnener Typ, der sich von nichts beeindrucken lässt. Aber solche Situationen hielten wohl niemanden davon ab, zu eilig zu sein. Nachdem Gater den Grund der Schlucht erreicht hatte, folgte ihm Narrow, der nun noch vorsichtiger die Strickleiter herabstieg. Carter, als Letzte, stieg ebenfalls souverän die Stufen hinab. Sie wurde von den beiden Männern in Empfang genommen. Beide hielten sie die wacklige Strickleiter an ihren Enden fest. So gestaltete sich ihr Abstieg sehr viel entspannter. Ihr Weg führte sie schließlich immer weiter hinab in Richtung des zentralen Kraters. Der Weg war etwa drei Meter breit und führte sie immer weiter nach unten. Nach einer halben Stunde Abstieg mussten sie schon über die ersten größeren Eisformationen klettern. Das Klettergeschirr brauchten sie bis jetzt noch nicht.

Carter war jetzt vorne und führte die Truppe an. Ihr Weg führte sie jetzt in eine kleine Rechtskurve. Als sie etwas unvorsichtig war, rutschte sie an einer steileren Stelle aus und schlitterte ein paar Meter abwärts. Zum Glück bestand der Rand des Hanges auf der rechten Seite, die Seite, an der sich der Abgrund befand, aus einem nach oben gewölbten Vorsprung. Somit hielt er Carter während ihrer Rutschpartie auf dem Weg. Sonst wäre sie bestimmt in die Tiefe gestürzt.

„Seien Sie vorsichtig, Carter", ermahnte Gater sie und half ihr sofort beim Aufstehen.

Den kurzen Schreck schnell weg steckend erhob sie sich und schaute entsetzt den Abhang hinunter. Sie war froh, dass der rechte Rand etwas erhöht war und somit ihre Rutschparty auf dem Weg hielt.

„Sehen Sie nur!", forderte Gater die anderen beiden auf.

Gater hockte an der Spur, die Carter bei ihrer Schlitterpartie hinterlassen hatte. Mit erstauntem Gesicht zeigte er nach unten. Carter wunderte sich über Gaters seltsames Verhalten. Was sollte dort schon zu sehen sein? Aber ihre Neugierde überflügelte sie und sie ging ebenso auf die Stelle ihrer Schlitterparty zu wie auch Narrow.

„Was haben Sie denn da gesehen, Gater?", fragte sie deshalb verwundert.

Dort, wo Carter entlang geschlittert war und den Eisstaub somit von dem glatten Eis weggeschoben hatte, war eine blanke Eisfläche zu sehen.

„Sehen Sie sich das an! Man kann bis weit in die Tiefe sehen", staunte er.

Carter erkannte nun Gaters Euphorie. Auch sie konnte bis tief in das Eis hineinsehen. Und was sie dort sah, überstieg jegliche Hoffnung auf Erkenntnis über diesen Mond.

„Das kann nicht sein", sagte sie und musste doch einsehen, dass das gerade doch sein konnte.

„Beseitigen wir noch mehr von dem Schnee, vielleicht können wir dann mehr sehen", schlug Narrow vor.

„Das ist eine gute Idee", sagte Gater, der immer noch angespannt in die Tiefe des Eises schaute.

Immer wieder versuchte er, aus einem anderen Blickwinkel mehr Einzelheiten zu erkennen. Um ihren Sichtbereich zu erweitern, machten sich die drei Forscher daran, noch mehr Schnee von dem Eis zu entfernen. Mit den Armen wischten sie so eine mehrere Quadratmeter große Fläche frei. Nun konnten sie das Gebilde im Eis genauer betrachten. Was sie da erblickten, überstieg alle ihre Erwartungen.

Mehrere Meter unter ihnen, im ewigen Eis eingefroren, sahen sie ein Tier, ein gewaltiges Tier. Bei dem, was sie tief im Eis sahen, handelte es sich um ein fischähnliches Wesen, an dessen Flanken sich je eine durchgehende, wellenförmige Flosse befand. Carter konnte sich regelrecht vorstellen, wie sich diese Flossen sich sinuswellenförmig bewegten, um das Tier sanft vorwärtszubewegen. Auf dem platten, breiten Buckel prangten mehrere Rückenflossen, die in einer Reihe hintereinander standen und in eine breite Schwanzflosse übergingen. Es war mit seinem beleibten Körper bestimmt an die zehn bis 15 Meter lang. Der Rumpf wies an der gesamten Unterseite tiefe Rillen auf.

„Das könnten die Kiemen sein", sagte Carter.

Sie hätte hier mit allem gerechnet. Mit Bakterien oder mit Einzellern. Dafür war sie ja hier, um Leben auf oder unter Europa zu finden. Dass, was sie da sah, überstieg aber jede Erwartung, die sie hatte.

„Nein, völlig unmöglich. Das würde ja voraussetzen, dass dieses Tier hier herumgeschwommen ist. Sehen sie sich den ausgeprägten vorderen Maulbereich an. Das sieht nach Millionen Jahre langer Entwicklung aus. Aber wie soll sich in diesem Eispanzer solches Leben entwickelt haben?" Carter war fassungslos.

Auch wenn das Tier nur in seiner Silhouette zu erkennen war, so konnten sie keine Zweifel daran hegen, dass es sich um ein Tier handelte.

„Wie kommt das hier her?", fragte Narrow, der ebenso verblüfft war und erkannte, dass diese Expedition einen unerwarteten Weg einschlagen würde.

„Sie sind die Expertin für Exobiologie", sagte Gater zu Carter, als er von Narrow gefragt wurde.

Carter wusste nicht, was sie darauf antworten sollte. Ihr fehlten sämtliche Fakten, was dieses Tier anbelangte. Aber von der Tatsache ausgehend, dass es eben mal hier lag, gab es keine andere Erklärung, als dass es hier gelebt haben musste. Ohne auf Narrows Frage zu antworten, schaute sie das Tier genauer an. Der Kopf befand sich an einem kurzen, wulstigen Hals, dessen Form übergangslos in den hinteren Rumpf überging. Die

Vorderseite des Kopfes blieb den Forschern vorenthalten. Das Tier lag so im Eis, dass er nicht zu sehen war.

„Ich weiß nicht, was ich dazu sagen soll. Aber wie es aussieht, lebte es hier", antwortete sie schließlich doch. Aber ihr gefiel die Antwort selbst nicht so recht. Deshalb äußerte sie sich dazu nur auf Vorbehalt.

Sie selbst könnte sich vorstellen, dass dieser Mond einst wärmer gewesen war und somit das Eis vielleicht einen riesigen Ozean bildete, in dem diese Tiere einst herumschwammen. Nach irgendwelchen astronomischen Ereignissen, von denen sie aber keine Ahnung hatte, war der Ozean zu dieser Eiswüste gefroren. Da sich diese Theorie in ihrem Kopf zu einem flüchtigen, unbestätigten Gedanken manifestierte, behielt sie ihn für sich. Sie wusste auch nicht, ob es überhaupt solch eine These über Europa gab.

Sie sahen sich das Tier noch eine Weile genauer an, ehe Gater einen unglaublichen Vorschlag machte.

„Wir müssen das Tier heraufholen!" forderte Gater.
Narrow schaute ihn verwundert an. Auch, wenn er nur ein Navigator war, und er war ein sehr guter Navigator, da war er sich ganz sicher, würde er, ebenso wie die beiden Wissenschaftler, das Tier am liebsten aus seinem Grab holen. Aber auch diese Wissenschaftler mussten einsehen, dass das außerhalb jeglicher ihrer Möglichkeiten lag.

„Gater, das ist völlig unmöglich. Erstens haben wir nicht die Ausrüstung dafür, zweitens liegt es viel zu tief. Man kann es ja kaum erkennen."
Gater und auch Carter, die Gater aus dem Herzen sprach, sahen Narrow enttäuscht an. Aber beide wussten auch, dass Gaters Bitte völlig unmöglich war.

„Sie haben recht, Narrow. Machen wir ein paar Fotos davon. Sonst wird uns niemand glauben. Leben auf Europa! Unvorstellbar."

Carter, die die Kamera bediente, schoss ein paar Fotos des Tieres. Immer wieder versuchte sie, die bestmögliche Position zu erlangen, um das Tier möglichst günstig einzufangen. Aber, wie sie feststellen musste, gelang ihr das nicht. Entweder blendete das Eis im Blitzlicht oder, wenn sie versuchte seitlich ins Eis zu fotografieren, gelangen ihr nur verschwommene Aufnahmen. Frustriert begnügte sie sich mit den wenigen Aufnahmen, von denen sie annahm, dass sie wenigstens etwas zeigen würden. Danach setzten sie ihren Weg zum zentralen Krater fort.

Sie gingen diesen Weg noch einige Meter weiter, bis sie an eine Stelle kamen, wo dieser in einem tiefen Abgrund endete.

„Ich denke mal, hier müssen wir uns nun abseilen", sagte Gater und ließ sein Kletterseil in den Eisstaub fallen. Wieder mussten die drei Forscher die riesigen Eiszapfen bestaunen. Durch das Auseinanderreißen der Eiswände kam es zu unglaublichen Eisformationen. Hunderte Meter lange, messerscharfe Kanten, die wie auf der Kante stehende und etwas aufgeklappte Bücher aussahen. Dieses Bild zog sich hier den gesamten Spalt entlang. An anderen Stellen waren diese Bücher halb umgekippt. Und zwischendurch sah man immer wieder diese gigantischen Eiszapfen.

„Seien Sie aber vorsichtig. Geben Sie besonders auf diese scharfen Kanten acht. Ruckzuck ist ihr Raumanzug aufgerissen!", wies Narrow eindringlich auf die Gefahren hin.
Gater ließ seinen Blick durch die Runde gehen. Schließlich ließ sich Gater als Erster am Seil herunter. Die Eiswand war hier besonders glatt und klar. Gaters Blicke starrten mehrere Meter ins Eis hinein. Sprünge und Risse waren bis weit ins Innere zu sehen. Nach Gater folgte Carter. Den Abschluss bildete Narrow. Nach wenigen Minuten des Abstiegs gelangten sie auf eine weitere schräge Ebene, die weiter in die Tiefe führte.

„Der Kern des Kometen muss tief ins Innere des Eises eingedrungen sein", sagte Gater, „er ist hier in die Spalte eingedrungen und hat, während er hier eingedrungen ist, eine Schneise der Verwüstung hinterlassen. Auf seinem Weg nach unten hat er das Eis geschmolzen und durch den Dauerfrost ist das geschmolzene Wasser gleich wieder zu Eis erstarrt", führte er seine Erklärung weiter aus.

Wenn sie den Kern erreichen wollten, müssten sie einerseits noch eine gewisse Strecke gehen und dabei immer weiter in den Abgrund steigen. Nach mehreren Stunden des Abstiegs waren sie etwa in einer Tiefe von 500 Metern.

„Seht diese Schleifspuren an!" Gater zeigte auf lange, mit Schmutz bedeckte, in die Tiefe führende Kratzer, „Das äußere Eis des Kometen muss sich hier schon aufgelöst haben und hat seine Schmutzpartikel abgeladen. Wenn wir Pech haben, hat es sich ganz aufgelöst und wir finden keinen kompletten Klumpen mehr", beendete er seine Erklärung.

Er nahm Proben von diesem dunklen Belag, der wahrscheinlich Rückstände des Kometenkerns enthielt. Carter sah verdutzt auf ihren Arm, an dem sich Anzeigeinstrumente für Temperatur, Druck und anderes befanden.

„Die Temperatur ist um mehrere Grad gestiegen!", wunderte sie sich.

Sie war nun schon ziemlich geschafft. Auch, wenn sie schon so einige Klettertouren auf der Erde mitgemacht hatte, verlangte diese Tour ihr einiges ab. Trotz der geringen Anziehungskraft des Mondes kam sie langsam an ihre Grenzen. Da verwunderte es sie nicht, dass sie solch eine wichtige Komponente völlig außer Acht gelassen hatte.

„Das wird wohl durch den Aufprall des Kometen gekommen sein", meinte Gater, der ebenso zu tun hatte wie Carter. Der Einzige, der ruhig und ohne Erschöpfungserscheinungen vorwärtsging, war Narrow.

Seit mehreren Stunden waren die Menschen nun schon unterwegs, hinab in diese unbekannte eisige Welt. Vorbei an gigantischen Abhängen, die in die Tiefe führten. Links und rechts von ihnen, wo der Komet entlang geschrammt war, sahen sie tiefe Gräben, endlose Risse im Eis, Einschlüsse von Dreck und Staub. Was wahrscheinlich Rückstände des Kometenbrockens waren. Wenn sie erst gedacht hatten, dass das Eis hinter den einschlagenden Kometen gleich wieder komplett gefrieren würde, stellten sie nun fest, dass der Komet eine lange, in die Tiefe führende Furche hinterlassen hatte. Bevor das gesamte aufgetaute Eis hinter dem einschlagenden Kometen hatte gefrieren können, war wahrscheinlich vieles von dem Wasser erst verdampft, bevor es erneut gefrieren konnte. So war dann diese Art Röhre entstanden, die nun in die Tiefe führte.

„Aber sehen Sie sich die Messergebnisse an. Wir haben schon eine Außentemperatur von minus zehn Grad."

Gater schaute Carter erstaunt an.

„Das kann nicht sein. Ihre Instrumente gehen falsch. Hier müssen wenigstens minus 80 Grad herrschen," versuchte Gater eine logische Erklärung zu finden.

Alle drei sahen auf die Instrumente, die Carter bei sich trug. Ungläubig klopfte Carter mit dem Finger auf das Thermometer. Das Thema beiseite legend gingen die Drei weiter die Schlucht abwärts.

„Kommen Sie hierher", rief Carter den anderen zu.

Vor ihnen eröffnete sich ein endloser Abgrund. Die Röhre, die mit etwa 30 Grad Neigung in die Tiefe führte, hatte sich hier unten auf etwa 200 Meter verengt. Wo es am oberen Rand noch mehre Kilometer waren, konnten sie nun auf die andere Seite herüberschauen. Auch dort waren tiefe Einschürfungen zu sehen. Aber ihr Weg, der sie bis hierher geführt hatte, schien hier zu Ende zu sein. Der leichte Abstieg endete mit einem mehrere hundert Meter tiefen Abgrund, wo kein Weg mehr entlangführte wie noch bisher. Alle drei knieten sie am Abgrund nieder.

„Wahrscheinlich ist das Bruchstück des Kometen hier zum Stillstand gekommen und ist schließlich, durch seine Restwärme, senkrecht in die Tiefe geschmolzen", sagte Gater.

„Ab hier müssen wir uns abseilen. Narrow, Sie installieren die Abseilvorrichtung."

„Ei, Sir."

*

Narrow nahm seine Ausrüstung ab und packte die ultra leichte Abseilvorrichtung aus. Gater und Carter schauten mit dem Fernglas in die Tiefe. Erstaunte Blicke trafen sich, nachdem sie die Ferngläser von den Augen genommen hatten.

„Träume ich oder ist das dort unten wirklich flüssiges Wasser?"

„Ich glaube, Sie träumen nicht, Carter. Ich weiß nicht, wie das sein kann, aber es sieht nach flüssigem Wasser aus."

Erst das Tier im Eis und nun auch noch flüssiges Wasser. Der Mond bot allerhand Überraschungen. Carter fragte sich, was da noch auf sie zukommen würde. Gater ging zu Narrow und half ihm beim Aufbau der Seilwinde.

„Was meinen Sie, Narrow, wird uns die Seilwinde halten?" Gater kam das Gerät nicht geheuer vor. Die Strickleiter war ja etwas Anderes. Da musste er sich selbst auf seine Hände und Beine verlassen. Aber bei dieser Seilwinde, musste er sich voll auf ihre intakte Funktionalität verlassen. Und das fiel ihm ziemlich schwer. Narrow schaute ihn nur lächelnd an und sagte:

„Die Seilwinde könnte sogar fünf von uns auf einmal befördern, Gater, da brauchen Sie keine Bedenken haben."

Nachdem sie die Seilwinde aufgestellt hatten, machten sich die drei an den Abstieg. Zuerst seilte sich Gater ab, dann folgte Carter und zum Schluss Narrow. Auf dem Weg nach unten stellten die Forscher fest, dass sich die Röhre immer weiter verengte. Bis auf etwa 100 Meter. Der Rand der Röhre hatte nun gleichmäßige Einkerbungen. Waren sie oberhalb des Abhangs unregelmäßig an den Wänden verteilt, so führten sie nun gleichmäßig in die Tiefe. Oberhalb des Steilhangs musste es durch das unregelmäßige Herumtrudeln und Abspaltens von Bruchstücken zu diesen groben Gebilden gekommen sein. Hier wo der Kern sich in die Tiefe absenkte, entstanden regelmäßige, langgezogene Kratzer.

Gater atmete auf, nachdem er den Grund erreicht hatte und schaute sich gleich um. Er wollte einen günstigen Platz für ihre Faltplattform finden. Als er ihn fand, verankerte er einen länglichen Stab in der Eiswand. Nachdem Gater am rechten Rand des Stabs auf einen Knopf gedrückt hatte, entfaltete sich eine etwa zwei mal einen Meter große Plattform. Gater stellte sich als Erster auf die Plattform und prüfte durch leichtes

Wippen der Plattform, ob sie fest im Eis verankert war. Nun ließen sich auch die anderen beiden darauf nieder.

Sie sahen über eine kleine Ebene, die glatt wie Wasser war. Wie ein kleiner, länglicher Bergsee erstreckte sich diese Ebene vor ihnen. An der anderen Seite des Bergsees erhoben sich die schroffen Hänge in die Höhe. Nur wenige Meter trennten sie vom Ufer des Sees. Sie gingen gemeinsam zum Rand des Ufers und musterten die Oberfläche.

*

Gater kniete sich nieder und ließ seine Hand ganz langsam ins Wasser gleiten. Ohne einen Widerstand tauchte seine Hand in die Fläche ein, von der alle dachten, dass es festes Eis wäre. Seine Fingerspitzen, in den dicken Raumanzughandschuhen, durchpflügten ganz vorsichtig die Wasseroberfläche. Als die Hand herauskam, tropften einige Wassertropfen von seinen Fingern zurück ins Wasser.

„Es ist wahrhaftig flüssiges Wasser!", staunte er. Alle drei sahen erstaunt auf Gaters Finger. Er hielt sie fassungslos vor das Visier seines Raumanzughelms.

„Carter, was für eine Temperatur haben wir hier unten?" Carter, erschrocken darüber, dass sie nicht selbst schon auf diese Idee gekommen war, schaute auf ihr Thermometer, das sie am Arm trug.

„0,2 Grad plus." Fassungslos starrten sie auf das von Gaters Hand herabtropfende Wasser.

„Es ist flüssiges Wasser, wahrhaftig flüssiges Wasser", konnte sie nicht aufhören zu sagen. Mit voller Bewunderung schauten die drei nun über den kleinen Bergsee. Am anderen Ufer machten sie eine größere Bucht aus als diese hier.

„Seht, dort drüben." Gater wies mit seiner dick eingepackten Hand auf das andere Ufer, an dem die Eiswand steil nach oben ragte. Eine riesige buchtartige Plattform war dort zu sehen. Für Narrow der ideale Landeplatz für ihr Shuttle, dachte Gater.

„Dort werden wir mit unserem Shuttle landen. Das ist der ideale Landeplatz." Seine Kameraden schauten ihn fassungslos an. Aber Gater schaute nur Narrow fragend an.

„Sie schaffen das doch, oder?"

Narrow schaute sich die Sache an. Ihr Abstieg hier her war äußerst schwierig. Die Wissenschaftler würden noch öfters hierherkommen müssen, um weitere Untersuchungen anzustellen. Das wusste er. Deshalb würde es vorteilhaft sein, direkt mit dem Shuttle hier her zu gelangen. Wenn auch die Schlucht hier unten ziemlich eng war, würde er mit dem Shuttle hier landen können.

„Ich denke schon", antwortete er ruhig und gelassen.

„Aber wie meinen Sie das, Gater?" fragte Carter den Wissenschaftler. Der schaute immer noch berechnend zu der gegenüberliegenden Bucht.

„Na, so wie ich es gesagt habe." Voller Tatendrang erklärte er ihnen seinen Plan.

„Aber wir haben gerade diesen beschwerlichen Abstieg hinter uns", beklagte sich Carter, die nicht verstehen konnte, wieso sie nicht gleich mit dem Shuttle bis hierher geflogen waren. Aber sie sah selbst ein, dass sie es vorher gar nicht hatten erkennen können.

„Ja, Sie haben recht. Und außerdem hätten wir dann das Tier gar nicht gesehen."

Wohlwollend vernahm Gater ihre Zustimmung. Obwohl er sie nicht gebraucht hätte, freute er sich, dass sie seinem Plan zustimmte.

„Ich nehme nur noch kurz eine Wasserprobe." Carter ging an den Rand des Sees und kniete sich nieder. Wieder tauchte sie ihre Hand in das flüssige Wasser, um ein Probenröhrchen mit der Flüssigkeit zu füllen. Nachdem sie es verschlossen hatte, verstaute sie es sicher in ihrer Ausrüstung.

„Was meinen Sie, wie tief das Wasser hier ist?", fragte Gater die Biologin, die sich vom Rand der Bucht entfernte.

„Das kann man schlecht sagen."

Der Jupiter über ihnen beleuchtete den See nur wenig. Er befand sich jetzt etwas schräg zu dem Einschlagkrater, deshalb konnten sie von ihm am oberen Rand der Schlucht nur ein Viertel sehen. Die vielen dunklen Schatten, die deshalb hier unten herrschten, ließen es nicht zu, tiefer als ein paar Meter in den See zu sehen, der aber ansonsten glasklar zu scheinen schien.

„Wieso wollen Sie das wissen?", fragte Narrow, der hoffte, dass Gater genau solche tollen Ideen verfolgte, wie er sie auch schon gedacht hatte. Auch wenn dieser Schritt ein gewaltiger wäre, würde er sofort diesen Plan in die Wirklichkeit umsetzen wollen. Narrow sah Gater zuversichtlich an, in der Hoffnung, dass er auch wirklich an seinen Wunschplan dachte.

„Wir werden mit unserem an Bord der Carl Sagan befindlichen U-Boot hierher zurückkommen", sagte er und Narrow fiel ein Stein vom Herzen und entlockte ihm ein langgezogenes „Jaaaa". Nur Carter wusste nicht so recht, was sie darauf antworten sollte. Sie hatte das U-Boot im Hangardeck der Carl Sagan gesehen. Hatte aber nie im Ernst damit gerechnet, dass es zum Einsatz kommen würde.

„Das muss aber erst noch Kapitän Flynn genehmigen", sagte sie, um ihrer Angst vor einer Reise in die Tiefen von Europa zu begegnen.

„Er wird dem zustimmen. Immerhin muss sich der Kometenkern dort unten befinden. Wenn er immer noch diese Wärme abstrahlt, haben wir gute Chancen, ihn zu finden. Es ist immerhin deshalb an Bord der Carl Sagan, um es auch zu benutzen", rechtfertigte er sich.

„Naja, ich denke mal, dass wir sowieso nicht sehr tief kommen werden", besänftigte Narrow die Situation.
Erst das Shuttle und nun das U-Boot. Für ihm war Weihnachten und Ostern an einem Tag, wenn Flynn das wirklich genehmigen würde, denn er würde auch das U-Boot bedienen. Dafür war niemand anderes autorisiert.

„Auf mich müssen Sie dann aber verzichten", erklärte Carter.
Sie würde niemals an Bord des U-Bootes gehen, um unter das Eis zu tauchen. Auf keinen Fall, dachte sie.

„Lassen Sie uns erst mal zurückkehren, um diesen Tag auszuwerten", schlug Gater vor, der gleich darauf seine Sachen packte und sich zur automatischen Seilwinde begab.

Ohne ein Wort zu sagen, folgten ihm Narrow und Carter. Einer nach dem anderen ließen sie sich durch die Seilwinde nach oben auf die erste Ebene befördern. Der restliche Aufstieg gestaltete sich schwerer, als sie erst angenommen hatten. Carter sah ein, dass die Idee mit dem Shuttle später am anderen Ufer zu landen, die bessere Idee war. Im Nachhinein war Carter vollauf zufrieden mit der ersten Erkundung des Mondes. Sie hätte nicht geglaubt, hier so viel Material zu finden, mit dem sie arbeiten könnte. Sie als Biologin fand es erstaunlich, was sie hier in den letzten Stunden entdeckt hatten. Sie hoffte, bei der nächsten Mission zum Europa dabei sein zu können, aber bitte nicht in dem U-Boot, flehte sie.

8. Die blutige Implosion

Die Barriere, wie sie seit einiger Zeit von den Meeresbewohnern genannt wurde, hatte sich in den nördlichen Bereichen mit dem Eis der oberen Hemisphäre und dem Meeresboden verbunden. Eine gigantische Eismasse reichte nun vom Meeresboden bis hinauf zu der oberen Barriere, dass die Maborier das Oben nannten. In grauer Vorzeit hatten die Urahnen der Maborier diesen unbekannten Bereich ihrer Welt sicherlich anders bezeichnet. Da aber nur wenige Maborier Vergangenheitsforschung betrieben, verloren sich diese unzähligen Bezeichnungen im Strom der vergangenen Zeiten.

Dieser unbekannte Bereich war noch vor kurzem der Lebensraum der riesigen Meeresungeheuer gewesen, die von der Besatzung der Expedition um Zeru zum ersten Mal entdeckt wurden. Aus ihrem natürlichen Lebensraum vertrieben versuchten sie nun, in tieferen Bereichen Nahrung und Unterschlupf zu finden. Hunderte dieser riesigen, fleischigen Massen, die in den oberen Schichten dieses Mondes grazil ihre Bahnen zogen, tauchten nun in die zivilisierte Welt der Maborier ab.

*

Keref saß mit ihrer Mutter in einem Vakuumzug, in Richtung der Innenstadt von Lorkett. Die beiden flohen vor den voranschreitenden Eismassen, die unaufhörlich die Bewohner aus ihren Siedlungen vertrieben. Ein nicht enden wollender Strom von Vakuumbahnen schoss in Richtung der Altstadt von Lorkett. Sie saß in diesen speziellen Sitzen für schwimmende Wesen, die sich Sitznischen nannten. Sie klammerte sich mit ihren beiden kurzen Flossenbeinen an der Halterung fest, die sich im Innern jeder Sitznische befand. Mit einer ungeahnten Leichtigkeit umklammerte sie die innere Halterung der Sitznische. Sie wusste gar nicht, dass es in den modernen

Bahnen solch einen Luxus gab. Sie verabscheute die Kraft, die sie in der alten, spröde ausgestatteten Bahn aufwenden musste, die sie jeden neuen Zyklus zum Lehrnunterricht brachte. Auch wenn sie Bahnfahren mochte, war sie jedes Mal froh, die Halterung in der Sitznische loslassen zu können. Hier aber schmerzten ihre Flossenbeine nicht im Geringsten. Nur ganz leicht umschloss sie die Flossenhalterung im Innern der Nische. Sie genoss regelrecht den leichten Sog, der ihren kleinen Körper in die Sitznische zog und damit dafür sorgte, dass sie sicher und bequem die Fahrt genießen konnte. So zufrieden schaute sie wissbegierig aus dem Fenster der Bahn.

Alle paar Sekunden flog eines von diesen Röhrenfenstern, die den Blick nach Außen zuließen, an ihr vorbei. Da die Vakuumbahnen in einer sehr großen Höhe fuhren, für Maborier wegen des niedrigen Außendrucks sofort tödlich, hatte sie hier einen phantastischen Panoramablick auf die gesamte Unterwasserwelt. Von weitem konnte sie schon die ersten großen Gebäude der Stadt erkennen. Nicht die platten Siedlungsgebäude, deren Höhe nicht mal über zwei Etagen hinausgingen. Staunend betrachtete sie die ersten hoch aufragenden Gebäude, die am Horizont auftauchten. Stockwerk für Stockwerk erhoben sich gewaltige Gebäudekomplexe in ihren prachtvollen und gewaltigen Korallenkonstrukten. Farbenprächtige, langgezogene Leuchtwerbetafeln überspannten breite Flitzerschneisen, die an den gegenüberliegenden Korallenkonstrukten hingen. Maborierdicke Korallengestänge schlängelten sich bis zur obersten Etage der immer zahlreicher werdenden Gebäude hinauf, die Keref nun sehen konnte. Ebenso dicke Korallenarme verschwanden zwischen den Gebäuden, um auch dort für einen sicheren Halt der Gebäude zu sorgen. Wenn sie sich ganz nah ans Fenster lehnte, so dass sie mit der Kopfflosse ans Fenster stieß, sah sie sogar den vorderen Teil der Vakuumröhre, die hier eine scharfe Kurve nach rechts vollführte. In der Ferne konnte sie noch viele andere Vakuumröhren sehen, die ihren Ursprung in anderen Regionen der Unterwasserwelt hatten. Keref staunte über diese vielen

Bahnen. Soviel auf einmal hatte sie noch nie gesehen. Sie kannte nur die eine Bahn, die sie immer pünktlich und sicher zum Lernunterricht brachte. Auch wenn sie die spartanische Ausstattung der Bahn hasste, so schien diese Bahnfahrt immer zu kurz zu sein. Aber heute schien die Fahrt ewig zu dauern. Sie konnte es gar nicht mehr abwarten, endlich die große Stadt zu sehen, von der ihr ihre Mutter erzählt hatte. Sie wandte ihren Blick von den Röhren ab und schaute nach oben, wo sie seltsame, plumpe große Wesen sah. Sie konnte beobachten, wie diese Wesen ihrer Bahn immer näherkamen. Sie rissen ihre Mäuler weit auf. Riesige Mäuler dachte Keref. So was hatte sie noch nie gesehen.

„Mama was ist das?", fragte sie ihre Mutter, die desinteressiert nach vorne schaute, den Blick an den Sitznischen vor ihr entlang.

„All diese vielen Maborier in der Bahn", dachte sie, „waren genauso auf der Flucht wie sie. Genauso wie sie mussten sie ihre Wohnungen verlassen."

Sie hatte Angst, dass sie für sich und ihre kleine Tochter keine neue Heimat mehr finden würde. Aber dennoch war sie froh, erst mal aus den gefährdeten Gebieten evakuiert worden zu sein. Keref war ihr ein und alles. Wenn ihr etwas zustoßen würde, könnte sie es niemals verkraften. Sie hörte Keref nur von ganz weit weg, so sehr war sie in ihren Gedanken versunken. Aber langsam vernahm sie die Frage ihrer Tochter.

„Was meinst du?", fragte sie zurück, da sie gar nicht wusste, wovon Keref redete.

„Dort draußen, die seltsamen Tiere?", fragte sie zum wiederholten Male und wies mit ihrer Flossenhand erneut aus dem Fenster. Ihre Mutter sah nun endlich selbst hinaus.

„Was ist das?", fragte auch sie sich. Sie konnte nicht glauben, was sie da sah.

Andere Fahrgäste sahen ebenfalls diese großen Tiere, die sich immer mehr auf die Bahnen und die Stadt zu bewegten. Fassungslos schaute sie konzentrierter aus dem Fenster.

„So etwas habe ich noch nie gesehen, Liebes!", sagte sie verwundert und konnte ihren Blick genauso wenig von diesen Tieren ablassen wie Keref.

Einige dieser Riesen schwammen nun immer weiter in Höhe ihrer Vakuumbahn. Sie konnte sie genau betrachten. Eines kam ihr sogar so nahe, dass sie die vielen Rillen auf dessen massigen, klobigen Körper erkennen konnte. An den langgezogenen Flanken des massigen Körpers bewegten sich wellenförmige Schwimmhäute, die das Tier graziös neben der Bahn treiben ließ. Um es genau betrachten zu können, müsste sie aber an drei Fenstern entlang schwimmen, so riesig waren diese Tiere. Eines der Tiere, das genau an dem Fenster vorbei schwamm, an dem Keref und ihre Mutter Tira saßen, riss genau in diesem Moment sein riesiges Maul auf. Keref und ihre Mutter sowie alle anderen Passagiere konnten nun diesen riesigen Schlund sehen, der größer als das Fenster war. Das Maul war mit einer Art Algenmähmaschine besetzt, in deren Schlund mehrere hintereinanderliegende Kämme zu sehen waren. Keref und ihre Mutter konnten bis weit hinten in diesen Schlund hineinsehen. Sie konnten beobachten, wie die einzelnen, hintereinanderliegenden Kämme sich hin und her bewegten. In gleichmäßigen, rhythmischen Bewegungen zog eine Welle über die Kämme, die nach hinten immer enger verliefen. Ganz hinten im Schlund, der bestimmt einige Meter lang war, endete dieser in einer dünnen Röhre. Deren Innenwände säumten ebenfalls dicht bewachsene feine Härchen.

„Wir sollten woanders Platz nehmen, Keref", schlug sie ihrer kleinen Tochter vor. Sie verspürte plötzlich solch ein seltsames Gefühl, so, als ob jeden Moment die Stimmung kippen könnte.

„Wieso denn, Mama?", protestierte Keref.

Sie war so Stolz, dass sie gar keine Angst verspürte. Es war so interessant, diesen Tieren zu zusehen. Aber ihre Mutter wollte an ihrem Plan festhalten und einen anderen, sicheren Platz aufsuchen. Ohne einen ersichtlichen Grund schwamm das Wesen plötzlich etwas von der Bahn weg. Da das Tier nun in seiner vollen Pracht zu sehen war, konnte Tira mehr

Einzelheiten an ihm erkennen. Wie sie sah, bestand das Tier aus einem einzigen riesigen Körper. Der Kopf endete nicht etwa so wie bei ihnen, den Maboriern, in einem langen, schlanken Hals, sondern schmiegte sich gleich an den großen massigen Rumpf an. Seine langgezogenen Schwimmhäute, die das Tier sanft vorwärtsbewegten, schienen aus einem Band hauchdünner, durchsichtiger Häute zu bestehen, die in einem kleinen Abstand von knochenartigen Fortsätzen gehalten wurden. Diese Fortsätze bewegten die langen Häute, die sich an jeder Flanke des Tieres befanden, wellenförmig vom vorderen Teil des Tieres zum hinteren Teil des Tieres. Den Rücken zierte eine Reihe schmaler, spitz zulaufender Flossen, die sich am hinteren Teil mit den seitlichen Schwimmhäuten zu einer breiten Schwanzflosse vereinigten. Vorne an der Stirn erkannte sie viele kleine Härchen, die plötzlich anfingen zu flimmern. Wie ein riesiger Schwarm kleine Käfer flimmerten sie genauso in rhythmischen Folgen wie die Kämme des Schlundes. Vielleicht waren diese Tiere doch nicht gefährlich, dachte Tira. Wahrscheinlich hatte sie überreagiert.

„Naja, ich denke, wir können hierbleiben, Liebes."
Keref freute sich und schaute weiter gebannt aus dem Fenster. In diesem Augenblick gab es den üblichen Ruck, da die Bahn den Abstieg begann.

„Sie folgen uns, Mama", freute sich Keref, als sie sah, wie die Tiere neben den Fenstern der Bahn folgten.
Das Licht, das die Vakuumbahn erhellte, zog die Tiere magisch an. Sie wurden regelrecht von dem Licht in der Röhre angezogen.

So langsam bekam Tira wieder dieses seltsame Gefühl. Hätte sie bloß doch darauf bestanden, den Platz zu wechseln. Aber nun würde sie Keref nie von dem Fenster wegbekommen. Immer mehr Passagiere lösten sich von ihren Sitznischen und begaben sich auf die Seite, an der die Tiere zu sehen waren. Tira wurde immer unruhiger. Die Maboriermassen taten ihr Übriges. Die Bahn sauste immer weiter hinab in Richtung der hellerleuchteten Stadt. Umso mehr die Bahn sich der Stadt näherte, umso geringer wurde wieder der Abstand der Tiere zur Bahn. Langsam, aber stetig füllte das Tier wieder mehrere Fenster der Bahn aus. Jetzt war für Tira der Zeitpunkt gekommen, an dem sie sich durchsetzen würde und mit Keref einen anderen Platz aufsuchen wollte. Ehe sie aber Keref dazu bewegen konnte, versuchten nun mehrere dieser Tiere gegen die Vakuumröhre zu stoßen. Da diese Stöße zu schwach waren, gab es keine nennenswerten Erschütterungen. Aber durch diesen Ruck wurden andere Passagiere, die sich bis jetzt nicht für diese Tiere interessierten, auf sie aufmerksam und wollten, ebenso wie die übrigen Passagiere, sehen, was dort los war. Einige lösten sich von ihren Sitznischen und schwammen auf die andere Seite der Bahn, wo man die Tiere besser sehen konnte. Immer mehr von ihnen beugten sich über die anderen sitzenden Passagiere. Jeder wollte nun dem Treiben der massigen Tiere zusehen. Diskussionen wurden geführt, um was für seltsame Tiere es sich wohl handeln mochte.

Da nun der Gang mit neugierigen Maboriern versperrt war, war es für Keref und ihre Mutter zu spät, sich von ihren Sitznischen zu lösen. Tira sah immer mehr Tiere auf ihre Vakuumbahn zusteuern. Eines der Tiere bewegte sich plötzlich wieder so nah an ihre Bahn, dass es gegen sie stieß. Aber diesmal so heftig, dass die Röhre sich bewegte. Es ließ gar nicht mehr von der Bahn ab. Immer wieder stieß es mit seinem massigen Körper gegen sie. Auch die anderen Tiere folgten seinem Beispiel und stießen mit ihren massigen Leibern so sehr gegen die Röhre, dass sie immer bedrohlicher schwankte. Dabei wurden die massereichen, schwabbligen Leiber an der Stelle zusammengedrückt, an der sie gegen die Röhre stießen. Sobald sie aber von der Röhre abließen, pendelten sich die fettleibigen Leiber der Tiere wieder aus. Dies wiederholte sich mehrere Male, bis ein dröhnendes Scheppern zu hören war. Trotz des Umstandes, dass die mit Wasser gefüllte Kabine einen natürlichen Stoßausgleich bot, wurden dabei die schwimmenden Passagiere umgeworfen. Keref war so sehr erschrocken, dass sie sich an ihre Mutter klammerte.

„Wieso tun die das. Mama?", fragte sie, von den, bis jetzt friedlichen, Tieren enttäuscht.

Mit entsetzten Augen nahm sie ihre Tochter in die Arme und verdeckte ihr mit den Flossenhänden die Augen. Sie wollte nicht, dass sie zusehen musste, wie die Tiere immer bedrohlicher wurden.

Die Vakuumbahn raste unaufhaltsam in die Tiefe, wo sie sanft wieder in eine waagerechte Fahrtbewegung übergehen sollte, ehe sie im Bahnhof der Stadt zum Stehen kommen würde. Das würde aber heute nicht geschehen. Die großen Tiere schlugen immer kräftiger mit ihrem massigen Körper gegen die Röhre. Sie drohte unter diesem Einfluss von ihren Haltesäulen zu stürzen. Bis jetzt wurde nur die Bahn attackiert, in der Keref mit ihrer Mutter saß. Die Zahl der Tiere nahm bedrohlich zu. Aus der Höhe tauchten immer mehr von den gewaltigen Tieren auf. Sie verteilten sich auf die anderen Röhrenbahnen, die ebenfalls hinab in Richtung Stadtzentrum unterwegs waren. Überall war das gleiche Bild zu sehen. Jede Röhre wirkte als Anziehungspunkt für diese Tiere. Eine ganze Herde folgte nun den Vakuumbahnen hinab in die Stadt Lorkett. Wie ein Schwarm Zuchttiere, die dem Leittier folgten, folgten auch diese Tiere den Bahnen in die Metropole.

Aber ehe sie die Stadt erreichten, ließen die Tiere plötzlich von den Röhrenbahnen ab. Etwas Seltsames geschah mit diesen Tieren. Sie schienen sich zu winden, sich zu verkrampfen. Ihre massigen Körper krümmten sich so stark, dass sich ihre welligen Schwimmhäute berührten. Immer wieder dehnten und entspannten sie sich. Die riesigen Mäuler rissen sie bis zum Zerreißen auf und schlossen sie gleich darauf wieder. Auf ihren Unterleibern erkannte man nun große Beulen. Als ob sie von riesigen Fäusten geschlagen wurden. Dort wo wahrscheinlich die Knochenstruktur verlief, schien sich die äußere Haut so sehr über den Knochen zu dehnen, dass die Haut riss. Überall an diesen massigen Körpern entstanden nun solche Risse, die sich unaufhörlich vom Kopf bis zur Schwanzflosse entlang zogen. Dort, wo die imaginären Fäuste ihr übriges taten, quollen

Gedärme und Innereien aus den aufgerissenen Leibern. Blanke Rippenknochen traten aus den riesigen Wunden hervor, die wie riesige helle Schwerter aussahen. Die gequälten, unheimlichen Schmerzensschreie der Tiere drangen bis in die letzten Sitzreihen der Bahnen vor. Die Passagiere konnten nun das blaue Blut dieser Tiere aus den Wunden schießen sehen. Das Wasser rings um die Bahnen färbte sich tief blau. Kurz darauf wurde ein Tier nach dem anderen von dem ungewohnten hohen Wasserdruck, der hier unten herrschte, zusammengedrückt und dabei auseinandergerissen.

Wenige Minuten später rieselte blaues Blut über die Stadt hernieder. Von den vielen Lichtern der Stadt angezogen, gab es für die verwirrten und orientierungslosen Tiere nur eine Richtung, in der sie schwimmen konnten. Immer näher auf die Stadt zu. In der gleichen Höhe wie es den Tieren neben der Bahn ergangen war, verformten sich auch diese Tiere unter diesem enormen Druck, ehe sie schließlich zusammengedrückt wurden und ihre Eingeweide und sämtliches Blut über der Stadt ergossen. Die Kadaver brauchten etwas länger, bis sie in den Gassen und auf den Dächern der Gebäude nieder rieselten. Ein dicker und faulender Teppich von Körperresten und blauem Blut verstopfte ab da an einen Teil der Straßen und Dächer der Stadt. Es blieb für die Reinigungskolonnen nur wenig Zeit, um diese Schweinerei zu beseitigen.

*

In den Talkshows spekulierte man, woher doch diese Wesen kamen. Vielen der Bahnen, die an diesem Tag in die Hauptstadt fuhren, erging es ähnlich wie der, in der Keref und ihre Mutter saßen. Einige Bahnen mussten mit technischen Mitteln aus ihren misslichen Lagen befreit werden. Durch die immerwährenden Schläge der Tiere gegen die Röhren, verkeilten sich einige Bahnen im Innern. Mehrere Passagiere kamen dabei ums Leben, als bei einigen Bahnen der äußere Schutzmantel riss und das Lebenswasser ins Vakuum der Röhre entließ. Außerdem gab es viele Verletzte bei den riskanten Rettungsaktionen. Erst nachdem die Röhren geflutet worden waren, wogegen sich die

Besitzer und Investoren der Bahnen lange gewehrt hatten, konnten die Passagiere gerettet werden. Andere hatten Glück im Unglück. Bei ihnen stießen die Tiere so heftig gegen die Röhren, dass sie auseinanderrissen und das lebenspendende Wasser das Vakuum in der Röhre verdrängte. Aber, egal wie sehr die Passagiere in Bedrängnis gerieten, die Investoren begriffen immer noch nicht, wie ernst die Lage war. Für sie zählte nur der momentane Ausfall ihrer Einnahmen. Aber nachdem solche Ereignisse im Laufe der nächsten Stunden immer zahlreicher geworden waren, sahen die Konzerne ein, dass sie ihre Bahnen nicht mehr retten konnten. Auch sie würden nun nur noch dafür sorgen, dass sie und ihre Angehörigen in Sicherheit kamen.

9. Leben

Die Carl Sagan, ein 2000 Meter langes, an der breitesten Stelle 200 Meter messendes, Raumschiff mit seinen modernen Antigravitationsgeneratoren war das modernste Raumschiff, das die Menschheit in den letzten 100 Jahren gebaut hatte. Erdacht von den fähigsten Wissenschaftlern und konstruiert von den fähigsten Monteuren der Erde, glich es nun nur einem winzigen Staubkorn in mitten dieses gigantischen Jupitersystems. Vor zwei Jahren von der Erde losgeschickt, um erstmals einen Kometen aus der Nähe zu studieren. Vollgestopft mit modernster Technik, die dazu bestimmt war, der Besatzung diesen langen Flug so angenehm wie möglich zu gestalten. Sie teilte sich in fünf Sektionen auf.

Im Bug konzentrierten sich die Kommando- und Navigationskontrollen. Hier fanden sämtliche, für den Flug relevante, Steuerungselemente wie Navigation, der große Sichtbildschirm, Kommunikation und Ähnliches Platz.

Dem Bug schloss sich die Wohneinheit des Schiffes an, mit seinen, für jedes Besatzungsmitglied separaten Wohn- und Schlafquartieren. Sowie den Freizeiträumen, in denen die Besatzung in verschiedenen Räumen Sportaktivitäten nachgehen konnte. Oder sie konnten in Kulturräumen Kino, Musik oder andere Freizeitaktivitäten wahrnehmen. Im Speiseraum, der sich ebenfalls in dieser Sektion befand, traf man sich nicht nur zu den üblichen Mahlzeiten. Häufig dehnte man die Pausenzeiten aus, um Gespräche, deren Inhalte nicht nur der Mission galten, zu führen.

Hinter dieser Sektion schloss sich die Forschungseinheit an. Hier würden bald sämtliche Untersuchungen angestellt werden. Diese Sektion wartete nur so auf die ersten Proben des Jupitermonds Europa. In den Regalen standen sämtliche Analysegeräte schon seit zwei Jahren für ihren Einsatz bereit. Bis jetzt wurde die Sektion nur selten betreten. Weniger aus Arbeitseifer verbrachten die Biologin Carter und der Astrogeologe Miller ihre Freizeit im Labor, sondern eher aus sehnsüchtiger Erwartung. Beide konnten den Tag nicht mehr erwarten, an dem dieses Labor mit Leben erfüllt sein würde. Hier befand sich auch, in einem hermetisch abschließbaren Raum, die Krankenstation, die aber in den letzten Jahren nur selten besucht werden musste.

Der mittlere Bereich des riesigen Raumschiffes stellte eine Besonderheit dar. Nicht nur, dass hier die beiden Shuttles und das U-Boot gelagert wurden, sondern auch sämtliche für die Reise benötigten Vorräte und technischen Ausrüstungen. Diese Sektion beinhaltete den gigantischen Pool. Dieser Pool sollte die unzähligen Proben des Eises des Europa aufnehmen. Er ließ sich in zwei Hälften trennen. Eine Hälfte war dem ewig gefrorenen Material vorbehalten, wobei die zweite Hälfte dem flüssigen Wasser Platz bieten sollte. Diese zweite Hälfte war die weitaus größere Hälfte der beiden Becken. Mit seinen speziell für diese Mission kalibrierten Kühl- und Heizaggregaten sollte dieses Wasser genau den Temperaturen ausgesetzt werden, die man an der Fundstelle antreffen würde. Würde man kein flüssiges Wasser antreffen, konnte auch diese zweite Hälfte den gefrorenen Proben ausreichend Platz bieten. Würde auch das nicht nötig sein, sollte ein kleiner Teil des gigantischen Pools der Besatzung zur Erholung dienen. Mit seinem Heizaggregat würde es kein Problem sein, angenehme Temperaturen einzustellen. Der Besatzung würde ein phantastischer Ausblick während ihres Poolbesuches bevorstehen. Der Pool lag an der Außenwand des Raumschiffes, in der mehrere Fenster nach außen, ins Weltall, zeigten.

Am Heck des Raumschiffes schloss sich der Maschinenraum an, in dem die großen Plasmatriebwerke ihre Arbeit verrichteten. Erst nachdem dieses Plasma die nötige Temperatur und Dichte erreicht hatte, schoss es aus den Austrittsschächten, die am Heck des Schiffes thronten. Die je drei in zwei Reihen angebrachten Austrittsschächte ragten weit über die Außenmaße der übrigen Sektionen hinaus.

*

Bis auf Clark, dem Steuermann des Raumschiffes, sowie Daison und Franks, die jeder für sich anderen Aufgaben nachgingen, befanden sich die übrigen fünf Besatzungsmitglieder im Labor des Schiffes. Flynn veranlasste sofort eine Untersuchung der Proben, die Carter, Gater und Narrow von der Oberfläche des Mondes mitgebracht hatten. Sie standen gemeinsam gebannt vor der großen Monitorwand, deren matte Oberfläche noch das Logo des Herstellers zeigte. Mit zittrigen Händen schob Carter eine Probe des Wassers, das sie aus dem See im Krater mitgebracht hatte, unter das Elektronenmikroskop. Auch wenn sie die Kälte des Mondes noch in ihren Knochen spürte, so zitterten ihre Hände nicht deswegen. Die Gewissheit, nun jeden Moment die Beschaffenheit des Wassers zu erfahren, ließ ihre Hände zittern. Die große spannende Frage beantwortet zu bekommen. Ist dort Leben oder ist dort kein Leben?

„Fühlen Sie sich nicht wohl, Carter?", fragte Flynn nur trocken.

Carter sah Flynn verständnislos an. Wie konnte er nur so ruhig danebenstehen? Wenn doch hier und jetzt diese Frage beantwortet werden sollte.

„Mir geht es gut, Captain", antwortete sie ihm ein wenig von seiner Ruhe genervt und arretierte die Probe, ohne dass ihr Zittern nachließ.

Die Monitorwand, die mit dem Mikroskop verbunden war, schaltete sich automatisch ein. Das Logo des Herstellers verschwand und wurde durch den hellen Rahmen der Mikroskopkamera ersetzt. Gebannt sahen die fünf Raumfahrer zu der Monitorwand, die großflächig die gesamte hintere Wand einnahm. Jeden Moment erwarteten sie, dass die Kameras in den Okularen die Beschaffenheit der Proben aufzeichnen und diese Informationen zu der Monitorwand transferieren würden. Der helle, inhaltlose Rahmen verschwand und wurde durch ein zunächst verschwommenes Bild ersetzt.

„Die Kamera muss erst mal fokussieren", erklärte Carter, die ebenso nervös vor der Monitorwand stand wie die anderen auch.

Noch bevor sie ihren Satz beenden konnte, vernahmen die Anwesenden das leise Summen der kleinen Servomotoren, die nun zu arbeiten begannen. Sie sorgten dafür, dass die Linsen der Optik den richtigen Abstand zur Probe einnahmen. Nach weniger als zwei Sekunden beendeten die Servomotoren ihre Arbeit.

„Ah, jetzt", sagte sie überflüssigerweise, da jeder es sehen konnte.

Wie riesige Ungeheuer tänzelten dort nun mehrere Lebewesen, die sich unaufhörlich um sich selbst drehten. Ähnlich der Pantoffeltierchen, die man auf der Erde unter dem Mikroskop sehen würde. Kleine Härchen flimmerten an ihnen herum. Die Größe der Monitorwand ließ es sogar zu, dass man jede Einzelheit im Innern der Tierchen erkennen konnte. Immer wieder beendeten sie ihre Drehbewegungen, um großen schwarzen Klumpen auszuweichen. Fasziniert und dennoch ungläubig schauten Carter und ihre Kollegen auf die sich bewegenden winzigen Tierchen. Sie konnte nicht glauben, was sie da sah. Sie bewegten sich, also lebten sie, dachte Carter, die den Blick nicht von dem Monitor abwenden konnte.

„Sie leben", zwang sie sich, diese zwei Worte durch ihre Lippen zu pressen. Sie würde diese Erkenntnis lieber lautstark heraus brüllen wollen. Aber es war einfach zu phantastisch. So glitten ihr diese Worte ungläubig aus dem Mund.

„Es ist unglaublich, wir haben lebendiges Leben auf einem anderen Himmelskörper gefunden", staunte auch Gater, der diese Tatsache ebenso nicht glauben konnte.

„Was sind das für dunkle Brocken?", wollte Flynn wissen, der mit der Hand auf die übergroßen, dunklen Gebilde zeigte, die überall zwischen den Einzellern zu sehen waren. Seine anfängliche Ruhe schien nun zu weichen, bemerkte Carter. Ob das nun an der Euphorie ihrerseits und Gaters lag, oder er einfach ebenfalls einsah, wie gewaltig diese Entdeckung war, konnte sie nicht sagen. Aber sie freute sich, dass der sonst so ruhige und gelassene Flynn ebenfalls dem neuentdeckten Leben etwas abgewinnen konnte.

„Diese dunklen Gebilde müssen Spuren von unseren Kometen sein", antwortete Gater, der Kometenexperte.

Endlich sah er Proben eines Kometen vor sich, der unmittelbar auf einen Himmelskörper aufgeschlagen war. Damit konnte er endlich arbeiten und seinem Wissensdrang freien Lauf lassen. Hinter Carter und Gater machte sich der Geologe Miller bemerkbar.

„Wir sollten uns das noch genauer ansehen, Kapitän", schlug Miller vor, der ebenso wissbegierig auf neue Daten wartete, wie Carter oder Gater.

„Das werden Sie, Miller. Ich denke, dass Sie bei dem nächsten Ausflug dabei sein werden", überraschte ihn Flynn.

Seine erste Erkundungstour sollte erst zu einem späteren Zeitpunkt stattfinden. Aber da Flynn über die Ereignisse genauestens unterrichtet war, die die drei in dem Krater erlebt hatten, hielt er es für angebracht, dass er mit auf die nächste Tour gehen sollte. Der Geologe schaute ihn verwundert an. Miller freute sich zwar, war aber etwas verwundert über diese Änderung der Pläne. Unterdessen schob Carter die Probe auf dem Objektträger ein kleines Stückchen weiter, um andere Bereiche der Probe betrachten zu können.

„Sehen Sie nur, wie schön die sind", schwärmte sie immer wieder und lenkte erst mal von Millers neuem Auftrag ab.

Nun hatte sie endlich den Beweis für andersartiges Leben auf anderen Planeten. Auch, wenn es sich bei Europa nicht um einen Planeten handelte, sondern um einen Mond, war dieser Ausspruch überaus zutreffend, fand sie. Carters Bewunderung kannte keine Grenzen. Nun wurden noch andersartige Gebilde sichtbar. dreieckförmige Einzeller, an deren Ecken sich lange Tentakel ähnliche Härchen befanden. Stabförmige, an beiden Enden sternförmige Fortsätze besitzend, die unaufhörlich vibrierten, tummelten sich ebenso auf dem Monitor wie lange, fadenförmige, dünne Tierchen.

Der Kapitän ging einen Schritt zurück, verschränkte die Arme und dachte nach. Er würde nun ganz anders vorgehen müssen, als geplant war. Sein Auftrag lautete zwar, die Bruchstücke des Kometen zu untersuchen und zur Erde zu bringen. Da aber der Kometenkern wahrscheinlich in diesem See versunken war, kam ein ganz anderer, genauso akribisch vorbereiteter Plan zum Zuge. Das nun entdeckte Leben zwang ihn sogar dazu, diesen Notplan zwingend zu aktivieren.

„Also gut Leute. Es gibt also Leben auf diesem Mond!", stellte er fest, wobei er Gater zunickte.

Er hatte sich den Vorschlag von Gater ausführlich angehört. Er erkannte darin die einzige vernünftige Möglichkeit, nicht nur an den Kometenkern zu gelangen, sondern gleichzeitig auch mehr über Europas Unterwelt zu erfahren. Er hoffte, dass der See nicht nur wenige Meter tief sein würde, sondern einen Weg bis in die tiefsten Bereiche des Europa ermöglichen würden. Carter, die Biologin, drehte sich langsam zu Flynn um.

„Wir können noch nicht mit Gewissheit sagen, ob diese Einzeller schon dort waren oder erst durch den Kometen hierher gebracht worden sind."

Sie kannte die Theorien, wonach das Leben einst durch Kometen auf die Erde gebracht wurde. Ob das stimmte oder nicht. Sie hoffte das von ihren Einzellern nicht. Es gab aber die kleine Ungewissheit, dass sie durch den Kometen auf Europa gelangten. Und diese Ungewissheit wollte sie jedenfalls ausräumen.

„Und genau deshalb müssen wir dort runter, uns das aus der Nähe ansehen", erwiderte Gater, der lange mit Carter auf dem Heimweg darüber diskutiert hatte.

Beide waren sich einig, dass der See genau untersucht werden musste. Genauso wie Gater hielt sie es für wichtig, dessen Tiefe und Beschaffenheit zu ergründen. Aber über die Ausführung waren sie sich genauso uneinig, wie über dessen Erfolg. Gater wollte unbedingt das U-Boot zum Einsatz bringen, wovon sie nicht sehr begeistert war. Denn dadurch könnten sie unbeabsichtigt den See mit von der Erde mitgebrachten Sporen verunreinigen. Ihr reichte es aus, wenn sie mit der Tauchdrohne in die Tiefen vordringen würden. Das stellte eine geringere Gefahr dar, dachte sie. Aber, wie sie schon mitbekommen hatte, hatte sich wohl Gaters Plan durchgesetzt.

„Da haben Sie vollkommen recht, Gater, aber wie ich schon sagte, es gibt andere Möglichkeiten."

Miller sah sie verwundert an. Er konnte nicht heraushören, worum es ging. Nur so viel verstand er, dass es um die erneute Erkundung des Europa ging. Narrow, der ruhig und gelassen danebenstand, hörte sich das Streitgespräch der beiden amüsiert an. Er war schon längst von Flynn unterrichtet worden, dass sein Wunsch in Erfüllung gehen sollte.

„Jetzt ist aber gut", forderte Flynn Carter und Gater auf, die Diskussion zu beenden.

„Carter, Sie wissen, dass wir gar keine andere Chance haben, als das U-Boot zu nehmen."

Miller, der sich schon auf die baldige Mission freute, stockte plötzlich der Atem. Er dachte an eine Mission, die mit dem Shuttle bis zu dem See gehen sollte, den Narrow und die anderen entdeckt hatten. Aber von einer Reise mit dem U-Boot war keine Rede.

„Aber, Sie meinen das doch nicht im Ernst?", wollte er von Flynn wissen.

„Denken Sie doch an dieses Tier, das wir im Eis gesehen haben. Das sah so lebendig aus", erinnerte Gater sie und ignorierte Millers Frage. Er hoffte, sie damit überzeugen zu können. Er wollte nicht, dass sie sich deswegen uneinig waren. Sie dachte darüber nach und erkannte, dass dieses Tier nicht zu erklären war. Nur durch eine Reise mit dem U-Boot würden sie den Beweis für die Existenz dieses Wesens erbringen können.

„Ja, Sie haben recht. Als ob es lebendig eingefroren wurde. Und es war riesig", sagte Carter nun kleinlaut.

„Sehen Sie, Carter, wir können gar nicht anders. Es liegt in unserer Natur, bis zum Äußeren zu gehen, um Forschungsergebnisse zu erlangen", antwortete Gater.

Gater musste keine große Überzeugungskunst mehr anwenden, um Carter letztendlich umzustimmen. Nur Miller wollte dem immer noch nicht so richtig Glauben schenken, was hier gerade geschah. Es wurde immer wahrscheinlicher, dass er in die Tiefen des Europa vordringen würde.

„Das findet jetzt alles nicht wirklich statt?", fragte er nur so, um auf seine Angst aufmerksam zu machen.

Aber niemand reagierte so richtig auf seine Äußerung. Carter beobachtete immer noch die Einzeller auf der Monitorwand. Immer wieder verschob sie die Probe, in der Hoffnung noch andersartige Lebewesen zu entdecken. Gater war zufrieden, dass er sich durchsetzen konnte. Und Narrow dachte daran, dass er bald die aufregendste Reise unternehmen würde, die je ein Mensch unternommen hatte.

„Ich werde Sie sicher zurückbringen", versprach Narrow, mehr aus Begeisterung, bald das U-Boot steuern zu können, als um Miller zu beruhigen.

„Nichtsdestotrotz", Nun drehten sich alle zu Flynn, ihrem Kapitän, um, „Wir wissen nicht, wieso dort in diesem Schmelzschacht des Kometen am Ende flüssiges Wasser existiert. Aber es ist nun mal da und deswegen werden wir unser U-Boot nehmen, es dort in diesen Schacht befördern und nachschauen, was unter diesem Wasserspiegel ist."

„Wieso haben wir eigentlich ein U-Boot an Bord? Ich meine, gut wir fliegen zu einem Himmelskörper, wo ewige Eiszeit herrscht, mit Temperaturen um die minus 100 Grad. Da ist es wenig wahrscheinlich, dass man flüssiges Wasser an der Oberfläche anfindet", wollte Miller wissen.

Ganz ungeniert kritisierte er die Verantwortlichen, die überhaupt nicht wissen konnten, ob es auch wirklich gebraucht wurde. Dementsprechend irritiert war er. Er konnte nicht verstehen, dass Unmengen an Geld für eine Last ausgegeben wurde, von der niemand wusste, ob das Gerät auch gebraucht wurde. Gater fühlte sich langsam unwohl in seiner Haut. Immer mehr fühlte er sich schuldig, dass Miller seine Angst überwinden musste.

„Die Weltraumbehörde nahm wohl an, dass genau so was geschehen würde", redete sich Gater heraus, ohne eine Wimper zucken zu lassen.

Ein leichtes Lächeln machte sich auf Flynns Gesicht breit, als er Gaters Argumentation hörte. Er wusste genau, was Gater mit dieser Sache zu tun hatte. Nun würde er seinen Besatzungsmitgliedern alles erzählen müssen. Er schaute noch einmal zu der großen Monitorwand, so, als ob er sich noch einmal davon überzeugen musste, ob diese Tierchen wirklich auf ihr herumwimmelten. Nachdem sich immer noch das Schauspiel des Lebens auf ihr abspielte, wandte er sich von ihr ab.

*

Zu Gater blickend forderte er seine Mannschaft auf, ihn zu der kleinen Sitzgruppe zu folgen, die in einer Ecke angebracht war.

„Kommen Sie und setzen Sie sich, dann erzähle ich Ihnen, wie ich mit den hohen Herrschaften über dieses U-Boot diskutiert habe."

„Müssen Sie das jetzt erzählen, Flynn?", hoffte Gater immer noch, dass Flynn diese kleine Anekdote nicht preisgeben würde.

Nachdem Carter, Narrow und Miller sich zu Flynn gesetzt hatten, folgte ihnen auch Gater. Flynn amüsierte sich prächtig über Gaters Unwillen, diese Sache preiszugeben. Erst als jeder saß, fing Flynn an zu erzählen.

„Ich habe mich tierisch über diese zusätzliche Last aufgeregt. Bin von einem Vorgesetzten zum anderen gegangen. Habe die Chefetagen der Raumflugbehörde besucht. Alles ohne Erfolg. Man versicherte mir immer wieder, dass ein spezieller Wissenschaftler davon ausging, dass Sie auf Europa flüssiges Wasser finden würden. Er wäre ein überaus erfolgreicher und anerkannter Wissenschaftler, deshalb würde man ihm vertrauen", erzählte Flynn und konnte nicht davon ablassen, Gater zu beobachten.

„Erzählen Sie weiter, Flynn. Ich würde gerne wissen, wem ich es zu verdanken habe, bald in diese Sardinenbüchse steigen zu müsse. Ich möchte mich bei ihm bedanken, sobald wir wieder auf der Erde sind."

„Ich denke, da brauchen Sie nicht warten, bis wir auf der Erde sind." Miller überlegte kurz, was der Kapitän damit gemeint haben könnte. Dann aber begriff er die Äußerung des Kapitäns. Verwundert schaute sich Miller in dem kleinen Raum um.

„Gut, ich war es, der darum bat, ein U-Boot mitzunehmen", brach es nun aus Gater heraus.

Zwar entsetzt, aber dennoch nicht sonderlich wütend, blickten ihn nun alle an. Er verstand gerade nicht, wieso er sich hier rechtfertigen musste. Es war die beste Idee, die er bis jetzt gehabt hatte. So hatten sie nun die Möglichkeit, mehr über Europa zu erfahren als je zuvor.

„Ja, genau Gater. Sie sind mir damals dort über den Weg gelaufen, als ich wieder mal von den Verantwortlichen abgewiesen wurde. Wir unterhielten uns. Er unterbreitete mir seine Theorien, die für mich sehr weit hergeholt waren. Aber wie wir sehen, waren die Theorien doch nicht falsch."

„Das kann man wohl sagen", brauchte sich Gater nicht zu rechtfertigen, „und wenn ich dran denke, wie lange, und wie oft ich mit denen über dieses U-Boot diskutiert habe. Immer wieder erzählte ich ihnen, dass der Komet in die Eiskruste einsinken wird und wir dann keine Möglichkeit mehr haben, Proben von ihm zu bekommen."

„Sie haben geahnt, dass der Komet so tief eindringen würde?", fragte Carter erstaunt Gater freute sich über ihre Frage. Denn nun konnte er seine Theorie, die er schon immer vertreten hatte, auch hier vorbringen.

„Meine Kollegen hatten die Bahn des Kometen falsch berechnet. Deshalb ging man davon aus, dass er viel zu spitzwinklig auf Europa aufschlagen und deshalb seine Bruchstücke auf die Oberfläche verteilen würde. Aber meine eigenen Berechnungen zeigten, dass er mit einem viel größeren Winkel auf den Mond auftreffen würde. Dabei war mir klar, dass er wahrscheinlich ins Innere von Europa vordringen könnte und für uns unerreichbar wäre."

Carter verstand nun, wieso Gater so begeistert von dem U-Boot war. Wieso er ständig davon redete. Aber wiederum hatte er vollkommen recht behalten.

„Und Ihre Berechnungen wurden dann doch akzeptiert?", wollte sie wissen.

Sie kannte zwar nicht den ausführlichen Bahnbericht des Kometen aber sie ging ebenso davon aus, dass er in einem sehr spitzen Winkel aufschlagen würde. Erst jetzt, nachdem sie dort unten gewesen waren, erkannte sie, dass Gater sehr vorausschauend gehandelt hatte.

„Naja, sagen wir mal so", erklärte er weiter, „man kannte mich dort und ich habe sehr gute Reputationen. Sie ließen die Startvorbereitungen so weiterlaufen, wie sie geplant waren, nur, dass man sicherheitshalber doch auf mich hörte und Pläne ausarbeitete, so dass einer Reise ins Innere von Europa nichts im Wege stand."

„Ja, das war dumm, dass der Komet gerade so auf Europa einschlug, als er der Erde den Rücken zudrehte", scherzte Narrow, der nun einen neuen Helden hatte.

„Dann sind ja alle Unstimmigkeiten geklärt", sagte Flynn, der sich gerade erheben wollte, als ein Anruf für ihn einging.

Er begab sich zum nächsten Intercom, dass an einer Wand jeden Raumes in dem Raumschiff integriert war und drückte die Sprechtaste.

„Ja, Flynn hier." In dem kleinen Labor wurde es plötzlich ruhig.

Jeder wollte wissen, wer jetzt störte. Aus dem kleinen Lautsprecher erschallte die Stimme von Daison. Er klang genervt und verlegen, den Kapitän stören zu müssen.

„Daison hier. Kapitän, Sie sollten mal zum Lagerraum kommen!", forderte ihn der Mechaniker des Schiffes auf.

Flynn fragte nicht nach, was los sei. Er ahnte, dass seine Mannschaft im Raum gerne gehört hätte, was Daison von ihm wollte. Aber er war nicht der Typ, der sehr neugierig war. Besser gesagt, der seine Neugierde nicht nach außen trug. Er war sicher, dass er alles Relevante von Daison vor Ort erfahren würde. Da kam es nicht auf die paar Minuten an. Nachdem er Daison versichert hatte, dass er sich sofort zum Lagerraum begeben würde, schaltete er das Intercom aus und drehte sich zu den versammelten Personen um.

„Also, Sie haben es gehört. Ich werde im Lagerraum erwartet. Sie wissen ja, was zu tun ist. Narrow, Sie bereiten das U-Boot vor und kümmern sich darum, dass genug Vorräte an Bord sind. Carter und Miller, Sie bitte ich darum, sich ebenso gut auf diese Mission vorzubereiten. Gater, Sie übernehmen erneut die Leitung der Mission. Falls wir uns nicht noch einmal vorhersehen, wünsche ich viel Erfolg", wies er jedem seine Aufgabe zu.

„Kapitän, darf ich noch was dazu sagen? Ich hoffte, dass es vielleicht doch eine kleine Chance gibt, dass ich nicht in dieses U-Boot muss. Verstehen Sie mich nicht falsch. Ich giere regelrecht darauf, dort runter zu kommen, aber doch nicht so", flehte Miller erneut Flynn an. Aber Flynn schaute ihn nur mitleidig an und ging schließlich, ohne ihm zu antworten.

„Na ja, ein Versuch war es Wert", sagte Miller darauf nur.

*

Flynn ließ Gater und die Anderen ruhigen Gewissens zurück. Sie würden schon zurechtkommen, dachte er. Davon war er überzeugt. Es war eine gute Mannschaft. Auch wenn sie manchmal protestierten, wenn es ihnen zu gefährlich wurde. Dafür waren sie eben nur Wissenschaftler. Besonders war er von Carter begeistert. Der erste Trip auf diesen Mond hatte sie meisterlich geschafft. Gater hatte ihm erzählt, dass sie sogar die schwierigen Klettereinlagen ohne Probleme überwand.

Sein Weg in die Lagerräume führte ihn durch fast das gesamte Schiff. Vorbei an den etlichen kleineren und größeren Laboren. Diese würden in den nächsten Stunden zum Leben erweckt werden. Er war sich sicher, wenn die U-Bootbesatzung zurückgekommen war, dass dann hier drin die größte Aktivität des Schiffes stattfinden würde. Es war geplant, dass sie für vier

Monate den Mond Europa untersuchen würden. Danach sollten noch Abstecher zu Ganymed und Io gemacht werden. Erst dann sollte die Heimreise angetreten werden. Also genügend Zeit für die Wissenschaftler, diese Räume zu aktivieren. Er musste durch mehrere Schleusen treten, ehe er den Lagerbereich betreten konnte. So sollte jede Kontamination der Proben verhindert werden.

Daison stand an einer der großen Becken, die für die Eisproben vorbereitet werden sollten.

„Ah, Kapitän, da sind Sie ja." Daison drehte sich zu der Schleuse um, durch die Flynn in den großen Lagerraum trat. Ihm nervte es langsam, dass er eine Störung nach der anderen beheben musste. Das ganze Schiff schien eine Fehlkonstruktion zu sein, dachte er. Dabei wurde es als das modernste angepriesen, was die Menschheit bis jetzt erbaut hatte. Gut, es war technisch hoch spezialisiert und es hatte diese neuen Gravitationsantriebe, aber all diese kleinen, verborgenen Funktionsstörungen zerrten an seinen Nerven.

„Was gibt es nun wieder, Daison?", fragte Flynn ebenso genervt.

Daison drehte sich zu dem großen Becken um, das als Aufbewahrungsort für die unzähligen Proben des Mondes dienen sollte. Ein viele tausend Kubikmeter fassender Tank stand bereit, um unzählige Eisproben von der Mondoberfläche lagern zu können. Seine Kühlaggregate sollten das Eis fest und frisch halten.

„Die Kühlaggregate funktionieren nicht richtig", sagte er lapidar.

Nach so vielen Störungen, die er dem Kapitän schon hatte melden müssen, war das eine alltägliche Prozedur, die er nun schon im Schlaf beherrschte. Flynn sah ihn wenig überrascht und wütend an. Nicht wütend auf ihn, sondern auf die Konstrukteure des Schiffes.

„Mist", fluchte er und schlug mit der Faust auf die Umrundung des Beckens.

Daison hatte ihn selten so wütend gesehen, aber nach den vielen Aussetzern der Elektronik fühlte er mit ihm.

„Wie es aussieht", fing Daison an, die Probleme zu erklären „liegt es an dem Aggregat, das zu wenig Kühlflüssigkeit enthält."

„Und können Sie das Problem lösen, Daison?" Flynn fragte nur rhetorisch, da er genau wusste, dass wahrscheinlich kein Platz für solche speziellen Materialien war. Außerdem konnte er an Daisons schelmischen Lächeln erkennen, dass er gar nicht nachfragen brauchte.

„Sie wissen doch selbst, dass wir ohne jeglichen Vorrat an solchen Sachen gestartet sind."

„Ja, Sie haben recht. Wieso frage ich auch noch." Flynn wusste nicht, wie er nun die Proben von Europa behandeln sollte und wollte von Daison deswegen wissen, ob er eine andere Idee hätte.

„Gibt es irgendeine andere Alternative, Daison?", fragte er ihn deshalb.

Daison tat so, als ob er überlegte. Er wusste, dass sie wegen dieser Proben hier waren und dass dieses Becken damit gefüllt werden sollte, um den Wissenschaftlern auf der Erde ausreichend Material zum Studieren zu geben. Er verstand aber nicht, wieso diese unbedingt gefroren sein mussten. Er dachte, was im Eis drin ist, muss auch im Wasser drin sein. Sein Verstand reichte nicht aus, um den Unterschied zu begreifen. Er war ja nur der Mechaniker an Bord. Da musste er nicht über solch ein komplexes Wissen verfügen.

„Macht es einen Unterschied, ob wir hier Eisschollen lagern oder flüssiges Wasser?" Das war keine Frage, erkannte Flynn, sondern eine Anregung von ihm, wie mit diesem Problem umgegangen werden könnte.

„Na, Sie haben gut reden", wunderte sich Flynn, über Daisons naive Art mit der Sache umzugehen.

Aber Flynn wusste, dass er keine andere Wahl hatte, als über Daisons Anregung nachzudenken. Machte es wirklich einen solchen großen Unterschied, ob sie nun Eis oder Wasser zur

Erde schaffen würden? Er dachte schon. Auf jeden Fall würden die Wissenschaftler nicht begeistert davon sein.

„Gut, Daison, versuchen Sie trotzdem alles Mögliche, um eine Lösung zu finden. Zur Not muss es eben ohne Kühlung gehen", wies Flynn Daison an und entfernte sich schließlich, um an anderen Stellen Probleme aus der Welt zu schaffen.

*

Im Labor untersuchten Carter und Gater immer noch die Proben, die sie von der Oberfläche des Mondes mitgebracht hatten. Bevor sie die gefährliche Reise antreten würden, wollten sie so viele Informationen sammeln, wie sie konnten. Beide arbeiteten jetzt zusammen, da die Proben sowohl von Leben bevölkert waren, als auch Partikel des Kometen enthielten. Carter wunderte sich immer noch über das Verhalten von Gater. Sie konnte es nicht verstehen.

„Sie sind aber ein kleiner Geheimniskrämer, oder ,Gater? Wieso haben Sie nicht einfach gesagt, dass Sie für die Anwesenheit des U-Bootes verantwortlich sind? Ich meine, wir waren zwei Jahre unterwegs. Zwei Jahre Zeit, um dieses winzige Geheimnis preiszugeben. Oder hatten Sie Angst, dass wir Sie aus dem Raumschiff werfen?"

So viele Fragen dachte Gater, der froh war, endlich darüber reden zu können.

„Nein, so ist es nicht", fing er an zu erklären, „ich hatte einfach nicht die Gelegenheit dazu. Von Anfang an wurde das U-Boot schlecht geredet, dass es unnötig und eine unnötige Geldverschwendung wäre. Da hatte ich einfach keine Lust, mich zu outen", sagte er.

Für Carter war das zwar eine dumme Ausrede. Aber sie wusste auch, dass er recht hatte. Jeder an Bord hatte sich von Anfang an negativ über das U-Boot geäußert. Außer Gater nicht, fiel ihr gerade ein.

„Aber trotzdem behielten Sie recht. Dafür meinen Respekt Gater", gratulierte sie ihn nun.

„Was denken Sie, was wir dort sehen werden?", lenkte Gater das Gespräch mehr zu ihrer Mission hin und weg von dem leidigen Thema U-Boot.

Carter freute sich schon sehr auf diese Reise. Sie hatte aber genauso viel Angst wie Miller. Nur, dass sie es nicht zugab. Sie wollte als Erstes in die Welt eintauchen und dieses neue Leben entdecken, wenn es das gab. Darauf war sie ganz versessen. Aber trotzdem empfand sie unheimliche Angst, in dieses U-Boot zu steigen.

„Wenn wir Glück haben, entdecken wir mehr von diesen Einzellern", vermutete sie. Sie rechnete auf keinen Fall damit, mehr als dieses zu entdecken.

„Und was ist mit dem Tier, dass wir im Eis gesehen haben?", erinnerte Gater sie.

„Ja, dieses Tier, das war seltsam", dachte sie, „Aber es war so weit im Eis", überlegte Carter.

„Ich weiß nicht, was wir da gesehen haben. Denken Sie doch, wie tief es im Eis lag. Und die Fotos sind auch nicht aussagekräftiger. Vielleicht handelte es sich nur um irgendwelche Spiegelungen im Eis", belog sie sich selbst. Denn im Grunde glaubte sie daran, ein Tier gesehen zu haben.

„Ja, schon", sagte Gater, der ebenso zweifelte wie sie „aber wenn es wirklich ein Tier war, dann könnten doch dort noch mehr sein?", vermutete er.

Das war nun absolut spekulativ, dachte Carter.

„Ich kann mir nicht vorstellen, wie sich dort im ewigen Eis solch eine Lebensform entwickelt haben sollte."

„Aber, wenn doch? Sie als Exobiologin müssten doch als Erstes daran glauben?" Gater wollte einfach nicht von seiner These abrücken. Er verstand Carter nicht. Sie als Exobiologin brauchte handfeste Beweise, ehe sie einer Theorie zustimmen konnte. Das verstand er, aber dennoch konnte er sie nicht verstehen, dass sie so rigoros der Existenz des Tieres absagte. Aber dann erinnerte er sich daran, dass er genauso handelte, wenn es um Theorien oder Beweise in seinem Spezialgebiet geht, den Kometen. Auch er würde ohne genaue Berechnungen oder

Beweise seine Theorien nicht preisgeben. Aber irgendwas sagte ihm, dass Carter im Herzen daran glaubte, ein Tier gesehen zu haben.

10. Die Wärmeförderanlage von Amkohog

Immer enger zog sich der Kreis aus massiven Eis, der die bewohnte Unterwasserwelt vereinnahmte. Nur wenige Orte der Zivilisation blieben bis jetzt von den Eismassen verschont. Eine davon war die Industriemetropole Amkohog. Mit seinen unzähligen Industrieanlagen zählte sie zu den wichtigsten Energielieferanten Maboriens. Viele der Beschäftigten dieser Anlagen lebten in Wohnsiedlungen oberhalb eines Bergmassivs, dass die Industriestadt begrenzte. Genau an dessen Fuße siedelten sich einst unzählige Fabriken und Energieförderer an. Um den Arbeitern einen kurzen und bequemen Weg zu ihren Arbeitsstätten zu bieten, errichteten ihre Arbeitgeber auf einem Plateau oberhalb des Bergmassivs diverse Arbeiterwohnanlagen. Mehrere Pendelvakuumbahnen beförderten die Arbeiter zu ihren Schichten hinab in den Komplex. Nach Feierabend dankten es die Arbeiter den Konzernbesitzern, ihren Feierabend bequem beginnen zu können. Innerhalb weniger Minuten brachten die Pendelbahnen die Arbeiter hinauf auf den Berg in ihren wohlverdienten Feierabend.

Aber nun schob sich eine gigantische Eiswand über die verlassenen Wohnsiedlungen. Das kleine Einkaufsviertel, das gern von den Arbeitern besucht wurde, verschlang bereits eine gigantische Eiswand. Schmuckvoll gestaltete Korallenarme, die über mehrere Etagen hinauf die Verkaufsstände der Händler hielten, schimmerten in dem Eis. Das Gitternetz aus nun verbogenen oder gebrochenen Korallenarmen durchzog das gesamte Einkaufsviertel. Viele der Verkaufsstände wurden aus ihren Verankerungen herausgerissen oder hingen verzogen in ihren Angeln. Unmengen an Waren, die dabei aus den Ständen gefallen waren, schwebten wie Mahnmale im gefrorenen Wasser. Zerrissene Leuchtschlangen, an denen kunstvoll gestaltete Muschelschalen hingen, konnten ebenso nicht mehr von den vielen Arbeitern bestaunt werden wie unzählige Muschelhälften, mit denen die Standbesitzer ihre Verkaufsstände zierten. Jeder wollte mit diesen kunstvoll gestalteten Außenhüllen seine Verkaufsfläche hervorheben. Dort, wo das Eis die Stände in ihre eisige Zange nahm, blätterten unzählige davon ab und machten das darunter befindliche schmucklose Konstrukt sichtbar. Die schwebenden Muschelschalenhälften, die sich nun wie ein fransiger Schal um die Stände schmiegten, schimmerten nur noch wenig in dem immer schwächer werdenden Kristalllicht.

Da diese Arbeiterwohnsiedlung auf einem schräg aufsteigenden Plateau lag, schob das entstehende Eis den Untergrund zusammen und richtete dabei unermesslichen Schaden an. Der Wall, der sich darauf vor der Siedlung aufschichtete, schob erst die vielen Einkaufsstände zusammen, um anschließend auch die Arbeiterwohnanlagen in dieser sich immer mehr auftürmenden Geröllhalde zu vergraben. Während so die Hälfte der Arbeiterwohnsiedlung im Eis verschwand, griff nun die eisige Schaufel mitten ins Bergmassiv selbst, um es von seinem Untergrund abzuschaben. Immer mehr schob das Eis das Plateau in Richtung der Industriestadt Amkohog.

Noch vor einem Zeitzyklus war sie die größte Metropole gewesen, in der tausende Arbeiter dafür sorgten, dass genug Energie produziert wurde. Sie sorgten dafür, dass ganz Maborien mit Strom und Wärmeenergie versorgt wurde. Nun war diese Geschäftigkeit dem abrupten Verlassen gewichen. Nur wenige letzte Arbeiter befanden sich noch in der Stadt. Meist waren es Elektriker, Schlosser oder andere Techniker, die dafür sorgten, dass, wenn es auch hier zur Katastrophe kam, es keine unnötige Naturkatastrophe gab. Es sollte dafür gesorgt werden, dass keine schädlichen Stoffe in ihr Lebenswasser dringen konnten. Man nahm immer noch an, dass die Kältekatastrophe verhindert werden könnte. Oder dass sich durch einen glücklichen Zustand das Eis vielleicht wieder zurückbilden würde. Unentwegt machten die Behörden den Maboriern neue Hoffnung. Deshalb war es äußerst wichtig, für nach der

Katastrophe vorzusorgen und lebenswerte Bedingungen zu hinterlassen. Deshalb waren Garum und sein kleiner Technikertrupp hier, um die Anlagen vom Netz zu nehmen.

Das größte Kraftwerk von Maborien befand sich hier, in der Nähe der Stadt Amkohog. Garum arbeitete daran, die Anlagen zu sichern. Bis jetzt lieferten sie immer noch rund 60 Prozent der gesamten Wärmeenergie. Die Behörden hatten deshalb besonderen Wert daraufgelegt, diese Anlagen so lange wie möglich in Betrieb zu halten. Sie wussten, es war die größte Waffe gegen das Einfrieren war Wärme. Seitdem die Temperaturen so dermaßen gesunken waren, schalteten viele Bewohner Maboriens die Heizungen ein. Und das waren meist nur die privilegierten Bewohner Maboriens, die sich den Luxus einer Heizung leisten konnten und wollten. Noch vor wenigen Zeitzyklen hatte es überhaupt keine Heizungen in Maborien gegeben. Erst als die Technik der Innerweltwärme nutzbar gemacht worden und somit dieser Luxus vorhanden war, nutzten besonders Reiche und privilegierte Bewohner diese neue Technik. Im Grunde war es für die Bewohner nie von Nöten gewesen, zu heizen. Die natürliche Umgebungstemperatur des Wassers lag immer in angenehmen Bereichen. Jetzt, da die Innerweltwärme einmal vorhanden war und die Temperaturen sanken, wurde dieses Angebot rege genutzt. Besonders in der größten Metropole, Lorkett, fanden die Leute den zusätzlichen Luxus sehr angenehm. Daher wurden auch dort etliche Heizanlagen in den Wohnungen verbaut, die nun zusätzliche Belastungen für die Innerwärmeanlagen bedeuteten. Aber auch diese große Metropole verbrauchte nicht die Energie, die die Wärmeförderer lieferten. Nachdem schon mehrere große Städte dem Eis zum Opfer gefallen waren, produzierten die Anlagen nun zu viel Energie. Und dieser Energieüberschuss musste unterbunden werden.

Die Industriestadt Amkohog lag unterhalb des hunderte Meter hohen Bergmassivs, dass noch vor kurzem von den Arbeitern bewohnt worden war. Rohre und Leitungen führten direkt in den Felsen. Im Innern des Massivs bohrten einst die

Vorfahren der Arbeiter tiefe Gräben, um an die Energiequellen für die Industriebetriebe zu gelangen. Kilometerweit ragten diese Stollen ins Innere des heißen Kerns hinein. Wissenschaftler warnten die Konzernbosse schon lange vor der Gefahr, dass die Berge einstürzen und die Stadt unter sich begraben könnten. Das war bist jetzt zum Glück nie passiert.

Jetzt aber, nachdem auf der anderen Seite des Bergmassivs die Eiswand gegen den Berg gedrückt hatte, gab es schon die ersten Risse oberhalb der Stadt. Nur wenige Meter über den höchsten Gebäuden zogen sich die Risse über mehrere hundert Meter waagerecht am Felsen entlang. Einzelne Brocken lösten sich bereits und sanken in die Tiefe. Sie richteten noch keinen großen Schaden an. Aber es waren die ersten Anzeichen einer großen Katastrophe

Wieder wurde das gesamte Bergmassiv durch einen gewaltigen Ruck um wenige Zentimeter nach vorne in Richtung Industrieanlagen geschoben. Die Vakuumpendelbahnen, die sich zwischen den Industriegebäuden hinauf auf das Plateau schlängelten, bogen sich langsam nach vorn. Auf deren äußeren Hüllen bildeten sich unzählige kleine Risse, die sich unaufhörlich knirschend verästelten. Die kleinen Fenster, die es den Arbeitern erlaubten, ihre Arbeitsstätten aus einer gewissen Höhe zu betrachten, brachen einer nach dem anderen. Das eindringende Wasser füllte das Vakuum der Röhren, die sich durch die Strömungsgewalt hin und her bewegten und schließlich unter gewaltigem Donnern auseinanderbrachen. Stück für Stück wurde das Plateau von dem entstehenden Eis nach vorn geschoben. Immer mehr Felsen brachen ab und stürzten auf die einzelnen Industrieanlagen hernieder. Einige Felsen durchbrachen die Dächer von Anlagen, die noch nicht bereinigt wurden. Die ausströmenden giftigen Flüssigkeiten krochen langsam aus den zerstörten Gebäuden und verteilten sich innerhalb der Anlagen. Die mäßige Strömung ergriff die gelblichen Giftschwaden und trug sie mit sich fort.

*

Garum, der mit seinen zwei Technikern noch damit beschäftigt war, einige Wärmeförderer vom Wärmenetz zu trennen, schreckte von diesen Geräuschen auf. Noch während er seinen schlanken Körper in Richtung der Schallquelle drehte, spekulierte er über die Herkunft der Geräusche. Im selben Augenblick hörte das Grollen auf und Garum drehte sich wieder seinen beiden Technikern zu, die zunehmend nervöser wurden.

„Was war das, Chef?", fragte Hekum.

Das Geräusch immer noch im Unterbewusstsein gespeichert, vermutete Garum, dass es nichts Gutes bedeuten würde. Aber diesen Gedankengang wollte er nicht mit seinen beiden Mitarbeitern teilen. Sie sollten sich lieber um ihre Arbeit kümmern, dachte Garum. Die Arbeiten gingen nur schleppend voran, aber dennoch würden sie nicht mehr lange brauchen. Somit hatte er bald seinen Auftrag erledigt. Es würde aber dennoch eine gewisse Zeit in Anspruch nehmen, um die geforderten Anlagen stillzulegen.

„Los Leute, beeilt euch damit, wir müssen hier weg."

Die Wärmetechniker, die in Schutzanzügen an Vakuumschaltanlagen arbeiteten, waren emsig damit beschäftigt, Wasser geschützte Vakuumleitungen von großen Anlagen zu trennen.

„Wir können nicht schneller, Vorarbeiter", beschwerte sich Hekum, einer der Techniker.

Aber das interessierte Garum nicht. Ihm lag vieles daran, seinen Job so gut wie es ging zu erledigen. Aber viel mehr wollte er nach Hause, zu seiner Familie. Zu seiner Lebensgefährtin und seinen beiden kleinen Kindern Suri und Duri. Sie waren es, die zählten. Trotzdem wusste er, dass diese Aktion für die Zukunft seiner beiden Kinder wichtig war. Denn, wenn es eine Zukunft für sie gab, dann entweder mit verseuchtem Lebenswasser, wenn er es nicht schaffen würde, die Anlagen zu sichern, oder eben eine Zukunft, in der sie frei Atemwasser ziehen konnten. Alles hing von seinem Können und dem Durchhaltevermögen seiner Mitarbeiter ab.

„Ihr seid die Besten für diesen Job, oder nicht?", fragte er frei heraus.

Garum hatte die beiden extra ausgesucht, da er schon eine lange Zeit mit ihnen zusammenarbeitete. Sie hatten viele dieser Anlagen hier mit aufgebaut. Danach hatten sie zu dem Wartungsteam gehört, das für die großen Vakuumschaltanlagen für die Innerwärmegewinnung Inspektionen und Reparaturen durchführte. Niemand anderes war besser für diese Aufgabe geeignet als er und sein Team. Er wusste, dass sie die Aufgaben gut und schnell erledigen würden.

„Ja, schon Chef, aber das hat doch alles keinen Sinn mehr", beschwerte sich Parom.

Was tat er sich hier eigentlich an. Das Eis war überall auf dem Vormarsch. Überall gab es Berichte von eingeschlossenen Städten, die nicht mehr zu retten waren. Das Eis würde auch hier in Kürze alles unter sich begraben, davon war er überzeugt. Er rechnete es Garum hoch an, dass er bis zur letzten Minute alles versuchen wollte, die Industrieanlagen zu sichern. Aber, umso mehr er darüber nachdachte, umso weniger sah er einen Sinn darin. Garum, der Vorarbeiter des Technikertrupps, konnte diese Sprüche nicht mehr hören. In dieser Stunde zu resignieren, kam für ihn nicht in Frage.

„Wir werden unsere Arbeit erledigen. Erst dann werden wir von hier verschwinden", befahl er seinen Leuten.

In langen Reihen standen diese Vakuumschaltanlagen in riesigen Hallen. Mächtige Apparate, deren imposante Außenwandung viele Meter in die Höhe reichte. Am Fußboden federnd verankert, versetzten sie das umgebende Wasser in gleichmäßiges Vibrieren. Über den Schaltanlagen führten unheimlich dicke Leitungen in obere Etagen, wo sie in die Bergstollen führten. Dort befanden sich die Wärme fördernden Maschinen, die, von den tief in den Felsen getriebenen Stollen, mit Energie versorgt wurden. Parom kannte Geschichten von Stollenarbeitern, die behaupteten, dass immer tiefere Stollen in den Untergrund getrieben werden mussten, um an die Innenwärme zu gelangen. Demnach kühlt der Kern immer mehr ab. Er wusste nicht, ob er diesen Behauptungen Glauben schenken sollte. Umweltaktivisten warnten schon lange davor. Und nun wurde diese Behauptung mit dieser Kältekatastrophe in ein ganz anderes Licht gerückt. Vielleicht stimmten diese Erzählungen doch, dachte er sich.

„Meinen Sie nicht, dass wir uns einer unnötigen Gefahr aussetzen?", protestierte nun auch Hekum.

Er schwamm von den großen Vakuumtransformatoren zu den anderen beiden, um Parom zu unterstützen. Garum fand, dass er nie ein strenger Vorgesetzter gewesen war. Er hatte immer ein offenes Ohr für jegliche Kritik, wenn sie gerechtfertigt war. Sollten Parom und Hekum recht haben? War nun alles vorbei? Gab es keine Rettung mehr für seine Familie und die vielen tausend Schwimmer von Maborien? Wenn er hier und jetzt abbrechen würde, würde er sich geschlagen geben und einsehen müssen, dass seine Familie verloren war. Dass ganz Maborien verloren war. Er wollte das nicht zugeben. Genau das forderte er von seinen beiden Mitarbeitern auch.

„Ich bitte euch, diesen einen Auftrag noch zu beenden, dann könnt ihr tun und lassen, was ihr wollt." Garum, der der Vorarbeiter dieser letzten Mannschaft des Konzernes war, wollte auf keinen Fall länger als nötig hier verbringen. Aber die Arbeit musste erst beendet werden. Davon wollte er nicht abweichen. Auch, wenn seine Frau und seine zwei Kinder zu Hause auf ihn warteten. Die Arbeit musste erst so schnell wie möglich abgeschlossen sein. Erst dann konnte er mit seinem Flitzer zu seiner Familie fahren und ihr in dieser schweren Stunde beistehen.

Durch seine vielen Kontakte in die besseren Kreise hatte er auch vor einiger Zeit solch eine moderne Heizung erwerben können. Er hatte gute Beziehungen. Es war gar nicht mehr so einfach, sich jetzt noch, in dieser Phase der Eiswanderung, die nötigen Energieleitungen in seine Wohnung legen zu lassen. Besonders schwierig wurde es, als das den Behörden gemeldet werden musste, um einen Anschluss an das Energienetz der Konzerne zu bekommen. Jetzt war er froh, diesen schweren Weg gegangen zu sein. Er wusste, dass seine Familie erstmal vor dem Eis sicher war. Er wusste aber auch, wenn das große Innenwärmekraftwerk hier in der Nähe ausfallen würde, es nicht lange dauern würde, bis auch sie dem Eis ausgesetzt sein würden. Aber daran wollte er jetzt noch nicht denken.

Parom und Hekum starrten sich gegenseitig an und überlegten, was sie nun tun sollten. Ihr Chef war einer von denen, dem man kaum einen Wunsch abschlagen konnte. Er musste sie nie lange bitten, damit sie einen Job nach Feierabend noch erledigten, da sie wussten, dass die Entlohnung hinterher üppig ausfallen würde. Aber hier würde es keine Entlohnung geben. Dass wussten beide. Aber dennoch gaben sie langsam ihren Plan auf, diesen speziellen letzten Auftrag fallen zu lassen.

„Okay, Chef, wir machen ja weiter. Aber bitte, wir müssen uns beeilen", flehte Parom seinen Chef an.

Nachdem aus der Ferne wieder Poltern zu ihnen gedrungen war, pflichtete ihm auch Hekum bei. Auch er würde nun alles daransetzen, die erforderlichen Arbeiten so schnell wie möglich aber bis zum bitteren Ende auszuführen. Dankend und voller Stolz nickte er beiden zu. Garum freute sich über diesen Sinneswandel seiner Mitarbeiter. Nun zufrieden, doch endlich den Auftrag fertig ausführen zu können, schwammen sie gemeinsam zu den großen Wärmetauschern, die am hinteren Ende hinter den riesigen Vakuumtransformatoren standen.

Sechs solcher Einheiten standen nebeneinander. Jeder dieser Einheiten umfasste den Wärmeförderer, der aus dem Innern Maboriens die Wärmeenergie aus den Tiefen des Mondes pumpte. Daran schloss sich der Wärmetauscher an, welcher aus der geförderten heißen Masse die entsprechende Energie absorbierte und diese schließlich den Generatoren zuführte. Der so gewonnene Strom wurde anschließend in die großen Vakuumtransformatoren gespeist, in denen der Strom auf die für ihr System notwendige Spannungen und Frequenzen heruntertransformiert wurde. Von da an transportierten unzählige Leitungen den so gewonnenen Strom in die einzelnen Städte. Nachdem aber schon viele der Städte und Metropolen

Maboriens dem Eis zum Opfer gefallen waren, produzierten die Wärmeförderer von Amkohog zu viel Energie. Diese Überproduktion an Energie musste gestoppt werden, sonst würde es zu einer Überbelastung des Systems kommen.

Genau für diesen Job waren Garum und seine beiden Mitarbeiter hier. Sie würden dafür sorgen, dass diese Überproduktion beendet wurde. Ihre Aufgabe bestand darin den Energiefluss so zu drosseln, dass es nicht zu einer Überlastung des Systems kam. Zwei Einheiten sollten am Netz bleiben. Das würde ausreichen, um die noch existierenden Städte mit dem wichtigen Strom zu versorgen. Da sie schon zwei Einheiten vom Netz trennen konnten, blieben nun nur noch zwei übrig. Nur diese zwei trennten sie noch davor, endlich zu ihren Familien zu dürfen.

„Also gut, Hekum, du schwimmst zu System zwei und Parom zu System vier. Ich werde mich in die Hauptzentrale begeben und von dort aus die Systeme runter fahren", wies Garum an.

„Gut, Chef", antworteten beide.

Mit kräftigen Flossenbewegungen trennte sich Garum von den beiden, um zu der Hauptzentrale zu gelangen. Hekum und Parom schwammen in entgegengesetzter Richtung den gigantischen Systemen entgegen. Als sie nur noch wenige Meter von den Systemen trennten, hielten sie in ihrer Bewegung kurz inne.

„Ich wünsch dir viel Glück und hoffe, dass du diesmal nicht wieder solche Schwierigkeiten bekommst, Hekum!"

„Ja, Danke, dass hoffe ich auch", erwiderte Hekum seinem Kollegen.

Auch er wollte nicht noch einmal die Schwierigkeiten durchmachen müssen, wie bei System eins. Noch während sie ihre Schwimmbewegungen fortsetzten, trennten sich beide, um zu ihren Systemen zu gelangen.

Für Hekum war System zwei vorgesehen. Schon als er sich dem Transformator immer mehr näherte, schien das Wasser um wenige Grad wärmer zu sein. Ihm jagten diese Ungetüme immer eine gehörige Angst ein. Nicht, dass er diese Angst zeigte, es war solch ein seltsames, schauriges Gefühl, dass er jedes Mal in der Nähe der Transformatoren verspürte. So auch jetzt wieder. Mit einem letzten Flossenschlag erreichte er die Wandung des Transformators und versetzte sich in eine Schwebelage. So schwebend sah er respektvoll nach oben, wo der große Transformator in zwei nach außen gewölbte Aufbauten überging, in denen sich riesige Verankerungen für die Stromtrassen befanden. An diesen Verankerungen begannen die dicken Stromleitungen ihren langen Weg zu den einzelnen Verbrauchern in den Städten. Diese gewaltigen Kästen, in denen in einem Vakuum Flossenhand dicke Leitungen um einen Eisenkern gewickelt waren, sollten eigentlich nicht dieses durchdringende, laute Summen abgeben. Hekum wusste, wenn die Transformatoren so dermaßen vibrierten, wurde es Zeit, sie vom Netz zu nehmen. Denn dies war ein eindeutiges Zeichen dafür, dass sie zu viel Energie erzeugten. Es war nun schon einige Zeit her, dass die Transformatoren von ihrem leisen, gleichmäßigen Summen zu diesem unregelmäßigen Geheul übergegangen waren. Selbst Hekums Schuppenhaut schien in diesen unregelmäßigen Rhythmus mit einzustimmen.

Um diesem unheimlichen Umstand schnellstmöglich zu entfliehen, entsann sich Hekum auf seinen Job und setzte seinen Weg fort. Schnell nahm das Vibrieren des Wassers ab, nachdem er einen gewissen Abstand zu den Vakuumtransformatoren hatte gewinnen können. Erleichtert darüber, dieses unheimliche Vibrieren hinter sich lassen zu können, erreichte er den großen Generator. Auch er ließ das Wasser vibrieren, aber nicht so stark, wie der Vakuumtransformator, da seine Abschirmung außerordentlich dick war.

Mit einem letzten starken Beinflossenschlag erreichte er endlich die Wärmeförderer. Hier endete die große Halle an einer glatten Wand, die den Anfang des Bergmassivs darstellte. Ein unendlich langer und dunkler Schacht führte in den Berg, der schräg nach unten abbog. Zwei gewaltige Rohre führten in der Mitte des Schachtes in den Schlund des inneren Kerns

Maboriens. In diesen Rohren wurde das heiße magmaartige Medium gefördert, dass die Wärmetauscher für ihren Umwandlungsprozess benötigten. Aus diesem Schacht stieß Herum eine warme Wasserflut entgegen. Aber er wusste, dass dort tief im Innern des Schachtes viel höhere Temperaturen herrschten. Hier würde er so lange warten müssen, bis er von Garum das Okay zum Schließen der Förderanlage bekam.

Hekum hoffte, dass diese Förderanlage leichter zu schließen sein würde. Noch vor einer Stunde, als er das Gleiche bei System eins tun musste, gab es Probleme mit dem Schließmechanismus. Da er seit Zeitzyklen nicht bewegt wurde, war er so sehr mit Ablagerungen bewachsen, dass sich die Antriebswelle des Schließmechanismus nicht bewegte. Dadurch musste er erst weit in den Tunnel schwimmen, um die Ablagerungen zu beseitigen. Da in diesen Tunneln eine enorme Hitze herrschte, musste er mehrere Male seine Arbeit unterbrechen. Erst nach Minuten des Abklimatisierens konnte er wieder in den Tunnel zurückkehren und den Schaden weiter beseitigen. Er hatte die vielen Male nicht gezählt, die er in den Tunnel musste, aber fünf bis sechs Mal war es bestimmt. Er wollte auf keinen Fall noch einmal dort hineinmüssen.

„Hekum, hörst du mich?" Das war endlich Garom.

„Ja, ich kann Sie hören. Ich bin bereit", sagte er und wartete, dass Garom das Signal zum Schließen der Förderanlage gab.

„Ich habe System zwei heruntergefahren. Du kannst jetzt die Zufuhr schließen", wies Garom Hekum an. Nun würde es darauf ankommen, wie verkeimt System zwei war.

„Gut Chef, ich fange jetzt an, das Ventil zuzudrehen", antwortete er.

Hekum ergriff das riesige Rad, dass die Zufuhr von der Wärmeenergie aus dem Innern Maboriens unterbrechen würde. Erst langsam, dann immer schneller ließ sich das riesige Rad drehen. Von tief aus der Röhre hörte er das charakteristische Knatschen des Ventils, das sich nun langsam in das riesige Leitungssystem schieben würde. Schließlich kam es aber so, wie es kommen musste. Plötzlich ließ sich das Rad nicht mehr weiterdrehen. Das durfte nicht sein, dachte Hekum. Nicht jetzt das auch noch. Wenn es eine Zeit nach dem Eis geben würde, dann würde er dafür plädieren, dass diese Ventile in einem bestimmten Rhythmus bewegt werden würden. Aber nun war es dafür zu spät, dachte er.

„Chef, ich habe hier wieder das gleiche Problem", meldete er Garom.

*

Auch Garum war immer wieder wütend über diese schlechte Wartung der Anlagen. Zum Glück hatte es ohne Probleme bei Parom funktioniert, freute Garom sich ein wenig. Garom wusste, dass er jetzt Hekum in den Tunnel schicken musste und dass er dagegen protestieren würde. Es gab aber keine andere Möglichkeit, das System vom Netz zu nehmen.

„Hast du es schon mit einem Hebel versucht", fragte Garom über Funk.

Das würde die letzte Möglichkeit sein, das Rad doch noch zu bewegen. Wenn es auch nur eine kleine Chance war, aber diese müsste Hekum in Angriff nehmen. Hekum war nicht dumm, dachte er. Aber das der Chef annahm, dass er auf die einfachste Lösung nicht kommen würde, verletzte ihn schon ein wenig.

„Ja, Chef aber es bewegt sich trotzdem nicht. Nun gab es für Hekum keinen anderen Weg, als in den Tunnel zu schwimmen.

„Hekum, höre mir zu, ich schicke Parom zu dir. Er kann dich mit dem Rad unterstützen."

„Gut, Chef", freute sich Hekum, eventuell nicht in den Tunnel zu müssen.

Nach ein paar Minuten des Wartens konnte Hekum die feine Silhouette seines Kollegen zwischen den Generatoren auftauchen sehen. Hekum erkannte die charakteristischen kräftigen Schwimmbewegungen seines Kollegen, die ihm verrieten, dass er keinerlei Probleme bei seinem System hatte. Er wollte nicht behaupten, dass Parom Schadenfreude ausstrahlte, als er ihn erreichte. Aber seine Überschwänglichkeit zeigte genau das an und das nervte ihn schon ein wenig.

„Na, hat es dich wiedermal erwischt?", fragte Parom hämisch.

Das fand Hekum gar nicht lustig, aber dennoch begannen beide gleich kräftig an dem Rad zu drehen. Aber wie vorhergesehen tat sich nichts.

„Chef, es funktioniert nicht", ärgerte sich Hekum, „wir verlieren nur Zeit. Ich werde in den Tunnel schwimmen und tun, was getan werden muss." Hekum war kein tapferer Maborier, aber dennoch wollte er endlich von hier weg. Und das würde nur gehen, wenn endlich dieses verdammte Ventil geschlossen sein würde.

„Gut Hekum, sei aber vorsichtig", bat sein Chef.

„Na dann viel Glück, Hekum", wünschte auch sein Kollege Parom.

Hekum merkte, dass alle Schadenfreude aus Paroms Gesicht gewichen war. Ihm schien die Angelegenheit ebenso an die Nieren zu gehen wie ihm selbst.

„Danke, Parom", sagte Hekum resigniert und wandte sich von Parom ab.

Erst zögerlich, aber schließlich energischer schwang er seine Beinflossen auf und ab und verschwand in der Dunkelheit der Schlucht. Parom sah ihm besorgt hinterher. Er war froh darüber, dass er nicht solche Probleme mit seinem System hatte und nicht auch in den Tunnel musste. Er würde aber hier nicht untätig schweben bleiben. Nachdem er die letzte Silhouette Hekums Schwimmbeine im Tunnel verschwinden sehen hatte, begab er sich wieder zu dem großen Rad. Er wollte noch einmal versuchen, es in Bewegung zu setzen. Vielleicht könnte er Hekum zurückrufen. Aber so sehr er sich auch anstrengte, es bewegte sich nicht ein Stückchen weiter.

*

Über ihnen, oberhalb der Industrieanlage, dort wo sich der Riss gebildet hatte, schob die gewaltige Eismasse das Bergmassiv noch weiter, Meter für Meter über den Rand. Wie eine Sandburg, deren Spitze man mit der Schaufel vom Rest der Burg abstreifte. So wurde auch hier Meter für Meter der obere Teil des Berges über den unteren Teil weiter und weiter über die Stadt geschoben. Einzelne Brocken lösten sich immer wieder und fielen auf die Stadt. Mittlerweile befand sich der obere Berg schon so weit über der Anlage, dass der Überhang das natürliche Licht dieser Unterwasserwelt abschirmte und seine Leuchtkraft verlor, wodurch es immer dunkler wurde.

*

„Haben Sie das gehört, Chef?", fragte Parom, der in seiner Bewegung innehielt und angestrengt lauschte.

Hekum war nun schon einige Zeit unterwegs. Bald würde er das mächtige Sperrventil erreicht haben, um deren Verkrustungen zu beseitigen. Aber bis dahin würde Parom hier allein sein müssen.

„Ja, habe ich, aber darum können wir uns jetzt nicht kümmern!", verlangte er von Parom, der sich ängstlich umsah.

Er wunderte sich, dass das Licht dunkler geworden war. Die Funkverbindung zu Hekum war abgebrochen, da er schon zu weit in dem Tunnel war. Trotz einiger weiterer Versuche konnte auch er das Rad nicht bewegen. Er hatte gehofft, dass er es doch noch schaffen würde und Hekum zurückkommen könnte. Plötzlich gab es wieder einen lauten, dumpfen Knall. Er schreckte auf und wandte sich den oberen Auslässen zu, die einen kleinen Blick nach Außen zuließen. Es war noch dunkler geworden, wunderte er sich und funkte erneut seinen Chef an.

„Hören Sie Chef, da ist irgendein Geräusch zu hören." Parom ließ dieses Geräusch nicht länger los. Er hatte da etwas gehört. Da war er sich ganz sicher.

„Wieso ist es hier auf einmal so dunkel geworden?", fragte Garom verdutzt über Funk. Auch er bemerkte jetzt, wie das Licht abnahm.

„Parom, schwimm doch mal vor die Außenluke und sieh nach, was da los ist", forderte er Parom auf.

Parom entfernte sich von System zwei und schwamm mit kräftigen Flossenbewegungen zum Ausgang der großen Halle. Ihm gefiel es gar nicht, dass er nun Hekum im Tunnel allein lassen musste. Irgendwie fühlte er sich für seine glückliche

Rückkehr verantwortlich. Schnell erreichte er die Außenluke am anderen Ende der Halle und schwamm ins Freie. Seinen schmalen Kopf langsam bewegend schaute er sich auf dem Gelände um. Konnte aber nichts Verdächtiges feststellen.

„Sehr merkwürdig. Sehr merkwürdig", faselte er vor sich hin. Schließlich, nachdem er ausgiebig nach links und rechts gesehen hatte, reckte er seinen schlanken Kopf langsam nach oben. Die riesige Halle, in der sie zurzeit zu tun hatten, befand sich zu 70 Prozent im Berg, der hinter ihnen in die Höhe aufragte. Etliche hundert Meter sollte dieser Berg vor ihm aufragen. Aber das tat er nicht mehr. Überall fielen große Gesteinsbrocken auf Rohre und andere Hallen, in denen sich die unterschiedlichsten Anlagen befanden. Parom konnte erst nicht so recht erkennen, woher diese Gesteinsbrocken kamen. Aber nachdem er seinen schlanken Hals noch ein wenig mehr gedreht hatte, so dass er direkt über sich die Vorgänge betrachten konnte, erkannte er die Herkunft der Gesteinsbrocken.

Er war fassungslos über das, was er da sah. Der halbe Berg befand sich über ihm. Wie ein riesiger Schirm schob sich der Berg Stück für Stück über das Gelände. Er schaute langsam über die Unterseite des Berges entlang. Entsetzt stellte er fest, dass der überstehende Berg nicht mehr lange seine eigene Last tragen würde. Die Schwerkraft würde ihn früher oder später herabstürzen lassen. Parom erkannte die unmittelbare Gefahr sofort. Er schwamm sofort zurück und warnte Garom.

*

Garom indes, schwamm von den Steuereinheiten der Wärmeförderanlage quer durch die kleine Messwarte. Auch er wollte nachsehen, wieso es so dunkel geworden war. An dem ovalen Durchlass angelangt sah er, wie große Gesteinsbrocken von der Unterseite eines riesigen Gebirges auf das Gelände stürzten. Seine Fassungslosigkeit ließ ihn keinen einzigen Flossenschlag ausführen. Wie angewurzelt schwebte er in dem kleinen Raum.

„Was ist das?"

Zu keiner Regung fähig, sah Garom dem Geschehen zu. Die Eisbarriere drückte unterdessen immer weiter gegen den Berg. Dieser bewegte sich abermals wenige Zentimeter vorwärts.

*

Auch Hekum, der inzwischen die verkrustete Stelle des Sperrventils mit einem Ultraschallzertrümmerer bearbeitete, hielt plötzlich mit seiner Arbeit inne. Seine Zeit, die er für diese Aufgabe hatte, verstrich von Sekunde zu Sekunde. Ihm wurde es immer heißer. Lange würde er diese Tortur nicht mehr aushalten. Er hatte schon einige Ablagerungen an dem Schließmechanismus, der die Wärmezufuhr blockieren sollte, entfernen können. Aber er würde noch eine Weile brauchen, damit der Mechanismus wieder freigängig sein würde. Da brauchte er keine Ablenkungen von irgendwelchen seltsamen Geräuschen, dachte er. Die vielen Male, in denen er schon in diesen Tunneln genau diese Arbeiten erledigt hatte, hatte er noch nie solche Geräusche gehört.

Als er den Ultraschallzertrümmerer wieder ansetzen wollte, schallte es erneut aus den Tiefen des Tunnels. Aber diesmal so laut und so heftig, dass er vor Schreck den Zertrümmerer fallen ließ, der gleich darauf von einer Strömung, die plötzlich einsetzte, weggetragen wurde. Hekum hatte keine Zeit mehr, sich über diese Sache zu wundern. Die Strömung, die aus den Tiefen des Tunnels kam, brachte eine unerträgliche Hitze mit sich. Diese Hitze umspülte ihn sofort. Hekum spürte, wie diese Hitze erst seine Flossenbeine ergriff und anschließend seinen gesamten Körper.

Mit unkoordinierten, hastigen Schwimmbewegungen versuchte er, dem sicheren Tod zu entkommen. Aber während er in Richtung des Ausgangs flüchtete, umspülte das unerbittliche heiße Wasser seine Flossenbeine und kroch in sie hinein. Von den Flossen beginnend, löste dieses heiße Wasser die Strukturen seiner Flossen auf. Hekum wollte nicht nach hinten, zu seinen Flossen, sehen. Er hatte Angst vor dem Grauen, dass er dort sehen würde. Er fing an zu Schreien. Immer heftiger schrie er seinen Schmerz in den Tunnel, in dem er nun sterben würde. Er bewegte immer noch seine Flossenbeine, wohl aber wissend, dass nur noch Knochen und zerfetzte Haut durch das Wasser streichen würden. Schließlich, ehe er vor Schmerz ohnmächtig wurde, wurde er von seinem Leid erlöst. Ehe er starb, vernahmen seine empfindlichen Ohren, wie hinter ihm die Decke einstürzte. Stück für Stück fiel sie auf das Rohrsystem der Wärmeförderanlage und begrub nicht nur sie unter dem Berg, sondern auch Hekum.

*

Außerhalb der Tunnel versuchten immer noch Garom und Parom die Ereignisse zu ergründen.

„Was zum Teufel soll das jetzt?", konnte Parom nur noch fragen, als ein mehrere Quadratmeter großes Stück vom Berg vor seinen Schwimmflossen niederging und Unmengen an Staub und Unrat aufwirbelte. Fassungslos stellte er fest, wie sich immer mehr Risse entlang des überhängenden Berges bildeten. Nur langsam konnte sich Parom von seiner Starre lösen. Als erneut ein mehrere Quadratmeter großes Felsenstück fast vor seinen Schwimmflossen herabstürzte, löste er sich aus seiner Starre und schwamm, so schnell er konnte, in die Halle zurück.

„Weg hier, schnell, wir müssen hier weg, der Berg stürzt auf uns", schrie er, so laut er konnte.

Seine Schreie wurden von dem Medium Wasser ohne große Mühe zu Garom transportiert. Garom war inzwischen aus der Messwarte in die Halle geschwommen, um seine Kollegen zu warnen.

„Parom, was ist hier los?", fragte er Parom, der auf halber Höhe zu der Messwarte auf seinen Chef traf.

„Der Berg stürzt auf uns, Chef, wir müssen hier sofort weg", flehte er seinen Chef an.

„Was ist mit Hekum?", wollte dieser wissen, als ein fürchterlich heißer Wasserstrom aus dem Tunnel strömte und sich in der Halle verteilte. Verwundert schauten die beiden sich an. Aber, da es sofort immer heißer wurde, versuchten sie sofort, aus der Halle zu fliehen. Aber dazu kamen sie nicht mehr.

181

Immer mehr Felsen durchschlugen nun auch das Hallendach und versperrten so den Ausgang.

„Was nun?", fragte Parom krächzend, dem die Kiemen entsetzlich brannten.

„Wir können nur noch durch die oberen Auslässe fliehen", schlug Garom vor, dem ebenfalls immer heißer wurde. Ihm wurde in diesem Augenblick klar, dass Hekum wahrscheinlich im Tunnel umgekommen war. Jetzt musste er Parom und sich selbst retten. Aber er wusste nicht, ob sie es schaffen würden.

Beide schwammen in die Höhe, in Richtung der oberen Auslässe. Garom merkte sofort, dass das heiße Wasser noch nicht bis hierhergekommen war. Und da das Wasser durch die Kältekatastrophe sowieso sehr kalt war, empfand er diese Kälte als sehr angenehm. Immer höher stiegen die beiden Techniker auf und erreichten schließlich einen der oberen Auslässe. Diese Auslässe sorgten für einen stetigen Wasseraustausch, um das, durch die Anlagen erhitzte, Wasser nach außen zu befördern. Dieser stetige Wasseraustausch sorgte in dieser Miniwelt für eine gleichmäßige Hallentemperatur. Nun blieben ihnen nur diese oberen Auslässe, um vor dem unerbittlichen heißen Wasser, dass aus den Tunneln drang, zu fliehen.

Erleichtert erreichten die beiden Techniker mit einem schnellen Flossenschlag endlich das Freie. Der Berg über ihnen wirkte so bedrohlich, dass sie ihre Flossenbeine schneller bewegten, um aus dem Bereich des überhängenden Berges zu gelangen. Aber ehe sie das rettende Freie erreichten, gab es einen erneuten heftigen Ruck. Als Garom zurückschaute konnte er sehen, dass die Halle, aus der sie soeben geflohen waren von einem Stück des herabstürzenden Berges unter sich begraben wurde. Augenblicklich gingen alle elektrischen Beleuchtungen aus. Nur noch die vereinzelten Kristalle erleuchteten das Gelände. Garom sah nach oben und erkannte, dass er und Hekum noch lange nicht aus dem Gefahrenbereich des Berges waren.

„Los schneller Hekum, sonst schaffen wir es nicht", feuerte er mehr sich als Hekum an.

Nachdem die Eisbarriere dem Berg den letzten Schubser gegeben hatte, erledigte die Schwerkraft ihr übriges. Ehe Garom und Hekum sich in Sicherheit befanden, brach das riesige Stück Berg ab und begrub mit einem Grollen somit die gesamte Industriestadt. Tausende Tonnen Felsen und mehrere tausend Kubikmeter Geröll stürzten auf die Industriestadt. In fast ganz Maborien gingen nun alle elektrischen Lichter aus. Hätte man die Kristalle nicht weiter gedeihen lassen, würde nun fast ganz Maborien in Finsternis leben. So aber stellte sich, erstmals wieder nach hunderten Zeitzyklen, das natürliche grüne Leuchten dieser Unterwasserwelt ein.

Eine gewaltige Unterwasserflutwelle bewegte sich daraufhin auf andere bewohnte Städte zu und richtete enormen Schaden an. Wenn das Eis weitergewandert sein würde, würde auch der Rest des Berges in diese Schutthalde des Wohlstandes geschoben sein und sie endgültig verschütten. Das heiße Wasser, dass für eine kurze Zeit aus dem Innern durch die Tunnel der Wärmeförderanlagen drang, bewirkte für kurze Zeit, dass sich eine heiße Blase in der zerstörten Industriestadt bildete. Letztendlich würde das Grab mit einem kilometerdicken Eispanzer verschlossen sein.

*

Die nördliche und westliche Halbkugel der Unterwasserwelt wurden bereits vom ewigen Eis verschlungen. Das Eis bewegte sich unaufhaltsam auf die andere Seite des Mondes zu. Über hunderte Kilometer ragte der Eispanzer nun in die Höhe. Dort verband er sich mit dem seit Millionen Jahren vorhandenen Eis. Das Eis überrannte große verlassene Städte. Viele Tausend Bewohner der Städte waren nun auf der Flucht. Unzählige Kolonnen bewegten sich vom Eis weg, in Richtung Süden, in der Hoffnung dort dem sicheren eiskalten Tod zu entkommen. Alle diese Flüchtlingstrecks bewegten sich auf einen zentralen Punkt zu, der größten Stadt der Unterwasserwelt, Lorkett. Wenn auch vielen bewusst war, dass das Eis früher oder später auch diese Stadt erreichen würde. Wenn man in einer Blase lebte, dann konnte man nur bis zu den nächsten Innenwänden fliehen. Es gab einfach keinen anderen Ausweg! So nahm die Katastrophe immer weiter seinen Lauf.

11. Der Aufbruch

An Bord der Carl Sagan bereiteten sich die vier Tauchfahrer auf ihre erneute Mission vor. Jeder von ihnen kümmerte sich um seine speziellen Aufgaben, die er während der Reise zu erledigen hatte.

Carter packte spezielle Utensilien ein, die für die Erforschung des hoffentlich zu erwarteten Lebens nötig sein würden. Dazu gehörten kleine Ampullen, die sie durch ein spezielles Schleusensystem an Bord des U-Bootes auch unter Wasser mit Wasserproben füllen lassen konnte. Sie hoffte dadurch, in tieferen Bereichen dieses Sees noch andere Einzeller zu entdecken. Auch, wenn sie immer wieder an das Tier dachte, dass sie im Eis entdeckt hatten, glaubte sie nun nicht mehr daran, dass sie etwas Ähnliches in dem See entdecken würden. Auch nach Auswertungen der Aufnahmen, die sie von dem im Eis eingeschlossenen Tier gemacht hatten, stellte sich keine zu große Euphorie ein. Dass, was man darauf sah, war einfach zu unscharf, um sagen zu können, dass es sich tatsächlich um ein Lebewesen handelte. Es war einfach zu unwahrscheinlich, dachte sie. Nicht nur deshalb bestand ihre Ausrüstung aus Gegenständen, die die Untersuchung von mikroskopisch kleinen Lebewesen ermöglichten. Niemand rechnete im Ernst damit, mehr als Einzeller zu entdecken. Trotzdem schnallte sie den kleinen Rucksack voller Tatendrang auf ihren Rücken und machte sich auf, um zu dem großen Ladehangar zu gehen.

Von nun an würde sie die Strecke zum Shuttle immer wieder gehen müssen. Davon war sie ebenso überzeugt wie von der Tatsache, dass dieser Ausflug mit dem U-Boot wahrscheinlich nicht der letzte sein würde. Wenn alles nach Plan verlief, würden sie einen regelrechten Pendelverkehr einrichten. Dieser würde so lange aufrechterhalten werden, bis die Umlaufbahn des Mondes so sehr von seiner bisherigen Bahn abweichen würde, dass die Bedingungen auf dem Mond eine weitere Untersuchung nicht mehr zuließen. Auf jeden Fall so lange, bis sie genug Proben vom Grund des Sees geborgen hatten. Jetzt war es soweit. Wenn sie nun den Taster des Schleusentors betätigen würde, gab es kein Zurück mehr. Sie kramte ihren letzten Mut zusammen und drückte den Taster.

*

Das Schleusentor öffnete sich und gab den Blick auf Daison frei, der das Shuttle auf die Reise vorbereitete.

„Hallo, Daison, bin ich die Erste?" fragte Carter, nachdem sie nur Daison im Hangardeck sah.

Niemand, außer ihr war von der zukünftigen U-Bootbesatzung zugegen. Sie ärgerte sich schon, dass sie wiedermal zu früh an einem verabredeten Ort eintraf. Es war immer das Gleiche. Sie hatte einfach keine Ruhe vor solch einer Mission. Sie wusste nicht, ob es Nervosität oder einfach nur Unruhe vor dem Auftrag war. Immer wieder geschah ihr das. Nun müsste sie mit Daison irgendein unwichtiges Gespräch anfangen, um die Zeit zu überbrücken. Die Zeit, bis einer von den anderen hier eintraf. Daison war in Ordnung. Er war immer freundlich und zuvorkommend zu ihr, wenn sie irgendein Problem hatte, das er lösen konnte. Aber sie merkte immer schnell, dass ihr gemeinsamer Gesprächsstoff schnell versiegte. Das würde nun wieder geschehen, dachte sie. Daison drehte sich zu Carter um und begrüßte sie.

„Hallo Carter, Sie sind die Erste!", schmunzelte er. Ihm war wohl bewusst, wie peinlich ihr die Situation war und deshalb wollte er sie auch nicht länger hinhalten.

„Bis das Tauchboot bereitgemacht ist, wird noch eine gute Stunde vergehen, Carter."

„Noch eine Stunde." Sie konnte es nicht fassen. Da hatte sie nun umsonst all ihren Mut zusammengenommen, um in dieses U-Boot zu steigen. Alles umsonst. Nun müsste sie diese Tortur erneut erleiden müssen. Hatte sie sich wirklich so sehr in der Zeit geirrt?

„Ja, aber Gater hatte sich vor kurzem hier gemeldet", sagte Daison.

Carter horchte auf und hoffte, dass Gater irgendetwas wichtiges von ihr wollte.

„Was wollte er denn?", fragte sie hoffnungsvoll.

Auch Daison kam es gelegen, dass er mit Carter keine Stunde hier ausharren musste. Er genoss zwar die Gegenwart der Wissenschaftlerin, aber seine Schüchternheit erlaubte es nicht, dass er sich länger als nötig mit einer Frau allein unterhalten konnte.

„Bevor Sie starten, sollen Sie nochmal ins Labor kommen. Er wollte Ihnen dort etwas zeigen", meinte Daison, der Mechaniker.

„Na, dann sieht man sich nachher." Auch wenn sie lieber sofort gestartet wäre, um nicht noch einmal ihren Mut zusammen nehmen zu müssen, so freute sie sich doch innerlich, dem möglichen Tod von der Schippe gesprungen zu sein. Denn, wenn auch jeder versicherte, dass die Reise mit dem U-Boot sicher sei, so blieb immer noch ein Restrisiko. Ohne lange zu diskutieren drehte sich Carter um und ging.

*

Im Labor standen Gater, der Kapitän, und Miller um einen Computer, der gerade von Gater bedient wurde.

„Ah, Carter gut, dass Sie da sind. Der Computer hat gerade seine Berechnungen beendet." Der Astrogeologe und Physiker stand an seinem Computer und tippte irgendwelche Daten ein. Seine Finger huschten nur so über den Bildschirm. Immer noch etwas wütend darüber, dass man sie nicht über die Startverzögerungen informiert hatte, ging sie auf die drei Anwesenden zu. Offensichtlich trug sie ihren Ärger offen im Gesicht. Denn Gater sah sie verwundert an und fragte, was los wäre.

„Was haben Sie, Carter?" Ohne auf die Frage einzugehen, drängte sie ihren Ärger beiseite und quetschte ein freundliches Lächeln auf ihre Lippen.

„Alles gut, Gater. Ich war nur schon unten im Hangardeck, mit einem Bein im Shuttle", antwortete sie ihm nun lächelnd.

„Hat man Ihnen nicht Bescheid gesagt?", fragte Flynn, der es offensichtlich versäumt hatte, diese Info auch ihr zukommen zu lassen.

„Nein, hat man nicht", sagte sie ihrem Kapitän, nun doch wieder etwas wütend.

Aber, um dieses Thema abzuschließen, wandte sie sich ebenfalls dem Monitor zu und fragte, was dort zu sehen war. Der Monitor, der in der Wand integriert war, zeigte eine Abbildung des Jupitersystems.

„Sind das die neuesten Berechnungen?", fragte sie.

Sie wusste von Gaters Bemühungen, die Umlaufbahnen der Jupitermonde nach dem Einschlag neu berechnen zu lassen. Nachdem von der Erde aus sämtliche Simulationen nur geringfügige Abweichungen berechnet hatten, begann Gater hier vor Ort, seine eigenen Berechnungen anzustellen. Sie wusste, dass Gater mit der Erde in Kontakt stand. Da aber die Entfernung zur Erde eine normale Kommunikation unmöglich machte, hing vieles von diesen Berechnungen ab. Er erhoffte sich neue Erkenntnisse über das Verhalten des Jupitersystems nach dem Einschlag des Kometen. Sie hätte nicht gedacht, dass sie vor dem Start mit dem U-Boot noch erfahren würden, wie der Komet sich auf das Jupitersystem auswirkte. Es fiel zwar nicht in ihren Fachbereich, aber sie bat darum, mit dabei sein zu dürfen, wenn die Berechnungen beendet waren. Auch sie wollte erfahren, ob die Berechnungen von der Erde und Gaters Berechnungen identisch ausfallen würden. Ob beide Berechnungen die Auswirkungen durch den Kometeneinschlag gleich bewerteten. Sie stellte sich neben Gater auf und betrachtete gebannt den Monitor.

„Was ich aber zu meinem Bedauern sagen muss, ist, dass der Rechner noch nicht die komplette Simulation berechnen konnte", erwähnte Gater nur so nebenbei. Sie sah aber seinem Gesicht an, dass er nicht zufrieden damit war.

„Wie weit reicht denn die Simulation?", fragte darauf hin Carter.

„Nur bis kurz nach dem Einschlag des Kometen. Für den Rest braucht der Rechner noch eine Weile. Besonders der jetzige folgende Verlauf fehlt uns noch."

Carter sah Gater an, dass ihn das sehr frustrierte. Sie verstand, dass gerade dieser Zeitraum für ihr weiteres Vorgehen unentbehrlich war. Aber diese Tatsache würde sie jetzt erst mal beiseite drängen müssen.

„Dann lassen Sie doch die Simulation endlich ablaufen!", forderte Miller, der ebenso gespannt auf den Monitor sah wie die übrigen Anwesenden.

Noch ehe Gater den Startbutton niederdrückte, beschlich Carter ein seltsames, ungutes Gefühl. Sie wusste nicht, was es war. Aber sie wusste, dass der Ausgang dieser Simulation weitgreifende Auswirkungen über ihr weiteres Vorgehen hatte.

Auf dem Monitor wurde ein Abbild des Jupitersystems sichtbar, dass noch weit entfernt dargestellt wurde und sich unentwegt drehte. Jeder Mond auf seiner eigenen Bahn. Anschließend schwenkte die virtuelle Kamera weiter an das Jupitersystem heran. Der Jupitermond Europa, der seine zweite Bahn um Jupiter einnahm, war deutlich an seiner eisbedeckten Oberfläche zu erkennen. Auf der inneren Bahn um Jupiter war IO zu sehen. Die dritte Bahn nahm Ganymed ein. Durch die Computersimulation sah man, wie die drei Monde ihre Bahnen um den größten Planeten unseres Sonnensystems zogen.

„Sehen Sie Carter, so sehen die Bahnen der drei innersten Monde um Jupiter vor dem Einschlag des Kometen aus. Wobei wir hier nur die drei wichtigsten Monde sehen. Die übrigen über siebzig Monde würden nur unnötige Rechenzeit bedeuten. Außerdem würde man auf dem Monitor vor Monden nichts mehr erkennen", beschrieb Gater die Simulation und zeigte mit einem Stift auf den Monitor.

Der Planet Jupiter mit seinen drei innersten Monden drehte sich unaufhörlich in einem genau definierten Rhythmus. Sie hatte sich vor dem Start der Carl Sagan ausführlich mit dem

Jupitersystem befasst. Ebenso, wie sich ein Laie mit so etwas beschäftigte. Da fand sie es als angenehm, nun von einem Fachmann diese Problematik erklärt zu bekommen.

„Und wann kommt der Komet?", fragte sie Gater, der ebenso gespannt auf das errechnete Ereignis wartete wie sie.

„Gleich müsste es soweit sein", sagte er.

Kurz darauf erschien der Komet P/Wolf am linken unteren Rand des Monitors. Der innerste Mond IO zog wie vorher seine Bahn um den Planeten. Ganymed ebenso und Europa auch. Schließlich sah man, wie der verhängnisvolle Komet immer weiter auf Europa zusteuerte. Acht Augen verfolgten gespannt, was auf dem Monitor geschah.

„Jetzt passen Sie auf, Carter", forderte Gater sie unnötiger Weise auf.

Immer näher kommend verringerte sich der Abstand zwischen Europa und dem Kometen. Schließlich geschah das Unglück. Der Brocken kollidierte mit Europa, ging praktisch in ihm auf. Sekunden später verließ Europa für winzige Millimeter, was farbig hervorgehoben wurde, seine Bahn. IO und Ganymed wurden ebenfalls um wenige Millimeter aus ihrer Bahn geführt, was ebenfalls farbig gekennzeichnet wurde. Nach mehreren Runden um Jupiter wurden diese Bahnabweichungen immer deutlicher. Bei IO und Ganymed war der Effekt nicht so gravierend. Aber bei Europa war eine deutliche Bahnabweichung zu erkennen. Diese Bahnabweichung führte Europa deutlich von IO weg, dem innersten gallischen Jupitermond und an Ganymed, dem am drittweitesten entfernten Gallischen Mond, näher ran.

Carter kannte die Simulationen, die auf der Erde gemacht wurden. Sie brauchte erst gar nicht Gaters Gesicht anzusehen, um zu erkennen, dass diese Simulation von der der Erde abwich.

„Das sieht ja nun doch etwas anders aus als die Simulationen der Erde", sagte Gater sehr ruhig

„Und das bedeutet, Gater?", wollte Flynn von ihm wissen.

Er trug die Verantwortung für sämtliche Crewmitglieder. Wenn sich nun die Bedingungen ändern würden, müsste er darauf entsprechend reagieren.

„Die Abweichungen zu den Erdberechnungen sind zwar da, aber nicht sehr gravierend", stellte Gater fest.

„Also können wir so fortfahren wie geplant?"

Nicht nur Flynn schaute Gater voller Anspannung in die Augen. Jedem schmachtete es nach der Antwort.

„Ja, natürlich", beruhigte er seine Mannschaftskameraden, „aber erst die komplette Simulation wird uns den weiteren Bahnverlauf aufzeigen. Bis dahin gibt es keine Bedenken, unseren ersten Tauchgang auszuführen."

Carter wusste nicht, ob sie nun beruhigter oder nicht ins Shuttle steigen würde. Sie vertraute Gater. Daher wischte sie jedes Bedenken beiseite und hörte weiter den Ausführungen ihrer Kollegen zu.

„Nach diesen Berechnungen sind die Bahnen sämtlicher Jupitermonde stärker verschoben worden, als wir annahmen. Am gravierendsten natürlich bei Europa", schlussfolgerte Gater aus der Simulation.

„Und was bedeutet das nun für Europa?", wollte nun auch Carter wissen.

Miller drehte sich zu ihr um und versuchte, seinen Standpunkt darzustellen.

„Viele Wissenschaftler waren sich immer einig, wenn es flüssiges Wasser auf Europa gibt, dann nur dadurch, weil das Magnetfeld des Jupiters so stark ist und weit ins Weltall hinausreicht. Und zwar so weit, dass jedes Mal wenn der Mond durch dieses Magnetfeld fliegt er beeinflusst wird. Ein weiterer Aspekt stellt die Achse des Jupiters dar. Weil sie nicht genau senkrecht zur Bahnachse des Mondes steht, wirken bei seinem Durchflug starke gravitätische Kräfte auf den Kern des Mondes. Diese Gravitationskräfte sind so gewaltig, wodurch der Kern von Europa sich ausdehnt und wieder entdehnt. Dieser ständige Knetvorgang sorgt dafür, dass im Innern von Europa riesige

Reibungskräfte entstehen. Diese Reibungsvorgänge erwärmen somit den Kern des Mondes", erklärte Miller.

„Und das soll ausreichen, um dort unten flüssiges Wasser entstehen zu lassen?", wollte Carter skeptisch wissen.

Miller hatte schon oft von dieser Theorie gehört. Er selbst hatte ausführlich in dem Bereich geforscht. Aber er konnte sich nicht vorstellen, dass diese Kräfte ausreichten, um einen Mond, der Millionen Kilometer von der Sonne entfernt ist, im Innern einen hundert Kilometer dicken Eisklotz in flüssiges Wasser zu verwandeln.

„Wie gesagt, einige Wissenschaftler sehen diese Theorie als bare Münze an. Ich sehe das etwas anders", erklärte Miller den anderen Wissenschaftlern gegenüber abwegig.

„Also ist der See doch durch den Kometen entstanden?", wollte Carter von dem Astrogeologen wissen.

Der kleine dickliche Miller drehte sich zu der Biologin um und antwortete ihr.

„Ich denke ja. Egal, was Sie dort gesehen haben wollen. Der See ist definitiv durch den Kometen entstanden", argumentierte er mit solch einer Gewissheit, dass sie nun doch wieder enttäuscht war. Sie würde schon gerne einen Ozean erwarten. Aber das lag wohl doch im Bereich des Science-Fiction, dachte sie. Gater war da ganz anderer Meinung. Er vertrat immer noch die Ansicht, dass sie auf etwas stoßen könnten, von dem sie sehr überrascht sein würden.

„Und was bedeutet diese Bahnabweichung nun für uns?" Diese Frage interessierte nun jeden an Bord der Carl Sagan. Gater versuchte, eine passende Antwort darauf zu finden.

„Durch seine neue Umlaufbahn wirken diese Kräfte nicht mehr so stark", erklärte er, „Die Bahnabweichungen der anderen beiden Monde sind minimal, aber für Europa hat sich eine gravierende Veränderung ergeben. Da der Mond immer weiter von Jupiter und seinem Magnetfeld weg driftet, wurden diese seismologischen Aktivitäten, dieser Knetvorgang, im Innern von Europa, rapide zurückgefahren. Somit kühlt der Kern des

Mondes ab", endete er. Gater ging mit der Maus auf den Pausenbutton und beendete die Simulation.

„Und Sie meinen, da der Mond diesen gegenseitigen Gravitationskräften nicht mehr ausgesetzt ist, wird er früher oder später zu einer Eiskugel werden. Vorausgesetzt, wenn die Theorie mit dem Ozean stimmt, wovon ja Miller nicht ausgeht", neckte sie ihn.

Miller fühlte sich wieder mal abgegrenzt durch seine Äußerungen. Aber das machte ihm nichts. Das passierte öfters, dachte er. Er hatte immer Probleme, seine Theorien anderen plausibel zu erklären. Da machte dieser eine Fauxpas auch nichts.

Gater versuchte, die entstandene Spannung wieder zu beruhigen. Er hasste es, wenn Carter das machte. Aber er wusste auch, dass sie sehr impulsiv war und ihr eben mal eine solche Äußerung raus rutschte, die einem anderen weh tun könnte.

„Natürlich nur, wenn wir annehmen, dass das Innere des Mondes einst aus flüssigem Wasser bestand oder eventuell noch besteht", sagte Gater.

„Wie ja dieses eingefrorene Wesen gezeigt hat, dass sie entdeckt haben wollen", verteidigte Miller immer noch seine Theorie. Aber Gater ließ sich nicht von seinen Vermutungen abbringen. Denn, genau deshalb wollte er das U-Boot mit an Bord nehmen.

„Wenn noch flüssiges Wasser dort ist, dann wird es nicht mehr lange welches geben", sagte Gater.

Sofort verlor Carter erneut einen kleinen Teil ihres Mutes, hoffte aber dennoch, dass Gater übertreiben würde. Denn sie wollte auf keinen Fall in dem See einfrieren.

„Dann sollten wir keine Zeit verlieren und unser Abenteuer angehen", forderte sie die Anwesenden auf.

Sie selbst war äußerst erstaunt über ihren nach außen getragenen Tatendrang. Denn sie wollte mit dieser Aussage nur erreichen, dass sie diese Reise so schnell wie möglich hinter sich bringen konnte. Aber in den Augen ihrer Kameraden, die sie erstaunt ansahen, konnte sie erkennen, dass man ihr diese

Entschlossenheit voll abnahm. Der Einzige, der ihren Sarkasmus offenbar erkannte, war Miller, der genauso wie sie diese Sache so schnell wie möglich hinter sich bringen wollte. Auch er hoffte, sobald wie möglich zu starten, um so schnell wie möglich dem möglichen nassen Grab zu entrinnen. Auch er trug seinen verlorenen Mut nicht nach außen.

„Ja, ich denke, es wird Zeit für Sie. Daison wird bestimmt seine Überprüfungen beendet haben", vermutete Flynn.

Damit beendete Gater diesen kleinen Vortrag und schaltete die Simulation aus. Im Hintergrund ließ er den Rechner weiter seine Arbeit tun, damit auch der zukünftige Verlauf des Jupitersystems berechnet werden konnte. Gemeinsam gingen sie zu dem Hangar.

*

Als sie dort eintrafen, stand die restliche Besatzung bereits dort, um ihre Kameraden zu verabschieden. Als sie sich dem Shuttle näherten, schritt Flynn auf sie zu. Er hatte die kleine Zusammenkunft arrangiert, um sie gemeinsam zu verabschieden und ihnen Glück zu wünschen.

„Da sind Sie ja. Wir haben schon auf Sie gewartet", begrüßte Daison sie.

Carter konnte nicht glauben, dass sie alle hier versammelt waren. Damit hatte sie nicht gerechnet. Sie hoffte nur, dass es kein böses Omen war. Sie war zwar nicht abergläubisch, aber dennoch wirkte dieser Abschied endgültig. Jeder Einzelne von ihnen wünschte ihnen jedes Glück auf der Welt.

„Halten Sie die Ohren steif", sagte Flynn zu Gater, der wieder die Leitung übernehmen würde.

„Das werde ich, Kapitän", erwiderte Gater.

„Und Sie Narrow, bringen zum Teufel noch mal jeden von Ihnen heil zurück. Haben Sie mich verstanden." Er kannte die Navigationskünste von Narrow. Er vertraute ihm voll und ganz. Was ihm etwas Sorgen bereitete, war seine grenzenlose Freude am Navigieren. Er hoffte nicht, dass gerade dieser Umstand sie in Gefahr bringen könnte.

„Kapitän, da brauchen Sie sich keine Sorgen zu machen", flunkerte er und war in Gedanken schon dabei, das U-Boot durch die Schluchten zu navigieren.

„Und Miller, Ihnen brauche ich ja nichts zu sagen. Sie sind ja die Vorsicht in Person. Wenn Sie merken, dass einer von den anderen etwas vorhat, bei dem Sie denken, dass es zu gefährlich ist, dann versuchen Sie auch, ihn davon abzuhalten."

„Da können Sie sich drauf verlassen, Kapitän", antwortete Miller. Miller hatte absolut keine Lust, irgendwelche riskanten Aktionen auszuprobieren. Er würde ohne Umschweife seine Meinung sagen. Immerhin war er ein gestandener Wissenschaftler, der seine Meinung kundtun durfte, dachte er.

Nachdem sie sich auch von Daison, Clark und Franks, der Chefingenieurin, verabschiedet hatten, traten sie einer nach dem anderen in das Shuttle. Für Carter war es nun schon das zweite Mal. Auch, wenn das erste Mal ohne größere Schwierigkeiten abgelaufen war, hatte sie vor dieser Reise doch schon etwas Bammel. Sie dachte immer an das U-Boot, das nun im Laderaum des Shuttles stand und das sie bald betreten würde.

„Was ist, Carter?", wollte Gater wissen, der bemerkte, wie sie kurz vorm Betreten des Shuttles innehielt.

„Mir ist nicht wohl dabei, wenn ich an den Tauchgang denke", wunderte sie sich, dass sie frei heraus ihre Bedenken äußern konnte.

„Kommen Sie, das wird fantastisch. Denken Sie an die vielen Einzeller, die Sie dort entdecken könnten", versuchte er sie aufzumuntern.

„Doch schon, aber in dieser Sardinenbüchse!"

„Sie werden sich daran gewöhnen. Ich bin öfters in den Ozeanen der Erde mit Tauchbooten unterwegs gewesen. Man gewöhnt sich daran." Ein schelmisches Lächeln begegnete Carter, welches ihr noch mehr zu denken gab.

„Wenn Sie meinen. Ich bin ja wahnsinnig gespannt darauf, was es alles dort unten zu entdecken gibt. Vom Monitor aus wäre es mir aber lieber gewesen."

„Ja, entspannt mit etwas Popcorn und einer Flasche Bier, was?", scherzte Gater.

„Nein, wenn schon, mit einer Flasche Wein", versuchte sie ebenso heiter zu klingen wie er, was ihr aber nicht gelang.

„Schauen Sie sich Miller an. Er ist ganz entspannt. Hätten Sie das gedacht?"

Wenn Millers Blicke hätten töten können, dann wäre Gater nun tot umgefallen. Ihm schlotterten bestimmt am heftigsten die Beine beim Betreten des Shuttles. Dass das niemand bemerkte, wunderte ihm. Aber seine Gefühlslage interessierte ja sowieso niemanden, wusste er. Widerstrebend und dennoch wagemutig betrat nun auch Miller als letzter das Shuttle.

„Viel Glück dort unten und seien Sie vorsichtig. Gehen Sie kein zu großes Risiko ein. Denken Sie daran, dass ihr Luftvorrat nicht ewig reicht."

Mit diesen letzten Worten verabschiedete sich die restliche Mannschaft von ihren Kameraden, die im Begriff waren, eine nie dagewesene Reise anzutreten. Die Einstiegsluke schob sich mit einem leisen Sauggeräusch von der rechten zur linken Seite des Shuttles und verschloss es somit. Die zurückgebliebene Mannschaft verließ das Hangardeck und versammelte sich auf der Brücke, von wo aus der Startvorgang des Shuttles überwacht werden konnte.

*

In der Schleuse wurde anschließend die Luft abgesaugt, damit der Innendruck mit dem Außendruck des Weltalls gleichgesetzt wurde. Als das geschehen war, öffnete sich die äußere Luke, woraufhin sich das Shuttle vom Boden der Schleuse erhob und sich anschließend in Position drehte. Mit lautlosen Manövrierdüsen, denn im leeren Raum wurden keine Schallwellen befördert, schob es sich Stück für Stück dem leeren, schwarzen Weltraum entgegen. Ohne einen einzigen Laut zu erzeugen, heulten die Düsen auf und entließen das heiße Schubfeuer in den Weltraum. Langsam entschwebte es der Ladeluke und entschwand dem großen Mutterschiff. Das Mutterschiff musste an die 100 Mal länger sein als das Shuttle.

Und doch maß das Shuttle von einem Ende zum anderen stolze 30 Meter. Immerhin musste genug Platz sein, um das Tauchboot und unzählige Proben transportieren zu können.

Die Spitze neigte sich nach unten und begann zum zweiten Mal den Abstieg zum Jupitermond Europa. Schnell nahm es an Geschwindigkeit zu. Über ihnen schrumpfte ihr Mutterschiff zu einem kleinen Strich zusammen, der am Himmel wie angewurzelt dastand. Zum zweiten Mal flogen sie über die unzähligen Gräben und Schluchten hinweg, die kreuz und quer unter ihnen davon huschten.

„Seht euch das an!", staunte Miller und zeigte zum rechten Fenster.

Die anderen drei drehten sich gemeinsam zu dem Fenster um und erblickten das gleiche, was sie während des ersten Fluges hatten betrachten können. Für sie war dieser erneute Anblick nicht weniger faszinierend als für Miller, der das zum ersten Mal live miterlebte. Aber dann sahen sie etwas, dass sie nicht beim ersten Flug beobachten konnten.

Eine Fontäne, so gewaltig, so ungewöhnlich. Hunderte Meter hoch schoss eine aus Wasser bestehende Fontäne, die sofort zu Eisstaub gefror. Dieser legte sich anschließend sanft hernieder regnend auf die Oberfläche des Mondes. Immer wieder schoss eine erneute Fontäne aus der Geysiröffnung. Diese gefrierende Gischtmasse verschloss augenblicklich nach und nach die Öffnung des Europabodens. Mit solchen gewaltigen Geysiren hatte hier niemand von ihnen gerechnet. Nicht mal der Astrogeologe Miller.

„Bilder von den Voyagersonden ließen ja schon vermuten, dass es solche Ausbrüche geben könnte. Aber nicht aus flüssigem Wasser. Man vermutete, dass sich zähflüssiges Wasser, vermischt mit Unmengen Eis langsam nach oben an die Oberfläche schieben würde. Mit solchen Wasserfontänen habe ich nicht gerechnet. Dann muss es dort unten doch einen riesigen Ozean geben. Anders ist das nicht zu erklären." Alle schauten Miller fassungslos an. Die Fontäne ergoss sich viele

hundert Meter in die Höhe und fiel schließlich in sich
zusammen.

„Dort hinten, seht nur, dort gibt es noch mehr Fontänen."

*

Carter rückte fasziniert noch weiter an das Fenster ran, soweit,
dass sie fast mit der Nase die Scheibe berührte. Immer mehr
Fontänen stiegen in einen eng begrenzten Bereich aus dem Eis
aus. Jetzt waren es bereits acht. Jetzt zehn. Auf einmal brach
rings um die Austrittsgebieten der Fontänen das Eis immer
weiter auf. Dabei wurden die abgebrochenen Eisschollen
regelrecht mit in die Höhe gerissen. Immer größere Stücke
wurden aus dem ewigen Eispanzer durch die immer breiter
werdenden Fontänen nach oben geschleudert. Inzwischen hatten
sich schon mehrere Fontänen zu einer riesigen vereinigt. Nun
waren aus den zehn kleinen Fontänen vier riesige geworden.
Das Wasser, was in den leeren Raum geschleudert wurde, gefror
bereits im Aufsteigen und fiel anschließend als Eispartikel bzw.
als Schnee auf den ewigen gefrorenen Europa-Boden. So
spektakulär das Schauspiel auch begann, so schnell war es auch
schon wieder vorbei, und auf dem Mond hatte sich eine neue
Eisplatte gebildet.

„Es muss sich dort unten ein sehr großer Druck gebildet
haben, der das Wasser durch die Eisschichten drückt. Ich würde
gerne wissen, was dafür verantwortlich ist." Miller neigte
verwundert seinen Kopf. Er war der letzte, der sich von diesem
Schauspiel abwandte und wieder nach vorn schaute, wo die
Einschlagspur des Kometenbruchstücks immer weiter auf sie
zuraste. Deutlich konnte er die, an beiden Seiten
aufgeschichteten, Eismassen sehen, die sich sehr deutlich von
den seit Millionen von Jahren hier vorherrschenden schroffen
und scharfkantigen, geraden Gräben unterschieden.

Nach mehreren Kilometern war vor ihnen der mehrere
Kilometer breite Graben zu erkennen. Narrow steuerte das
Shuttle so, dass sie so tief wie möglich in den Graben vordringen
konnten. Er wollte das Shuttle genau zu der kleinen Bucht
bringen, die sie bei ihrem ersten Spaziergang von der

gegenüberliegenden Stelle aus entdeckt hatten. Über der tiefsten Stelle, wo unter ihnen der Beginn des unterirdischen Sees zu sehen war, blieb er mit dem Shuttle in der Schwebe stehen.

„Hier werde ich das U-Boot abseilen, dann werde ich das Shuttle auf diesem Hang parken." Er wies mit einem leichten Nicken zu der Stelle hin, die sie bei ihrem ersten Abstieg von weitem gesehen hatten. Die große Bucht, die direkt am Wasser lag, war eine große, glatte Fläche, auf der ihr Shuttle genug Platz finden würde. Langsam steuerte er das Shuttle über diese Stelle und verharrte anschließend an der Stelle.

Unter dem Shuttle öffnete sich eine längliche Ladeluke. Wenige Minuten später wurde das Tauchboot, an vier Seilen hängend, heruntergelassen. Mit einem Platsch setzte es auf dem Wasser auf. Eine automatische Lösevorrichtung kappte die Seile vom Boot und beförderte diese anschließend wieder ins Shuttle zurück. Die Ladeluke schloss sich wieder und das Shuttle setzte sanft auf der Bucht auf. Diesen ersten Job hatte Narrow bravourös gemeistert. Nun würde er endlich in das U-Boot steigen können und seinem Tatendrang freien Lauf lassen können.

„So, meine Freunde, dann können wir umsteigen", forderte er die anderen auf, nach hinten zu gehen und sich die Raumanzüge anzuziehen.

*

Am Shuttle öffnete sich die Ausstiegsluke. Die vier Astronauten betraten erneut den Jupiter Mond Europa. Wie kleine, senkrecht gehende Ameisen sahen sie aus, im Gegensatz zu dem gewaltigen Schiff, das dahinter von einer endlos hohen Eiswand flankiert wurde.

„Was ist, wenn jetzt die Technik ausfällt?", fragte Carter. Sie sah sich nach allen Seiten um und blickte anschließend fasziniert die Eiswand empor. Sie war sich sicher, hier nie mehr wegzukommen, falls die Technik versagen würde.

„Machen Sie sich da keine Sorgen, Carter, wir werden sicher wieder nach Hause kommen", versicherte ihr Narrow.

Er fürchtete sich davor, dass Miller Schwierigkeiten machen könnte aber nun auch Carter. Er hoffte, dass es nur ein vorübergehender Angsthauch war. Während der zweijährigen Reise hatte er bei Carter eigentlich nie irgendwelche Ängste feststellen können. Er bewunderte sie fast wegen ihrer Zielstrebigkeit und ihrem Witz, den er bei manch einem Gemeinschaftsabend hatte genießen können.

Vor ihnen erstreckte sich der See immer noch genau so schön wie beim ersten Mal. Nur, dass diesmal das Jupiterlicht direkt auf die Oberfläche schien. Durch das Absetzen des U-Bootes zogen unzählige Wellen über den See. Gelbrote Lichtschlieren zogen über die Oberfläche und brachen sich immer wieder in den Wellen. Von den angrenzenden Eiswänden, die steil in die Höhe ragten, wurde das gelbrote Licht von einer Seite der Schlucht zur anderen gespiegelt. So, als ob sie im Innern eines Diamanten säßen, fühlten sich die Raumfahrer.

„Wie sieht es mit der Temperatur aus, Carter?", wollte Gater wissen.

Nachdem Carter das Messgerät in die Luft gehalten hatte, ging sie zum Rand des Sees und tauchte es ins Wasser.

„Die Lufttemperatur beträgt hier plus 0,2 Grad. Das Wasser hat aber eine Temperatur von plus drei Grad. Unglaublich."

„Das sind alles Auswirkungen des Kometeneinschlages. Er muss so viel Hitze an die Umgebung abgegeben haben, dass hier alles aufgetaut ist. Das Bruchstück ist dann in die Tiefe gesunken und erwärmt immer noch von dort das Wasser. Eine andere Erklärung gibt es nicht."

Da war sie wieder, die Diskussion über die Ursache des flüssigen Wassers, dachte Gater. Das spielte nun alles keine Rolle mehr. In wenigen Augenblicken würden sie die wahre Erklärung ergründen können.

*

Sie begaben sich alle, einer nach dem anderen, in das bereitgestellte Tauchboot. Narrow öffnete das Schott zum Kommandoleitstand und betrat als erster den Innenbereich. Ohne lange zu zögern, ging er nach vorne und setzte sich auf den Sitz des Navigators. Voller Ehrfurcht ließ er sich langsam in den weich gepolsterten Sessel sinken und umschloss ebenso ehrfurchtsvoll den Steuerknüppel. Die anderen folgten ihm und nahmen auf den anderen Plätzen Platz. Nachdem Narrow einige Schalter betätigt hatte, leuchteten auf dem Bedienpulten viele unterschiedliche Lampen und Monitore auf. Die großen Schutzvorrichtungen, vor den Bullaugen fuhren in ihre Ruhestellungen zurück und gaben die Sicht nach außen frei. Ein leises Summen war zu hören, als Narrow die Elektromotoren startete. Wasser wurde am Heck des Bootes aufgewirbelt.

„Wenn Sie alle sitzen und bereit sind, dann können wir nun unsere Tauchfahrt beginnen." Carter sah ihn vorwurfsvoll an.

„Nein, ich bin nicht bereit, aber was bleibt mir anderes übrig", scherzte sie.

Auch Miller war dafür nicht bereit. Er würde, wenn er protestieren könnte aber keine Scherze damit machen. Er litt seit seiner Kindheit an Klaustrophobie. In dem großen Raumschiff hatte er damit keine Probleme. Die ersten Tage waren zwar schwierig für ihn, aber das ging dank des ausgiebigen Platzes schnell vorbei. Diese Tatsache behielt er aber lieber für sich.

Ohne sich zu vergewissern, ob seine Kameraden bereit waren, schob Narrow den Geschwindigkeitsregler ein Stück nach vorne und ließ die Ausgleichstanks füllen. Langsam neigte sich das Tauchboot etwas nach vorn und begann seinen Abstieg in diese noch nie von einem Menschen betretene Welt.

Währenddessen die vier Menschen mit ihrem Tauchboot unterwegs waren, um in die Tiefen des Mondes vorzudringen, ließ der Kapitän der Carl Sagan das zweite Shuttle bereitmachen, um Eisproben vom Rand des großen Grabens zu bergen. Mehrere Male brach das Shuttle auf, bis das Aquarium mit Tonnen von Eisblöcken gefüllt war. Einen Teil ließen sie gefroren im Lager deponieren, für spätere Untersuchungen.

12. Der letzte Versuch

Sternförmig bewegten sich die großen Flüchtlingstrecks auf die größte Stadt Maboriens zu. Unzählige Maborier hatten sich in diese Trecks eingereiht, um Lorkett, die letzte sichere Stadt zu erreichen. Darunter unzählige Familien, Kinder die ihre Eltern in den Eiskatastrophen bereits verloren hatten. Maborier aller Klassen schwammen in mehreren Schichten übereinander und nebeneinander, mit dem Ziel, in der letzten großen, eisfrei verbliebenden Stadt Unterschlupf und Schutz vor dem Eis zu finden. Zwischendurch sah man immer wieder einzelne Flitzer, die sich langsam neben den Trecks fortbewegten. Es waren nur wenige Flitzer unterwegs. Vielen Besitzern blieb keine Zeit mehr, um ihre Fahrzeuge stark genug aufzuladen, damit sie die lange Reise durchhielten. Die meisten von ihnen schwebten regungslos neben den Flüchtlingstrecks umher, da sie unterwegs von den Besitzern, mangels Energie, einfach zurückgelassen werden mussten. Wohl oder übel mussten sich die Besitzer in die endlosen Schlagen der Flüchtlinge einreihen. Einer davon war Verkum. Auch er musste seinen Flitzer zurücklassen.

Verkum erreichte wahrscheinlich genauso erleichtert und völlig erschöpft wie die vielen anderen Flüchtlinge neben ihm und unter ihm sowie über ihm, die Grenzen der Stadt Lorkett. Er folgte teilnahmslos den vielen tausend Flüchtlingen, die in die Stadt eindrangen, um Schutz vor den Eismassen zu finden. Der Ort, den er noch mit seinem funktionierenden Flitzer verlassen hatte, lag nun weit hinter ihm. Er wurde genauso von den Eismassen verschlungen wie die vielen anderen Städte Maboriens.

Unter der Leitung von Professor Bereu war er als Techniker von Anfang an dabei gewesen, als sie die seltsamen Funksprüche der Fremden empfingen. Versuchten diese zu entschlüsseln, um herauszufinden, ob diese ihnen im Kampf gegen die Barriere helfen könnten. Nachdem sogar seine Kollegin Zeru auf die Mission mit dem Aufstiegsschiff gegangen war, legte er all seine Hoffnungen darein. Sie war aber mit ihrem Team nun schon so lange unterwegs zu dem unbekannten Oben und niemand wusste, was aus ihnen geworden war. Er hegte keine Hoffnung mehr, dass diese Expedition ihr Schicksal abwenden könnte.

Als die Eismassen der Station immer näherkamen, hatte er Professor Bereu angefleht, die Station doch zu verlassen. Er hatte sich aber vehement geweigert, seine Forschungsstation zu verlassen. Er war so lange geblieben, bis die Eismassen die Station unter sich begraben hatten und Professor Bereu ebenfalls. Mit Schrecken erinnerte sich Verkum an die letzten Minuten, in denen er Professor Bereu geholfen hatte, Zeru die letzten Informationen zukommen zu lassen.

*

Voller Hoffnung hatten sie sich damals von ihrer Kollegin Zeru verabschiedet. Wie das klang, das damals, überlegte Verkum. So, als ob es viele Zeitzyklen her war. Dabei lag es erst wenige Zyklen zurück, dass sie im Fernübertragungsmonitor mitverfolgt hatten, wie das Aufstiegsschiffs aus der Hangarluke austrat und im Schleier verschwand. Seitdem hatte sich ihre Welt in eine undurchdringbare, erstarrende Eiswelt verwandelt, die unerbittlich mit ihren Bewohnern umging.

Nach diesen Zyklen des schmerzlichen Abschieds hatten sie weiter an ihren Datenverarbeitungsgeräten gearbeitet. Sie hatten noch einige Male diese seltsamen Signale aufgefangen. Mit viel Rechenleistung hatten sie sogar die Sprache entschlüsseln und feststellen können, dass es sich tatsächlich um Funksprüche zweier verschiedener Personen handelte. Aus dem Inhalt folgerten sie, dass sich die Fremden ebenfalls auf einer Art Forschungsmission befanden. Aber es fielen Worte, die sie einfach nicht in ihre Sprache übersetzen konnten. Man entschied sich, diese Dateien per Funk an die Mannschaft des Aufstiegsschiffs zu schicken. Ob sie dort je eintrafen, konnte Verkum nicht sagen. Er hoffte es. Zeru würde bestimmt auch den anderen unverständlichen Teil entschlüsseln können. Er vermisste sie. Nach dieser Zeit gab es immer grauenvollere Nachrichten. Die Eismassen bewegten sich immer schneller auf die Metropolen ihrer Welt zu. Auch auf ihre Forschungsstation, die genau in deren Weg lag. Die meisten seiner Kollegen wurden schon nach Hause geschickt, zu ihren Familien, um bei ihrer schwersten Stunde bei ihnen sein zu können. Verkum hatte keine Verwandten, die auf ihn warteten, daher blieb er so lange wie möglich bei Professor Bereu, der partout die Einrichtung nicht verlassen wollte.

Ohne Unterlass arbeiteten die beiden also weiter, um vielleicht doch noch wichtige Ergebnisse zu erlangen. Der Professor verlangte von Verkum immer komplexere Zusammenstellungen von Apparaten und Computern.

„Verkum, wir müssen den Analysekatalysator an die Empfangsschüssel anschließen", verlangte er von Verkum, „nun beeilen Sie sich doch, wir haben nicht mehr viel Zeit."

Mit mehreren Geräten in den Flossenarmen schwamm Verkum durch den großen Forschungsraum und brachte die unterschiedlichsten Geräte an. Er nahm die Drängeleien des Professors hin, ohne ein Wort der Unzufriedenheit zu äußern. Das war eben die Art des Professors. Das wusste er. Daher ließ er alle Beschimpfungen über sich ergehen. Vielleicht, wenn sie das Aufstiegsschiff erreichen würden, könnte er etwas Neues von Zeru erfahren. Denn das war der eigentliche und einzige Grund, wieso er blieb. Er vermisste Zeru so sehr, dass er nur, um ihre Gegenwart während der Forschungen zu erahnen, mit Professor Bereu zusammenarbeitete.

In aller Eile schloss er die Geräte so zusammen, wie es der Professor wünschte.

„So, nun mein Lieber, schalten Sie dann mal ein." Verkum drückte auf die Schalter, die dafür sorgten, dass die einzelnen Komponenten sich aktivierten. Verschiedenste Lampen leuchteten auf. Grüne, rote und gelbe. Zeiger bewegten sich in Vakuummanometern, deren Zeiger sich in einem wasserfreien Vakuum ungehindert auspendeln konnten.

„So, und nun jagen wir die letzten Signale durch diese Apparatur", Er öffnete an der Datenverarbeitungskontrolle mehrere Dateien und klickte anschließend auf den Startbutton, „Dadurch müssten wir die bis jetzt besten und klarsten Ergebnisse bekommen." Der Professor ließ sich entspannt zurückfallen. Durch den Auftrieb des Wassers trieb er schwebend vor dem Monitor und verschränkte zufrieden die Arme.

„Und Sie meinen, durch diese Anordnung bekommen wir bessere Ergebnisse als zuvor?" Verkum war dementsprechend skeptisch. Sie hatten schon so viel probiert. Die Apparatur spuckte immer wieder nur die gleichen Ergebnisse aus.

„Ich denke schon", antwortete Professor Bereu ihm voller Überzeugung.

Verkum wurde langsam nervös, da in den Nachrichten immer wieder von den Eismassen berichtet wurde. Die Eisbarriere befand sich nicht mehr weit entfernt von ihnen. Aber der Professor war eben ein Teufelskerl. Das wusste Verkum. Und tatsächlich. Dieser letzte Versuch, er nahm an, dass es der letzte Versuch sein würde, lieferte schließlich ein erstaunliches Ergebnis. Sie konnten endlich die Sprache der fremden Funker entschlüsseln. Fast. Bei einigen Worten hatten sie noch Schwierigkeiten. Sie wollten einfach nicht entschlüsselt werden.

„Rufen Fahrzeug 2, Ankommen...hier..her", las der Professor vor. Verwundert und äußerst aufgeregt sah er Verkum an, der fassungslos neben Bereu schwebte. Kurz vor einen hysterischen Zusammenbruch wandte sich Bereu erneut dem Monitor zu, auf dem immer noch die Wörter flimmerten.

Langsam lass er weiter. „Grund ..deshalb.. wir...rückschwimm..jetzt".

Mit leichten Flossenbewegungen verharrten Professor Bereu und Verkum vor dem Monitor und lasen mehrmals die Worte, die die Fremden irgendwo über ihnen in ein Funkgerät sprachen. Verkum konnte es einfach nicht glauben. Der Professor hatte es tatsächlich geschafft.

„Das muss die andere Station sein. Die Gegenstation. Sie führen tatsächlich ein Gespräch."

„Und was hat das alles zu bedeuten, Professor? Der Professor las sich die Funksprüche ein weiteres Mal durch und überlegte.

„So wie es aussieht, wird eine Station von der anderen zurückgerufen." Das leuchtete Verkum auch ein.
Den nachfolgenden Funkspruch der Fremden ließen sie ebenfalls durch die Rechenanlage laufen. Auch diese Funksprüche wurden in ihre Sprache übersetzt und wurden wieder auf dem Monitor angezeigt. Anders als bei dem ersten Funkspruch wusste der Professor diesmal mit den angezeigten Worten nichts anzufangen.

„ Kammet....auf...merennnond....Gefahr." Das Wort Gefahr erkannten sie sofort, aber für die anderen Worte wussten sie kein vergleichendes Wort ihrer Welt. So oft sie auch die Sequenz durch den Rechner jagten, es wurde immer das Gleiche angezeigt. Verkum wurde immer nervöser. Seine Gedanken kreisten ständig um die Eisbarriere, die in ihrer Richtung auf dem Vormarsch war.

„Verdammt!", schrie der Professor, „Was soll das nur bedeuten, Verkum? Wegen irgendeiner Gefahr müssen sie den jetzigen Aufenthaltsort verlassen", sagte der Professor gereizt, „aber was ist der Grund dafür? Ist es das Eis, was auch uns bedroht, oder ist es die Ursache allen Übels?" Resigniert senkte er den Kopf.

„Professor, wir müssen langsam unsere Koffer packen", forderte Verkum den Professor auf.
Der aber schüttelte nur verweigernd den Kopf und sagte immer wieder „gleich, mein Guter, gleich", und versuchte die fehlenden Worte mit den ihren in irgendeinen Zusammenhang zu bringen. Was trotz mehrerer Versuche immer noch nicht glückte.

Von draußen drangen unentwegt unheimliche Geräusche durch die Muschelwände des Gebäudes, die Verkum erschaudern ließen. Diese Geräusche sagten ihm, dass die

Barriere unmittelbar das Institutsgelände erreicht hatte und bereits Gebäude in der Nähe zerdrückte.

„Haben Sie das gehört, Professor?" Die blanke Angst stieg in Verkum auf. Er könnte mit dem Professor noch bis in alle Ewigkeiten hierbleiben und ihm bei der Arbeit helfen. Ihm machte dieser Job Spaß. Sich um Geräte und Anlagen zu kümmern. Diese zu verkabeln. In der Vakuumkammer deren Innenleben auseinanderzubauen oder diese zu reparieren. Auch wenn es strapaziös war, in dieser Vakuumkammer zu arbeiten, fand er darin seine Erfüllung. Aber sein Leben dafür aufs Spiel setzen würde er nicht. Wenn er den Professor nicht überzeugen konnte, dann würde er eben allein von hier fortschwimmen.

„Wir haben dafür jetzt keine Zeit, Verkum, das Geheimnis liegt in diesen drei Wörtern. Wenn wir diese entschlüsseln können, dann könnten wir die Antwort zu Zeru ins Aufstiegsschiff schicken." Voller Tatendrang ignorierte der Professor immer wieder Verkums Aufforderungen zum wegschwimmen.

„Dann schicken wir ihr eben nur das jetzige Ergebnis, vielleicht findet sie den Sinn dieser Worte heraus."
Das Gesicht von Bereu verfinsterte sich mit einmal. Verkum ahnte wieso. Er hatte den Stolz des Älteren verletzt. Aber das dürfte jetzt keine Rolle mehr spielen, dachte Verkum. So, als ob der Professor die eben gesagten Worte ohne Grund wieder vergaß, entfernte sich die Finsternis aus seinem Gesicht und wurde durch ein schelmisches Lächeln ersetzt. Manchmal verstand Verkum des Professors Wandlungen einfach nicht.

„Was ist, Professor, habe ich Sie beleidigt? Das tut mir aber leid", spottete Verkum. Wenn der Professor ihn jetzt angehen würde, dann würde er sofort gehen. Aber das brauchte er nicht.

„Ja, unsere Zeru würde das packen", sagte er voller Stolz.
So hatte Verkum den alten Mann noch nie erlebt. Während er so lobpreisend über Zeru redete, verzog er seine Mundwinkel zu einem bewundernswerten Lächeln. Von diesem Augenblick an wusste Verkum, dass der Professor bis zum bitteren Ende hierbleiben würde, um Zeru die Nachricht zu senden.

Ständig lauter werdend schob sich die eisige Barriere immer näher an das Forschungslabor heran. Auf ihrem Weg vereinnahmte sie nicht nur die Versorgungsgebäude des Geländes, sondern auch schon einige der vielen kleinen Lagergebäude, die an die Labore grenzten. Deren stabile Wände erlagen unerbittlich dem enormen Druck des Eises.

Verkum bemerkte die Temperaturveränderung schlagartig, die daraufhin sogar bis in ihr Labor vordrang. Er hatte davon gehört, dass die Temperatur rapide sinken würde, wenn die Barriere sich näherte

"Sie war also wirklich hier", dachte er. Mit Nachdruck flehte er also den Professor erneut an, die Sachen stehen zu lassen und dieses Gebiet so schnell wie möglich zu verlassen.

„Verkum, Sie haben mir sehr geholfen", fing er an zu erklären, „gehen Sie, retten Sie sich. Ich werde hierbleiben und alles Mögliche versuchen, um die Daten an Zeru zu schicken."
Voller Überzeugung sprach der Professor die Worte aus.
Die Kälte kroch immer weiter in das Gebäude. Verkum spürte, wie sie durch den gesamten Körper kroch. Er würde nicht mehr viel Zeit haben, um das Gelände zu verlassen. Der Professor hantierte derweil hastig mit den Flossenfingern über den Rechner.

„Aber", sprach der Professor ganz sachlich und präzise weiter, „bevor Sie gehen, sagen Sie mir. Wie kann ich die Sendeleitung erhöhen, damit ich unsere Zeru erreichen kann?"

Er würde es durchziehen, dachte Verkum wieder. Er überlegte hastig, wie er das Problem lösen könnte, ohne Zeit zu verlieren. Wirklich schnell. Er müsste eine Lösung finden, die einerseits schnell zu verwirklichen war und andererseits wirkungsvoll sein würde. Ihm fiel seine experimentell errichtete Versuchsanlage ein, die er in Zyklen langer Arbeitsstunden nach Feierabend aufgebaut hatte. Sie sollte in ferner Zukunft die jetzige Verstärkeranlage ersetzen. Eigentlich war sie schon einsatzfähig. Es fehlten nur noch ein paar Feinjustierungen, danach würde sie eine viel stärkere Sende- und Empfangsleistung erreichen als die Jetzige.

„Ich bin gleich wieder da, Professor!

Ohne zu zögern wandte sich Verkum von dem Professor ab und schwamm in Richtung der vielen Lagerräume, in denen sich auch sein Experimentierlabor befand. Das war eine reelle Chance für Professor Bereu, Zeru zu erreichen, wenn alles rechtzeitig installiert wäre, fand Verkum.

*

Als er die Lagerräume durchquerte, spürte er sofort die eisige Kälte, die seine Schwimmbewegungen merklich verlangsamten. Ihm war weder bewusst, dass die Kälte so erbarmungslos in seinen Körper vordringen konnte, noch ahnte er, dass er dadurch beträchtlich an Schwimmkraft verlieren würde. Glücklicherweise verfügte er, durch die vielen Stunden, die er in den Vakuumkammern verbrachte, über enorme Kraftreserven, die ihm nun zugutekommen würden. Durchgefroren erreichte er seinen Lagerraum und betätigte eiligst den Lukenöffner, der die Luke nach oben fahren ließ. Ohne auf die unheimlichen Geräusche zu achten, die ganz aus der Nähe bis in seine Ohren drangen, schwamm er zu der Anlage. Glücklicher Weise hatte er sie sehr kompakt konstruiert. Somit fiel es ihm nicht schwer, sie auf einen Transportgleiter zu laden, der in der Nähe stand. Bevor er aber den Raum verließ, wandte er sich zu den immer stärker werdenden Geräuschen um, die von der hinteren Wand zu ihm drangen. Mit Entsetzen beobachtete er, wie kleine Kristalle durch die massive Muschelwand drangen und im Raum zu immer größeren Strukturen wuchsen. Geschockt von dem Anblick der wachsenden Barriere verharrte er für einige Sekunden und bestaunte diese Naturgewalt, die nun auch sein bisheriges Leben verändern würde. Erst durch die Schmerzen in seinen Gliedern, die durch die stetig sinkenden Temperaturen verursacht wurden, erwachte er aus seiner Ohnmacht, der er beinahe erlag.

„Ich darf jetzt nicht schlappmachen", sagte er zu sich selbst.

Mit eisernem Willen rief er den Augenblick in sein Bewusstsein zurück, den er von Zeru hinterlegt hatte. Wie eine heiße Magnetspule taute die mit ihrem Flitzer wegschwimmende Zeru das Eis weg, das sich bereits in seinen Gedanken ausbreitete. Seinen Blick von den stetig wachsenden Kristallhaufen lösend wandte er sich um und entfernte sich von dem drohenden Unheil.

Aber bevor er zum Professor zurückschwamm, bog er nach links ab, um einen kurzen Zwischenhalt im Flitzerhangar zu machen. Er hatte von Lorkett gehört. Es wurde berichtet, dass sie die letzte eisfreie Stadt sein sollte. Dort wollte er hin flüchten. Wenn er es bis dorthin schaffen wollte, dann müsste er die längste Strecke mit dem Flitzer zurücklegen. Sonst hätte er keine Chance, zu entkommen. Als er vor Zyklen mit seinem Flitzer hier zur Arbeit erschienen war, war die Batterie fast entladen gewesen. Wenn er zum Feierabend in seine kleine Wohnung hätte zurückschwimmen wollen, würde diese Ladung noch ausreichen. Aber nun musste er so viel Abstand wie möglich zum Eis gewinnen. Und mit der Restlandung war das nicht möglich. Er schwamm also zu seinem Flitzer und verband ihn mit der Ladestation. Solange er bei Professor Bereu zu tun hatte, würde genug Ladung in den Batterien sein, damit er einen ausreichenden Abstand zur Barriere gewinnen würde. Erst, als das erledigt war, setzte er seinen Weg fort.

*

Mit Wohlwollen spürte er die angenehme Wärme, die immer noch im Labor vorherrschte, als er mit samt dem Lastengleiter den Professor erreichte. Wie Verkum feststellte, versuchte der Professor immer noch hinter das Geheimnis der drei Wörter zu kommen.

„Ah da sind Sie ja, Verkum!", freute sich der Professor, dessen Bewegungen merklich langsamer wurden
Verkum erkannte, dass die anfängliche Wärme, die er beim Einschwimmen ins Labor verspürt hatte, nur das trügerische Empfinden eines Maboriers war, der aus einem noch kälteren Raum kam. Auch hier eroberte die Kälte bereits den Raum. Mit hastigen Bewegungen verkabelte er die Sende- und Empfangsanlage mit seinen Geräten. Abschließend justierte er seine Geräte so, dass sie mit dem Rechner des Labors

kommunizieren konnten. Als das getan war, spielte er die entsprechende Sendeamplikation auf das Gerät. Nun musste der Rechner nur noch die Daten so bearbeiten, damit sie in kompakter Form durch die große Parapolantenne hinauf durch den Schleier übertragen werden konnten. Für Verkums Geschmack arbeitete der Rechner viel zu langsam. Aber das konnte er nicht ändern. Während der Rechner das tat, was er tun musste, versuchte Verkum Bereu erneut zum Schwimmen zu bewegen. Dieser ließ sich aber nicht in seinem Handeln beirren und lehnte es ab, Verkum zu begleiten. Im Innern freute sich Verkum darüber. Nicht nur, weil er ahnte, dass der Professor ihn bei der Flucht behindern würde, sondern vielmehr hoffte Verkum, dass der Professor es schaffen würde, Zeru die Daten zu schicken. Vielleicht würde sie dadurch das Rätsel lösen können, und damit vielleicht die Rettung aller Maborier bewerkstelligen können.

Von jenseits des Labors drangen wieder die unheimlichen Knackgeräusche der voranschreitenden Barriere in Verkums Bewusstsein. Sie ersetzten das Verlangen, sich ausgiebig mit den technischen Geräten zu beschäftigen, mit dem dringenden Bedürfnis, die Flucht zu ergreifen. Immer lauter werdend vereiste die Barriere bereits die Wand, die das Labor von den Lagerräumen trennte. Das laute Scheppern, das erklang, zwang nicht nur Verkum, sich von dem Rechner abzuwenden. Sogar der Professor blickte zu der Wand, deren glatte Oberfläche nun ein langer Riss zierte. Später als der Professor trennte sich Verkum von dem Anblick der weiter vereisenden Wand, die nun immer mehr dem enormen Druck der Barriere nachgab. Schlagartig wurde Verkum bewusst, dass nun endgültig die Zeit für ihn hier in diesem Institut, vorüber war. Er wandte sich ein letztes Mal dem Rechner zu, um festzustellen, dass das Programm ordnungsgemäß arbeitete und verabschiedete sich eiligst von dem Professor. Auch wenn es ihm nicht leicht viel, sich von ihm zu verabschieden, beeilte er sich damit. Ihm war bewusst, dass er den Professor nie wiedersehen würde.

„Ich werde jetzt schwimmen, Professor, ich wünsche Ihnen viel Glück!", versuchte Verkum zum Professor durchzudringen.

Der achtete aber nicht weiter auf den Techniker und hantierte in dem neuen Menü des Rechners herum. Nachdem Verkum an der hinteren Wand wieder die Eiskristalle im Wasser schweben sah, wie er sie schon im Lagerraum beobachten konnte, ergriff er nun endgültig die Flucht. Wie tanzende, glitzernde leuchtende Spielzeuge für ihre Kinder sahen diese Dinger aus, fand Verkum. Ohne noch ein Wort an Bereu zu verlieren, bewegte er seine Schwimmfüße und schwamm eiligst in Richtung Flitzerhangar. Er hoffte, dass die Zeit ausreichte, um wenigstes die gröbste nötige Entfernung von der Barriere zurücklegen zu können. Er drehte sich noch einmal zu Bereu um. Der hantierte immer noch am Rechner. Verkum erkannte im Gesichtsausdruck des Professors, dass ihm bewusst war, wie sehr er in Gefahr steckte. Wie wenig Zeit er haben würde, um Zeru die Nachricht zu schicken. Verkum beneidete den Professor für seinen Mut und seine Entschlossenheit. Wiederrum tat es ihm leid, dass ihm ein schrecklicher Tod ereilen würde. Zeru wäre unendlich traurig, wenn sie davon wüsste. Er hoffte nur, dass er rechtzeitig die Nachricht senden konnte.

In der Ecke sah er, wie die Eiskristalle sich zu größeren Eiskristallklumpen verbanden, die sich vor der Wand langsam hin und her drehten. Jedes Mal, wenn ein weiterer Eiskristall sich mit dem großen Klumpen verband, zwang die Schwerkraft die neuentstandene Balance, den Klumpen, in eine neue Lage. So füllten unzählige, schaukelnde, größer werdende Eiskristallklumpen den Raum, die aber in dem immer größer werdenden Eisbarrierenverband erstarrten.

*

In letzter Minute erreichte er seinen Flitzer. Eiligst riss er die Verbindung zur Ladestation heraus und startete das Gefährt. Mit zittrigen Flossenhänden umschloss Verkum den Geschwindigkeitsregler und brachte ihn unter größter Anstrengung in die Endstellung. Während der Flitzer der Gefahr davonschwamm, drehte sich Verkum noch einmal um. Was er dort sah, würde sich für Ewigkeiten in sein Gedächtnis einbrennen. Eine riesige Eiswand vereinnahmte bereits den Großteil der Forschungseinrichtung. Da ihr Labor im vorderen Teil der Forschungseinrichtung lag und somit als letztes dem Eis zum Opfer fallen würde, eroberte das Eis erst jetzt diesen Bereich.

Die Barriere erhob sich aus der Mitte des Laborkomplexes bis zur Unendlichkeit in die Höhe. Mit staunendem Blick reckte Verkum seinen Kopf in die Höhe und versuchte den Verlauf der Barriere bis hinauf in den undurchdringbaren Schleier zu folgen. Soweit er sehen konnte, erstreckte sich eine massive Eiswand in die Höhe, die, viele hundert Meter über ihm, nur noch als schemenhafte Erscheinung zu erkennen war. Er senkte seinen Kopf und folgte der Barriere links und rechts von ihm, die auch dort im trüben Wasser verschwand. Als er sich wieder nach vorne seinem Fluchtweg zuwenden wollte, streifte sein Blick die große Parabolantenne, die ihre Schüssel nach oben zum Schleier ausgerichtet hatte und sich nur wenige Meter außerhalb des Komplexes befand. Verkum erschrak so sehr, dass er beinahe die Kontrolle über seinen Flitzer verlor. Die Eiswand, die der Antenne bedrohlich nahekam, würde sie in wenigen Augenblicken erreichen. Er war sich sicher, dass das filigrane Konstrukt der riesigen Antenne nicht den zerstörerischen Griff der Barriere widerstehen würde. In seinen Gedanken berechnete er, wen die Barriere zuerst erreichen würde und somit die Übertragung der Daten zu Zeru unmöglich machen würde. Die Parabolantenne oder den Professor. Er sah vor seinen Augen, wie der Professor im halb eingefrorenen Zustand den letzten, notwendigen Tastendruck erledigte, damit er sich zufrieden dem eisigen Tod hingeben konnte.

Von diesen schauerlichen Gedanken erfüllt, drehte er sich wieder um und fuhr eine unendlich lange Zeit nur so dahin, ohne einen klaren Gedanken fassen zu können.

„Wohin würde das noch führen? Wo wäre man noch sicher vor dieser verfluchten Barriere", überlegte er.

In den Nachrichten wurde davon berichtet, dass die Metropole Lorkett, laut Wissenschaftlern, zur Zeit der letzte Ort sein sollte, der von der Eisbarriere erreicht werden würde. Auch wenn die unzähligen Strömungen, die Lorkett umgaben, bereits langsam versiegten, so hielten gerade diese letzten Strömungen diese Stadt immer noch Eisfrei, wusste Verkum. Mit höchster Geschwindigkeit entfernte er sich von seinem früheren, liebgewonnenen Arbeitsplatz und steuerte seinen Flitzer in Richtung Lorkett, in der die letzten überlebenden Maborier Zuflucht suchten.

Über den Muschelabbauanlagen versagte sein Flitzer, den er, mangels ausreichender Batterieladung, wehmütig zurücklassen musste. Von da an versuchte er schwimmend vor der Barriere zu fliehen, die er immer wieder knackend und knirschend weit hinter sich hören konnte.

Er verringerte erst seine Schwimmbewegungen, als er auf den ersten Strom von Flüchtlingen traf, in die er sich, erschöpft einreihte. Sie folgten der noch vorhandenen, letzten warmen Strömung, die einst wie ein Netz ihre Welt umspannte. Ein sehr empfindliches Netz aus warmen Strömungen umgab einst die Unterwasserwelt, die bereits durch Industrialisierung erheblich geschwächt wurde. Nun erlagen auch die letzten warmen Strömungen der Barriere, dessen eisige Hand sich der letzten Zuflucht der Maborier immer mehr näherte.

*

Verkum ahnte nicht, dass es so viele Flüchtenden sein würden, die die ersten Gebäude Lorketts erreichten. Genauso wie seine Begleiter neben ihm oder unter und über ihm schwamm er orientierungslos in eine der vielen schmalen Gassen der Stadt. Für die außergewöhnliche Architektur der Stadt hatte er ebenso keinen Sinn wie für deren prachtvollen Glanz. Verkum wusste, dass besonders die Innenstadt von Lorkett sehr alt sein sollte und eine der schönsten Städte Maboriens war. Das hatte er schon oft in diversen Sendungen einiger Bildfernübertragungen erfahren können. Mit außergewöhnlich verzierten Hausfassaden, deren uralte Muschelschalenmauern den Glanz vergangener Epochen widerspiegelten. Anders als die angrenzenden, modernen Randgebiete der Stadt, mit ihren glatten und kunstlosen Bauten. Ohne irgendeine Verzierung. Nur plumpe, mehrstöckige, funktionelle Gebäude. Aber hier, in der Altstadt von Lorkett, die Verkum endlich erreichte, war alles anders. Zwischen den vielen Flüchtenden, die über, unter und neben ihm durch die Gassen schwammen, erhaschte er doch ab und zu einen Blick auf die Gebäude. Ohne ein bestimmtes Ziel folgte er den Flüchtlingen vor sich und er vermutete, die hinter ihm taten das Gleiche. Als er seinen Blick nach oben wandte, sah er auch dort, wie immer mehr Flüchtlinge die letzte Zuflucht der Maborier aufsuchten.

Durch die tausenden Flüchtlinge immer voller werdend, geriet die Stadt von Stunde zu Stunde an ihre Grenzen. Die überfüllten Straßen und Gassen quollen so sehr über, dass die Flüchtlinge auf den Dächern und Dachterrassen der Gebäude Schutz suchen mussten, auf denen sie sich von der strapaziösen Reise ausruhen konnten. Sogar in den künstlerisch angelegten Parks tummelten sie sich zuhauf.

Verkum spürte, wie die Temperatur merklich sank. Er hätte gedacht, dass gerade wegen der vielen Lebewesen, die ständig Wärme an die Umgebung abgaben, die eisige Kälte der Barriere nicht so schnell auch Lorkett erreichen würde. Verzweiflung machte sich in ihm breit.

Die Eismassen bewegten sich unaufhörlich von allen Seiten auf die Stadt zu. In den Flüchtlingsreihen machten grauenvolle Berichte die Runde. Demnach erreichte die Barriere bereits die noch weit draußen befindlichen Flüchtlingstrecks. Mitten zwischen den Flüchtenden kristallisierten demnach die Kristalle zu einer festen, undurchdringbaren Eisbarriere. Verkum schauderte es, als er an seine eigenen Erfahrungen mit der Barriere dachte.

„Das Eis hatte also die Trecks bereits eingeholt", dachte er traurig.

Wäre er von Anfang an schwimmend unterwegs gewesen, würde er wahrscheinlich auch schon im Eis eingefroren sein. Er sah keine Hoffnung mehr. Er war sich sicher, dass er sich irgendwo einen gemütlichen Platz suchen würde. Dort würde er so lange ausharren, bis auch ihm das gleiche Schicksal ereilen würde, wie den armen Maboriern in den Flüchtlingstrecks. So würde er auf das unvermeidliche Ende warten. Er musste wieder an Zeru denken. Ihr würde es hoffentlich bessergehen. Vielleicht hatte sie einen besseren Ort gefunden oder hatte die Ursache für all das hier herausgefunden. So in Gedanken versunken schwamm er weiter, in diesen Strom der Verlorenen.

13. Die Grotte Teil 1

Seit vielen Stunden versuchte Captain Tarom nun schon, das Aufstiegsschiff der Maborier durch ein Labyrinth aus nie gesehenen Eisformationen hindurch zusteuern. Vorbei an scharfkantigen, nach unten ragenden Eispanzern, die wie die Rückenflossen mancher ihnen bekannter heimischen Tiere aussahen. Die Unterwasserwesen hatten nun ihre mysteriöses Oben gefunden. Er stellte sich als das heraus, von dem sie seit einigen Zeitzyklen bedroht wurden. Nur, dass sich nun diese Bedrohung zu einem katastrophalen Höhepunkt zuspitzte. Der verlängerte Arm der Eisbarriere. Sie setzten ihre Fahrt aber trotzdem fort. Oder gerade jetzt erst recht. Da sie immer noch den Auftrag hatten, herauszufinden, was hier oben sein würde und ob dieses Etwas Ihnen gegen die Eiskatastrophe helfen könnte.

Deshalb steuerte Captain Tarom nun das Aufstiegsschiff in Richtung der vermuteten Anomalie unter dem Schleier entlang. Auch, wenn Captain Tarom die Welt vor seinem Schiff fasziniert und konzentriert betrachtete, ergriff ihn nun doch langsam eine beginnende Müdigkeit, die ihn immer wieder wegdriften ließ. Seine rechte Flossenhand, mit der er das Steuerjoystick umklammerte, verlor deshalb langsam seinen festen Griff. Das reichte aus, um das Steuer ein wenig nach links zu bewegen.

Kakom bemerkte diese Kursabweichung nur im Unterbewusstsein, da er seinen Blick ständig dem Radar widmete. Egal, wie konzentriert er den Schein des Radars betrachtete, er veränderte sich nur wenig. Das Radar gab keine ungewöhnlichen Angaben wieder, die auf eine Anomalie deuten ließen. Er beobachtete das Radar nun schon so lange, dass er beinahe ebenfalls, wie sein Captain, der Müdigkeit erlegen wäre. Aber da tauchte plötzlich ein tief schwarzer Schatten am Rand des Radars auf. Noch im selben Augenblick wie Kakom nun doch endlich diese Veränderung auf dem Radar bemerkte, riss ihn die Müdigkeit seines Captains aus seiner eigenen Müdigkeit. Denn er bemerkte wie die Eiswand, die sie nun schon seit einiger Zeit begleitete, plötzlich dem Schiff immer näherkam. Noch bevor Tarom die Müdigkeit völlig übermannte und es so zu einer Katastrophe kommen könnte, riss der Mechaniker den Captain aus dessen Müdigkeit.

„Sehen Sie, das Radar!", forderte Kakom den Captain auf. Nachdem der Captain den Anfang eines kreisrunden Schattens auf dem Radar erkannt hatte, schüttelte er seine anfängliche Müdigkeit schnell beiseite und steuerte das Shuttle vom drohenden Crash mit der Eiswand weg. Deutlich konnte er die gekrümmte Linie erkennen, die zu einem mehrere hundert Meter durchmessenen Kreis werden würde. Der dunkle Schatten, den der werdende Kreis füllte, deutete auf einen unermesslichen Freiraum hin, der sich über ihnen erstrecken musste. Während der schwarze Schatten auf dem Radar sich immer mehr zu einer Kreisform ausbildete, näherte sich das Aufstiegsschiff immer mehr dem Austrittsort des Kometen. Hier drang der Komet, immer noch in fester, runder Form, aus dem Eispanzer des Mondes in die flüssige Welt der Maborier ein.

„Das ist die Anomalie", stellte Jirum, der Geologe staunend fest.

Jeder in dem kleinen Schiff richtete seinen Blick nach oben, um sich aus den Fenstern diesen eben entdeckten dunklen Bereich besser ansehen zu können. Die geschlossene Eisdecke des Obens wies hier ein riesiges Loch auf, das unermesslich weit in die Höhe reichte. Das Schiffsradar erfasste nur einen kleinen Teil des sich über ihnen befindlichen Terrains. Aber das reichte aus, um zu erkennen, dass das Loch fast senkrecht nach oben verlief. Zeru stellte daraufhin Berechnungen an. Sie stellte fest, dass, wenn man die Röhre, was sie gewissermaßen darstellte, verlängern würde, diese gezogenen Linie genau auf ihre Stadt Lorkett zeigen würde. Dies stellte tatsächlich den Ausgangspunkt für die Befallskatastrophe dar.

„Es ist unglaublich, das ist der Ursprung für die Verunreinigung", staunte sie.

Es existierte wirklich. Nun kamen sie dem Geheimnis immer näher. Das konnte sie regelrecht fühlen. Auch die anderen Besatzungsmitglieder empfanden eine gewisse Ehrfurcht vor dem Unbekannten. Ihre Euphorie stieg dadurch umso mehr, da sie nun wussten, dass sie dem Geheimnis immer näherkamen.

„Aber was hat dieses Loch verursacht?", fragte sich Shatu. Seine Euphorie hielt sich in Grenzen. Er befürchtete, dass nun doch seine Fähigkeiten von Nöten sein würden.

„Es muss etwas Gewaltiges gewesen sein", sagte Jirum.

„Aber viel wichtiger ist doch, was am Ende der Röhre ist?" fragte Zeru. Sie hoffte, dass nun doch endlich ihre Reise ein Erfolg werden könnte und sie diese Röhre zu dem Ursprung ihres Artefaktes bringen würde.

„Also, dann lassen Sie uns dieses Geheimnis ergründen!", sagte der Captain, nun wieder völlig munter.

Ganz langsam, aber mit einer Bestimmtheit, die er ganz tief aus sich herausholte, drückte er das Höhenrunder an sich ran. Langsam drang das Aufstiegsschiff in den Schlund, den der Kometenbrocken hinterlassen hatte. Nach mehreren Metern des Aufstiegs drehte Tarom das Schiff so, dass die Scheinwerfer die Innenseite der Röhre beleuchteten. Das Licht der Scheinwerfer drang tief ins Eis der Röhre vor. Wurde aber immer wieder von seltsamen, schwarzen Schlieren unterbrochen, die die Insassen des Aufstiegsschiffs vor ein weiteres Rätsel stellten.

„Sehen Sie diese schwarzen Spuren?", wollte Jirum von den anderen wissen.

Er sah sich die Wände der Röhre genauer an und entdeckte darin seltsame Ablagerungen. Tarom drosselte erneut die Aufstiegsgeschwindigkeit, um die Schlieren genauer betrachten zu können. Ungläubig betrachteten die sechs Insassen die schwarzen Schlieren, die sich beim Absenken des Kometen gebildet hatten.

„Das sieht ja aus wie die Brocken, die auf Darimar gefallen sind", sprach Zeru jedem aus der Seele. Was war hier geschehen, fragte sie sich immer wieder. Es musste etwas Unvorstellbares gewesen sein. Erst diese Röhre und nun diese schwarzen Schlieren.

„Wir sollten weiter aufsteigen", forderte Shatu Tarom auf.

„Ja, das denke ich auch. Dort werden wir die Antworten finden, die wir suchen", sagte er und zog das Höhenruder wieder näher an sich ran.

*

Das Aufstiegsboot summte wieder etwas lauter auf und setzte seinen Aufstieg fort. Den gesamten Aufstieg über beleuchteten die Scheinwerfer die seltsamen Schlierenspuren, die mit nur wenigen Unterbrechungen ihren gesamten Aufstieg begleiteten. So staunend drangen die Maborier immer mehr in den Schlund, den der Komet einst hinterlassen hatte. Bis sie durch die dicken Eisschichten, die die Röhre bildeten, eine neue, unglaubliche Erscheinung sahen, die sie erneut staunen ließ.

„Sehen Sie dort", deutete Kakom der Mechaniker mit seiner Flossenhand auf eine Stelle, die er von seinem links befindlichen Fenster aus entdeckt hatte.

Schwaches, grünes Licht erhellte einen mehrere hundert Meter breiten und wenigstens hundert Meter hohen Bereich. Die Maborier konnten aber auch erkennen, dass das Licht von sehr weit entfernt durch die vielen Eisschichten leuchtete.

„Wie kann das sein?", fragte sich Shatu, der ungläubig dieses Phänomen ansah.

„Wir haben es geschafft!", freute sich Zeru, die voller Freude hinaussah.

Sie konnte sehen, wie die Scheinwerfer gegenüber diesem neuen Licht regelrecht erblassten. Auch, wenn das grüne Leuchten noch sehr weit weg sein musste, drang es doch bis zu ihrem Boot durch die Schichten aus Eis. Zeru sah ihre These von der Höhlensphere, in deren Innenwänden sich bewohnbare, mit allerhand Leben bevölkerte Reservate befanden, immer mehr bestätigt. Vielleicht lag diese Höhlensphäre geschützt oberhalb dieses Eispanzers, überlegte sie.

„Ich denke mal, dass dort ihre Intelligenzen sein werden!",
hoffte nun auch Shatu zutiefst. Wenn hier oben ihr natürliches
Licht existierte, dann gab es doch eine reelle Chance, dass sich
hier oben Leben gebildet haben könnte. Also musste es die
Intelligenzen doch geben.

Seine gesamte Weltanschauung war falsch. Man hatte sie all
die Zeitzyklen über belogen. Es war unglaublich, dass auch hier
oben das natürliche Licht existierte. Für ihn der Beweis, dass
dieses grüne Leuchten nur eine Anwesenheit einer
Andersartigkeit bedeuten konnte. Nach den vielen negativen
Ereignissen in Maborien hoffte er, genauso wie Zeru, auf die
Hilfe der Intelligenzen. Er sah ein, dass nur sie jetzt noch helfen
konnten.

„Ich hoffe es, Shatu". Sie konnte einfach nicht anders. Sie
strahlte Shatu vor Freude über beide Mundwinkel an. Nun war
es wirklich soweit, wofür sie und Professor Bereu so lange
gearbeitet hatten. Ihre Freude ergriff auch die anderen, die nun
voller Elan den weiteren Ereignissen zu fieberten. Nur Shatu
hielt sich mit seiner Freude ein wenig zurück. Er wusste nicht,
wie er mit den Intelligenzen verhandeln sollte. Ob es überhaupt
möglich war, eine gegenseitige Allianz zu begründen. Er wusste,
dass, wenn es sie tatsächlich gab, dann würden auch sie unter
der Kältekatastrophe leiden. Aber diese Gedanken behielt er für
sich.

„Erstmal müssen wir einen Weg dort hinfinden!", dämpfte
Tarom die Euphorie.

Nachdem er das gesagt hatte, schauten alle aus den Fenstern,
um den grün schimmernden Bereich nicht aus den Augen zu
verlieren. Nach einigen Minuten des weiteren Aufstiegs
entdeckten sie einen kleinen Tunnel, der seitlich in die
Eisformation hineinführte.

„Dort, dieser Tunnel. Er führt direkt in Richtung des Lichts!",
sah Zeru als Erste den Tunnel.

„Kommen wir denn da durch?", fragte Waru ängstlich.

„Ich denke schon. Der Tunnel scheint wirklich in Richtung
des grünen Lichts zu führen", staunte Tarom, der das

Aufstiegsschiff vor dem Eingang zu dem Tunnel zum Stehen brachte. Jeder wartete nun darauf, dass er den Mut fassen würde, um das Schiff in den Tunnel hinein zu steuern.

„Sollen wir?", fragte er aber vorsichtshalber seine Kameraden. Auch er wusste, wie gefährlich das sein könnte. Sie könnten sich innerhalb des Tunnels verkeilen. Dann würde keine Chance mehr auf Rettung bestehen.

„Wir müssen, Captain", sagte Shatu.

Zeru sah ihn erstaunt an. Seine Augen sagten ihr, dass er nun tatsächlich seine Meinung revidiert hatte und dass er nun wie sie hoffte, die Intelligenzen zu finden.

„Also, wenn alle damit einverstanden sind, steuere ich das Schiff jetzt dort hinein."

Tarom wartete nur kurz ab, dass sich einer gegen die Fahrt in den Tunnel entschied. Er wusste, dass niemand protestieren würde. Jeder von ihnen wusste, was auf dem Spiel stand. Auch Waru, dem am ehesten ein Nein zu der Fahrt in den Tunnel aus seinem Mund entstiegen wäre, wusste, dass sie keine andere Chance hatten.

*

Der Tunnel führte sie glücklicherweise wirklich immer näher an das grüne Licht heran. Aber nach einigen hundert Metern verzweigte sich der Tunnel. Tarom blickte in die Öffnungen mehrerer Tunnel, die allesamt in andere Richtungen führten. Aber glücklicherweise erkannte er, dass einer der neuen Tunnel immer noch in Richtung des grünen Lichts zeigte. Ohne zu zögern steuerte er das Schiff dort hinein und setzte so ihre Fahrt fort. Unter voller Konzentration folgte Tarom dem Verlauf dieser Röhre, die immer enger zu werden schien. Das grüne Licht drang unterdessen immer deutlicher durch das Eis und wies Tarom den Weg. Die so entstandene Silhouette der Tunnelwände hob sich dadurch deutlich von dem Wasser ab. So vermied er es, mit den Tunnelwänden zu kollidieren.

„Dort, sehen Sie, dort hinten scheint der Ursprung des Lichtes zu sein." Waru zeigte mit seinen fleischigen Flossenfingern zu der grünen Erscheinung, die immer deutlicher zu erkennen war.

Der Tunnel, der nun noch enger wurde, führte das Aufstiegsschiff immer näher an eine Eisformation heran, die sich klar von allen Eisstrukturen hier unterschied. In dieser Eisformation erkannten sie ein dichtes Netz aus langen, verwobenen Strukturen. Zwischen diesen Strukturen befanden sich unzählige der Kristalle, die sie aus ihrer eigenen Welt her kannten. Auch hier schienen sie für das grüne Leuchten verantwortlich zu sein. Der gesamte Eisblock war mit diesen Kristallen und den Verästelungen durchzogen.

„Aber wie kann das sein?", fragte sich nicht nur Shatu. Aber insbesondere für Shatu erwies sich dieser Anblick als so unglaublich, dass er seine bisherigen Ansichten revidieren musste. Schon als sie in dieses Tunnelsystem eindrangen, nachdem sie das grüne Leuchten erblickt hatten, schienen die Gremien so weit weg zu sein. Aber nun, da er das Leuchten ihrer Welt so nahe hier oben betrachten konnte, erlangten sie nur noch ein Hauch von Belanglosigkeit.

„Wie können die Kristalle hier gedeihen?" Fragen über Fragen, für die niemand eine Antwort kannte. Tarom folgte dem Tunnelsystem immer souveräner. Er schlängelte sich Stück für Stück durch unsymmetrische Röhren, die mal rund wie eine Röhre waren, aber dann wieder flach und breit wie das Maul der riesigen Ungetüme, die sie vor nicht allzu langer Zeit hinter sich gelassen hatten. Er folgte dem Verlauf des Tunnels, bis er plötzlich mitten durch die Kristalle hindurchführte. Staunende Blicke sahen, wie nicht nur die Kristalle in den Tunnel ragten, sondern auch die zahllosen Auswüchse der Pflanzen durch die Tunnelwände in das Innere des Tunnels ragten. Tarom musste ständig achtgeben, dass er sich nicht in den Schlingpflanzen festfuhr.

„Wir fahren jetzt mitten durch den Kristallblock", staunte Waru, der fasziniert hinaussah.

Nach kurzer Zeit verzweigte sich der Tunnel ein weiteres Mal. Tarom musste nicht lange darüber nachdenken, welchen der Tunnel er nehmen sollte. Nur einer führte weiter nach oben. Wieder einigen Kristallpflanzen ausweichend, zog er sein

Joystick näher an sich ran, um das Aufstiegsschiff hinauf zu steuern.

„Endlich geht es weiter nach Oben!", freute sich Zeru. Sie umklammerte erneut ihr Artefakt, das sie in einer weit entfernten Welt gefunden hatte. Immer inständiger hoffte sie, es nun ihren rechtmäßigen Besitzern übergeben zu können. Der Tunnel führte nun fast senkrecht nach oben, mitten durch ein Meer aus grünem Licht, dass heller in ihren Augen brannte als jedes Kristalllicht in ihrer Welt. Zeru konnte sich kaum noch in ihrem Sitz halten und würde am liebsten aufstehen und nach vorne schwimmen, um besser aus dem Vorderfenster sehen zu können.

„Sie können es nicht mehr abwarten, was?", fragte Shatu. Zeru sah von der seltsamen Außenwelt weg und sah Shatu lächelnd an.

„Nein, Sie haben recht. Ich bin so gespannt, was wir entdecken werden", antwortete sie. Um nichts zu verpassen, sah sie weiter hinaus.

Auch Shatu richtete seinen Blick wieder durch die Fenster. Er wollte ebenso nichts verpassen wie Zeru, nur, dass er immer mehr das Gefühl bekam, dass sie nicht das entdecken würden, auf das sie hofften. Er verweilte aber nicht lange bei diesem Gedanken, da das Geschehen hinter den Bullaugen des Aufstiegsschiffs jeden negativen Gedanken beiseiteschob.

*

Das Aufstiegsschiff wurde immer intensiver von allen Seiten in helles grünes Licht getaucht, für dessen Anblick nur Tarom keinen Gedanken verschwendete. Er hatte alle Flossenhände voll zu tun, um das Aufstiegsschiff immer weiter nach oben zu steuern, bis sich der Tunnel plötzlich nach allen Seiten hin verbreiterte.

Die gegenüberliegenden Tunnelwände verschwanden ebenso aus seinem Sichtbereich wie die vielen Kristallpflanzen. Nach ein paar weiteren Sekunden gab es einen fürchterlichen Ruck und das Aufstiegsschiff beendete seinen langen Aufstieg und durchbrach die Membran zwischen ihrer Welt aus Wasser und der Welt aus Gasen.

„Was ist jetzt los?", wollte Waru wissen.

Ungläubig sahen alle aus den Fenstern. Sie stellten fest, wie an der Außenseite Wasser von den Scheiben der Fenster herunterfloss, während das Schiff sanft hin und her schaukelte.

„Wir sind im Oben. Das ist das Oben!", jubelte Zeru.

Voller Begeisterung, endlich das Oben erreicht zu haben, bemerkte Zeru nicht die unveränderten Strukturen der Wände, die in dieser Luftblase herrschten. Nur langsam sah sie sich um. Schließlich bemerkte auch sie, dass über ihnen nicht ihr natürlicher Lebensraum, mit den von ihr ersehnten Felsenwänden und einem üppig bewachsenen Sandboden existierte. Sämtliche Wände bestanden, ebenso wie die Röhre, die sie hierher führte, aus Eis. Aber mehr als ihr die eisigen Wände schockten, erstarrte sie fast selbst zu Eis, nachdem sie begriff, dass ihre Augen in eine wasserleere Höhle blickten.

„Wir sind in einer Hohlblase. hier muss es ein Wasservakuum geben", sagte sie fasziniert und ebenso enttäuschend.

„Aber was würde das bedeuten? Was war mit den Intelligenzen? Würden sie hier leben, in diesem Wasservakuum?" Sie konnte sich ihre Fragen nicht beantworten, so lange sie nicht weitere Erkundungen angestellt hatten.

„Checken Sie den Außendruck, Kakom, hält unser Boot diesen hohen Minusdruck noch stand?", wollte Captain Tarom wissen. Tarom war zwar klar, dass er mit dem Aufstiegsschiff jeden Minusdruck ausgleichen konnte. Aber ein Wasservakuum war doch etwas Anderes. Nachdem Kakom mehrere Instrumente und Bildschirme gecheckt hatte, antwortete er seinem Captain.

„Außenhaut okay. Das Aufstiegsschiff ist extra für solche extremen Minusdrücke konzipiert. Ich denke mal, dass auch ein Wasservakuum kein Problem ist", sagte er voller Überzeugung.

Kakom hatte zwar alle Parameter des Aufstiegsschiffes studiert, aber von Wasservakuum war dort nichts zu lesen. Wie auch, dachte Kakom. Niemand kannte solch eine Erscheinung.

Aber dennoch war er sich sicher, dass es den enormen Minusdruck ohne Probleme überstehen müsste. Außerdem befand sich nur der obere Teil des Schiffes in diesem Wasservakuum.

„Gut, dann lassen Sie uns hier etwas umsehen!"

„Aber wie wollen Sie", wollte Jirum, der Geologe gerade fragen, als Tarom die Motoren aufheulen ließ.

Mit voller Kraft versuchte er das Aufstiegsschiff einige Zentimeter mehr aus dem Wasser zu hieven. Tarom war bewusst, dass sie keine andere Möglichkeit hatten, um dieses Wunder betrachten zu können.

„Was ist das?", mussten abermals alle staunen.

In der Grotten ähnlichen Höhle, in der das Aufstiegsschiff nun auftauchte, herrschte gedämpftes grünes Licht. Von der Stelle aus, an der die Oberseite des Schiffes auftauchte, konnten sie von weitem einen faszinierenden Lebensraum erkennen. Auf dem Fußboden, auf den Erhebungen und sichtbaren Wänden der Grotte, die vielleicht 1,5 mal 2 Kilometer maß und eine Höhe von mehreren hundert Metern hatte, wuchsen unzählige Arten von seltsamen Gewächsen. An den fächerartigen Halmen dieser Gewächse erkannten die Aufstiegsfahrer rote und blaue Blüten. Sie konnten aus der Entfernung nicht viel erkennen aber dass, was sie erkannten, war so unvorstellbar anders als alles, was sie bis jetzt gesehen hatten. Aber eines sahen sie genau. Es handelte sich um Leben.

In der Kabine wurde es totenstill. Jeder bestaunte dieses Wunder der Natur, niemand von ihnen hatte je davon gehört, dass außerhalb ihres Lebensraums, dem Wasser, Leben existieren könnte. Zeru blickte fasziniert aus dem Fenster.

„Sie hatte recht", dachte sie, „Dies ist der Beweis. Im Oben existiert Leben!", sprach sie schließlich leise vor sich hin. Sie benutzte das Wort „im" bewusst, da sie sofort die Geschlossenheit der Grotte erkannte. Zeru verlor auch keinen Gedanken mehr daran, dass diese Grotte aus Eis bestand und somit nicht ihren Vorstellungen entsprach. Trotzdem redete sie sich ein, dass dies das Oben sein musste.

„Ich glaube, damit ist ihre Theorie bestätigt, werte Zeru", pflichtete ihr Shatu in einen bewundernswerten Ton bei. Shatu konnte genauso wie die anderen auch nur wenig von der Grotte sehen, da sie nicht weit genug aus dem Wasser kamen. Ihm kam die Grotte nicht wie ein Ort vor, in dem intelligente Wesen leben könnten. Aber diese Feststellung behielt er erst mal für sich. Er wollte die Euphorie der Besatzung nicht schmälern.

„Nun müssen wir nur noch ihre Funker finden!", sagte Kakom, der sich freute, vielleicht doch seine Familie wiederzusehen.

„Ich möchte sofort eine Analyse der Umgebung haben", ordnete der Captain an.

Waru, der Biologe, checkte an seiner Konsole die Messergebnisse und teilte sie seinem Captain mit.

„Seltsam, wir haben hier 60 Prozent Sauerstoff, also kein Vakuum", wunderte sich Waru. Er checkte erneut die Messergebnisse und erhielt erneut die gleichen Ergebnisse.

„Wie ist das möglich, Waru? Ich meine, wie kann Leben in einem solchen lebensfeindlichen Medium existieren?" Auch Jirum, der Geologe, wunderte sich über diese mit Gas gefüllte Grotte. Waru überlegte kurz, wie er dieses Phänomen erklären sollte. Eine richtige Erklärung hatte er dafür zwar nicht, aber Vermutungen.

„Dieses Gas, Sauerstoff, ist bekanntlich ein Bestandteil unseres Lebensraums, dem Wasser. Unsere Kiemen filtern es aus dem Wasser und es stellt einen ganz wichtigen Bestandteil dar, damit wir leben können. Ohne diesen Sauerstoff könnten wir nicht leben. Auch von einigen unserer Pflanzen in Maborien wissen wir, dass sie geringe Mengen an Sauerstoff abgeben, den wir dann für industrielle Zwecke nutzen. Wahrscheinlich ist es dieser Sauerstoff, der hierher emporsteigt und sich in dieser Grotte sammelt und diesen Lebensraum bildet."

„Aber Sauerstoff in einem Vakuum, dazu noch gasförmig, so kann sich kein Leben entwickeln!" Warus Erklärungsversuch klang für Jirum nicht sehr überzeugend. Er war zwar nicht der

Biologe, aber Warus Theorie überzeugte ihn nicht. Waru drehte sich zu Jirum um und lächelte ihn an.

„Hey, Jirum, dort ist aber definitiv Leben. Sogar sehr reichhaltiges."

„Ich sehe das selbst, Waru. Unter den uns bekannten Bedingungen meine ich ja."

„Es ist einfach nur fantastisch." Zeru konnte kaum ihre Begeisterung zügeln.

„Ist das das Ende unserer bekannten Welt, kommen von hier diese seltsamen Signale?" spekulierte Waru.

„Es ist das Oben!", protestierte Zeru energisch gegen Warus Fragestellung. Für sie gab es keine andere Antwort als „Ja".

„Sehen Sie sich doch um, Waru. Haben Sie schon einmal so etwas gesehen?", fragte sie zurück.

Immer mehr drängte Zeru ihre anfänglichen Zweifel beiseite, die sie wegen der Andersartigkeit dieser Grotte vor noch wenigen Minuten hegte. Waru wollte die junge Wissenschaftlerin nicht kränken aber für ihn sah das alles nicht nach einer hochintelligenten Zivilisation aus. Shatu fühlte sich bestätigt als er die Zweifel in Warus Gesicht sah. Auch er war also seiner Meinung.

„Zeru," fing er vorsichtig an, die Kommunikationswissenschaftlerin auf diese Tatsache vorzubereiten, „auch wenn das alles hier eine fantastische Welt ist, kann auch ich, genauso wie Waru auch, keine Anzeichen einer Zivilisation erkennen."

Ihm tat es leid, ihr das sagen zu müssen aber anscheinend war sie so sehr von ihren Intelligenzen überzeugt, dass sie jegliches Nichtvorhandensein dieser beiseite drängte. Traurig und enttäuscht schaute Zeru diese außerwasserliche Welt noch einmal genau an und musste schließlich doch erkennen, dass Shatu und Waru recht hatten. So sehr sie die Einzigartigkeit des Lebens in der Grotte faszinierte, musste sie doch erkennen, dass es hier kein intelligentes Leben gab.

„Ich war wohl etwas zu voreilig. Ich glaube, Sie haben recht", sagte sie resigniert und sank in ihrer Sitznische zurück.

„Es tut mir leid", sagte Shatu nur, „wir haben aber den Beweis, dass es auch außerhalb von Maborien noch Leben gibt."

„Ja, sie haben recht, aber was bringt uns das?"

„Wir werden sie finden, Zeru."

Hätte man ihr noch vor einiger Zeit erzählt, dass ein Regierungsbeauftragter auch nur annähernd an die Existenz von Intelligenzen glaubte, wäre sie lachend zusammengebrochen.

„Danke, Shatu. Sie konnte nichts Anderes sagen. Verwundert über Shatus Worte fand sie keine andere Antwort. Auch, wenn dies nicht der Ort war, an dem die Intelligenzen lebten, so wollten sie doch so viel wie möglich über diese Grotte herausfinden.

„Kakom, wie sehen unsere Möglichkeiten hier aus, dieses Gebiet zu erforschen?"

Kakom wollte gerade anfangen zu reden, da schnitt ihm der Biologe das Wort ab.

„Tja, Captain, ich glaube nicht so gut. Ohne unsere natürliche Umgebungsflüssigkeit haben wir wenig bis gar keine Möglichkeiten, uns dort umzusehen. Man hat mal vor vielen Zeitzyklen mit niederen Lebensformen Versuche angestellt, um zu sehen, wie sich Wasserlebewesen in solch einer lebensfeindlichen Welt verhalten." Waru schauderte es, als er an diese grauenvollen Versuche zurückdachte.

Man hatte ein durchsichtiges Gefäß genommen, etwas von diesem Sauerstoff eingelassen, der das Wasser verdrängte und eine Niedriglebensform hineingetan. Nicht nur, dass es nach Atemwasser rang. Das schlimmste war, fand Waru, wie es hilflos und durch sein Eigengewicht auf den Boden des Gefäßes gedrückt wurde und wimmernd umher kroch. Er wollte das auf keinen Fall ausprobieren. Während Waru weiterredete, ruderte er mit den Handflossen, um sich in seiner Sitznische zurecht zu drehen.

„Wir profitieren von dem natürlichen Auftrieb unserer Umgebung. Würden wir jetzt hier aussteigen, wäre keine äußere Kraft vorhanden, die uns halten würde. Wie Steine im Wasser würden wir dort liegen und von unserem eigenen Gewicht erdrückt werden", erklärte er.

Zeru schauderte es bei diesem Gedanken. Sie konnte sich regelrecht vorstellen, wie sie dort auf diesem trockenen Boden lag und hilflos mit allen Gliedern herum ruderte. Furchtbar, fand sie. Resigniert drehte Tarom sich zu dem Mechaniker um.

„Kakom, was ist mit den Druckanzügen, die wir mitbekommen haben?" Sobald der Captain diesen Gedanken ausgesprochen hatte, wusste er, dass die auch nicht weiterhelfen würden.

„Solange wir im Wasser sind, auch bei diesem hohen Minusdruck, sind diese neuen Druckanzüge das Modernste was es auf dem Gebiet gibt. Die neuartigen Textilien machen die Anzüge sehr strapazierfähig und passen sich den höchsten Minusdrücken an. Aber dort, in dieser Gasblase, nützen sie uns gar nichts." Resigniert schaute er dem Captain ins blasse enttäuschte Gesicht. Tarom überlegte, wie sie weiter verfahren könnten. Hier kamen sie nicht weiter. Zurück nach Maborien konnten sie auch nicht. Dass würde das Ende aller Hoffnungen bedeuten. Es gab nur eine Richtung, die noch etwas Hoffnung barg. Sie mussten zurück zu der Röhre und in ihr weiter aufsteigen.

„Wir kehren zu der Röhre zurück!", ordnete er an.

Niemand sagte ein Wort. Jeder von ihnen sah ein, dass sie hier nicht weiterkommen würden.

„Sind Sie damit einverstanden, Zeru?"

Nachdem der Captain ihren neuen, alten Weg vorgeschlagen hatte, sah Shatu, dass Zeru immer noch unentschlossen war. Auch wenn sie eingesehen hatte, dass hier ihre Intelligenzen nicht sein würden, wirkte sie ein wenig verstört.

Shatu wollte nicht, dass sie sich ausgegrenzt und zurückgelassen fühlte. Es brauchte nur noch einen kleinen Hauch, dann würde Zeru zusammenbrechen. Dies war nun schon die zweite Enttäuschung in wenigen Stunden, die sie verkraften musste. Dies zu erkennen, das war seine Stärke. Er kannte sich mit solchen Situationen aus. Aber, dass er diese

Fähigkeit an einem Besatzungsmitglied anwenden musste, ahnte er nicht.

Alle warteten sie gespannt auf Zerus Antwort. Ihre Augen erspähten noch einmal diese fantastische Grotte, als das Aufstiegsschiff zum letzten Mal einen Satz aus dem Wasser machte. Tarom hatte danach die Motoren gedrosselt und das Schiff sank zurück in ihren Lebensraum. Zeru verlor augenblicklich den Blickkontakt zu der Grotte. Resigniert hörte sie Shatus Worte, die so sanft und beruhigend wirkten. Sie sah ihn an und antwortete schließlich.

„Ja, das bin ich", sagte sie nur und senkte anschließend ihren Blick.

„Gut, dann begeben wir uns also zurück zu der Röhre, die uns dann hoffentlich noch weiter nach oben führt."

Ohne ein weiteres Wort zu verlieren, schob er den Joystick etwas nach vorn. Das Schiff durchbrach zum zweiten Mal die Membran, die die Welt des Wassers und die Welt der Gase trennte und tauchte wieder in das Medium der Maborier ein.

„Zeru, wollen Sie nicht ihre Berechnungen weiterführen?", fragte der Captain.

Auch er hatte gesehen, wie sie beinahe abgedriftet wäre. Er hoffte, dass die Arbeit an den Signalen sie wieder auf andere Gedanken bringen würde. Erst wusste Zeru nicht, was sie dem Captain darauf antworten sollte. Ihre Zweifel, die sie quälten, machte es ihr nicht leicht, klar zu denken. Aber sie fand, dass sie Abstand von all dem kriegen musste.

„Ja, das ist eine gute Idee. Entschuldigen Sie mich bitte." Sie glitt aus ihrer Sitznische und entfernte sich von dem Kommandoraum. Shatu sah, dass ihr Gesicht für eine kurze Zeit aufhellte. Er war froh, dass der Captain so besonnen reagiert hatte.

„Danke Captain." Tarom drehte sich zu Shatu um und nickte ihm zu.

*

Das leise Summen der Elektromotoren war wieder zu hören, als Tarom die Fahrt erhöhte. So wie sie die Grotte erreicht hatten, entfernten sie sich nun wieder. Das grüne Schimmern wurde wieder blasser. Das Schiff erreichte ohne Probleme die vielen Verästelungen des Tunnels. Tarom steuerte das Schiff in eine davon. Er nahm an, dass dieser Tunnel sie zu der Röhre zurückführen würde, von der sie vor nicht allzu langer Zeit gekommen waren. Immer tiefer drang das Schiff in das Tunnelsystem ein.

„Ist das der richtige Tunnel? Waru kam dieser Tunnel nicht bekannt vor. Auch wenn sie alle ziemlich gleich aussahen, so glaubte er doch, dass dieser nicht der richtige war.

„Sie könnten recht haben", ärgerte sich Tarom, dem dieser Navigationsfehler auch schon aufgefallen war.
Er erkannte seinen Fehler zum ersten Mal, als er merkte, dass das grüne Grottenlicht nicht mehr von der gleichen Seite wie vorher kam. Aber er hoffte, dass er die nächste Abzweigung nehmen könnte, um wieder auf den richtigen Weg zu gelangen. Aber wie er nun feststellen musste, gelang das nicht.

„Und was nun?", fragte Waru nervös werdend.

„Wir sollten auf diesem Weg bleiben." Für Tarom stand fest, wenn sie jetzt umkehren würden, dann würden sie sich noch mehr verirren.

„Meinen Sie nicht, dass das zu gefährlich ist und wir lieber umkehren sollten?" Waru würde jetzt anfangen zu schwitzen, würden sie in der Gasblase leben. Da sie das aber nicht taten, sah niemand, wie ängstlich er war. Nur an seinen kleinen Augen konnte man seine Nervosität erkennen. Sie bewegten sich in schnellen, rhythmischen Bewegungen von links nach rechts. Er konnte sich nicht entscheiden, durch welches Fenster er zuerst schauen sollte. Durch das linke oder durch das rechte. Von beiden Seiten könnte eine Gefahr lauern.

„Nein, ich denke nicht", antwortete der Captain und steuerte das Schiff weiter geradeaus.

Immer tiefer drang das Aufstiegsschiff in das Labyrinth ein, dass sich hier seit Millionen von Jahren gebildet hatte. Wieder durchschnitten die Scheinwerfer die beginnende Dunkelheit. Das grüne Leuchten der Grotte verschwand ebenso wie die

Zuversicht der Besatzung. Tarom beobachtete Kakom, wie er unentwegt das Radar betrachtete, um ihre jetzige Position zu bestimmen. In seinem Gesicht las er, dass ihm das Radar dies nicht verriet. Resigniert folgte er dem Verlauf des Tunnels, von dem er nun wusste, dass er sie nicht zurück zu der Röhre führen würde. Noch während sich Tarom mit dieser Tatsache abfand, vermischte sich das Scheinwerferlicht wieder mit dem natürlichen Licht dieser Unterwasserwelt.

„Sehen sie doch!", Jirum wies mit seiner Flossenhand nach oben, wo der grüne Schein der Kristalle durch die Fenster des Aufstiegsschiffs schien.

„Wir sind doch im richtigen Tunnel", freute sich Tarom.

„Nein, das sind wir nicht", stellte Kakom fest.

„Aber das grüne Licht?", fragte Tarom.

„Wir sind auf der anderen Seite der Grotte", stellte Jirum fest.

„Sind Sie sich da sicher?"

Tarom sah sich um und erkannte, dass Jirum recht hatte. Sie mussten in einem Halbkreis um die Grotte gefahren sein.

„Ja, das bin ich. Das Licht müsste hinter uns liegen und nicht über uns!" Jirum wies mit seiner Flossenhand nach oben.

Dort drang erneut das Schimmern der Grotte durch. Der Tunnel, den sie genommen hatten, führte direkt unter der Grotte entlang. Nur, dass der Tunnel nun immer enger wurde.

„Sie haben recht, Jirum", ließ sich der Captain nun endgültig von seinem Navigationsfehler überzeugen.

So von seinen Fähigkeiten enttäuscht, steuerte Tarom das Aufstiegsschiff durch die engen Schluchten. Der Strahl der Scheinwerfer durchdrang mehrere Schichten des Eises, das hier wieder in einem satten Grün leuchtete. Tarom erkannte mehrere Tunnel, die sich unter der Grotte in verschiedenen Bahnen entlang zogen. Wie die verzweigten Wurzeln von Farnkraut, dachte Tarom.

„Ich glaube, dieses Tunnelsystem erstreckt sich unter dem gesamten Oben."

„Ja, das glaube ich auch. Vielleicht gibt es noch mehr von diesen Grotten, die alle mit diesen Tunneln verbunden sind."
Jirum redete sich fast in Rage, so faszinierend fand er das.
Waru konnte sich in keiner Weise dafür interessieren. Ihm wurde diese Reise in den engen Tunneln immer unheimlicher.

*

Mehrere Stunden verbrachten sie in diesem Eislabyrinth. Über ihnen schimmerte immer noch das Grün der Grotte durch die dicken Eisschichten. Daher wussten die Maborier, dass sie immer noch in der Nähe der wundervollen Grotte sein mussten. Ihnen war auch bewusst geworden, dass die Ausmaße der Grotte viel größer sein mussten, als sie von ihrem Aufstiegsschiff aus gesehen hatten.
„Merken Sie nicht, wie eng es hier wird?", fluchte Waru fast den Captain an.
Mit jeder Minute verengte sich der Tunnel immer weiter. Auch Tarom gefiel das nicht. Überaus konzentriert versuchte er, nicht an die Wände zu stoßen.
„Bleiben Sie ruhig, Waru, der Captain muss sich konzentrieren, sonst kommen wir wirklich in Schwierigkeiten."
Mit Nachdruck versuchte Shatu den Biologen zu beruhigen. Seine anfängliche leichte Unruhe steigerte sich immer mehr zu einer bedrohlichen Hysterie. Nun musste er sich um das zweite Besatzungsmitglied kümmern, das dem großen Druck nicht mehr gewachsen war. Er hoffte, dass sich Zeru inzwischen etwas beruhigt hatte und überlegte, wie er nach ihr sehen konnte, ohne dass gleich Sorgen aufkamen.
„Wir sollten uns nach hinten begeben, Waru. Dort können Sie Abstand von all dem hier nehmen." Waru schaute Shatu verwundert an.
„Wieso sollte ich nach hinten schwimmen, mir geht es gut."
Die Nervosität in ihm steigerte sich, als er sah, wie Tarom beinahe doch mit der Tunnelwand zusammenstieß. Gleich darauf fing er an, sich so sehr zu erschrecken, dass er Shatus Vorschlag zustimmte.
„Ja, ist ja gut. Sie haben ja recht", sagte er.

„Sie brauchen keine Angst zu haben. Das Schiff ist in fähigen Händen."

Verwundert sah er Shatu an, als er diese Worte sagte. Sein anschließender skeptischer Blick zu Tarom sagte ihm etwas Anderes.

„Gehen Sie schon, Waru, dann kann ich wenigstens in Ruhe meinen Job erledigen", ärgerte sich auch Tarom über diese ständigen Ablenkungen.

„Na, kommen Sie, Waru, lassen wir die Crew allein."

„Das ist eine gute Idee, Shatu. Schwimmen Sie mit Shatu und ruhen Sie sich im Erholungsraum etwas aus. Sie brauchen keine Angst haben. Wir werden das schon schaffen. Draußen sieht es schlimmer aus, als es in Wirklichkeit ist", freute sich Tarom, endlich seine Ruhe zu bekommen.

Diese Ruhe brauchte er nun auch, da ihm der Tunnel vor immer schwierigere Herausforderungen stellte.

*

Zögerlich löste sich Waru aus seiner Sitznische, um mit Shatu die Kommandozentrale zu verlassen. Gemeinsam schwammen sie durch das Schott, dass sich so gleich wieder hinter ihnen verschloss. Bevor sie den Erholungsraum erreichten, sahen sie durch die geöffnete Luke des Labors Zeru konzentriert am Computer arbeiten. Shatu konnte erkennen, dass sie völlig in ihre Arbeit vertieft war. Das war gut so, fand er. Zeru war also versorgt. Nun musste er sich nur noch um Waru kümmern. Ehe er aber mit Waru an der geöffneten Luke des Labors unbemerkt vorbei schwimmen konnten, registrierte Zeru die Schwimmbewegungen der beiden. Verwundert sah sie von ihrem Computer auf und blickte durch die geöffnete Luke in die Gesichter ihrer Kameraden.

„Alles in Ordnung mit Ihnen Waru?"

*

Waru und Shatu verharrten für einen kurzen Augenblick an der offenen Luke. Das wollte Shatu eigentlich vermeiden. Er wollte sie nicht aus ihrer Arbeit reißen. Er befürchtete, dass sie dadurch einen Rückfall erleiden könnte.

„Waru ist etwas nervös. Ich begleite ihn in den Erholungsraum", sagte Shatu schnell und erkannte, dass Zeru sich offensichtlich gefangen hatte.

Ihre Nervosität schien weg zu sein. Shatu freute sich über diesen Umstand. Wie doch konzentrierte Beschäftigung alle negativen Gedanken auslöschen konnte, stellte er fest.

„Wenn Sie Hilfe brauchen, sagen Sie es mir bitte. Ich werde hier noch eine Weile zu tun haben", sagte Zeru, indem sie nur kurz ihre Arbeit unterbrach.

„Das werde ich. Lassen Sie sich nicht stören, wir kommen zurecht", versicherte Shatu.

„Ja, ja, lassen Sie sich nicht stören. Ich bin nur ein wenig nervös", gab Waru noch hinzu.

„Immer schön Zuversicht zeigen", dachte sich Waru, dem diese Situation nun etwas peinlich wurde.

„Arbeiten Sie ruhig weiter", sagte Shatu schnell, um sie nicht unnötig aus ihrer Therapie zu reißen. Auch wenn es ihm schwer viel, sie in dieser schweren Stunde sich selbst zu überlassen, passierte er möglichst schnell die Laborluke, um sich um seinen anderen Patienten zu kümmern.

*

Natürlich hoffte sie, dass sie jetzt nicht gestört werden würde. Schon gar nicht jetzt, da sie sah, dass eine Nachricht eingegangen war. Ganz aufgeregt öffnete Zeru die Datei. Sie hätte nicht damit gerechnet, jetzt noch, in dieser Höhe, Daten zu empfangen. Aber vielleicht war die Datei auch eingegangen, als sie noch nicht diese Höhe erreicht hatten. Das Geschehen dort draußen hielt sie ja ständig davon ab, hier ihre Forschung weiter fortzuführen. Voller Anspannung öffnete sie die empfangene Datei und sah erstaunt auf den Monitor. Sie war sehr überrascht, dort den Namen ihres Professors Bereu zu lesen. Wie hat der Teufelskerl das nur wieder geschafft, überlegte sie. Da hat doch bestimmt ein bestimmter Techniker seine Flossenhände im Spiel gehabt. Sie erinnerte sich bewundernswert an den Techniker Verkum. Er war ihr immer ein zuvorkommender Kollege gewesen, mit dem sie vielleicht mehr angefangen hätte, wenn diese Katastrophe nicht dazwischengekommen wäre. Voller Freude las sie langsam die Nachricht durch.

„Liebe Zeru, ich habe nicht viel Zeit. Die Barriere ist schon kurz vor unserem Labor. Verkum hat mir mit dem Sender geholfen. Haben noch einen Funkspruch aufgefangen. Habe ihn teilweise übersetzt. Mir fehlen drei, wie ich glaube entscheidende, Worte. Habe die Datei im Extraordner. Ich hoffe, du kannst sie entschlüsseln. Wünsche dir viel Glück."

Danach folgte noch ein zerstückelter Satz, den sie aber nicht deuten konnte.

„ Es .. imm...schlimm...bricht..zusammen...Tot."

*

Das waren die letzten Worte, die die Nachricht enthielt. Schweigend sah sie die Worte an sich vorüberziehen.

„Was ist da unten nur los", fragte sie sich, „Ist es wirklich so schlimm?"

Nach diesem Schock öffnete sie die angehängte Datei und lass sich den bereits von Professor Bereu bearbeiteten Funkspruch durch.

„Kommet.....Merennnond...Gefhr."

Sie sah die Worte einige Zeit regungslos an. Immer wieder schwirrten ihr die Worte vor den Augen. Einen kurzen Augenblick konnte sie sich einfach nicht konzentrieren. Ihr war es einfach nicht möglich, diese Worte zu registrieren. Aber schließlich wischte sie ihre Starre beiseite. Mit einmal setzten sich die Worte in ihrem Kopf zu interpretierbaren Synonymen zusammen. Langsam studierte sie nun jedes einzelne Wort. Mit dem letzten Wort, „Gefhr", hatte sie keine Schwierigkeiten. Bei diesem Wort hatte der Rechner nur einen Buchstaben nicht übersetzen können. Mit etwas Logik erkannte sie sofort, was es zu bedeuten hatte. „GEFAHR", war die richtige Antwort. Aber die beiden anderen Worte bereiteten ihr mehr Schwierigkeiten. Was hatten diese Worte zu bedeuten? Sie ließ ihren Rechner diese Worte immer wieder bearbeiten. Versuchte, Gleichnisse herzustellen. Kombinierte mehrere ihrer Worte, die diesem Klang ähnelten. Dann hatte sie es!

„Genau, so könnte es funktionieren. Das könnte es sein." Sie überprüfte das Ergebnis sicherheitshalber noch einmal. Tatsächlich, es passte. Die ersten brauchbaren Ergebnisse, die sie nun nach so langer Zeit hatte. Professor Bereu wäre sehr stolz auf sie.

Sie machte sich Sorgen um ihn. Was war nur mit ihm geschehen? Lebte er überhaupt noch, fragte sie sich. Traurig über diese Ereignisse, die wohl über das Institut hergefallen waren, senkte sie resigniert ihren Kopf. Was würde das alles noch nützen, wenn er und offensichtlich auch Verkum nicht mehr lebten. Sie würde am liebsten mit ihren starken Flossenbeinen einen kräftigen Strudel verursachen, damit all das nicht mehr da wäre. Aber dann dachte sie an die vielen anderen, die hoffentlich noch lebten und immer noch auf sie und die Crew des Aufstiegsschiffs hofften. Deshalb setzte sie ihre Arbeit fort und begann, erneut die anderen beiden Worte zu analysieren. Sie nahm die fremden Signale und setzte sie neben die ihren. Analysierte die Ergebnisse und rechnete erneut. Nach diesen vielen Minuten des Herumprobierens starrte sie auf ihren Monitor, dessen Oberfläche ihr plötzlich die Lösung präsentierte.

*

Während Zeru ungläubig das Ergebnis betrachtete, schwammen Shatu und Waru in den nächsten Raum, ohne zu ahnen, dass Zerus Monitor gerade die Lösung eines der großen Probleme anzeigte. Auch, wenn Shatu das gewusst hätte, würde er sich vorrangig um die Gemütslage des Biologen kümmern.

„Shatu, hören Sie, es geht mir schon besser", versuchte Waru seine Ängste klein zu reden.
Aber darauf fiel Shatu nicht rein. Dafür war er zu oft in ähnlichen Situationen geraten.

„Ich würde vorschlagen, dass Sie erst mal in die Behandlungsnische schwimmen, dann sehen wir weiter", verlangte er von seinem Schutzbefohlenen.

„Ich leide nur ein wenig an Platzangst. Das ist alles", flehte er abermals Shatu an, nicht in diese alberne Behandlungsnische zu müssen.

Aber Shatu ließ sich nicht umstimmen. Seine zusätzliche psychologische Ausbildung half ihm immens dabei, Waru die Situation noch mal überdenken zu lassen. Nach einigen Momenten weiteren Zuredens schmiegte sich Waru in die Behandlungsnische und ließ sich von Shatu behandeln.

*

Im Cockpit des Aufstiegsschiffs versuchte unterdessen der Captain, das Aufstiegsschiff weiterhin durch die engen Schluchten zu manövrieren. Das grüne Leuchten drang weiterhin über ihnen durch die vielen Eisschichten. Tarom bezweifelte langsam, ob er aus dem Tunnelsystem wieder herausfinden würde. Aber ohne noch daran zu glauben, zeigte das vor ihm beginnende Terrain die Hoffnung, die er brauchte, um seiner kleinen Mannschaft einen kleinen Lichtblick zu geben.

„Wir haben es geschafft, der Tunnel wird wieder breiter", freute sich Jirum, dem diese Enge genauso wenig gefiel wie Waru. Nur dass er besser damit zurechtkam. In seiner Laufbahn als Geologe war er öfters in Höhlen geschwommen, als ihm lieb war. Tarom beschleunigte deshalb die Fahrt ein wenig, um Zeit einzuholen. Er fand, dass das Herumirren in den Tunneln viel zu lange gedauert hatte. Wenn er noch etwas erreichen wollte, dann musste er sich beeilen, um die Intelligenzen zu finden. Auch er wusste, dass ansonsten Maborien keine Chance mehr hatte.

Noch während Tarom seinen Gedanken nachhing, ließ das Aufstiegsschiff den Tunnel hinter sich und glitt in einen Bereich ein, der das Schiff unglaublich winzig erscheinen ließ. Erst nach einigen Sekunden, die Tarom brauchte, um diese Veränderung der Umgebung zu registrieren, drosselte er die Geschwindigkeit des Schiffes, um mit langsamer Fahrt die neue Umgebung betrachten zu können.

„Was ist das jetzt?", wunderte sich Tarom über die Veränderung des Terrains.

„Wow!", konnten sich auch Kakom und Jirum nicht zurückhalten.

Die unermessliche Höhle, in die sie nun einschwammen, ließ ihr Schiff winzig aussehen. Durch das Wasser konnten sie die Begrenzungen nur erahnen. Aber, was das Bemerkenswerteste war, befand sich unter ihnen. Oder, besser gesagt, nicht unter ihnen. Die Sensoren des Schiffes registrierten unter ihnen eine unermessliche Leere, die nur mit dem Wasser ihrer Welt gefüllt war. Keine Schichten aus Eis oder anderen Hindernissen. Nach der Enge der Tunnel, die sie eben hinter sich gelassen hatten, hofften sie nicht mehr auf Bereiche zu stoßen, die bis zu ihrer Heimat hinunterreichen würden.

„Sehen Sie über uns, Captain?" staunte Jirum, der das intensive grüne Leuchten über ihnen als Erster sah.

Tarom erkannte sofort, wo sie sich befanden. Er stoppte die Maschinen und ließ das Schiff ausschwimmen. Er erkannte die markanten unzähligen, grün leuchtenden Kristalle, deren Zwischenräume von verwobenen, mächtigen Wurzeln umschlungen wurden.

„Wir befinden uns wieder unter der Grotte", bestätigte ihm Jirum.

„Tatsächlich. Wir müssen in einem weiten Bogen durch die Tunnel geschwommen sein", spekulierte Tarom.

Nun waren sie also wieder unter der Grotte. Aber, was würde ihnen das nützen, überlegte Tarom. Sie wollten eigentlich zurück in die Röhre, die weiter nach oben führte. Auch Tarom resignierte nun langsam. Er hatte tatsächlich den falschen Tunnel genommen. Das war ein fataler Fehler gewesen, der ihm einfach nicht passieren durfte. Vielleicht hätte er doch auf Waru hören sollen und umkehren sollen.

Tarom zog den Vorschubhebel zurück. Das Motorengeräusch verstummte. Nur die Nebengeräusche der übrigen Aggregate durchschnitten die Stille. Das Schiff blieb, nachdem die potentielle Energie aufgebraucht war, augenblicklich über diesen unermesslichen Abgrund stehen. Wo dort unter ihnen, in der

Tiefe, womöglich Millionen von Maboriern um ihr Überleben kämpften.

„Was haben Sie jetzt vor, Captain?", wollte Jirum wissen.

Ihm gefiel mittlerweile die Vorgehensweise des Captains überhaupt nicht mehr. Dieses Versagen könnte den völligen Untergang ihrer Welt bedeuten, vermutete Jirum. Vorausgesetzt, dass die Intelligenzen, die sie zu finden hofften, auch wirklich existierten und ihnen helfen könnten. Aber das war eine andere Frage, fand Jirum.

„Ich überlege noch!", antwortete Tarom gereizt.

Sie befanden sich nun in einer ausweglosen Situation, fand er. So, wie es aussah, könnten sie in diesen unermesslichen Abgrund abtauchen. Vielleicht würde der Weg bis nach Maborien frei sein. Aber, was sollten sie dann den Maboriern erzählen? Alle Hoffnungen, die sie in diese Mission gesetzt hatten, wären verloren gewesen. Diese Option kam für Tarom nicht in Betracht. Schon, dass er darüber nachdachte, empfand er als Verrat an die, die an sie glaubten.

„Da wir nun dem Tunnelsystem entronnen sind, können wir unsere Suche nach der Röhre neu aufnehmen!", sagte er nun mit voller Entschlossenheit

Jirum und Kakom sahen ihn respektvoll an. Sie wussten alle, dass die Zeit gegen sie arbeitete. Aber, wenn sie Erfolg haben wollten, dann mussten sie die Röhre wiederfinden und weiter aufsteigen.

Als sich Tarom darauf vorbereiten wollte, spürte er, wie das Schiff hin und her zu schaukeln begann. Irgendetwas brachte das Wasser in Aufruhr.

„Was ist das jetzt?", fluchte Tarom.

Durch die Fenster konnten sie sehen, wie kleinere, im Wasser treibende, tote Tiere ebenso herum geschüttelt wurden. Immer heftiger werdend begannen nun auch die Maborier, in ihrem geschützten Schiff den Halt zu verlieren. Trotz des permanenten gleichen Innendrucks, bedingt durch das im Innenraum des Schiffs vorhandenen Wassers, waren die Besatzungsmitglieder in ihren Sitznischen nicht mehr sicher. Ungläubig betrachtete

Tarom die Bewegungen der toten Tiere. Sie sagten ihm, dass das Wasser durch irgendetwas Großes verdrängt wurde.

„Halten Sie sich fest!", forderte Tarom jeden auf.

Ihm war bewusst geworden, dass dieses Etwas auf sie zuraste. Seine weit vor Entsetzen aufgerissenen Augen registrierten die verschiedensten Strömungsrichtungen. Ob er nun aus dem linken Fenster sah, hinter dem die erzwungenen Strömungen das leblose Getier nach unten mit sich rissen oder ob er aus dem rechten Fenster sah, hinter dem die erzwungenen Strömungen das Getier ebenfalls nach unten strömen ließen. Sie befanden sich offenbar noch im oberen Mittelbereich, an dem sich die Strömungen teilten. Das würde aber nicht mehr lange so gehen, nahm Tarom an. Jeden Moment würde sich das Schiff für eine Seite der erzwungenen Strömungen entscheiden. Wenn das geschah, würden sie verloren sein. Egal, was die erzwungenen Strömungen erzeugte. Es teilte das Wasser und ließ es in einem rasenden Strom nach allen Seiten nach unten strömen. So etwas hatte Tarom noch nie gesehen.

„Oh nein, sehen Sie, unter uns."

Was Tarom dort auf sie zurasen sah, verschlug ihm die Sprache. Auch Kakom und Jirum konnten das beginnende Drama sehen. Vor ihnen, aus der Tiefe, schoss ein gigantischer Eisberg auf sie zu. Mit ihm steuerten tausende kleinere und größere Eisklumpen auf das Schiff zu. Das grüne Licht der Grotte über ihnen tauchte diese ganze Szene in ein surreales Geschehnis. Mit zittrigen Flossenhänden griff Tarom sofort zum Steuerpult und schaltete die Motoren wieder ein. Ohne zu wissen, wo er Schutz suchen sollte, steuerte er das Schiff vor Verzweiflung im Kreis herum. Der immer heftiger werdende Strudel, den der herannahende Eisberg erzeugte, schleuderte das kleine Schiff hin und her, bis es zu trudeln anfing. Die einsetzende Fliehkraft tat alles, um die Maborier aus ihren Sitznischen zu schleudern.

*

Weit unter ihnen, in ihrer immer weiter vereisenden Welt, breitete sich der Eispanzer immer weiter aus. Das gefrierende Wasser dehnte sich daraufhin, den physikalischen Gesetzen folgend, aus und drängte das noch nicht gefrorene Wasser immer weiter nach oben. Mit aller Macht stieß dieses Wasser gegen den äußeren Eispanzer, der die natürlichen Grenzen Maboriens darstellte. Dieser aufbauende Druck suchte nun nach einem Ventil, durch das es seinen überschüssigen Druck ablassen konnte. Und dieses Ventil bildete sich nun in den Eisschichten des Mondes, die immer durchlässiger wurden. An mehreren Stellen hatte dieser Prozess zu den Geysiren geführt, die an der Mondoberfläche aus dem Inneren nach außen traten.

*

Das Schiff wurde immer heftiger durchgeschüttelt. Die Besatzung musste sich tatenlos dem ergeben, was auf sie zukam. Sie hatten keine Chance, dagegen anzukämpfen. Auch Zeru konnte sich nicht dagegen wehren. Sie wurde dabei in die Ecke des Computerraumes gedrückt. Da das Aufstiegsschiff mit dem natürlichen Element ihrer Welt gefüllt war, dem Wasser, wurde dieser Sturz gebremst. Er war aber immer noch stark genug, um sie an den Flossenbeinen zu verletzen. Als sie in der Ecke lag, stürzte zu allem Unglück auch noch die Computerwand auf sie. Sie wurde so schwer eingeklemmt, dass sie sich nicht von selbst befreien konnte. Sie rechnete in diesem Augenblick mit dem Schlimmsten. Was dazu führte, wusste sie zwar nicht, aber ihr war klar, dass sie nun in ernsten Schwierigkeiten steckten.

*

In dem Erholungsraum ging es ähnlich zu. Shatu war gerade dabei, Waru zu beruhigen, als das Schiff sich zu drehen begann. Er wurde ebenfalls in eine Ecke geschleudert und von mehreren Geräten am Kopf getroffen. Das ausströmende Blut füllte sofort den Raum. Für Shatu stand fest, dass das Waru nicht überlebt hatte. Es war einfach zu viel Blut, stellte er fest. Shatu konnte sich glücklicherweise zwischen Beruhigungsnische und Wand festhalten. So konnten ihm die starken Fliehkräfte nicht viel antun. In den darauffolgenden Minuten, in denen das Schiff nicht zur Ruhe kam und immer heftiger herumwirbelte, machte sich Shatu mehr Sorgen um Zeru als um sich selbst. Er hoffte, dass sie rechtzeitig hatte Halt finden können.

Schließlich aber, genauso urplötzlich, wie alles begonnen hatte, beruhigte sich alles wieder. Das brodelnde Wasser kam langsam zur Ruhe. Mit ihm das Schiff der Maborier und die vielen toten Tiere. Aber auch die unzähligen Eisbrocken, die mitgerissen wurden. Der große Eisberg, der aus der Tiefe kam, hatte sich in der Höhle verkeilt und steckte nun zwischen den Wänden der Höhle fest. Der Platz, der zwischen Eisberg und der grünschimmernden Grotte noch bestand, reichte gerade so aus, dass das Schiff nicht zerquetscht wurde.

14. Die Grotte Teil 2

Nun endlich steuerte Narrow völlig konzentriert und behutsam das U-Boot der Menschen und begann den Abstieg in die Welt der Unterwasserwesen. Noch ehe das diffuse Licht des Jupiters vollends verschwand, schaltete Narrow die Scheinwerfer ein. Sie drangen weit in den See vor, erreichten aber nicht die Ufer. Erst nachdem das U-Boot die ersten Meter abgetaucht war, gab der kleine See seine wahre Größe Preis. Während Narrow das U-Boot Meter für Meter sinken ließ, drehte er das U-Boot um seine eigene Achse, um einen ersten Eindruck von der Begebenheit des Sees zu gewinnen.

„Und wir dachten, der See sei nur wenige Meter tief!", staunte Carter, die gebannt nach draußen sah.

„Das ist unvorstellbar. Auch wenn ich immer hoffte, hier mit dem U-Boot abtauchen zu können, bin ich doch von den Ausmaßen überrascht", schien auch Gater von den Begebenheiten überwältigt zu sein.

Aber vor allem war er darüber erleichtert, sich bei seinen Vorgesetzten durchgesetzt zu haben. Innerlich spürte er zwar immer gewisse Zweifel, die ihn unruhig werden ließen, wenn er über die immensen Kosten und Umstände, die das U-Boot verursachten, nachdachte. Aber nun konnte er erleichtert nach draußen sehen und den Anblick des klaren Wassers genießen. Immer tiefer ließ Narrow das U-Boot in den See absinken, der nun doch enger wurde und sich zu einer Röhre formte. Somit spiegelten sich die Scheinwerfer des U-Boots an den Außenbegrenzungen des Sees wider, die tiefe Rillen aufwiesen. Die Rillen, die hier einen Knick vollführten und senkrecht nach unten ihren Weg fortsetzten, zeigten deutlich eine Bahnänderung des Kometen an.

„Sehen Sie nur, hier ist der Kometenbrocken zum Stehen gekommen, hat langsam das umliegende Eis aufgetaut und ist schließlich ebenso langsam immer weiter senkrecht in die Tiefe gesunken", erklärte Gater die mögliche Entstehung der Röhre.

„Und was sind das für schwarze Stellen?", wollte Carter wissen, die aber schon eine mögliche Antwort parat hatte.

Zwischen den Rillen konnte sie deutlich schwarze Schlieren erkennen, die ebenfalls senkrecht in den Abgrund verliefen.

„Das werden Rückstände unseres Kometen sein," bestätigte ihr Gater.

So als ob ein untalentierter Graffitikünstler sich verewigt hatte, schlängelte sich die Spur des Kometen nach unten, deren Weg die Menschen nun folgten.

„Es ist nun gut ein Jahr her, dass der Komet hier eingeschlagen ist. Und das Wasser ist immer noch flüssig", stellte Miller erstaunt fest.

Für ihn grenzte es immer noch an ein Wunder. Die Wissenschaftler auf der Erde rechneten zwar damit, vielleicht in tieferen Gebieten flüssiges Wasser zu finden. Aber nicht schon so nah an der Mondoberfläche.

„Der Komet brachte eben alles durch einander", sagte Gater darauf.

Miller schaute weiter aus den Bullaugen zu den Kratzspuren, die der Komet hinterlassen hatte und bekam plötzlich einen leichten Anfall von Platzangst. Er wischte sofort diese ängstlichen Gedanken beiseite und zwang sich dazu, sich zusammenzureißen. Er wollte nicht, dass seine Kollegen davon etwas mitbekamen.

Immer weiter in die Tiefe dieser unbekannten Welt sank das U-Boot. Wellen orangener Spiegelungen, die der mächtige Jupiter über ihnen erzeugte, ließen das U-Boot in ein märchenhaftes Bild verzaubern, das aber immer farbloser wurde, je tiefer sie sanken. Der helle Kreis über ihnen wurde immer kleiner, bis er gar nicht mehr zu sehen war. Um diese beginnende Dunkelheit zu durchbrechen, schaltete Narrow zusätzlich die senkrecht nach unten gerichteten Scheinwerfer des U-Bootes ein. Der Lichtkegel schnitt durch die Finsternis, die sich unter ihnen auftat. Wie ein riesiges Seeungeheuer, dass sein

Maul weit aufreizt, um seine Besucher gnadenlos in seinem tiefen Schlund hinein zu ziehen. Dieses übermächtige Maul sofort über ihnen wieder zu verschließen, um sie in seinen unermesslichen Abgründen zu verschlingen und seinem Verdauungstrakt zu zuführen. An den Seiten erkannten die Tauchfahrer immer noch die Schlieren des Kometen. Die Kraft der Scheinwerfer reichte sogar aus, um mehrere Meter durch das Eis zu sehen. So sank das U-Boot immer weiter hinab, in diese seit Millionen von Jahren unberührte Eiswüste.

Für Gater schien die Stille, die seit einiger Zeit herrschte, unerträglich zu werden. Er saß neben Carter in diesem von Technik vollgestopften Cockpit. Um die Stille zu brechen, fing er ein Gespräch mit Carter an.

„Carter, für Sie muss das hier doch ein Paradies sein? Ich meine, für Sie als Exobiologin muss das der heilige Gral sein."
Gater konnte seine Mitbegleiterin während seiner Fragestellung keine Sekunde ansehen. So fasziniert war auch er von dieser Unterwasserwelt. Unentwegt schaute er auf die nach oben vorbeiziehende Welt.

„Wenn wir auch wirklich was finden, dass ich zur Exobiologie zählen kann. Für Sie, Gater, ist dieser Trip doch ebenso spannend?"

„Oh ja, ich finde das alles so aufregend. Ich würde um kein Geld der Welt mit jemand anderem dieses Erlebnis eintauschen wollen."

„Ja, da haben Sie recht. Das wird uns zuhause niemand so richtig glauben."

„Es wird alles aufgezeichnet!", warf Narrow in diesen Disput ein.

„Wirklich alles?", fragte Carter den Navigator.

„Wir haben insgesamt fünf Kameras laufen. Zwei Außenkameras Steuerbord, zwei Kameras am Heck und eine Kamera hier drin." Die drei sahen Narrow verblüfft an.

„Was, hier drin wird alles aufgezeichnet? Auch was wir reden?", fragte Miller verlegen.

„Sie haben doch nichts zu verbergen, Miller, oder?"

Alle lachten, außer Miller, der sich über seine dumme Frage ärgerte. Er hoffte nur, dass er seine Ängste gut genug nach außen hin verstecken konnte. Niemand sollte wissen, wie er sich fühlte, schon gar nicht später, wenn die Aufnahmen von irgendwelchen Analysten ausgewertet wurden.

„Ja, natürlich wird alles aufgezeichnet. Wir wollen doch zu Hause nicht als Fantasten dastehen", ergänzte Narrow.

Nachdem sie die Röhre einige Zeit abwärts gefolgt waren, sah Narrow etwas in der Wand der Röhre, dass ihn abrupt das Höhenruder zu sich ziehen ließ. Die seit einiger Zeit vorherrschende Ruhe wurde augenblicklich durchbrochen.

„Was ist, Narrow?", wollte Gater wissen, der sein Gespräch mit Carter sofort beendete.

„Haben Sie das Loch nicht gesehen?", fragte Narrow während er das U-Boot sanft zum Stehen brachte und es langsam wieder aufsteigen ließ.

„Nein, was für ein Loch?", wollte jeder wissen.
Noch während sie auf eine Antwort warteten, erschien im Scheinwerferlicht eine kreisrunde, mehrere Meter durchmessene Öffnung in der Eiswand, die waagerecht tief ins Eis führte. Langsam brachte Narrow das U-Boot vor dem Eingang zum Stehen und drehte es so, dass die Scheinwerfer weit ins Innere strahlen konnten.

„Der muss ziemlich weit rein reichen", stellte Narrow fest.
Durch leichte Bewegungen des U-Bootes versuchte er, die Lichtkegel entlang der Röhre verschiedene Abschnitte ausleuchten zu lassen. Aber, egal wie er die Strahler in den Schacht scheinen ließ. Sie schienen irgendwie grünlich zu schimmern.

„Schalten Sie doch mal die Scheinwerfer aus, Narrow!" Auch Gater registrierte dieses grüne Leuchten, dass nicht durch die Scheinwerfer erzeugt werden konnte. Ohne den seitlich ins Eis vordringenden Schacht aus den Augen zu verlieren, griff Narrow zu den Schaltern, die die Scheinwerfer ausschalteten. Mit zwei Klicken stellte sich eine völlige Dunkelheit ein, die aber von einem grünen Schimmer durchbrochen wurde. Dieser

Schien von jenseits der waagerecht verlaufenden Röhre zu kommen.

„Halluziniere ich jetzt, oder kommt aus dem Schacht wirklich ein grünes Leuchten?" Diese Frage stellte sich nicht nur Narrow, der in den Gesichtern der anderen die gleiche Verwunderung sah, die er selber verspürte.

„Ich glaube, Sie halluzinieren nicht", stellte Miller fest, der ebenso das grüne Leuchten sah wie auch Carter und Gater.

„Vielleicht irgendein fluoreszierendes Etwas?", versuchte Carter die Erscheinung zu erklären.

„Hier unter dem Eis, hunderte von Millionen Kilometer von der Sonne entfernt?", bezweifelte Narrow, der das U-Boot vor dem Schacht in der Schwebe hielt.
Er schaltete die Scheinwerfer wieder ein, um sich über die Gegebenheiten des Schachtes einen Überblick zu verschaffen. Langsam drehte er das U-Boot so, dass die Scheinwerfer die gegenüberliegende Seite ausleuchteten. Dort konnten sie den weiteren Verlauf der Röhre sehen.

„Der Komet ist einfach mitten durch diese Röhre gesunken und hat sie so getrennt", stellte Carter fest.

„Das Leuchten ist aber nur auf der anderen Seite zu sehen", sagte Miller.
Narrow drehte das U-Boot wieder zu der anderen Röhre, durch die das Leuchten schien.

„Somit liegt hinter dieser Röhre der Ursprung des Leuchtens", stellte Gater fest.

„Wir haben jetzt zwei Möglichkeiten", offerierte Narrow seinen Kollegen, "entweder wir setzen unseren Sinkflug fort und hoffen, dass wir den Kometenkern finden, oder", er machte eine kleine Pause und sah dabei besonders Gater an, "wir fahren dort rein und schauen nach, was das Licht erzeugt."
Ihm war selbst nicht wohl bei dem Gedanken, in diesen Schacht einzutauchen, aber ihm war genau bewusst, dass die Wissenschaftler gierig darauf sein würden, zu erfahren, was es mit dem grünen Licht auf sich hatte. Das helle Licht der Scheinwerfer strahlte unterdessen weit in den Schacht hinein

und drängte den grünen Schimmer beiseite. Er war aber immer noch stark genug, um die Menschen magisch anzuziehen. Narrow wartete darauf, dass er von Gater die Weisung bekam, in diesen Schacht einzutauchen. Narrow wusste genau, dass die Wissenschaftler diese Erscheinung höchstwahrscheinlich untersuchen wollten. Denn, auch er wusste, wie unwahrscheinlich Licht hier unten war.

„Was meinen Sie?"

Gater wollte nicht so einfach solch eine wichtige Entscheidung allein treffen, deshalb fragte er Carter und Miller. Dass Narrow damit keine Probleme hatte, in diesen Schacht zu fahren, wusste er. Er hatte ihn als draufgängerisch und abenteuerlustig kennengelernt. Aber ebenso wusste er, dass Narrow nie ein unnötiges Risiko eingehen würde. Carter und Miller sahen sich gegenseitig an. Auch sie wollten unbedingt wissen, was sich hinter diesem Schacht verbarg und vor allem, was das grüne Leuchten verursachte. Miller brauchte etwas länger als Carter, sich zu entscheiden.

„Ich bin dabei", sagte erst Carter dann auch Miller, aber mit weniger Enthusiasmus.

„Was meinen Sie, Narrow?" fragte Gater den Navigator sicherheitshalber.

Narrow sah sich kurz den Tunnel an. Ihm war bewusst, wenn sie sich in diesem Eislabyrinth verirrten, könnten sie für immer hier gefangen sein. Aber auch Narrow war dieser grüne Schein Lohn genug, dieses Risiko einzugehen. Ohne Gater zu antworten, steuerte er das U-Boot langsam in den Tunnel.

Hinter ihnen verschwand die senkrecht führende Röhre in der Dunkelheit. Das nun in der engen Röhre gebündelte Licht der Scheinwerfer drang tief in die Schichten des umgebenden Eises vor. Je weiter sie sich von dem Eingang entfernten, umso intensiver strahlte ihnen das grüne Leuchten entgegen. Immer mehr schien es die starken Scheinwerfer des U-Bootes zu ersetzen, bis sich vor ihnen die Röhre zu mehreren Schächten gabelte.

„Und was nun?", fragte Miller nun doch wieder nervöser werdend.

„Das grüne Leuchten scheint mehr aus dieser Richtung zu kommen", stellte Gater fest und zeigte auf die mittlere Röhre. Gater hoffte, dass seine Entscheidung, in diesen Schacht zu fahren, sich nicht als Fehler herausstellen würde. Dies würde die Expedition vorzeitig zu einem jähen Ende zwingen und sie zu den ersten Toten auf Europa machen.

„Ja, Sie haben recht, Gater", pflichtete Narrow Gater bei.

„Ja, stimmt, dieser Weg sieht vielversprechend aus."

Auch Carter fand, dass sie diesen Schacht nehmen sollten, da er am vielversprechendsten aussah. Das grüne Leuchten schien aus diesem Schacht stärker zu leuchten. An dessen Innenwänden spiegelte sich der grüne Schein am intensivsten. Wie ein Glasfaserkabel leitete es das Licht von seinem Ausgang, direkt in die Bullaugen des U-Bootes. Die vier Besatzungsmitglieder schauten in einen waagerechten Schlund, der sie zu verschlingen drohte. Fächerartig breiteten sich die fünf nebeneinander befindlichen Schächte aus, die alle in Richtung des grünen Lichtes wiesen. Nur für welchen dieser Kanäle sollten sie sich entscheiden? In der Hoffnung, dass Gater die richtige Entscheidung traf, entschieden sie sich für die Röhre, die am intensivsten leuchtete.

Wieder steuerte Narrow das U-Boot langsam vorwärts, um es in der mittleren Röhre einzutauchen.

„Dieser Mond ist voller Überraschungen. Nicht nur, dass wir hier dieses eingefrorene Wesen gefunden haben, jetzt werden wir auch noch von Irrlichtern von unserem eigentlichen Pfad weggelockt."

Gater wollte eigentlich nur einen Scherz machen. Aber er merkte sofort, dass das niemand als Scherz auffasste.

„Jetzt übertreiben Sie aber, Gater."

Carters amüsiertes Gesicht wirkte etwas flach und nachdenklich. Ihr war bewusst, dass er nur einen Scherz machen wollte. Aber dennoch lag viel Wahrheit darin, fand sie. Gaters Lächeln, dass er darauf erwiderte, wirkte ebenso gekünstelt. Er hatte die

Absicht, die Situation etwas aufzuheitern, was ihm aber nicht gelang. Aber im Innern meinte er es genauso, wie er es gesagt hatte. Dieses flaue Gefühl in der Magengegend wurde trotz Zuversicht immer größer. Immerhin hatten sie vor, in ein Eislabyrinth vorzustoßen, dessen Wände nur wenige Meter von den Außenwänden ihres Tauchbootes entfernt waren. Und niemand wusste, wie eng es noch werden würde. Ob sie irgendwo stecken bleiben könnten. Aber er wollte auch unbedingt wissen, worum es sich bei dem grünen Licht handelte.

Unter diesen trügerischen Voraussetzungen setzten sie ihre Fahrt fort, bis sie schließlich das erblickten, dass auch schon mehrere Stunden vor ihnen die Maborier bestaunen konnten.

*

Narrow griff erneut zu den Schaltern der Außenbeleuchtung und schaltete diese aus. Die Bedingungen, die sich vor ihm auftaten, erlaubten es ihm, Energie zu sparen. Auch wenn die modernen Leuchtmittel in den Scheinwerfern nur einen geringen Anteil am Gesamtverbrauchs des U-Bootes ausmachten, so könnte gerade dieser geringe Anteil ihr Überleben ausmachen. Die beiden Klickbewegungen der Schalter setzten das U-Boot nicht etwa in ein diffuses grünes Licht, wie es vor dem Eintauchen in dieses Tunnelsystem geschah, sondern nachdem der helle Nachhall der Scheinwerfer verschwunden war, erstrahlte von allen Seiten her die Röhre in einem smaragdgrünen, außerordentlich hellen Grün.

„Seht euch das an," konnte Carter nur vor Staunen sagen. Niemand sonst sagte ein Wort. Ungläubige Blicke erspähten die Pracht, die sich um ihnen präsentierte. Tausende Kristalle, die um ihnen herum die Röhre ausschmückten, sandten ihr grünes Licht den Besuchern entgegen. So, als würden sie mitten durch einen grünen Smaragd fahren, der von schlingartigen Pflanzen durchzogen wurde. Unentwegt musste Narrow das U-Boot um einige dieser Kristalle herum steuern, da diese teilweise in die Röhre hineinreichten.

„Ich schätze mal, dass der Komet nicht mehr das Hauptziel der Expedition ist!", erfragte Narrow trocken aber dennoch ebenso staunend wie die Wissenschaftler ihre neuen Prioritäten.

„Ich denke, da stimme ich Ihnen zu", bestätigte Gater Narrows Nachfrage.

Während die Mannschaft ihre Prioritäten neu ordnete, folgte Narrow dem Verlauf der Röhre, durch die auch die Maborier zu der Grotte gelangt waren, in der nun auch die Menschen auftauchten. Mit einem ebensolchen Platsch durchbrach das U-Boot der Menschen die Membran zwischen der flüssigen Welt und der Welt aus Gasen, wie es vor ihnen die Maborier erlebt hatten. Nur mit dem Unterschied, dass diese Welt aus Gasen den Menschen nicht fremd war. Aber dennoch so unerwartet, dass dieser Durchbruch ebenso heftig und überraschend für die Menschen kam, wie es die Maborier erlebt hatten.

„Was ist nun, Narrow?", fragte Gater den Navigator. Staunend betrachtete nicht nur Gater den grün schimmernden, dünnen Wasserfilm, der langsam von den Bullaugen herunterfloss, nachdem das U-Boot nicht weiter aufstieg.

„Ich denke, wir sind angekommen. Wo das auch sein mag", scherzte Narrow, der diesen Satz mehr als Überraschung als einen Scherz artikulierte.

Langsam ausschaukelnd steuerte Narrow das U-Boot der kleinen Bucht entgegen, die vor ihnen in wenigen Metern Entfernung auftauchte.

„Das kann doch nicht sein."

Carters Erstaunen war kaum zu überbieten. Aber auch die anderen konnten den Blick von dieser unfassbar schönen Grotte nicht abwenden. Schon beim Aufstieg überraschten die tausenden Kristalle die Menschen, aber nun bot sich ihnen der wohl überwältigenste Anblick, den sich ein Mensch vorstellen konnte. Mit solch einer Pracht rechnete niemand von ihnen. Überall funkelte es in einem satten Grün. Auch von der Decke, die mehrere hundert Meter hoch zu sein schien, glitzerten tausende grüne Kristalle. Am Boden befanden sich ebenfalls eine Unmenge von diesen leuchtenden grünen Kristallen. Seltsame, ebenfalls leuchtende blumenartige Gewächse wucherten in kleinen Spalten zwischen den Kristallen. Sie schienen regelrecht die Kristalle zu infiltrieren, um diese auszusaugen und deren Energie ihrem eigenen Wuchs zuzuführen. Auch sie gaben eine kleine Menge Licht ab. Die gesamte Höhle schien damit ausgekleidet zu sein. Nicht weit von ihrer Anlegestelle entfernt, machten sie eine Eisfelsenformation aus, die mit ebenfalls grünen Gewächsen überwuchert war. Carter durchdrang ein surrealer Gedanke, der ihr die Augen etwas zu kneifen ließ. Wie lange würden sie das Grün ertragen können, bis sie wie die Antarktisforscher auf der Erde eine Schutzbrille gegen die Schneeblindheit bzw. gegen die Smaragdblindheit, wie sie es soeben in ihren Gedanken nannte, tragen müsste. Zwischen den wuchernden Kristallpflanzen wuchsen blumenähnliche Gewächse, die an ihren fächerartigen Halmen rote und blaue blütenartige Gewächse trugen. Sie schienen sich langsam hin und her zu bewegen. Diese roten und blauen Blüten durchdrangen das vorherrschende Grün der Grotte. Sie setzten die nötigen Akzente, um dieser malerischen Schönheit mit Gemälden von Rubens oder anderen bedeutenden Malern der Renaissance gleichzusetzen. Damit stellte sich die Genugtuung ein, die sich nur nach Entdeckung fremden Lebens auf einem anderen Planeten einstellen würde.

„Damit ist wohl restlos die Frage geklärt, ob es außerhalb der Erde noch irgendwo anders Leben gibt."
Carter lehnte sich entspannt und gelassen in ihren Sitz zurück. Sie war voll auf begeistert von dem, was sie sah. Nun würde sie über Jahre hinweg mit Material versorgt sein, dass sie auf der Carl Sagan in Ruhe studieren konnte. Sie sah schon, wie sich die leeren Laborräume mit allerhand Proben füllten.

„Aber wie kann es hier zu diesem Biotop kommen?", wunderte sich Narrow, „ich meine, wir sind hier auf einem Eismond, 778 Millionen Kilometer von der Sonne entfernt, hunderte Meter unter ewigem Eis."
Carter schaute sich genauer um. Ihre Augen verfolgten die Algenbänke, die zwischen den Kristallen und ihren Pflanzen bis

hinab ins Wasser die Bucht bedeckten. Sie folgte dem weiteren Wuchs, indem sie von den mittleren Bullaugen, die zu einer Hälfte die Gaswelt und zu der anderen Hälfte die darunterliegende Wasserwelt präsentierten. Langsam senkte sie ihren Blick bis hinunter zu den Bullaugen, die vollständig unter der Wasseroberfläche lagen. Der Algenwuchs setzte sich bis tief ins Wasser fort. Durch den Smaragdschein völlig geblendet, übersah sie während des Aufstieges diese üppige Vegetation. Jetzt, nach näherem Hinschauen, wurde ihr bewusst, dass an der Steilwand sich ebenfalls dieser Bewuchs befand. Nach konzentriertem Hinschauen sah sie die Erklärung für all dies emporsteigen. Mehrere Blasen durchstachen das völlig ruhige Wasser, um aufplatzend an der Wasseroberfläche ihren Inhalt freizugeben.

„Gater, analysieren Sie doch mal bitte die Außenatmosphäre dieser Grotte."

Wenn ihre Ahnung zur Gewissheit werden würde, dann wäre das eine Sensation. Gater betätigte mehrere Geräte auf seinem Pult. Zahlen huschten über seinen Monitor und gaben schließlich eine graphische Darstellung der Atmosphäre wieder.

„Ich glaube es nicht, sehen Sie, 60 Prozent Sauerstoff. Aber woher stammt der denn?" Carter fühlte sich bestätigt.

„Ich habe es gewusst. Nicht nur, dass wir hier dieses grüne Licht haben, sogar solch eine hohe Konzentration an Sauerstoff.

Sie blickte weiterhin zu der Stelle, an der die Algen ins Wasser reichten. Wieder konnte sie Blasen dabei beobachten, wie sie an der Wasseroberfläche aufplatzten.

„Haben Sie das gesehen?", fragte sie die anderen.

„Was denn?", fragte Miller, der immer noch diese unterirdische Pflanzenwelt bestaunte.

„Dort, im Wasser, überall. Ich habe das vorhin schon bemerkt, als wir anfingen aufzutauchen. Aber ich nahm an, dass das vom U-Boot verursachte Luftblasen waren."

Ihre Kameraden sahen sie erstaunt an.

„Was für Luftblasen?"

Kaum hatte Narrow die Worte ausgesprochen, da blubberte es an der Wasseroberfläche erneut. Mehrere Blasen ließen ihre Luft an der Wasseroberfläche frei. Verdutzte Augen schauten diesem unfassbaren Schauspiel zu.

„Wow, das ist fantastisch", bestätigte Gater überrascht. Aber ehe er sich darum kümmern wollte, interessierte ihn eine andere Sache.

„Wir werden uns später darum kümmern. Wenn wir hier fertig sind, machen wir uns auf und sehen nach, woher diese Luftblasen kommen."

Mit nachdrücklich ausgesprochenen Anweisungen versuchte er, den weiteren Verlauf ihrer Expedition zu erklären.

„Wieso hier dieser hohe Sauerstoffanteil ist, wissen wir nun. Deshalb hat sich wahrscheinlich auch diese Fülle an Leben gebildet. Aber nun würde ich doch schon gerne erst einmal dieses Waldgebiet dort hinten erkunden."

Er zeigte mit der rechten Hand auf die Gruppe von baumähnlichen Gewächsen, die die Maborier auch schon aus ihrem Aufstiegsschiff betrachten konnten, die aber im Gegensatz zu den Menschen für sie unerreichbar blieben.

*

Vier, in Raumanzügen gekleidete Menschen, stampften über leuchtende Kristallen, die die Oberfläche des Eises in unregelmäßigen Abständen durchzogen. So, als ob sie über rechteckige Scheinwerfer gehen würden, aus deren Rändern Farngewächse quollen. Umso näher sie den blumenartigen Gewächsen kamen, umso seltsamer präsentierten sich ihnen die Blüten, die wie in einem leichten Wind hin und her schwangen. Da aber völlige Windstille herrschte, woher sollte auch dieser Wind kommen, fragte sich Carter. Sie bezweifelte, dass es sich tatsächlich um Blüten handelte. Langsam kristallisierte sich eine unglaubliche Ahnung in ihr, deren Erklärung für die Bewegung ihr völlig abwegig vorkam. Nach jedem Schritt, den sie den Gewächsen näherkamen, bestätigte sich die unglaubliche Vorahnung. Bis jetzt breitete sich eine bewegungslose, pflanzliche Welt vor ihnen aus, die mit ihrem außergewöhnlichen Aussehen doch nur Gewächse darstellte. So dachte sie.

„Sehen Sie nur, die Blüten sind gar keine Blüten. Es sind Würmer!", schrie sie den vermeintlichen Blüten entgegen.

Sie konnte nun kleine, wurmartige Tiere zwischen den Gewächsen herumkriechen sehen, deren kleine Körper rot und blau schimmerten.

„Wie groß werden die sein?", fragte Gater, der ebenso staunend auf die kleinen Kriechtiere starrte.

„Drei bis vier Zentimeter, vermute ich mal", antwortete Carter, die sich nicht von den Würmern losreißen konnte.

„Das scheint hier das Maß des Lebens zu sein", äußerte sich Carter, die mit ihrem Helm fast die Gewächse berührte.

„Wie meinen Sie das, Carter?", wunderte sich Narrow über diesen Satz.

„Wahrscheinlich wird es hier auch keine größeren Tiere geben", erklärte Carter weiter, „dieser Lebensraum ist begrenzt. Größere Tiere würden schnell zu einer ökologischen Hungersnot führen. Und dann die Temperatur. Wir haben nur eine Temperatur von nicht mal einem Grad unter null. Das begrenzt die produktive Evolution in diesem begrenzten Raum", erklärte sie.

Während sie dem Wald immer näherkamen, bückte sich Carter immer wieder, um die verschiedensten Proben der Vegetation und von den Tieren dieser Welt zu nehmen. Mit ihrer kleinen Pinzette, die sie dazu benutzte, gestaltete sich das sehr schwierig, wie sie feststellen musste. Nicht nur, dass die dicken Handschuhe es ihr fast unmöglich machten, die Proben sicher und unbeschadet ins Probengefäß zu befördern. Irgendwie schienen die Proben während des Greifens mit der Pinzette auseinanderzufallen. Nur kleine Bruchstücke füllten deshalb ihre Probengefäße. Sie bestaunte dennoch die Pflanzen, die sich seit über mehreren Millionen Jahren, wenn diese Höhle schon so lange existierte, in den Eispanzer dieser Welt gruben. Man sah, wie die Wurzeln tief ins Eis eindrangen, zwischen den Kristallen wucherten und sich schließlich zu allen Seiten vernetzten.

„Erstaunlich dieser Pflanzenwuchs", musterte Carter die ins Eis reichenden Wurzeln.

„Wenn es sich wirklich um Pflanzen handelt", spekulierte Miller, der sich die Pflanzen genauer ansah.

„Wie meinen Sie das, Miller?", fragte Carter.

„Schauen Sie sich die Struktur der sogenannten Pflanzen an. Ich gebe Ihnen Recht. Sie sehen so aus wie Pflanzen, sie verhalten sich so wie Pflanzen."

Angeberisch berührte er eine von den in der Nähe stehenden Pflanzen und sprach danach weiter. Die Pflanze, die er berührte, zeigte in keinster Weise das Verhalten von Pflanzen, wie es sie auf der Erde gab. Das Teil, was er berührte, brach augenblicklich ab und zerfiel in viele Einzelstücke. Wie die Proben, die sie so verzweifelt in ihr Probengefäß zu befördern versuchte. Einige Sekunden später assimilierte das Eis die Bruchstücke, die unter dem Eis dem Kreislauf dieses ungewöhnlichen Lebens wieder zugeführt wurden.

„Das ist ja erstaunlich", sagte Carter, die sich näher kommend dieses Schauspiel ansah.

„Das sind Kristalle!", stellte Miller fest.

„Aber", stutzte Gater, der dazukam und ebenfalls fasziniert den Ausführungen Millers folgte, „Kristalle, sind Sie sich da sicher, Miller?"

„Wenn Sie genauer hinsehen," und das taten sie nun alle, „dann können Sie die kristalline Struktur in den Halmen erkennen. Und dieser hohe Sauerstoffanteil, der hier herrscht, ist eine zusätzliche günstige Bedingung, um Kristalle gedeihen zu lassen."

Sie sahen sich die Halme genauer an und erkannten die für Kristalle typische Struktur, zwischen der immer wieder die kleinen Würmer herum wuselten.

„Und sehen Sie sich die Würmer noch mal genauer an!", forderte Miller seine Kameraden auf.

Auch wenn Miller nicht lange brauchte, um die vermeintliche Pflanzenwelt zu entlarven, so erkannte auch er erst relativ spät die wahre Struktur der sogenannten Würmer. Carter, Gater und

Narrow senkten ihre Köpfe den Würmern so dicht entgegen, dass sie das seltsame Wuseln genauer betrachten konnten. Verschiedenfarbig schlängelten sie sich zwischen den Halmen und versuchten, diese zu durchstoßen. Sie mussten feststellen, dass auch sie aus kristallinen Materialien bestanden und keinerlei Ähnlichkeit mit Lebewesen hatten. Ständige Veränderungen in den Strukturen führten dazu, dass sie sich fortbewegen konnten. Von weitem sah das aus, als ob kleine Würmer in Bewegung waren. Sie drangen in die Halme ein, verschmolzen mit ihnen und krochen anschließend wieder aus ihnen heraus, indem sie sich wieder Stück für Stück zusammensetzten. Das Ganze sah aus, als ob die Würmer in dem Moment, in denen sie in die Struktur der Halme eintauchten, vollständig in ihnen aufgingen. Mit ihnen verschmolzen. Auf der anderen Seite der Halme formierte sich die Struktur wieder zu dem Wurm, der er vorher war, um vollständig aus den Halmen aufzutauchen und diesen Vorgang an anderer Stelle zu wiederholen.

„Sie sind auch Kristalle!", bestätigte Carter fast traurig.

Sie hatten Leben auf einem anderen Himmelskörper entdeckt, aber leider kein biologisches Leben. Und das bedauerte Carter ein wenig. Sie schaute sich trotzdem ehrfurchtsvoll um und erblickte doch ein vielfältigeres Leben, als sie erwartet hatte. Tausendfach spielte sich das kristalline Leben an den langen Halmen der blumenartigen Gewächse ab.

Ungläubig gingen sie weiter. Wie auf Schaumstoffpolstern, die unter ihren Fußsohlen knirschten, schritten sie in Richtung des Waldes, der sich majestätisch am Ende der Grotte ausbreitete. Inzwischen konnten sie mehr Einzelheiten erkennen. Demnach schienen sich die Bäume nicht grundlegend von den kristallenen Blumen zu unterscheiden. Die Stämme bestanden ebenfalls aus diesen fächerartigen Strukturen. Wie der Feigenbaum mit seinen mächtigen Brettwurzeln in Australien in New South Wales am Rande der Ortschaft Wingham auf der Erde. Carter erinnerte sich an eine Expedition dort hin, an der sie vor vielen Jahren teilgenommen hatte. Auch hier wurden die

Kronen von diesen flachen, nebeneinander nach oben kleiner werdenden Baumstämmen getragen. Anders als auf der Erde maßen diese Bäume nicht mehr als drei Meter. Auch wenn der Wald sehr dicht war, erkannten die Raumfahrer, dass der Wald noch viele hundert Meter weiter in die Höhle hineinreichen musste. Das grüne Licht, dass zwischen den Bäumen vom Boden und von der Decke hindurch schimmerte, war auch noch sehr weit in dem Wald zu erkennen. Außerdem nahm der Untergrund, je weiter man in den Wald sah, eine Steigung von wenigstens zehn Grad an. Der vor ihnen beginnende Wald erwies sich noch als normaler Wald, in den man hineinsah. Vor ihnen die Baumstämme mit den mächtigen Kronen darauf. Aber umso weiter sie in den Wald hineinsahen, um so merkwürdiger wurde die Betrachtungsweise. Der Untergrund des Waldes endete nicht einfach am Ende der Höhle, sondern der Boden wölbte sich über den Kronen der Bäume nach vorne auf. Die hinteren Bäume hingen also Kopf über, oder besser gesagt Kronen über, von der Decke herab. Als ob man einen Rollrasen aufrollt und die eine Hälfte umgekehrt auf der anderen Hälfte liegen lässt. Vor ihnen präsentierte sich der Wald noch als normaler Wald, dessen Stämme im Boden verwachsen waren und dessen Kronen über ihnen emporragten. Sahen sie aber hunderte Meter weiter in den Wald, reckten sich die Kronen dem Fußboden entgegen. So wie es aussah, vereinigte sich dort die Decke der Höhle mit dem Grund der Höhle.

Umso näher sie dem Wald kamen, desto deutlicher und detailreicher erkannten sie Einzelheiten an den merkwürdigen Bäumen, die nun zu imposanten Gebilden heranwuchsen. Die brettartigen Baumstämme trugen eine mächtige Krone, die sich zu langen, ebenfalls dünnen, Auswüchsen nach allen Seiten hin ausbreitete und zu unzähligen Verästelungen verzweigte. In deren durchsichtigen, wulstigen Enden lugten merkwürdige, gelb schimmernde Partikel durch, die sich ständig um sich selbst drehten und dabei in kurzen Abständen pulsierten. Nach wenigen Sekunden strömten diese Partikel in den nicht durchsichtigen Fortläufen der Äste in Richtung des Stammes zurück, um danach durch neue Partikel ersetzt zu werden, die kurz darauf erneut pulsierten. Schäumend quollen anschließend die Partikel aus den Astgabelungen, um sich kriechend in den brettartigen Stämmen abzulagern. Diese Beläge kristallisierten sich besonders stark in den tiefen Spalten der brettartigen Stämme. Wie Pollen, die durch starken Wind in die Spalten der Stämme geweht wurden, sammelte sich dort die merkwürdige Substanz.

Leicht gebückt betraten Carter, Narrow, Gater und Miller staunend diesen so fremdartigen Wald. Sie schritten durch eine Flut von grünem Licht, das die Unterseiten der Kronen wie beleuchtete Lampions erscheinen ließ. Die dagegen schwach beleuchteten Stämme ragten weit ins Eis hinein und verzweigten sich dort im Wirrwarr der leuchtenden Kristalle.

„Seien Sie vorsichtig, wir wissen nicht, wie diese Pflanzen auf uns reagieren oder umgekehrt", warnte Carter.

„Es sind keine Pflanzen, Carter!", verbesserte Miller die Ärztin.

„Ja, stimmt. Kristalle. Entschuldigung", sagte Carter, die ehrfurchtsvoll ihren Kollegen folgte.

Ihr Traum hatte sich erfüllt. Sie musste an Carl Sagan denken, wie er wohl in diese Grotte gegangen wäre. Was er dabei gedacht hätte. Ob er sich genauso bestätigt gefühlt hätte wie sie jetzt. Denn, genau über diese seltsamen Wege des Lebens forschte er. Ihn interessierte die Frage, wie sich das Leben auf anderen Planeten mit ihren eigenen, individuellen Bedingungen, entwickeln würde. Ob das Leben auch auf den unwirtlichsten und ungewöhnlichsten Planeten eine Chance hätte. Und wie sich das Leben gegenüber diesen ungewöhnlichen Bedingungen durchsetzen würde. Die vorhandene Umwelt aneignen würde. Und gewissermaßen handelte es sich hier um einen Miniplaneten mit seiner abgeschlossenen Biosphäre. Und genau das ist hier geschehen. Das Leben konnte sich hier etablieren und hat sich genau an die vorhandenen Bedingungen angepasst.

Dankbar, über diese weise Entscheidung mit einem U-Boot hier abzutauchen, betrachtete Carter stolz ihren Kollegen, der vor ihr vorsichtig zwischen den Bäumen entlangging. Ihre kleinen, runden Schatten folgten ihnen auf den Unterseiten der Kronen auf Schritt und Tritt. Carter konnte genau beobachten, wie die Schatten von Gater und Miller sich von einer Krone zur nächsten rüber hangelten und dort verweilten. Sie hoffte nur, dass die Helmkameras auch wirklich alles aufzeichnen würden, um Zuhause diese phantastische Welt präsentieren zu können. Dass sie auch die ungewöhnlichen Lichtverhältnisse wiedergeben würden.

Sie blickte zu Miller, dessen Schatten vor den Brettstamm eines besonders breiten Baumes verweilte. Sein Helm stieß fast gegen die beiden, wenigstens 15 cm auseinander stehenden, Brettstammhälften. So, als ob er in die Seiten eines riesigen Buchs hineinsehen wollte.

„Haben Sie das eben gesehen?", fragte er verwundert seine Kollegen.

Ihre eigenen Beobachtungen abbrechend, gesellten sie sich zu Miller, der weiterhin versuchte, durch Kopfbewegungen, eine bessere Einsicht zu der sich in den Falten der Stämme befindlichen Substanz, zu bekommen.

„Nein, was meinen Sie?", fragte Carter, die ihre dick bepackten Füße über den leuchtenden Fußboden bewegte, um zu Miller zu gelangen.

„Dieses gelbe Zeug in den Stämmen. Ich glaube, es hat sich bewegt." Die anderen sahen Miller verwundert an.

„Wie meinen Sie das, es hat sich bewegt?", fragte Gater „das werden die gleichen kristallinen Materialien sein wie bei den Blumen", vermutete er.

Sich selbst von den Beobachtungen des Geologen vergewissernd, inspizierten Carter, Narrow sowie Gater die Ablagerungen in den Falten des Stammes, den Miller so ausgiebig betrachtete. Die gelbe Substanz schien sich zu beulenartigen, wenige Zentimeter große Kugeln auszuformen, deren Größe aber ständig variierte. Immer mehr von der gelben Substanz formte sich zu solchen Kugeln, deren Oberfläche ein Netz aus ikosaederförmigen Strukturen bildete. Wie ein

Blasenbalg blähte er sich auf und fiel wieder in sich zusammen. Fasziniert von den Ereignissen wandte sich Narrow einem anderen Baum zu, dessen Geäst mit den angrenzenden Bäumen einen geschlossenen Schirm bildeten.

„Sehen Sie, hier an dem Baum geschieht das Gleiche", bemerkte er, dass dieses Pulsieren der gelben Masse auch bei den anderen Stämmen einsetzte.

Wie eine Welle ergriff das Pulsieren auch die angrenzenden Stämme und breitete sich kreisförmig weiter aus, bis die gelbliche Substanz in allen Baumstämmen zu den pulsierenden Kugeln umgeformt wurde. Erst danach stellte sich wieder die vorherige Bewegungslosigkeit ein. Etwas erleichtert sahen sich die vier gegenseitig an.

„Carter, Sie als Biologin, sagen Sie uns bitte, was hier vor sich geht, was könnte das sein?", fragte Gater, der seine Expedition schon in Gefahr sah.

Aber für Carter war das genauso ein Mysterium wie für Gater. Es fiel einfach nicht in ihr Fachgebiet. Auch wenn sie Exobiologie studiert hatte, also sich mit außerirdischen Leben befasste, konnte sie keinerlei Biologie in diesen Pflanzen erkennen.

„Das wird eher Millers Gebiet sein, er kennt sich eher mit Steinen aus."

„Das sind Kristalle, Carter", protestierte Miller. Der aber keinerlei Kränkung durch Carters Bemerkung erkennen ließ.

„Aber reden Sie ruhig weiter, Carter. Vielleicht gibt es doch einen Bezug zur Biologie?"

Carter sah, dass Miller nun doch ein wenig gekränkt wirkte. Offenbar schien er sehr sensibel zu sein, was Carter nicht wusste. Dennoch wagte sie einen Vergleich mit dem, worin sie sich auskannte.

„Aber, wenn ich mich dazu äußern soll. Immerhin ähneln die Dinger Sporen, die es auf der Erde gibt. Es sieht wie ein parasitärer Befall aus."

Carter ging näher an den Baumstamm heran, um das Geschehen besser beobachten zu können.

„Sie sollten da nicht so nah rangehen", ermahnte Gater, der immer skeptischer schaute.

„Seien Sie nicht albern, was soll das uns schon antun." Als sie so nah war, dass sie mit ihrem großen Astronautenhelm gegen den Stamm stieß, geschah das Unvorstellbare.

Von Carters Baum beginnend setzte das Pulsieren wieder ein. Wie ein aufgeweckter Wachhund bäumten sich die Blasen auf. Dieser Weckruf ergriff erst die angrenzenden Bäume, um schließlich wellenförmig auch die anderen Bäume zu erfassen. Immer intensiver pulsierten die Blasen. Miller sah ängstlich von einem Baum zum anderen. Unter seinen Raumanzug fing er an zu schwitzen. Schweißperlen liefen ihm von der Stirn herunter. Eine innere Stimme sagte ihm, dass dieses Schauspiel noch nicht sein Ende gefunden hatte. Im Gegenteil, er fürchtete, dass es jetzt erst beginnen würde. Sogar den sonst so ruhigen und durch nichts aus der Ruhe zu bringenden Narrow ergriff eine leichte Unruhe. Immer nervöser werdend schauten die Eindringlinge von Baum zu Baum. Überall bäumten sich die Blasen auf, um aber nicht zu ihrer vorherigen Größe zu schrumpfen. Denn nach jedem Aufbäumen vergrößerte sich der Umfang der ikosaederförmigen Blasen, deren Haut sich immer weiter straffte.

„Was geschieht hier?", fragte Narrow, der sich nun langsam nach der Enge seines U-Bootes sehnte.

„Ich denke, dass wir deren natürlichen Ablauf gestört haben", vermutete Carter.

„Natürlicher Ablauf. Ich denke eher, dass wir deren Millionen Jahre dauernde Ruhe gestört haben", vermutete Miller.

Dass, was im Innern der Blasen in rege Aufwallung geriet, stieß immer heftiger gegen die Außenwände. Nach dem das dicht verzweigte Wurzelwerk ausreichend Energie aus den sich im Eis befindlichen Kristallen gezogen hatte und durch die Zugabe des in der Grotte befindlichen Sauerstoffs zu einer neuen Brut heranwuchs, drängten winzige Kristallwesen durch das weitverzweigte kristalline Kapillarsystem des Baumes in die

Falten der Bäume, wo sie ihren finalen Wachstumsschub erhielten. In jeder Blase stießen unzählige dieser Kristallwesen gegen die Außenwände ihres Gefängnisses. Zu immer größeren Individuen kristallisierten sie heran, deren Körper die ikosaederförmige Haut der Kugeln aufreißen ließen. Während die neue Brut versuchte, nach außen zu dringen, beobachteten die Eindringlinge, wie an den Begrenzungen der Ikosaederhaut breite Spalten entstanden. Vom unteren Bereich des Stammes hinauf zum oberen Bereich des Stammes, begannen die Blasen ruckartig nacheinander aufzuplatzen. Die Blasenhüllen schlugen gegen die Innenseiten der brettartigen Baumstämme und blieben daran kleben. Dieser Vorgang bewegte sich ebenfalls so wellenartig von Baum zu Baum vorwärts wie vorher, als das Pulsieren begann.

Im Innern der Blasen bewegten sich orangefarbene winzige Lebewesen, die den kristallienen Würmern auf den Blumen ähnelten. Ihre Größe ließ vermuten, dass sie erst am Beginn ihres Lebens standen und nun ihre neue Lebenssphäre erobern wollten. Zu mehreren Gruppen erhoben sie sich aus den Brutkäfigen und schwebten orientierungslos über Ihnen. Eine orangefarbene Staubwolke erhob sich aus den Baumstämmen.

„Ich glaube, wir sollten diesen Ort schleunigst verlassen", begann Narrow eindringlich die anderen zum Gehen aufzufordern. Aber die anderen waren viel zu beeindruckt von dem Geschehen, als das sie ans Gehen denken würden.

Nach und nach formierte sich das neue Leben zu größeren Gruppen, die nun immer weitere Kreise zogen, um ihre unmittelbare Umgebung zu untersuchen. Immer weiter wagten sie sich von ihrer Brutstätte weg und fanden in ihrer unmittelbaren Umgebung weitere Gruppen ihrer Art, die sich miteinander zu noch größeren Kristallwolken verbanden. Sie schienen nun ausreichend Intelligenz zu besitzen, um die Eindringlinge in ihrer Nähe zu registrieren. Die so entstandene Schwarmintelligenz betrachtete die Eindringlinge als Gefahr, für sich selbst und vor allem für den engen und begrenzten Lebensraum.

„Na los, kommen Sie. Wir müssen von hier weg!", versuchte Narrow abermals seine Kameraden zum Gehen aufzufordern.

Nur langsam drangen Narrows Worte zu den Wissenschaftlern vor. Aber nachdem die Wolken sich zu vier einzelnen, großen Wolken formiert hatten, sah Narrow in den Gesichtern der Wissenschaftler die drohende Gefahr endlich zuerkennen. Ihre Augen weiteten sich vor Erstaunen, als jede einzelne Wolke langsam damit begann, auf die Astronauten zuzuschweben. Der grüne Schimmer, der von unten die einzelnen orangen Wolken durchdrang, ließ die schwebenden Wolken wie Geister aus einem Horrorfilm erscheinen. Dichtere Bereiche der Wolken erschienen dunkler und dünnere Bereiche heller. Diese unterschiedlichen Dichtigkeiten der Wolken wirbelten ständig umher, was einen beeindruckenden Lichteffekt erzeugte. Während die Wolken weiter auf die Astronauten zu schwebten, entfalteten sie sich zu überdimensionalen Bettlaken, so, als ob sie dadurch bedrohlicher wirken wollten. Ohne, dass die Astronauten darauf reagieren konnten, stürzten sich die vier Wolken auf die Eindringlinge. Wie ein Leichentuch schmiegten sich die Wolken um jeden einzelnen von ihnen und versuchten, sich auf den Raumanzügen anzuheften. Immer mehr von dieser Substanz bedeckte die Raumanzüge wie ein Film, der immer dichter wurde. Ständig formierten sich einzelne Bereiche der Substanz zu den Würmern, die die Raumfahrer an den Halmen beobachteten. Die so entstandenen Würmer versuchten ständig, in die Raumanzüge einzudringen, wie ihre großen Brüder es bei den Pflanzen taten. Aber offensichtlich waren die Raumanzüge mit den Eigenschaften der Würmer nicht kompatibel, wie Narrow mit Erleichterung feststellte. Wiederholt formierten sich neue Partikel der Substanz zu den Würmern, die wiederum versuchten, in die Raumanzüge einzudringen. Weil das nicht gelang, zerfielen sie wieder zu einzelnen Partikeln der Substanz, um sich an anderer Stelle zu neuen Würmern zu formieren und den Angriff erneut zu starten.

„Was soll das?", fluchte Carter, nachdem sie sich gefangen hatte und langsam aus ihrer Starre erwachte.

„Carter, kommen Sie", forderte Narrow nun noch eindringlicher nicht nur Carter auf.

„Ja, lassen Sie uns von hier verschwinden!", ergriff nun auch Carter endlich die Flucht.

Arme schüttelnd begannen sie den Rückzug aus diesem fantastischen Wald. Besonders für Miller gestaltete sich das schwierig, da sich die Substanz auf seinem Helmvisier ausbreitete. Fast stolpernd versuchte er so seinen Kameraden zu folgen.

„Warten Sie, ich sehe nichts", rief er immer wieder und versuchte unentwegt, sein Visier von der Substanz zu befreien.

„Kommen Sie, Miller."

Gater griff hinter sich und zog, so gut wie er selbst sehen konnte, Miller mit sich. Denn auch sein Helmvisier wurde immer stärker von der Substanz befallen.

Fast stolpernd stürzten sie aus dem Wald und blieben schließlich verdutzt stehen, als sie bemerkten, dass die Substanz sich langsam von ihnen löste. Erst wenige Partikel lösten sich von den Raumanzügen der Raumfahrer, die sich aber schnell zu dichten, langen Bändern sammelten. Diese Bänder formierten sich herum wirbelnd erneut zu den vier Wolken. Nachdem sich jeder einzelne Partikel von den Raumanzügen gelöst hatte und sich mit der jeweiligen Wolke vereinigte, schwebten sie für einige Sekunden über den Menschen, die die Wolken erstaunt betrachteten. Nach diesen wenigen Minuten des gegenseitigen Bestaunens verwirbelten sich die Wolken zu schraubenartigen Wolken und schwebten davon, um in ihrem Wald ihren vorbestimmten Lebensprozess zu verfolgen.

Außer Atem und sich vor Atemnot die Arme auf die Knie stützend, blieben Gater, Narrow und Carter im sicheren Abstand zum Wald stehen, und sahen diesem Schauspiel fasziniert nach. Nur Miller wedelte immer noch mit seinen Händen vor seinem Visier herum.

„Sind sie alle weg? Sagen sie doch schon. Sind sie alle weg?", versuchte er ständig voller Panik die nicht mehr vorhandenen Partikel zu entfernen.

„Sie sind weg, Miller. Beruhigen Sie sich doch!", versuchte Gater den Geologen zu beruhigen.

Nur langsam begriff er, dass sein Helm, ebenso wie die der anderen keine Partikel der Substanz mehr enthielten.

„Was ist da gerade geschehen?", fragte Gater, der wissbegierig zu der Exobiologin sah.

„Ich glaube, dass das keine Parasiten waren."

„Was dann, Carter. Erklären Sie uns das."

Gater war genauso gespannt auf ihre Erklärung, wie die anderen auch.

„Ich glaube eher, dass diese Lebewesen in Symbiose mit den Bäumen leben. Sie scheinen eine Art Bewacher der Bäume zu sein", Mit Erleichterung führte sie ihre Erklärung fort,

„Haben Sie gesehen, wie sie sich in vier Teile gespalten haben. Als ob sie genau wussten, wie viele wir sind."

„Das ist doch absurd", sagte Narrow.

Einzig allein Miller schaute die anderen in zustimmender Haltung an. Auch er war davon überzeugt, hier etwas erlebt zu haben, dass nicht anders zu erklären war. Gater und Narrow sahen Carter und ihn amüsiert an, denn ihnen erschien die Erklärung der Exobiologin doch zu fantastisch zu sein.

*

„Haben Sie das eben gespürt?", fragte Gater, der immer noch den Wald betrachtete und dabei ein merkwürdiges Rumpeln spürte.

„Was meinen Sie?", fragte Narrow, der sich ebenfalls wieder dem Wald zuwandte.

„Die Bäume, sie schienen eben zu wackeln!", erklärte Gater seine Beobachtung.

Noch während sich Carter und Miller dem Wald zuwandten, ereignete sich eine Erschütterung, die die Bäume erneut wackeln ließen.

„War das eben ein Beben?", fragte erschrocken der Astrogeologe.

Ungläubig versuchten die Forscher Einzelheiten in den Reihen der Bäume zu erkennen. Ganze Gruppen von Bäumen schwangen hin und her. Unzählige der brettartigen Äste brachen von den Bäumen ab und wurden weggeschleudert. Die durchsichtigen Enden der Äste brachen auseinander und entließen die sich darin befindliche gelbe Substanz, die herum wirbelnd auseinanderflog. Die vier Wolken, die sich inzwischen wieder tief im Wald befanden, stoben verwirrt auseinander. Sie schienen diesmal kein Ziel zu finden, dass sie attackieren konnten. Da erbebte der Fußboden erneut. Die Bäume schwangen diesmal so stark hin und her, dass sie teilweise oberhalb des Eisfußbodens abbrachen. Mit Entsetzen schauten sich die Raumfahrer das erneute Schauspiel an. Ihre Beine waren so regungslos, als wären sie in Beton gegossen. Gater war der Erste, der sich dazu zwang, sich von dem faszinierenden Schauspiel zu lösen.

„Los, schnell zum U-Boot, ehe hier alles einstürzt." Gaters vor Entsetzen geschriener Befehl drang ohne Verzögerung in die Gehirne seiner Kameraden. Dort transportierten sofort Nervenimpulse diese Befehle hinunter in die Beine, wo sie die Muskeln dazu zwangen, sich von den Betonschuhen zu befreien. Einer nach dem anderen lösten sie sich von ihrem Standpunkt und liefen in Richtung ihres U-Bootes. Noch bevor sie das U-Boot erreichten, ereignete sich abermals eine Erschütterung, deren Wucht sie wie wandelnde Zombies herum torkeln ließen. Während Gater versuchte, den Boden unter den Füßen nicht zu verlieren, drehte er seinen Kopf erneut in Richtung des Waldes, dessen Anblick ihn zu erneuter Eile animierte.

Ganz weit hinten, am Ende der Grotte, dort wo die Bäume sich mit der Decke vereinigten, sah Gater, wie Bäume in die Höhe gerissen wurden. Sie wurden regelrecht an die, mit den herab wachsenden Bäumen bewachsene, Decke geschleudert. Bäume fielen herab auf die Kronen der normal stehenden Bäume. Nachdem das geschehen war, gab es ein erneutes Beben. Diesmal so stark, dass die vier Astronauten auf dem Weg zu ihrem U-Boot nun vollends hingeworfen wurden. Beim Aufstehen blickten nun auch Miller, Narrow und Carter nach hinten, zu dem Schauspiel, was sich am Ende der Grotte abspielte.

„Oh mein Gott, das schaffen wir nicht, wir sterben hier."

Voller Panik fing Miller an zu heulen. Seine panische Angst brach nun vollends aus ihm heraus. Er machte sich auch keine Gedanken mehr darüber, dass die Analysten ihn später auf der Erde dabei beobachten konnte, wie er heulte. Er wollte nur noch weg von hier. So schnell wie es ging ins U-Boot, von dem er wusste, dass er auch dort nicht vor diesem Beben sicher sein würde.

„Beeilen Sie sich, Miller, sonst sterben wir hier wirklich", forderte Gater ihn auf und half ihm beim Aufstehen.

Eine riesige Wasserfontäne brach am Ende der Grotte durch den Eisfußboden und ergoss sich inmitten der Bäume. Riesige grün leuchtende Eisschollen erhoben sich zwischen den Bäumen und schoben diese beiseite. Nach einem weiteren Beben bahnte sich diese immer gewaltiger werdende Fontaine einen Weg hinauf zu den nach unten gewachsenen Bäumen. Wie durch eine mächtige, große Hand wurden die Bäume von ihren Jahrmillionen währenden angestammten Platz von dem unerbittlichen Wasserstrahl auseinander geschoben und schließlich von ihrem angestammten Platz verdrängt. Millionen Liter Wasser hoben immer größere Stücke des Eisfußbodens mit samt den Bäumen in die Luft und ließen diese an der Decke zerschellen. Unentwegt drückte der Wasserstrahl gegen die Decke der Grotte, die mit einem gewaltigen Krachen nachgab. Auch, wenn der größte Anteil des Wassers sich nun einen Weg nach draußen suchte, ergoss sich doch immer noch genug Wasser in die Grotte, so dass sie sich schnell mit Wasser füllte. Das Wasser, dass durch die Kristalle grün schimmerte, vermischte sich mit den orangen Partikeln, die das Wasser nun zu einer orangen, grünen Flut werden ließ. Wie eine herannahende Lawine donnerte diese Flutwelle unaufhaltsam auf die Raumfahrer zu. Erschöpft erreichten die Raumfahrer ihr U-Boot, bevor die ersten orange-grünen Zungen das U-Boot umschlingen konnten.

Noch während Narrow die Einstiegsluke über sich schloss, stießen die ersten Eisschollen gegen die Außenwände des U-Bootes. Ein zäher Brei aus kristallenen Bäumen, deren orange Brut sich in diesen Strom der Verwüstung verdünnte, vermengte sich mit unzählige noch in Eisschollen eingeschlossene, leuchtende Kristalle. Diese wabernde, grün orange leuchtende Masse, in der die grün leuchtenden Kristalle schnell ihre Leuchtkraft verloren, umschloss rasch das sinkende U-Boot. Ohne zu zögern ließ Narrow die Ausgleichstanks füllen und startete die Motoren, um das U-Boot unverzüglich von dieser zerstörerischen Gewalt zu entfernen.

*

Narrow steuerte das U-Boot so schnell und so souverän wie er nur konnte durch den Smaragdtunnel. Seine Blicke streiften ständig den kleinen Monitor an der Mittelkonsole, der mittels der Heckkamera das Geschehen hinter ihnen wiedergab. Nicht nur, dass lange Risse versuchten, ihr U-Boot einzuholen, diese wurden auch noch so gewaltig, dass sich ganze Eisblöcke der Tunnelumwandung lösten und ihren Fluchtweg zu versperren drohten. Narrow betete darum, dass er das U-Boot schneller steuern konnte, als die Röhre hinter ihnen einstürzte. Als er einige neue Abzweigungen erreichte, die offensichtlich durch die Verschiebungen der Eisstrukturen entstanden waren, konnte er auch nicht lange darüber nachdenken, welcher Weg sie zurück zu der Kometenröhre bringen würde. Er steuerte das U-Boot einfach geradeaus in die nächste Röhre. Neben ihnen barst bereits das Eis. Eisplatten schoben sich neben ihnen übereinander, brachen auseinander und schoben sich in ihren Weg. Narrow musste ständig den Eistrümmern ausweichen. Auch, wenn Narrow sich voll in seinem Element befand und Spaß dabei empfand, den Trümmern auszuweichen, verspürte er trotzdem eine gewisse Angst, die ihn zwang, vorsichtig zu sein und nicht so draufgängerisch das U-Boot zu steuern.

„Hier, durch diesen Tunnel sind wir hier her gelangt", schrie Carter und zeigte auf einen mit unzähligen Rissen durchzogenen Tunnel, der ihm aber trotzdem sehr bekannt vorkam.

Narrow riss das Ruder noch rechtzeitig rum. In letzter Sekunde schoss das U-Boot in den rettenden Tunnel und ließ den Smaragdtunnel hinter sich, der nun langsam seine Leuchtkraft verlieren würde. Anders als für die Maborier erwies sich dieser Tunnel wirklich als der rettende Tunnel. So konnte Narrow ein wenig entspannter das U-Boot zurück zu der Röhre steuern, der durch den heißen Kometen ins ewige Eis geschmolzen wurde.

Während sie die Grotte hinter sich ließen, fiel die Grotte in sich zusammen, und wurde mit Wasser überflutet. Sämtliches Leben, das sich seit Millionen von Jahren in dieser Einsamkeit entwickelt hatte, wurde mit einem Schlag ausgelöscht.

„Fahren Sie schneller, Narrow, sonst stürzt alles auf uns drauf," schrie immer wieder Miller, der vor Entsetzen ständig seine Augen bedeckte.

Auch wenn sie den Smaragdtunnel schon lange hatten hinter sich lassen können und das unheimliche Krachen und Knirschen der zerberstenden Eisformationen immer leiser wurde, gab es auch in dieser Röhre vereinzelte Spannungsverwerfungen, die Narrow weiterhin zum aufmerksamen Fahren zwangen.

„Lassen Sie Narrow seine Arbeit tun!", forderte Gater den verängstigten Miller auf.

Er versuchte ruhig aber eindringlich auf Miller einzuwirken. Er wusste, dass Narrow sein Möglichstes tat, um hier heil raus zu kommen. Auch wenn Narrow Millers Zwischenrufe nervten, interessierte ihn aber eine andere Frage, deren Beantwortung er in wenigen Minuten von Gater erfahren wollte. Es würde nun nur noch wenige Minuten dauern, bis sie die Röhre erreichen würden, die sie zurück an die Oberfläche bringen würde. Aber diese Entscheidung hatte er nicht zu treffen. Über diese kleine Einzelheit ihrer weiteren Mission musste Gater entscheiden. Denn ihm wurde bewusst, dass diese Welt dem Untergang geweiht war.

„Gater, was denken Sie? Wohin soll die Reise nun gehen?" Irgendwie konnte Narrow seine Sorglosigkeit nicht ablegen. Er wusste, dass seine Frage unglaublich unspektakulär klang. So, als ob es ihm egal wäre. Aber er hoffte, dass auch Gater seiner

Überzeugung war. Miller schaute ihn verstört an. Er fand, dass das gar keine Frage war. Er wollte so schnell wie möglich wieder an die Oberfläche. Dass Narrow überhaupt erst darüber nachdachte, hielt er für verantwortungslos. Überhaupt an eine andere Möglichkeit zu denken, grenzte in seinen Augen an Wahnsinn.

„Na, nach oben!", schrie Miller deshalb, bevor Gater Narrow eine Antwort geben konnte.

Narrow drehte sich zu Gater um und sah sein zustimmendes Nicken. Auch für Gater war hier die Expedition zu Ende. Das war gar keine Frage. Er ärgerte sich nur, dass sie nicht früher hier eingetroffen waren.

Die Eisverschiebungen nahmen immer mehr ab. Das Wasser beruhigte sich. Es wurde nicht mehr so sehr durchgespült, wie es noch vor vielen Minuten der Fall gewesen war. Die Röhre schien hier noch intakt zu sein, bemerkte Narrow. Entspannt lehnte er sich in seinen Pilotensessel zurück und entkrampfte seine Hände, die entsetzlich schmerzten. Er war froh, endlich diesem Inferno entkommen zu sein. Er griff zu dem Geschwindigkeitshebel und zog ihn ein ganzes Stück zu sich ran. Die Motoren im Heck des U-Bootes drosselten daraufhin ihre Umdrehungsgeschwindigkeit. Das Licht der Scheinwerfer glitt nun langsamer an den Tunnelinnenwänden entlang, bis sie eine kleine ringförmige Abgrenzung einfingen, die immer größer wurde.

„Sehen Sie, dort ist der Ausgang", freute sich Carter. Voller Freude drehte sie sich zu Miller um, der seinem Gesicht nun auch ein verschmitztes Lächeln entlocken konnte.

„Ja, Sie haben recht", sagte er und hoffte, endlich diesem Horror entrinnen zu können.

Der Ring, der den Schnittpunkt zwischen dieser Röhre und der senkrechten Röhre bildete, wurde immer größer, bis das U-Boot den Ring hinter sich ließ und langsam in den Schacht einschwebte, den der Komet geschaffen hatte.

„Wir haben es geschafft", freute sich auch Narrow. Endlich konnte er hoffen, dass er seine Kameraden unbeschadet zurück zur Carl Sagan bringen konnte, so wie er es Kapitän Flynn versprochen hatte. Entspannt griff er zum Bedienpult, um die Ausgleichstanks zu entleeren. Das Geräusch, das darauf ertönte, riss ihn unverzüglich aus seiner euphorischen Stimmung.

„Narrow, was ist?", fragte Gater, der das besorgte Gesicht des Navigators sah.

Immer wieder griff Narrow zu den Schalthebeln, die eigentlich die Pumpen starten sollten, um das Wasser aus den Ausgleichstanks zu entlassen. Nach jeder seiner Bewegungen ertönte erneut das verhängnisvolle Geräusch aus dem Innern des U-Bootes.

„Wieso sinken wir, Narrow? Wir müssen nach oben", erkundigte sich Miller, der nun anfing, nervös nach draußen zu sehen, wo die schwarzen Schlieren des Kometen immer schneller nach oben stiegen.

„Narrow, was ist los?", versuchte Gater sachte aber eindringlich seinen Navigator nach dem Problem zu fragen.

„Ich glaube, die Ausgleichstanks sind beschädigt. Sie füllen sich mit Wasser. Ich kann nichts dagegen tun." Resigniert sah er auf den Tiefenmesser, dessen Zahlen in schneller Folge nach oben zählten.

15. Lorkett

Pri kauerte mit ihren Kindern Suri und Duri ängstlich in ihrer Wohnung im Zentrum von Lorkett. Nicht, dass sie ängstlich wegen der Eiskatastrophe war und deshalb ihrem Nachwuchs nicht erlaubte, hinaus zu schwimmen, um dort Spaß zu haben. Sie ängstigte sich allein nur wegen den vielen Flüchtlingen, die sich draußen tummelten. Unentwegt strömten neue Karawanen von Flüchtlingen in ihre schöne Stadt Lorkett ein. Große Sorgen bereitete ihr außerdem der Umstand, dass ihr Lebenspartner Garum immer noch nicht von seiner Arbeit zurück war. Sie wartete nun schon viele Stunden auf ihn. Völlig überraschend war er letzten Zyklus aufgebrochen, um einen letzten, wichtigen Job zu erledigen. Ohne eine vernünftige Erklärung von ihm zu erhalten, packte er seinen Arbeitsrucksack, schnallte ihn sich unter den Bauch und schwamm davon. Noch bevor er durch die Deckenluke verschwand, erklärte er ihr, dass es der letzte Job für die Firma sei. Man brauche seine Hilfe in Amkohog, entschuldigte er sich bei Pri. Immer wieder diese Firma, dieser geldgierige Konzern. Sie fand es nie gut, dass er dort arbeitete. Zwar besaßen sie nun diese Heizungen, die sie ohne seinen Job nie erhalten hätten, aber trotzdem bedauerte sie, dass er deshalb unabkömmlich für seine Firma sein musste. Es war nicht gut, dass er den Job angenommen hatte. Nun wartete sie schon seit Stunden auf ihn und er kam einfach nicht nach Hause. Wenn sie ihre Kinder ansah, schmerzten ihre Blicke umso mehr, da sie ihren Vater unheimlich stark vermissten. Draußen brach zudem noch die Hölle los. All diese vielen armen Flüchtlinge, die hier eine letzte Zuflucht suchten. Jedes Mal, wenn sie zur Durchlassluke sah, huschten einige von ihnen vorbei. Sie vermutete, dass sie einen ruhigen Ort suchten, um sich von der strapaziösen Flucht auszuruhen. Seit einiger Zeit wurde zudem ihre kleine Wohnung einfach nicht mehr richtig warm, trotz dessen, dass die Heizung seit Stunden lief. Außerhalb ihrer Wohnung sanken die Temperaturen stetig, was ihr zwar Sorgen bereitete, aber nicht so sehr, dass sie nun befürchtete, ewig mit dieser Situation umgehen zu müssen. Sie war sich ganz sicher, dass, sobald die Eismassen abtauen würden, sich auch die Temperaturen wieder normalisieren würden. Fest daran glaubend, blickte sie trotz alledem zuversichtlich in die Zukunft. Sie schmiegten sich gegenseitig wärmend aneinander und sahen dem Treiben hinter der Durchlassluke aufmerksam zu. In den Bildfernübertragungen wurde pausenlos von den anderen Städten berichtet, die dem Eis schon zum Opfer gefallen waren. Sie nahm den Nachrichtensprecher nur noch wie aus der Ferne wahr. All die schrecklichen Nachrichten wollten einfach nicht mehr in ihr Gehirn dringen. Jedes Mal, wenn in den Bildfernübertragungen von der Eisbarriere berichtet wurde, blockierte irgendetwas in ihr. Ihr Bewusstsein sträubte sich gegen die offensichtliche Wahrheit. Als schließlich aber von Amkohog berichtet wurde, wandten sich ihre Ohren instinktiv wieder der Quelle der schrecklichen Nachrichten entgegen. Wie ein schreckliches Kernbeben drangen die Worte des Sprechers in ihr Bewusstsein, wo sie zu unweigerlichen Tatsachen manifestierten. Schwindel erfasste sie, als der Sprecher ihre Vorahnung bestätigte. Also auch Amkohog gab es nicht mehr, stellte sie traurig fest. Sie umklammerte ihren Nachwuchs noch fester, der irritiert zu ihr hinauf sah.

„Mami was ist los, ist was mit Papa?", fragten sie ahnend, dass mit ihm etwas Schlimmes geschehen war.
Sie wollte diese Frage am liebsten nicht beantworten. Der Nachrichtensprecher sprach davon, dass es in Amkohog zu einer gewaltigen Katastrophe gekommen ist. Das Bergmassiv, an dem die Stadt lag, sei auf die Stadt herabgestürzt. Außerdem wurde davon berichtet, dass ein Technikertrupp vor Ort Arbeiten ausführte, um die unnötigen Energieanlagen stillzulegen. Sie schreckte noch mehr auf. Ihre Kinder, stellte sie fest, werden ohne Vater aufwachsen. Der Moderator sprach weiter und berichtete von 17 Toten. Der gesamte Technikertrupp wurde

verschüttet. Sie schwamm zum Empfänger und schaltete ihn regungslos aus.

Noch während sie zu ihren Kindern zurückschwamm, ergriff sie eine Traurigkeit, die ihr kleine Tränen in die Augen trieb. Als sie ihre Kinder erreichte, umschloss sie sie sanft mit ihren dünnen Flossenarmen und weinte. Um ihren Kindern den traurigen Anblick zu ersparen, wandte sie sich erneut der Durchlassluke zu. So verbarg sie ihre Tränen, die sich langsam im Wasser verloren. Trotz der Tränenflüssigkeit, die ihre Sicht aus der Luke etwas beeinträchtigten, erfassten ihre Augen immer mehr Flüchtlinge, die an der Luke vorbeizogen.

„Woher die wohl alle kamen", überlegte sie. Es war kaum vorstellbar, wie viele von ihnen den Weg in die Stadt suchten.

„Mama, ich habe Hunger. Können wir nicht etwas essen?", drängelte ihre kleine Tochter Suri, die sie mit dieser völlig unerwarteten Frage der Sorge um die Flüchtlinge entzog.

„Wir dürfen hier jetzt nicht weg, Suri, das ist viel zu gefährlich", versuchte sie ihrer Tochter zu erklären.

„Wieso, Mama, die Flüchtlinge tun uns doch nichts, oder?" Fragend betrachtete Suri ihre Mutter, die nachdenklich ihren Blick erwiderte.

„Ich will auch etwas zu essen, Mama!", flehte auch Duri, die Jüngste.

Sie würde immer die Gelegenheit nutzen, um etwas zu essen zu bekommen. Dass wusste Pri, die ihre Kinder noch fester mit ihren dünnen Flossenhänden umschloss. Pri würde ihren Kindern am liebsten die Frage bejahen. Aber sie wusste sehr wohl, dass, in Ausnahmesituationen, Schwimmer zu einer Gefahr für Maborier werden konnten. Besonders wenn sie spürten, dass jemand anderes bessergestellt war. Das erwärmte Wasser, das dank ihrer neuen Heizung den Raum gegenüber draußen wohlig warmhielt, könnte sehr wohl Eindringlinge anlocken. Aber das alles konnte sie ihren Kindern nicht erklären. Deshalb küsste sie ihre Kinder auf die Stirn und schwamm in den Nahrungsraum, um den Wunsch ihrer Kinder zu erfüllen.

„Ihr bleibt ganz ruhig hier und schwimmt nicht an die Luke", befehligte sie streng.

Nachdem die beiden ihr folge leistend zunickten, löste sich Pri von ihren Kindern und schwamm in den Nahrungsraum, wo sie sofort die Luke zum Essensaufbewahrungsschrank zur Seite schob. Es war eine Weile her, dass sie das letzte Mal für Nahrungsnachschub gesorgt hatte, da war sie sich ganz sicher. Eigentlich sollte Garum, auf dem Rückweg von der Arbeit, etwas mitbringen. Aber der würde nichts mehr mitbringen können, überlegte sie traurig. Sie kontrollierte jede Ecke des Nahrungsaufbewahrungsschrankes. Das schlimmste war eingetroffen, was eintreten konnte. Der Essensaufbewahrungsschrank enthielt nur noch ein paar Krakenzwiebackreste. Sie trieben ungenießbar in der Ecke. Außerdem würden ihre Kinder sich damit nicht zufriedengeben. Ihr wurde schmerzlich bewusst, dass sie keine andere Wahl hatte, als schnell vors Haus zu schwimmen und am Kiosk etwas zu Essen zu holen.

Betrübt schwamm Pri zurück zu ihren Kindern, die erwartungsvoll ihre Mutter betrachteten.

„Hast du etwas, Mama?", fragten beide ungeduldig. Ihre erwartungsvollen Augen verrieten ihr, dass sie nicht enttäuscht werden wollten. Sie überlegte, woher sie auf die Schnelle etwas zu Essen bekommen würde. Da fiel ihr Ekrem, der Kioskbesitzer, ein. Er würde bestimmt die schiere Flut von Flüchtlingen ausnutzen, um den größten Umsatz seines Lebens zu erzielen.

„Ich schwimme nur schnell runter und hole was von dem Kiosk", erklärte sie ihren Kindern, „ihr rührt euch nicht von der Stelle. Ich bin gleich wieder zurück. Und lasst niemanden herein. Habt Ihr das verstanden?", fragte sie noch einmal eindringlicher.

„Ja, Mama", antworteten sie wieder gemeinsam.

Gehorsam schmiegten sie sich aneinander und sahen ihrer Mutter hinterher.

„Beeile dich", fügte Duri noch schnell hinzu, ehe sie vollends der Deckenluke entschwand.

Dabei begleitete sie ein ungutes Gefühl, dass ihr suggerierte, sich zu ihren Kindern umzudrehen. Sie wusste aber, wenn sie sich umdrehen würde, dann würden sie ihre Angst spüren, die ganz tief in ihr wuchs.

*

Diese Angst steigerte sich noch, als sie die Fassade herunter schwamm und die schier unglaubliche Menge von Flüchtlingen sah, deren ausgemergelte Körper im Grün der leuchtenden Kristalle matt schimmerten. Sofort stiegen in ihr erneute Zweifel auf, ob diese Entscheidung richtig war. Von drinnen hatte sie schon viele Flüchtlinge gesehen, aber dass es so viele sein würden, ahnte sie nicht. Sie war schon im Begriff umzudrehen und zu ihren Kindern zurückzukehren, als sie in Gedanken ihre Kinder in der Ecke kauernd sah, wie sie sie hoffnungsvoll erwarteten. Das Gesicht, das sie machen würden, wenn sie ohne etwas zurückkommen würde, wollte sie einfach nicht sehen. Deshalb überwand sie ihre Sorge und setzte ihren Weg fort. Sie begegnete den Flüchtlingen auf dem gesamten Weg, der sie über einige Dächer der Nachbargebäude führte. Entlang an einigen Geschäften, deren Eingangsbereiche verschlossen waren und schließlich durch das Eingangsportal der Touristenmeile, die unzählige Kioske beherbergte. Wahrscheinlich wussten die Flüchtlinge nicht, wohin sie sollten. Sie mussten wirklich viel durchgemacht haben, vermutete Pri. Hoffentlich kommt das Eis nicht bis hier her, ging es ihr durch den Kopf. Die Nachrichten waren schrecklich. Aber im Fernübertragungsmonitor wurde oftmals ein Wasserfloh zu einer Bartenkuh gemacht. Sie dürfte sich jetzt aber nicht darum kümmern. Schnell zum Kiosk und anschließend gleich wieder zurück zu ihren beiden Kindern. Einzig allein das zählte.

*

Ohne weiter einen Gedanken an die Flüchtlinge zu verlieren, schwamm sie zu Ekrems Kiosk, der sich zum Glück direkt am Eingangsportal befand. Von den schmuckvoll gestalteten

Korallengestängen, die seinen Kiosk umgaben, konnte Pri nichts erkennen, da er von unzähligen Flüchtlingen umlagert wurde. Sie versuchten, ebenso wie sie, an etwas Essbares heranzukommen. Einige von ihnen drängten sich sogar über den anderen in den Verkaufsstand, was einen geordneten Verkauf unmöglich machte. Sie wunderte sich, dass Ekrem das zuließ. Er sah wahrscheinlich, wie immer, seine Chance, viel Gewinn zu erzielen. Ekrems Stand war nur einer von vielen, der hier in der Altstadt allerhand Sachen verkaufte. Heute aber schien er der Einzige zu sein. Und sie war nun noch mehr in ihrer Überzeugung bestärkt, dass das Ganze vielleicht doch nicht so schlimm war und die Nachrichtensprecher übertrieben. Aber Ekrem würde für Geld noch hier stehen, wenn man ihm seine Bude mit Algen vollstopfen würde.

„Ah, Pri, kommen Sie vor!"

Er war so zuvorkommend wie immer zu ihr, fand sie. Sich entschuldigend, schlängelte sie sich durch die Massen, die aber nur wenig Platz machten.

„Wir hocken in unserer Wohnung und meine Kinder haben Hunger, da wollte ich schnell etwas holen", versuchte sie durch die Massen Ekrem zu erklären.

Sofort brach er die Bedienung eines Flüchtlings ab und wandte sich Pri zu.

„Lasst die Dame doch mal bitte durch!", forderte er die Flüchtlinge auf, die zwischen ihm und Pri schwebten.

Ohne, dass Pri weiter auf ihre Bedürfnisse und die ihrer Kinder eingehen musste, wickelte Ekrem für ihre Kinder deren Lieblingsnascherei ein.

„Hier, damit Ihre Kinder in den letzten Stunden auf andere Gedanken kommen", sagte er, während er ihr die Nascherei übergab.

Verwundert ergriff sie das Päckchen, das vermutlich mehr enthielt als die vielen anderen Male, die sie hier schon für ihre Kinder Naschereien erworben hatte.

„Was meinen Sie damit Ekrem, Sie würden doch nicht hier Ihre Geschäfte weiterführen, wenn es bald vorbei wäre?"

So, als hätte er gerade ein großes Geheimnis preisgegeben, dass er ihr nicht hätte erzählen dürfen, senkte er verlegen seinen Kopf. Um dieses Vergehen vergessen zu lassen, bediente er schnell den Flüchtling weiter, den er für sie hatte links liegen lassen. Da er aber merkte, dass Pri nun mehr erfahren wollte und ihm bewusst wurde, dass sie auch das Recht dazu hatte, wandte er sich wieder ihr zu und sprach weiter.

„Sie wissen doch, der Kiosk ist immer mein Leben gewesen. Gut, ich habe immer versucht, das Maximale herauszuholen. Aber heute spielt das keine Rolle mehr."

Sie sah ihn entsetzt an. Sollten die Nachrichtensprecher doch recht gehabt haben.

„Fragen Sie ihn hier", sagte er und wies auf den Flüchtling, den er weiterhin bediente, „sagen Sie ihr bitte, wie es dort draußen aussieht."

Der Flüchtling, der nun endlich weiter bedient wurde, drehte sich zu Pri um und fing an, sein Wissen weiterzugeben.

„Ja, er hat vollkommen recht. Das Eis hat alle Städte erreicht. Es steht bereits vor den Toren dieser Stadt. Viele haben es nicht mehr hierher geschafft. Glauben Sie mir, wir sind alle verloren", sagte er niedergeschlagen.

Nachdem ihm Ekrem seine Ware überreicht hatte, wandte er sich von ihm und Pri ab und ordnete sich stillschweigend wieder in die Flüchtlingsreihen ein. Völlig geschockt von dem Gehörten starrte sie dem Flüchtling hinterher.

„Von anderen habe ich gehört", sprach Ekrem weiter, „dass es zu massiven Plünderungen gekommen ist. Ein Wunder, dass sie bei mir noch nicht alles ausgeraubt haben. Schwimmen sie schnell wieder zu ihren Kindern."

„Was schulde ich Ihnen, Ekrem?", fragte sie mehr aus Höflichkeit als aus bewusstem Pflichtbewusstsein.

Ekrem sah sie beleidigt an und antwortete lächelnd über das ganze Gesicht.

„Nehmen Sie es als Geschenk an meine treueste Kundin an und grüßen Sie ihre lieben Kinder von mir."

Über das eben gehörte noch völlig perplex schaute sie ihn lächelnd an und entfernte sich von dem Kiosk des Händlers, der heute sein letztes Geschäft tätigte.

*

Gedankenversunken begab sich Pri auf den Heimweg, der sie wieder durch das Eingangsportal des Marktes führte. Ihr schwirrten immer noch die schrecklichen Berichte des Fremden und des Kioskbesitzers durch den Kopf. Aber, je weiter sie sich von Ekrem und den Flüchtlingen entfernte, umso lückenhafter wurden deren Berichte. Schon fast an ihrem Haus angekommen, schien nichts von diesen schrecklichen Berichterstattungen übrig geblieben zu sein. Nun doch wieder unbekümmert, bog sie in die Gasse ein, die sie zu ihrem Wohngebäude bringen sollte.

Noch bevor sie ihren schlanken Körper zum Aufstieg zu ihrer Wohnung krümmen konnte, stieß sie unverhofft mit einem Fremden zusammen, der sie verstohlen ansah. Ehe sie aber die Leichtigkeit ihres Rucksackes erkannte, entfernte sich bereits der Fremde von ihr. So unsanft aus ihren Gedanken gerissen, spürte sie erst nicht, dass ihr Rucksack an Gewicht verloren hatte. Erst, nachdem sie einen kräftigen Zug Atemwasser in sich aufgenommen hatte, um dem Rempler hinterherzurufen und ihm zu rügen, fiel ihr die Leichtigkeit unter ihrem Bauch auf. Wie durch einen lauten Knall erwachte sie aus ihrer Lethargie und realisierte, dass ihr offenbar eben ein Dieb das Wertvollste gestohlen hatte, dass sie bei sich trug.

Ihre vorherigen Gedanken abschüttelnd, versetzte sie ihre Schwimmbeine schlagartig in Bewegung, um den Dieb einzuholen. Da sie sich hier bestens auskannte, dürfte es ein Leichtes für sie sein, diesen Dieb zu fassen, hoffte sie. Immer kräftiger bewegte sie ihre Flossenbeine auf und ab, wobei sie ihre Schwimmarme erst mit einbezog und schließlich, um wie ein Pfeil durchs Wasser zu schießen, ihre Arme eng nach hinten an ihren schlanken Körper anlegte. Mit rasender Geschwindigkeit schoss sie entgegengesetzt der Flüchtlingsströme dem Flüchtling hinterher. An Sehenswürdigkeiten der Altstadt vorbei, die schemenhaft hinter ihr zurückblieben. Nur für den Bruchteil einer Sekunde erhaschte sie einen Blick auf den Dieb, wie er in einem Flüchtlingsstrom untertauchte und versuchte, gegen den Strom zu flüchten. Auf die unzähligen Flüchtlinge, die sie selbst anrempelte, achtete sie eben so wenig, wie sie auch deren immer langsamer werdende Bewegungen ignorierte. Ständig den Flüchtenden nicht aus den Augen verlierend, entfernte sie sich immer weiter von ihrer Wohnung, bis sie von einem brachialen, klirrenden und durchdringenden Getöse aus ihrem Verfolgungswahn herausgerissen wurde.

Völlig überrascht und fragend blickte sie sich in Mitten der Flüchtlinge um, und erkannte, dass nicht nur sie diesem unheimlichen Geräusch erlag. Der gesamte Flüchtlingsstrom schwebte, ebenso wie sie, fast regungslos zwischen den Gebäuden der Vorstadt Lorketts. Jedem schien dieses Geräusch so sehr bis ins Mark gedrungen zu sein, dass niemand es wagte, weiter zu schwimmen. So in der Masse des Flüchtlingsstroms schwebend, blickte sie sich fragend um, in der Hoffnung in Erfahrung zu bringen, worum es sich bei diesem seltsamen und vor allem unheimlichen Geräusch handelte.

Verwirrt und orientierungslos traten einige Maborier aus dem Flüchtlingsstrom aus, um langsam und besonnen in die Höhe zu schwimmen. Erwartungsvoll blickte Pri diesen mutigen Maboriern hinterher, um jede noch so geringe Regung ihrer Körper zu erkennen und dadurch die Gefährlichkeit der Geräusche einordnen zu können. Die in eine weite Rechtskurve führende Flitzergasse, welche auf beiden Seiten von mehrstöckigen Wohnanlagen begrenzt wurde, versperrte Pri und den übrigen Flüchtlingen die Sicht zu den Randgebieten Lorketts, aus dessen Richtung die Geräusche ertönten. Umso höher die mutigen Maborier stiegen, desto entferntere Regionen der äußeren Gebiete Lorketts konnten sie sehen. Als Pri die entsetzten Gesichter der aufgestiegenen Maborier erkannte, stockte nicht nur ihr das Atemwasser. Ängstlich vor dem, was sie dort oben in der Ferne sehen würde, stieg sie trotzdem, ihre Neugierde stillend, gemeinsam mit den Flüchtlingen in die

Höhe. Bevor sie aber den Punkt erreichte, der ihr endlich verraten würde, was diese Geräusche verursachten, ertönte dieses schauderhafte Geräusch erneut. Wie ein Lauffeuer ergriff Panik die Reihen der Flüchtlinge, die weiterhin versuchten, dem Geräusch auf die Spur zu kommen.

„Was bedeutete das alles", fragte sich Pri, während sie in der Bewegung innehielt. Für Sekunden überwältigte die Angst, die ganz tief in ihr wuchs, die Neugierde. Während sie nur ganz leicht mit ihren Flossenbeinen ruderte, um in der Schwebe zu bleiben, suchte sie in ihren Gedanken nach Gegebenheiten, die solche Geräusche erzeugen konnten. Nachdem ihr das aber nicht gelang, zerrte die Neugierde sie erneut dazu, ihren Wissensdurst zu stillen. Trotz der wie paralysiert dreinschauenden Augen der vor ihr aufgestiegenen Maborier, setzte sie ihren Weg fort. So begab sich nicht nur Pri mit langsamen, vorsichtigen Flossenschlägen in die Höhe. Der gesamte Flüchtlingsstrom erhob sich weiter aus der Flitzergasse, um dem Geheimnis der Geräusche endlich auf den Grund zu gehen.

Nachdem sie die höheren Etagen der Wohneinheiten erreicht hatte, erspähte sie links von sich eine Vakuumbahn, die ins Zentrum von Lorkett führte. Eine Etage höher sogar noch zwei weitere, die allesamt aus den entfernteren Gebieten Maboriens hier, im Bahnhof von Lorkett, ihren Endpunkt erreichten. Die Nervosität, die sie ergriff, füllte langsam ihr gesamtes Bewusstsein. Wie ein Schwarm Niedriglebensformen wandten sich die Gesichter der aufgebrachten Menge der Vakuumbahnen zu, nachdem sich von dort aus erneut ein durchdringendes, schauderhaftes Geräusch ausgebreitet hatte. Pri versuchte, dem Verlauf der Vakuumbahnen zu folgen, die aber immer noch hinter den Gebäuden vor ihr verschwanden. Entsetzt fasste sie nun ihren gesamten Mut zusammen und schwamm so hoch, dass sie bis weit hinter die Grenzen von Lorkett sehen konnte. Das Raunen, das nicht nur ihrem Mund entsprang, verhallte im Angesicht der Gewaltigkeit, die ihr der Anblick bot, zu einem erstarrten Wimmern, dass aber schnell zu einer lautlosen

Fassungslosigkeit mutierte. Nun endlich realisierte auch Pri die Ausweglosigkeit, in der sie alle steckten.

Die Eiswand, die dort in Mitten der Gebäude emporstieg, raubte ihr das Atemwasser. Bewegungslos schwebte Pri neben den Flüchtlingen und starrte, ebenso entsetzt wie diese, die Naturgewalt, die sich vor ihnen in die Höhe erhob, an. Der Silhouette der Eiswand folgend, reckte sie ihren flachen Kopf in die Höhe, um zu erkennen, dass nur das immer trüber werdende Wasser die Sicht auf die gigantische Eiswand versperrte. Ein Mix aus Dunkelheit und schemenhaften Nebel ließ die Eiswand, immer undurchsichtiger werdend, im Schleier verschwinden. Erst nachdem diese gewaltige Erscheinung sich in ihrem Bewusstsein zu einer realen Gestalt manifestiert hatte und somit ihre naive, realitätsverweigernde Weltanschauung widersetzte, realisierte sie die Tragweite der Nachrichten, die sie in den letzten Stunden mitverfolgt hatte. Nachdem ihr nun so drastisch die Realität präsentiert worden war und sie begriff, wie es um ihre Welt stand, senkte sie ihren Kopf und betrachtete die Wohneinheiten der Neubausiedlungen durch deren Reihen die Eisbarriere sich in Richtung der Altstadt schob. Wie eine zuziehende Schlinge umklammerte diese eisige Hand langsam die Altstadt von Lorkett.

Während Pri das surreale Bild der eisigen Wand betrachtete, die inmitten der Neubauten emporstieg, durchdrang erneut ein wuchtiger, hämmernder, ohrenbetäubender Laut das Medium Wasser. Aus den Fassaden der Gebäude, denen sie ihre Aufmerksamkeit schenkte, sprießten plötzlich beulenartige Ausbuchtungen, die das umliegende Wasser in den festen Aggregatszustand versetzten. Während das geschah, konnte sie beobachten, wie die massiven Muschelschalenwände nach außen gedrückt wurden. Aus ihrem Schulunterricht wusste sie, dass gefrierendes Wasser sich ausdehnt und dies wahrscheinlich die Ursache dafür war. Mit den berstenden Wänden ertönten abermals gewaltige Geräusche, die in ihren Ohren schmerzten. Nur kurz von diesen Geräuschen abgelenkt, wandte sie sich erneut den entstehenden Ausbuchtungen zu, die überall an der

Eiswand wuchsen. Noch während die Ausbuchtungen zum Erliegen kamen, formierte sich der Zwischenraum ebenfalls zu beulenartigen Gebilden, die sich mit den vorherigen Beulen zu einer weiteren Eisschicht der Barriere verbanden. So wuchs die Barriere Schritt für Schritt immer weiter in die letzte bewohnbare Stadt der Maborier.

Pri hatte in den Nachrichten davon gehört, dass die Behörden von den Vakuumbahnbetreibern verlangten, den Betrieb einzustellen. Sie befürchteten, dass die Bahnen wegen der Barriere in Gefahr seien. Die Betreiber widersetzten sich vehement, wie sie nun feststellen konnte. Durch die Fenster der Röhre über ihr blitzte eine Vakuumbahn, deren Röhre in der Eiswand verschwand. Noch ehe sich Pri in Gedanken die Folgen ausmalen konnte, beendete die Bahn ihre rasante Fahrt vor der Barriere. Erst jetzt erkannte sie, dass die Röhre der Bahn, die in der Barriere verschwand, durch deren zangenartigen, unbarmherzigen Griff ihre gleichmäßige, runde Form verloren hatte. Vor der Barriere zerriss plötzlich die Röhre zu ausfransenden Enden, aus denen Trümmerteile der Bahn herausgeschleudert wurden. Versetzt mit unzähligen toten oder verletzten Passagieren trieben diese Trümmerteile vor der Barriere, deren Fortschreiten aber schnell das Trümmerfeld vereinnahmte.

Anders erging es der Bahn, die ihre Fahrt in Richtung Süden fortsetzen wollte. Kurz bevor sie in die Barriere eintauchen würde, schlug ein Trümmerteil die Röhre in zwei Hälften. Nur Sekunden später bog die heranrasende Bahn das klaffende Röhrenende nach unten, aus deren Schlund eine Bahn ins offene Wasser schoss und gegen die Barriere prallte. Entsetzte Schreie vermengten sich mit ohrenbetäubenden Aufprallgeräuschen, die aber von der voranschreitenden Barriere übertönt wurden.

Wie eine Eingebung erinnerte sie sich daran, wieso sie hier, in mitten der Flüchtlinge, auf das Grauen vor ihr starrte. Den Dieb hatte sie schon längst aus den Augen verloren. So sehr sie nicht ohne die Lieblingsnaschereien ihrer Kinder nach Hause schwimmen wollte, erkannte sie nun, dass sie auch ohne diese sofort zurück zu ihren Kindern musste, um sie in ihrer letzten Stunde zu begleiten.

Betrübt über das baldige Ende ihrer Töchter aber auch beflügelt von dem Verlangen, ihre Töchter bei diesem schweren und wahrscheinlich schmerzlichen Weg zu begleiten, wollte sie sich gerade von der Eisbarriere abwenden, als ein erneutes ohrenbetäubendes, krachendes Donnern über der Altstadt ertönte. Wieder folgte dem Geräusch ein Raunen der Menge, die zum wiederholten Male zu der emporsteigenden, wachsenden Eiswand schaute. Ein gewaltiger Riss in der Eisbarriere zog sich vom Grund ihrer Welt bis hinauf in den unergründlichen Schleier, der nur von einer der Vakuumbahnen unterbrochen wurde. In dem klaffenden Riss, der bestimmt mehrere Meter breit sein musste, strömte sofort Wasser, dass durch die niedrigen Temperaturen augenblicklich gefror.

*

Von der aussichtslosen Lage nun völlig überzeugt, trennte sie sich von den Naturgewalten und setzte ihren Bewegungsapparat ebenso energisch in Bewegung, wie sie es getan hatte, als sie den Diebstahl der Lieblingsnaschereien ihrer Töchter bemerkte. Ihr war bewusst, dass jeden Moment die Masse ebenso in Aufwallung geraten würde. Dass jeder der Flüchtlinge vor dieser unbarmherzigen Naturgewalt ins Zentrum der Altstadt fliehen würde. Noch bevor sie aber die ersten Schwimmbewegungen ausführen konnte, erwachte auch die Masse aus ihrer Starre und begann damit, sich ebenfalls von dem Schauspiel abzuwenden und sich in Richtung Altstadt zu begeben, dem letzten eisfreien Zufluchtsort Maboriens.

Wieder ihre Schwimmarme nach hinten an ihren schlanken Körper anlehnend, steigerte sie ihr Tempo so sehr, dass sie der flüchtenden Masse davon schwamm. Da sie aber durch die vorherige Verfolgungsjagd, die ja erst wenige Minuten zurücklag, immer noch ausgelaugt war, verringerte sich ihre anfängliche Geschwindigkeit rapide. Um nicht noch mehr Kraft zu verlieren, passte sie ihre Geschwindigkeit den übrigen Flüchtenden an, um in deren Sog leichter voranzukommen. Wie ein zähflüssiger Brei schob sich die Masse von Flüchtenden dem Kern der Altstadt entgegen. Immer dichter werdend, ergoss sich anschließend die Masse in die Altstadt, wo sie immer mehr zum Erliegen kam. Wiederkehrende Knackgeräusche der Barriere wiesen die Flüchtenden schmerzlich darauf hin, dass das Eis unaufhaltsam der Stadtmitte näherkam. Pri fürchtete, dass sie wegen der Massen nicht bis zu ihrer Wohnung vordringen könnte. Dass sie in diesem Strom aus verdammten Seelen für immer eingeschlossen sein würde.

„Bitte, jetzt nicht stehen bleiben. Ich muss zu meinen Kindern", flehte sie in Gedanken die bleierne Masse an.

Mit den letzten Kraftreserven drängelte sie sich an fremden Maboriern vorbei, die ihre Stadt überfluteten. Immer langsamer vorankommend, befürchtete sie nun, nicht mehr rechtzeitig zu ihren Kindern zu gelangen.

„Hätte ich sie bloß nicht allein gelassen", dachte sie. Aber sie konnte schon immer die Wünsche ihrer Töchter nicht ausschlagen. Sie wünschte sich nur eines, jetzt wo sie diese Gewissheit hatte, dass es zu Ende gehen würde, wollte sie diese letzten Minuten unbedingt bei ihren Kindern sein. Und sie war sich sicher, dass es nur noch Minuten sein würden, bis die Barriere im Zentrum der Altstadt ihren finalen Endpunkt finden würde.

Mit dieser Überzeugung schlängelte sie sich mit aller Macht durch die Massen, um ihrer Wohnung, in der ihre beiden Kinder ihre Mutter sehnsüchtig zurückerwarteten, immer näher zu kommen. Die Flüchtlinge, die sie dabei behinderten, schob sie erbarmungslos beiseite, um durch die entstandenen Lücken hindurch zu schlüpfen. Ständig wurde sie deshalb böse angesehen. Aber das war ihr egal. Sie musste zu ihrer Wohnung. Trotz äußerster Anstrengung fiel es ihr immer schwerer, sich vorwärts zu bewegen. Durch jede Schuppe ihres schlanken Körpers drang die Kälte bis zu ihrem Innersten vor und brachte ihren Körper zum Zittern. Immer langsamer werdend, schlich sie mit der Masse wie apathisch dahin. Unerträglicher Schmerz breitete sich in ihren Gliedern aus, der in ihrem Bewusstsein nur durch die Erinnerung an ihre Kinder ein wenig gedämpft wurde. Jede einzelne Schwimmbewegung brannte aber trotzdem so sehr, dass sie keine weitere ausführen würde. Nur der Wille, zu ihren Kindern zu gelangen, brachte sie dazu, weitere Schwimmbewegungen auszuführen.

Als sie endlich die einzigartige Muschelmaserung ihrer Wohneinheit erblickte, sammelte sie die letzten Reserven ihrer Kräfte und löste sich von der Masse. Als sie ein letztes Mal hinunter auf ihre Weggefährten schaute, registrierte sie schemenhafte, seltsam glitzernde Kristalle, die sich zwischen den Flüchtlingen bildeten. Ihr wurde schlagartig bewusst, dass dies die Vorboten der eintreffenden Eisbarriere sein mussten. Sich von den Kristallen und dessen Opfern abwendend, stieg sie an der Außenfassade ihrer Wohnung in die Höhe und erreichte völlig erschöpft die Einstiegsluke ihrer Wohnung.

*

Ein letztes Mal alle Kraftreserven mobilisierend, schwamm sie in die Wohnung, in der ihre beiden Kinder zusammengekauert in der Ecke hockten.

„Wie brav die beiden doch waren", dachte sie wieder.

„Mama, oh Mama, endlich bist du wieder da", freuten sich die beiden, deren Gesichter aber keinerlei Freude ausstrahlten.
Pri spürte sofort die angenehme Wärme, die in dem Zimmer herrschte, die aber schnell von ihrem Körper als Illusion erkannt wurde.

„Es ist so kalt, Mama", klagten die beiden Kinder.
Sofort erkannte Pri, dass die Kälte auch ihre Wohnung erreicht hatte. Ihre anfängliche Freude über die warme Wohnung war nur den wenigen Grad mehr geschuldet, die in ihr herrschten. In der Absicht zur Heizung zu schwimmen, um diese auf die höchste Stufe zu stellen, verharrte Pri aber in ihrer Bewegung. Wie sie feststellen musste, war sie bereits auf höchster Stufe eingestellt.

„Wir haben sie schon bis zur Endstellung aufgedreht, Mama!", erklärten die Kinder.

Trotz des Schreckens, der auf sie zukam, nahm sie die Kinder freudig in die Flossenarme und drückte sie sanft. Die Tränen, die aus ihren Augen austraten und sich mit dem Wasser vermischten, verbarg sie diesmal nicht. Nur das Weinen, dass sich seinen Weg nach außen suchte, unterdrückte sie vehement, da sie nicht wollte, dass ihre Kinder verängstigt starben.

„Es so kalt, Mama", beklagte sich Duri, die zitternd ihre Mutter umklammerte.
Pri wollte ihnen nicht die Wahrheit erzählen und so log sie zum letzten Mal ihre Kinder an.

„Die Heizung wird defekt sein Duri", versuchte sie ihre Tochter zu beruhigen.
Von außerhalb ihrer Wohnung drangen erneut die fürchterlichen Geräusche durch, die die Kinder noch enger ihre Mutter umschlingen ließen.

„Ich habe Angst, Mama", sagten beide Mädchen fast gleichzeitig.

*

Der eisfreie Bereich der Innenstadt verlor immer mehr Territorium an die Eisbarriere. Die eisige Schlinge, die die Stadt umgab, zog sich immer enger zusammen. Wie eine Belagerung einer alten Burg durch feindliche Truppen, kreiste die Eiswand nun Meter für Meter das Stadtzentrum ein. Durch sämtliche Flitzerstrecken und Gassen der Altstadt kroch das Eis auf die vor Erschöpfung ausharrenden Flüchtlinge und einheimischen Bewohner der Stadt zu. In deren Reihen manifestierten sich erst einzelne Eiskristalle, die von den Maboriern schaudernd aber ebenso fasziniert betrachtet wurden. Bis es schließlich so viele wurden, dass es mitten in den Flüchtlingsreihen zu panikartigen Tumulten kam. Innerhalb von wenigen Sekunden wuchsen diese Kristalle zu alles vereinnahmenden Ungeheuern an, die die Flüchtlinge umschlossen und diese schließlich in ihrer Bewegung so sehr beengten, dass diese im Strom der Maborier zu undurchdringbaren Hindernissen wurden. Schließlich sank die Temperatur so sehr ab, dass die Kristalle immer zahlreicher wurden. Die Flüchtlinge, die schockiert die vereinnahmten

Maborier neben sich beobachteten, versuchten aus den Flüchtlingsreihen auszutreten, indem sie ihre langgestreckten Körper zur Seite wanden und mit ihren Flossenarmen ihre Nachbarn beiseite drängten. Aber ehe sie aus dem bleiernen Strom austreten konnten, ereilte sie das gleiche Schicksal. Auch sie froren erbarmungslos im Eis ein, so dass der Strom aus Flüchtlingen nun vollends zum Erliegen kam. Überall in den Reihen der Flüchtlinge kristallisierte das Wasser zu solchen eingefrorenen Parzellen, die unaufhaltsam die Flüchtlinge umschmiegten und so die Maborier zu ewigen Gefangenen des Eises machten. Es war keine Bewegung mehr möglich. So fraß sich das Eis durch die Mengen der Flüchtlinge. Wohneinheit um Wohneinheit, wanderte das Eis zum letzten warmen Mittelpunkt Maboriens.

*

Als Pri die ersten kleinen Eiskristalle im Zimmer entstehen sah, bedeckte sie die Augen ihrer Kinder mit ihren breiten Flossenhänden, um ihnen den grauenvollen Anblick zu ersparen. Sie erinnerte sich mit Schrecken an die Worte des Flüchtlings, der von dieser Erscheinung erzählt hatte. Brav ließen sie diese Prozedur über sich ergehen. Wie brav sie doch waren, dachte sie wieder. Langsam füllte sich das Zimmer mit den schillernden Erscheinungen, die wandelnd zu immer kompakteren Klumpen heranwuchsen. Klirrend streckten sich Ausläufer dieser Kristalle weit ins Zimmer hinein und durchbohrten die ersten Einrichtungsgegenstände, ehe sie Pri und den Kindern immer näherkamen. Es war ein wunderschöner Anblick, wenn er nicht so grauenvoll wäre, dachte sie. Ihre Atmung fiel ihr immer schwerer. Das kalte Wasser schmerzte unerbittlich in ihren Kiemen, die sich vehement weigerten, weiterhin Atemwasser aufzunehmen. Sie schaute zu ihren Kindern und erkannte, dass sie glücklicherweise eingeschlafen waren. Vielleicht waren sie aber auch vor Kälte ohnmächtig geworden. Das würde jetzt keine Rolle mehr spielen. In ein paar Sekunden würde sowieso alles vorbei sein. Und so war es auch. Pri verlor ebenfalls das

Bewusstsein und fror wie ihre beiden Kinder schließlich ein. Die letzten Bewohner Maboriens erlagen den Widrigkeiten der Natur. Die Kristallklumpen vereinigten sich mit anderen größer werdenden Eisklumpen, bis kein flüssiges Wasser mehr vorhanden war. Die letzten warmen Strömungen versiegten.

16. Das OBEN

Nur langsam erwachte Tarom aus seiner Ohnmacht, die ihn ergriffen hatte, als das Aufstiegsschiff der Maborier so unsanft herumgeschleudert wurde. Er erkannte, dass nicht nur ihn die großen Fliehkräfte in die Ohnmacht trieben. Neben ihm döste sein Mechaniker Kakom, der halb aus seiner Sitznische herausgeschleudert worden war.

„Hey, Kakom, wachen Sie auf!", versuchte er den Mechaniker aus seiner Ohnmacht zu schütteln.

Nur mit Widerwillen zwang sich Kakom in die Realität zurück.

„Was ist?", presste er aus seinem, noch halb betäubtem Mund.

„Alles in Ordnung mit Ihnen?"

Tarom brauchte nicht auf eine Antwort seines Mechanikers zu warten. Er konnte sehen, wie er langsam seine Kräfte zurückerlangte und sich in seine Sitznische zurücksetzte.

„Es geht schon", versicherte er dem Captain wütend. Vollkommen überrascht von solchen gewaltigen Kräften, die ihn so derb in die Ohnmacht schleuderten, wollte er nicht weiter darüber nachdenken. Es war ihm einfach zu peinlich.

„Haben Sie den Brocken gesehen, wie er auf uns zugerast ist?", fragte Jirum hinter den Sitznischen des Captains und des Mechanikers.

Auch er erwachte nur wenige Augenblicke nach den beiden anderen. Aber anders als die Bedienungscrew des Aufstiegsschiffs rätselte er nur wenige Augenblicke nach seinem Erwachen bereits über die Ursachen dieses Ereignisses.

„Ja", haben Sie eine Erklärung dafür, Jirum?", fragte der Captain, der erfreut war, auch von dem Geologen ein Lebenszeichen zu hören.

Jirum würde nun seine Theorie erläutern, die er in den letzten Minuten hatte erarbeiten können. Ihm war aber bewusst, dass diese Theorie dem Captain nicht gefallen würde.

„Ich kann mir das nur so erklären, dass es vielleicht durch die Bildung des Eises zu Spannungen in den Eisformationen kam. Und diese Spannungen rissen schließlich quasi den Eisblock aus seinem bisherigen Verbund mit der Eisbarriere. Aber das Gefährliche daran ist, dass es wahrscheinlich nicht das letzte Ereignis dieser Art sein wird. Wir müssen davon ausgehen, wenn es weiterhin zu massiven Eisbildungen kommt, dass anschließend weitere solcher Ereignisse folgen könnten."

Das klang nicht gut, fand Tarom. Aber er musste sich erst mal um andere Dinge kümmern. Außerdem würden diese anderen Dinge von den Gefahren dort draußen ablenken, hoffte er.

„Wie geht es dem Schiff?", fragte deshalb Tarom den Mechaniker.

Wenn irgendwelche Aggregate beschädigt worden wären, dann würde das das Ende der Mission bedeuten. Kakom checkte deshalb besonders die Antriebsaggregate und die Steuerelemente des Schiffes. Die Instrumente sagten ihm aber, dass die Konstrukteure das Schiff sehr robust gebaut hatten.

„Keine Ausfälle, Captain. Systeme laufen alle Ordnungsgemäß!"

Das freute Tarom, der sich zum Fenster wandte, um sich über die Lage, die sich ihnen draußen bot, einen Überblick zu verschaffen. Über ihnen befand sich der große, von wurzelartigen Gebilden durchzogene Untergrund der riesigen Grotte, deren Eispanzer von den grün leuchtenden Kristallen wie ein unermesslich großer Leuchtkörper erhellt wurde.

„Wir haben das noch lange nicht überstanden", sagte Jirum, dem nun nach Anblick der Struktur des Grottenbodens noch unwohler wurde.

Er erkannte, dass nicht nur die gewaltigen Eisblöcke für sie eine Gefahr darstellten, sondern vor allem die Zukunft der sich über ihnen befindlichen Grotte.

„Was meinen Sie, Jirum?"

Tarom reckte seinen flachen Kopf etwas nach oben, um aus den oberen Fenstern nach draußen sehen zu können. Da erkannte auch er, wovon der Geologe sprach. Aus dem begrenzten Sichtbereich, den die Lage des Schiffes bot, konnte er unzählige Risse in dem Eispanzer über ihnen erkennen. Sie zogen sich über den gesamten Sichtbereich entlang, bis tief ins Eis hinein. Am linken Fensterrand konnte er den verhängnisvollen Eisblock erkennen, dessen vorderer Bereich bereits in den Grottenboden eindrang. Dort konnte er den massivsten Schaden erkennen. Rings um diese Einschlagstelle trieben hunderte Kristalle im Wasser und verloren nach und nach ihre Leuchtfähigkeit. An anderen Stellen steckten kleinere, scharfe Eisbruchstücke in der Decke, die dazu führten, dass es auch dort zu gewaltigen Rissen kam. Entsetzt richtete er nun seinen Blick dem rechten, oberen Fenster zu, durch das er ebenfalls einen Teil des verhängnisvollen Eisblocks sehen konnte. Auch dort steckte ein Teil des Eisblocks in der Grottendecke. So, wie er aus dem Gesehenen die Fakten zusammensetzen konnte, rettete gerade dieser Umstand ihr Leben, vorerst, dachte er. Der Eisblock musste in der Mitte eine gewaltige Vertiefung besitzen und genau zwischen dieser Vertiefung und dem Grottenboden steckten sie nun fest.

„Das stellt wahrhaftig ein Problem dar", bestätigte Tarom dem Geologen.

„In wieweit?", wollte Kakom von Jirum wissen.

Er sah zwar auch die Beschaffenheit des Grottenbodens, wollte aber dessen Instabilität nicht in sein Bewusstsein lassen. Denn, das würde bedeuten, dass er sich damit abfinden müsste, nicht mehr lange am Leben zu sein.

„Das bedeutet, dass wahrscheinlich immer noch ein großer Druck auf dem Grottenboden lastet und wahrscheinlich früher oder später nachgeben wird."

Die beiden in der Kabine sahen ihn zwar verwundert an. Da auch sie die Instabilität des Grottenbodens nicht schönreden konnten, erwies sich die Beurteilung des Geologen nicht als sehr große Überraschung.

„Sie meinen, dass wir noch mal dem ausgesetzt werden könnten?", bestätigte Tarom resigniert die Prognose des Geologen.

„Ja, dass denke ich. Und ich denke auch, dass es nicht mehr allzu lange dauern wird", bestätigte Jirum.

Schon während er den Grottenboden weiter beobachtete, bildeten sich ständig weitere Risse. Machtlos den Gegebenheiten ausgeliefert sank Tarom in seine Sitznische zurück. Er erkannte, dass sich die Lage als sehr ernst darstellte.

„Wie würde er das Schiff nur aus dieser Lage befreien können", überlegte er.

Er wusste es einfach nicht. Würde das das Ende der Expedition bedeuten oder gab es noch eine Chance auf Rettung? Auch das wusste er nicht. So wie es aussah, hatte er auf ganzer Linie versagt. Und das nur, weil er nicht konzentriert genug durch die Tunnel das Schiff gesteuert hatte. Nur dadurch sind sie erst in diese Lage geraten.

Aber bevor er sich noch mehr in Selbstzweifel verrannte, erinnerte er sich daran, dass es im hinteren Bereich des Schiffes noch weitere Besatzungsmitglieder gab, von denen er seit der Katastrophe kein Lebenszeichen gehört hatte. Diese Sorgen um Shatu, Waru und Zeru drängte glücklicherweise erstmal die Gedanken über die Gefahren, die dort draußen lauerten, beiseite. Aber insbesondere seine beginnenden Selbstzweifel. Seitdem sie so unsanft durchgeschüttelt wurden, waren nun schon einige Minuten vergangen und er hatte keine Meldungen aus dem Labor von Zeru, sowie von Waru und Shatu aus dem Erholungsraum erhalten.

„Jirum, sehen Sie doch mal nach, wie es den anderen im hinteren Teil des Schiffes geht", forderte er den Geologen auf.

Auf Kakom wollte er jetzt nicht verzichten. Ihn würde er hier brauchen, falls der Grottenboden tatsächlich nachgeben würde. Denn, dann würde er jede helfende Flossenhand brauchen, um das Aufstiegsschiff vielleicht doch noch retten zu können.

„Wird gemacht, Captain", sagte Jirum.

Als Jirum sich von seiner Sitznische entfernte, sah Tarom ihm hinterher. Er hoffte, dass es den dreien gut gehen würde. Dass sie sich irgendwo hatten festhalten können. Aber bevor Tarom sich wieder seinem Instrumentenpult zuwenden konnte, sah er, wie Jirum vor der Eingangsluke abrupt gestoppt wurde. Verdutzt darüber, dass sich der automatische Lukenöffner nicht aktivierte, drehte er sich zu Captain Tarom um.

„Captain, die Luke öffnet sich nicht!", fluchte er und versuchte es ein zweites Mal.

Auch beim zweiten Versuch blieb die Luke geschlossen.

„Dann versuchen Sie es mit dem manuellen Auslöser!", forderte ihn Kakom auf, der ebenfalls die verzweifelten Versuche des Geologen beobachtete.

Genervt von seiner Unfähigkeit mit den einfachsten Dingen sachgemäß umzugehen, beobachtete er den Geologen weiterhin. Sein ungeschicktes Handeln trieb ihn immer mehr an den Rand eines Wutausbruches. Von Kakoms genervtem Gesicht eingeschüchtert, wandte sich Jirum erneut der Luke zu und suchte den manuellen Auslöser. Nachdem er ihn nach einigen Sekunden endlich hatte finden können, drückte er sanft und etwas verhalten auf diesen. Jirum nahm an, dass er nicht kräftig genug auf ihn gedrückt hatte, da die Luke sich auch dadurch nicht öffnete. Deshalb drückte er nun den Auslöser etwas kräftiger. Die Luke öffnete sich trotzdem nicht. Langsam und ängstlich davor, dass man ihn wieder für unfähig hält, drehte er sich erneut zu Tarom und Kakom um.

„Sie geht immer noch nicht auf!", sagte er verlegen. Kakom befreite sich von seiner Sitznische und schwamm genervt zu Jirum, der untätig für Kakom Platz machte.

„Sind Sie denn für gar nichts zu gebrauchen?", schnauzte er Jirum an, wobei das sich unmittelbar in ihrer Nähe befindliche Wasser heftig zu vibrieren anfing.

Kakom drückte demonstrativ stark auf den manuellen Auslöser, um Jirum zu zeigen, wie man solch einen Auslöser betätigte. Auch wenn Kakom bewusst war, dass wahrscheinlich Jirum eigentlich um die Benutzung solcher einfacher Bedienelementen

Bescheid wissen müsste, brach in diesem Moment sein ganzer Ärger über diese Mission und vor allem über Captain Taroms Fehlentscheidung heraus. Aber bevor er den Geologen, stellvertretend für Captain Tarom, tadeln konnte, sah er ebenso verdutzt drein, als die Luke sich auch nicht bei ihm öffnete. Auch er versuchte es ein zweites Mal, dann ein drittes Mal und ein viertes Mal. Aber jedes Mal ohne einen Erfolg.

„Ich glaube, ich muss mich bei Ihnen entschuldigen", sagte er fairerweise zu Jirum.

„Scheint tot zu sein, Captain. Es tut sich nichts", bestätigte Kakom dem Captain.

Ohne auf einen Vorschlag des Captains zu warten, wie er weiter vorgehen sollte, versuchte er die Luke mit den Händen zu öffnen. Er drückte dafür mit seinen breiten, flachen Flossenhänden gegen die Luke und versuchte, sie nach oben zu schieben. So sehr er sich auch anstrengte, es funktionierte nicht.

„Keine Chance, da tut sich nichts."

Resigniert gab er auf und schwamm zurück zu seiner Sitznische, in die er sich enttäuscht sinken ließ. Diese Tatsache ebenso akzeptierend wie die Begebenheiten außerhalb ihres Schiffes, griff Tarom zum Intercom, um Shatu im Erholungsraum zu erreichen. Aber auch dieser war offensichtlich ausgefallen. Denn das Intercom blieb ebenso stumm wie die Luke vorher. Demnach schien das Aufstiegsschiff doch mehr abbekommen zu haben, als er nach der ersten Kontrolle erfahren hatte. Er hoffte, dass es den drei anderen Besatzungsmitgliedern besser ging als seinem Schiff.

*

Im Erholungsraum rappelte sich der Regierungsbeauftragte Shatu langsam auf, nachdem er sich vergewissert hatte, dass sich das Schiff beruhigt hatte. Noch etwas schwindlig griff Shatu zum Intercom, um von Captain Tarom den Grund für das Ereignis zu erfahren. Er konnte sich nicht vorstellen, was geschehen war, aber es musste etwas Gewaltiges gewesen sein. Davon war Shatu überzeugt. Aber er merkte schnell, dass das Intercom nicht mehr funktionierte. Das nicht funktionierende

Intercom ignorierend hinter sich lassend, schwamm er zu Waru, dessen Reglosigkeit ihn erstarren ließ. Er hatte zwar sein Bestes versucht, Waru mit samt der Behandlungsnische festzuhalten, als sie sich krachend aus der Korallenverankerung löste. Dennoch zwangen ihm die ungewohnten Kräfte, seine nicht sehr kräftigen Flossenhände zu öffnen und den Biologen loszulassen.

*

In den ersten Sekunden der Turbulenzen verharrten beiden noch in einer Art Schockstarre, die sie die Ereignisse wie angewurzelt betrachten ließen. Langsam lösten sich nicht nur kleine, leichte Gegenstände wie Behälter mit Beruhigungsmitteln oder Behandlungsutensilien von ihren Regalen, sondern auch größere, schwerere Gegenstände. Wie von Zauberhand getrieben, schwebten sie über Shatus Kopf hinweg. Immer mehr Geschwindigkeit erlangend, bahnten sich die Gegenstände anschließend ihren Weg über Waru, bis sie auf der gegenüberliegenden Seite des Raumes gegen die Wand prallten. Aber als diese Fliehkräfte immer stärker wurden, lösten sich beide aus ihrer Starre, um sich selbst festzuhalten. Shatu ergriff das Geländer, das sich hinter ihm befand. Waru umklammerte verzweifelt die Behandlungsnische, die unter dem enormen Druck der Fliehkräfte nachzugeben drohte. Die Korallenhalterungen der Behandlungsnische knarrten unablässig. Noch während die erste Korallenhalterung unter den enormen Fliehkräften brach, musste Shatu mit ansehen, wie Waru immer mehr seine feste Umklammerung verlor und weiter aus der Behandlungsnische herausgedrückt wurde. Shatu löste eine Flossenhand von dem Geländer, um diese Waru entgegenzustrecken. Mit angsterfüllten Augen ergriff Waru seine Flossenhand, die er mit größter Anstrengung umschloss. Aber nur Augenblicke später, die Fliehkräfte erhöhten sich stetig, entglitt Waru ihm aus seinem Griff. Shatu musste mit Entsetzen ansehen, wie Waru wieder verzweifelt die Behandlungsnische umklammerte, die sich aber unter den stetig steigenden Fliehkräften immer mehr zur Seite neigte. Erst als die zweite Verankerung brach, ergab sich die Behandlungsnische

299

den Fliehkräften, die dafür sorgten, dass auch die restlichen Korallenverstrebungen nachgaben. Im selben Augenblick schoss die Behandlungsnische mit samt dem Biologen durch den Raum und krachte mit Warus Kopf voran gegen die gegenüberliegende Wand.

*

Als er sich Waru näherte, der mit samt der Behandlungsnische an der gegenüberliegenden Wand trieb, durchschwamm er eine bläuliche Flüssigkeit, die ihm das Atemwasserziehen abrupt innehalten ließ. Warus blaues Blut, das sich langsam mit dem Lebenswasser in der Kabine vermischte, quoll aus einer großen, klaffenden Wunde seitlich seines Kopfes heraus. Auch wenn er annahm, dass Waru wahrscheinlich tot war, wollte er sich selbst davon überzeugen. Um das Blut, dass sich im Wasser verteilte, nicht weiter durch seine Bewegungen aufzuwirbeln, beugte er sich nur langsam zu dem Verletzten herunter.

„Waru, hören Sie mich? Können Sie sich bewegen?"
Aber Waru bewegte sich nicht mehr. Er würde es nie mehr können. Shatu erkannte schnell, dass seine Befürchtung wahr geworden war. Langsam begann er, die Trümmer von ihm zu räumen, bis er aus dem Labor leises Schluchzen vernahm. Zeru, ging es ihm schlagartig durch den Kopf. Er ließ von Waru ab und begab sich in den Nebenraum.

Dort angelangt, sah er die Wissenschaftlerin in einer Ecke liegend, von Trümmerteilen bedeckt. Noch während er zu ihr schwamm, befürchtete er das Schlimmste. Noch einen Toten würde er nicht verkraften können, schon gar nicht die junge Wissenschaftlerin. Aber glücklicherweise bemerkte er, wie sich ihre kleine Flossenhand langsam bewegte.

„Zeru, ich helfe Ihnen", rief Shatu überaus glücklich und schwamm zu der eingeklemmten Wissenschaftlerin.
Er griff unter die Computerwand, die über ihren Beinen lag und hob diese vorsichtig an. Je mehr Shatu sie von der Last befreite, umso heftiger schrie sie vor Schmerzen auf.

„Können Sie nicht vorsichtig sein, Shatu?"

„Ich tue mein Bestes. Aber, wenn Sie davon befreit werden wollen, dann muss ich Ihnen wohl ein wenig weh tun", antwortete Shatu, der erkannte, dass sie zwar nicht schwer verletzt war, aber dennoch wahrscheinlich heftige Prellungen erlitten haben musste.

Zeru konnte sich nicht so recht erinnern, was geschehen war. Irgendwie hatte das Schiff plötzlich zu trudeln begonnen, anschließend lag sie auch schon in der Ecke und die Computerwand raste auf sie zu. Ehe sie ihre Beine wegziehen konnte, waren sie schon unter ihr eingeklemmt worden.

„Was ist geschehen, Shatu?", wollte sie deshalb von ihm in Erfahrung bringen. Shatu räumte die letzten Trümmer von ihren Beinen beiseite und schaute sie überaus besorgt an.

„Ich weiß es auch nicht. Der Intercom in die Kommandozentrale ist ausgefallen", antwortete er ihr.

„Und was ist mit Waru, geht es ihm gut?", wollte sie wissen. Shatu senkte seinen Kopf und erzählte, was ihm zu gestoßen war.

„Das ist traurig, aber nicht zu ändern."

„So weit war es nun also gekommen", dachte Zeru, „Nun gab es den ersten Toten in ihrer Mannschaft. Vielleicht sieht es sogar in der Kommandozentrale noch schlimmer aus", überlegte sie. Sie befürchtete das Schlimmste.

„Können Sie sich bewegen?", fragte Shatu sie.
Aus ihren Gedanken gerissen, versuchte sie langsam ihre Beine zu strecken. Bis auf das rechte Bein, dass noch sehr schmerzte, gelang ihr das recht gut. Das linke Flossenbein konnte sie ungehindert durchs Wasser auf und ab bewegen.

„Ja, es geht schon. Danke dass Sie mich gerettet haben", sagte sie etwas verlegen.

„Schon gut", sagte Shatu daraufhin.
Erleichtert darüber, dass ihr nichts Schlimmeres zugestoßen war, half Shatu ihr in die Waagerechte zu gelangen.

„Lassen Sie uns nach vorn in die Kommandozentrale schwimmen. Dort bekommen wir bestimmt einige Antworten", schlug Shatu vor.

„Ja, gut", bestätigte sie seinen Vorschlag. Aber ehe sie Shatu folgen konnte, durchdrang erneut ein heftiger Schmerz ihr angeschlagenes Bein. Das Aua, das sie daraufhin zu unterdrücken versuchte, drang aber trotzdem in Shatus Ohren, der sich sofort zu ihr umdrehte.

„Was ist, Zeru?", fragte Shatu.

„Mein Flossenbein tut immer noch weh", beklagte sie sich.

„Dann halten Sie sich an meinen Schultern fest. Ich ziehe Sie mit mir!" Das war eine gute Idee, fand Zeru.

Ohne sich zu genieren, ergriff sie seine Schultern und ließ sich so durch den Korridor ziehen. Die angenehme Wärme, die von seinem Rücken ausging, durchströmte ihren gesamten Körper, der leicht schwebend nur wenige Zentimeter über Shatus Rücken hing. So schlängelte sich das Gespann durch einige herum schwimmende Gegenstände, die auch hier, im Korridor, den Fliehkräften erlegen waren. Noch ehe er mit Zeru auf dem Rücken in den Bereich des automatischen Öffners der Kommandozentrale geriet, stoppte er vor der Luke und entließ Zeru von seinem Rücken.

Verwundert schaute er Zeru an, als die Luke sich nicht automatisch öffnete, nachdem er sich nun langsam in den Erfassungsbereich des Öffners bewegt hatte.

„Eigentlich sollte sie sich bei Annäherung von selbst öffnen", erklärte er überflüssigerweise.

Shatu versuchte erneut, den Annäherungssensor zu aktivieren, indem er vor und zurückschwamm. Die Luke öffnete sich aber trotzdem nicht.

„Versuchen Sie zu klopfen!", schlug Zeru vor.

Shatu blieb offensichtlich nichts Anderes übrig. Er klopfte mit seinen Flossenhänden so kräftig gegen die Luke, dass seine schmalen Hände schmerzten.

„Hallo, hören Sie mich? Tarom, die Luke geht nicht auf", schrie Shatu.

Nur langsam, aber immer intensiver, vernahm Jirum die Klopfzeichen und die Rufe von Shatu.

„Captain, hören Sie", wies er Captain Tarom auf die Geräusche hin.

Tarom war sehr erfreut von Shatu zu hören. Er lebte also. Nun gab es nur noch zwei Besatzungsmitglieder, von denen er nicht wusste, ob sie noch lebten oder nicht. Ohne lange zu zögern, wies er Shatu an, die Luke von seiner Seite aus manuell zu öffnen. Er hoffte, dass es von seiner Seite aus funktionieren würde.

„Versuchen Sie die Luke manuell zu öffnen", schrie Tarom, „von unserer Seite lässt sich die Luke nicht öffnen."

Darauf versuchte Shatu es zuerst mit dem manuellen Auslöser. Der sich auch von seiner Seite aus nicht aktivieren ließ. Danach packte er es mit den Flossenhänden an, wie zuvor Kakom von der anderen Seite aus probiert hatte. Auch das funktionierte nicht.

„Das funktioniert nicht. Ich bekomme die Luke nicht auf", sagte Shatu resigniert.

Nachdem ihm die Kräfte nach mehreren Versuchen verlassen hatten, sank er enttäuscht neben Zeru nieder, die verheißungsvoll seine Bemühungen mitverfolgt hatte.

*

Auf der anderen Seite der Luke musste Tarom erkennen, dass sie ziemlich in der Patsche saßen. Erstmal von der Luke ablassend, interessierte ihn nun doch weitaus mehr, wie es seinen übrigen Besatzungsmitgliedern ging.

„Was ist mit Waru und Zeru. Sind sie in Ordnung?", rief der Captain durch die geschlossene Luke.

Er hatte bis jetzt nur mit Shatu geredet. Ihm fiel ein, dass er ihm nach den beiden anderen Fragen müsste, wie es ihnen ergangen war. Er fürchtete aber die Antwort, die er bekommen könnte.

„Zeru ist am Beim verletzt. Sie ist hier bei mir. Ihr geht es ansonsten den Umständen entsprechend gut."

„Ja, Captain mir geht es gut", rief sie zur Bestätigung durch die Luke.

Tarom entspannte sich erleichtert. Wenn Zeru etwas zugestoßen wäre, das könnte er sich nie verzeihen.

„Waru hat es leider nicht geschafft. Er ist tot", berichtete Shatu nun traurig dem Captain.

Die drei in der Kommandozentrale schauten sich erschüttert an.

„Das ist ihre Schuld, Captain!", beschuldigte Kakom den Captain, der schuldbewusst den Kopf sinken ließ.

Nun gab es doch den ersten Toten, dachte Tarom. Damit hatte er noch vor wenigen Minuten nicht gerechnet. Seine falsche Entscheidung, das Schiff in diesen Tunnel zu steuern, war verantwortlich dafür, dass nun ein Besatzungsmitglied sein Leben lassen musste.

„Ja, Kakom, Sie haben recht. Das ist allein meine Schuld", bestätigte er seinem Mechaniker demütig.

In der Kabine legte sich ein Tuch des Schweigens, dass erst durch Jirum beseitigt wurde. Jirum schaute den Captain vorwurfsvoll an. Auch er sah in den Fehlentscheidungen des Captains die Ursache für die Lage, in der sie sich nun befanden. Aber anders als Kakom erkannte er, dass nun nicht die Zeit war, um Vorwürfe auszusprechen.

„Wir müssen etwas tun, Captain!", flehte Jirum den Captain an, sich weiter um sein Schiff zu kümmern, aber vor allem um seine restliche Mannschaft.

Dabei schaute er nicht den Captain an, sondern blickte erneut aus dem Fenster zu dem mit Rissen übersäten Grottenboden. Tarom folgte den ängstlichen Blicken des Geologen. Wie Tarom feststellen musste, schienen die Risse in den vergangenen Minuten mehr geworden zu sein. Fast zu leise, aber dennoch mit Nachdruck schlug der Captain vor, wie Shatu und Zeru weiter verfahren sollten.

„Schwimmen Sie los und suchen Sie etwas, womit Sie die Luke aufbekommen."

Völlig fertig von dem Gehörten, schickte er Shatu fort. Der erste Tote unter seiner Führung. Das würde er nicht so leicht verkraften können. Waru war zwar eine hysterische Nervensäge gewesen, aber dennoch ein Mitglied seines Teams. Um seine

Gedanken von dem schrecklichen Geschehen befreien zu können, setzte er Jirums Rat in die Tat um. Er würde sich jetzt darum kümmern, sein Schiff wieder funktionstüchtig zu bekommen.

„Kakom, was ist mit unserem Atemwasservorrat? Wie lange können wir ohne Neuaufnahme ausharren?"

Nachdem Kakom die Anzeigen dazu kontrolliert hatte, berichtete er seinem Kommandanten.

„Wie es aussieht, hat es auch die Neuaufnahmeaggregate des Atemwassers getroffen. Sie lassen sich nicht aktivieren", erklärte Kakom, der weiter über die Instrumente schaute, „somit haben wir noch für etwa 10 Stunden Atemwasser", erklärte er.

Aber nachdem ihm nach einer kleinen Pause eingefallen war, dass eine Person weniger im Schiff Atemwasser verbrauchte, setzte er hinzu,

„Nein, ich muss ja Waru herausrechnen, wir haben glücklicher Weise noch für etwa 10,5 Stunden Atemwasser", tadelte er erneut den Captain."

Machtlos den Gegebenheiten ausgesetzt, schaute er seinem Captain enttäuscht ins Gesicht, das erneut schnell seinen euphorischen Glanz verlor.

*

Shatu und Zeru machten sich indes in den vielen Räumen des Schiffes daran, um irgendetwas zu finden, womit sie die Luke öffnen könnten. Sie fanden mehrere längliche, stabile Gegenstände, aber keines griff zwischen den Lukenblättern, um dort den Hebel ansetzen zu können.

„Tut mir leid, Captain, aber es funktioniert nicht, ich bekomme die Luke nicht aufgestemmt."

Resigniert ließ Shatu von der Luke ab, und hämmerte wütend mit den Flossenhänden gegen das unnachgiebige Metall.

„Schon gut, Shatu, ruhen Sie sich beide aus. Wir werden von hieraus einen anderen Weg finden müsse", rief Tarom durch die geschlossene Luke.

Nur, dass er nicht so recht wusste, was er von hieraus tun könnte. Die Luken waren alle so gesichert, dass bei einer Störung das oberste Gebot war, dass der Kommandoraum geschützt bleiben musste. Somit hatte er kaum eine Chance, die Luke zu öffnen. Es sei denn, er und Kakom fanden den auslösenden Sensor, der die Luke verschlossen hielt. Das würde aber im angesichts der prekären Situation aussichtslos bleiben, denn die Sensoren befanden sich hinter den Vakuum gesicherten Wänden.

Da die elektrischen Aggregate vakuumresiert wurden, also wasserfrei gepumpt wurden, konnten Reparaturen daran nur im Dock erfolgen. Dort würden die Aggregate in große Vakuumbehältern gebracht werden, in denen Techniker in Schutzanzügen diese reparieren würden. Diese Arbeiten wurden nur von den fähigsten und vor allem mutigsten Technikern ausgeführt. Wenn sie hier an den Aggregaten arbeiten würden und dabei das Vakuum aufgehoben würde, so dass Wasser eindringen könnte, wären die Aggregate so oder so hin. Also hatten sie nur die eine Möglichkeit, die Luken mit Gewalt zu öffnen.

*

Enttäuscht von allem dem, wandte sich Zeru zu Shatu.

„Was nun Shatu?", fragte Zeru, die ebenso resigniert die verschlossenen Luke ansah wie er.

„Wir sollten zurück ins Labor schwimmen!", schlug Shatu vor.

Wie es dann weitergehen sollte, wusste Shatu zwar nicht, aber dort würden sie sich erst mal ausruhen können. Er wusste nur, dass sie sich in einer ausweglosen Situation befanden und sie ihr machtlos gegenüberstanden.

„Ja, ist gut. Dann lassen sie uns zurück ins Labor schwimmen. Dort gibt es einiges aufzuräumen", erinnerte sich Zeru an das Chaos, das sie hinterlassen hatte.

Wie vorher, hielt sich Zeru an den Schultern des Regierungsbeauftragten fest. Sie genoss diese wenigen Minuten, in denen sie frei von allen negativen Gedanken über dem Rücken Shatus schweben konnte. Ihrem Bein ging es inzwischen schon wieder viel besser. Sie konnte aber Shatus Bitte nicht abschlagen, sich erneut an seinen Schultern festzuhalten.

„Ich bin gleich wieder bei Ihnen!", erklärte Shatu. Nachdem sie das Labor erreicht hatten und Zeru sich von seinen Schultern gelöst hatte, sah Zeru ihm nach wie er einen Raum weiter schwamm.

*

Shatu näherte sich dem Behandlungsraum, in dem immer noch der tote Biologe mit samt der Behandlungsnische im Raum schwebte. Ihm fiel sofort auf, dass Warus Blut den Raum unbeschwimmbar machte. Es füllte inzwischen fast den gesamten Raum. Aber genauso konnte er erkennen, dass die klaffende Wunde schon längst von den natürlichen Schutzmechanismen, die in ihrer Welt herrschten, verschlossen wurde. Diese Schutzmechanismen sorgten dafür, dass Flüssigkeiten wie Blut innerhalb kürzester Zeit verklumpten und zu Boden sanken, wo sie dem natürlichen Kreislauf des Lebens wieder zugeführt wurden. Aber dennoch verschloss er den Raum, damit Warus Blut nicht auch noch in den Rest des Schiffes gelangen konnte und diese ebenfalls für sie unatembar machen würde. Nach dieser unangenehmen Aufgabe ließ er Waru schnell hinter sich und schwamm zum Labor zurück, in dem Zeru damit beschäftigt war, Gegenstände und andere Sachen wieder zurück an ihren Platz zu schaffen.

*

Sie hoben gemeinsam die Computerwand zurück in die Korallenhalterungen und befestigten diese notdürftig mit Seilen, die sie in den verschiedensten Schubfächern der Aufbewahrungsregalen fanden. Nach erledigter Arbeit ließen sie sich nebeneinander nieder, um sich auszuruhen, wie es der Captain verlangt hatte.

Nun schwebte er also hier, neben der jungen Zeru, die er so attraktiv fand. Er hätte sich gern mit ihr über Dinge unterhalten, die sie in ihrer Freizeit machte, oder über Dinge, die sie schön fand. Aber diese Dinge standen jetzt nicht im Vordergrund. So konnte er sie nur nach ihrem Befinden fragen.

„Wie geht es Ihnen, Zeru?"

„Es geht schon. Mein Bein schmerzt noch ein wenig", antwortete sie ihm.

Zeru hatte in der letzten zurückliegenden Zeit erkannt, dass Shatu keineswegs solch ein verbohrter Regierungsbeauftragter war, wie sie erst angenommen hatte. Im Gegenteil. Er hatte hier und jetzt großen Mut und Zuvorkommenheit bewiesen. Sie schämte sich sogar ein wenig dafür, dass sie am Anfang so mies über ihn gedacht und dass sie ihn regelrecht angefeindet hatte. Vielleicht hätte er sich als ein äußerst wichtiger Vermittler erwiesen, wenn sie ihre Intelligenzen erreicht hätten. Aber das würde nun nicht mehr geschehen, wusste sie.

„Das tut mir leid", sagte Shatu, um ihr etwas Trost zu spenden.

„Daran haben Sie doch keine Schuld."

Shatu sah Zeru traurig an. Sie beide wussten, dass ihnen nicht mehr viel Zeit blieb und dass diese Havarie ihr Untergang sein könnte. Daher versuchte Shatu Zeru auf andere Gedanken zu bringen.

Er erinnerte sich daran, dass Zeru kurz vor dem Unfall an dem Computer gearbeitet hatte.

„Bevor das alles begann, sprachen Sie davon, dass Sie Ergebnisse erhalten haben."

*

Zeru überlegte, ob sie diesem Regierungsbeauftragten, den sie noch vor kurzem arrogant und nicht sehr nett gefunden hatte, von den Ergebnissen erzählen sollte. Wenn sie richtig überlegte, war Shatu eigentlich gar nicht arrogant, im Gegenteil. In den letzten Stunden hatte er sehr engagiert und tapfer gehandelt. Das ganze Gegenteil von arrogant war er.

„Professor Bereu", fing sie an zu erzählen, „Sie wissen doch wer Professor Bereu ist?"

„Ja, Ihr Mentor und Vorgesetzter", antwortete er.

Die Regierung war genauestens über Professor Bereu und sein Institut unterrichtet. Auch er wusste, womit er und seine Mitarbeiter sich beschäftigten.

„Ich habe noch eine Nachricht von ihm erhalten, mit einem neuen Funkspruch der Fremden."

Shatu schaute sie überrascht an. Er hätte nicht gedacht, dass sie jetzt noch Funksprüche erhalten würden.

„Seien Sie beruhigt, den muss er schon vor einiger Zeit abgesetzt haben, als wir uns noch im Empfangsbereich befanden", schnitt sie ihm das Wort ab.

„Unsere Welt friert ein, Shatu", erklärte sie ihm traurig, „Er hat mir von schrecklichen Ereignissen geschrieben. Überall breitet sich das Eis aus."

Entsetzt versuchte er, in eine andere Richtung zu schauen, damit Zeru sein entsetztes Gesicht nicht sehen musste.

„Und da sind Sie sich sicher?", hoffte er immer noch, dass das alles nicht stimmte.

Er klammerte sich regelrecht daran. Seine letzten Informationen, die er ja kurz davor verkündet hatte, sprachen zwar von ähnlich schrecklichen Dingen. Aber nun wurden diese Dinge zu absoluten Gewissheiten.

„Professor Bereu ist wahrscheinlich schon längst tot wie viele andere auch", sprach Zeru weiter, nur um sich ihren Kummer von der Seele zu reden.

„Das tut mir aufrichtig leid."

Shatu wusste nicht mehr, was er sagen sollte. Ihm wurde immer mehr bewusst, dass diese Mission gescheitert war. Wenn sich die Eisbarriere wirklich schon so weit ausgebreitet hatte, dann würden auch die Intelligenzen dagegen nichts tun können. Aber er wollte Zeru nicht die Hoffnung nehmen, deshalb behielt er diesen Gedanken für sich. Aufmerksam hörte er deshalb ihr weiter zu.

„Er hat mir eine Datei mit den teilweisen Übersetzungen der Fremden übermittelt. Darin wird von irgendeiner Gefahr gesprochen, der die Fremden ausgesetzt waren. Zwei Wörter sind dabei, die er nicht übersetzen konnte. Ich war gerade dabei, mir diese Worte vorzunehmen, als das Schiff außer Kontrolle geriet."

„Einer Gefahr?", überlegte Shatu laut.

„Ja, einer Gefahr. Ich nehme an, dass sie genauso von der Barriere bedroht werden, wie wir."

Das war nicht gut, fand Shatu, dann würde es auch für sie wirklich keine Rettung geben, dachte er. Denn sonst hätten die Intelligenzen schon längst etwas dagegen getan. Da das nicht geschehen war, waren auch sie nicht in der Lage, dagegen etwas zu tun.

„Und dennoch konnte ich etwas Neues erfahren", sprach Zeru weiter, „die Rechner liefen in den letzten vielen Stunden ununterbrochen und sind zu einem erstaunlichen Ergebnis gekommen."

Mit voller Spannung hörte er Zeru zu, die anfing, ihm die Ergebnisse zu erklären.

„Der Rechner konnte die Signale auseinander schlüsseln und anschließend ist der Rechner tatsächlich zu einem Ergebnis gekommen. Aber eben diese zwei Wörter knackte er nicht. Professor Bereu wusste, dass diese zwei Wörter die Informationen geben würden, die wir brauchen, um das Geheimnis zu lösen. Als das klar wurde, versuchte Professor Bereu alles, um mir diese neuen Funksprüche zukommen zu lassen. Ich ließ diese Wörter durch mehrere Algorithmen laufen, um sie in unsere Sprache zu übersetzen."

Shatu schaute gespannt die Wissenschaftlerin an, die es nicht spannender hätte erzählen können.

„Aufgrund seiner Bemühungen sind wir jetzt in der Lage, wenn wir Kontakt mit denen dort oben bekommen würden, uns mit ihnen zu unterhalten."

Über diese Aussage sehr erstaunt, zeigte er sich doch wieder etwas hoffnungsvoll.

„Sie meinen, so richtig unterhalten?", konnte er es trotzdem nicht fassen. Ihr stolzes Lächeln amüsierte ihn und er war wieder traurig, dass er dieses Lächeln wahrscheinlich nicht mehr für lange genießen konnte.

„Ja, genau. Nicht ganz, so wie wir jetzt", erklärte sie, „aber mit etwas Übung könnten wir einige Brocken miteinander kommunizieren."

Diesen Satz endete sie nicht so enthusiastisch, wie sie ihn begonnen hatte. Ihr fiel plötzlich wieder ein, in was für einer schwierigen Situation sie sich befanden. Vielleicht würden sie nie mehr die Möglichkeit bekommen, mit irgendjemandem zu kommunizieren. Die Situation schien ausweglos zu sein. Sie merkte, wie die gesamte Traurigkeit aus ihr austreten wollte und zwang sich dazu, nicht zu weinen. Aber ehe sie ihre Tränen zurückhalten konnte, fing sie an zu weinen.

„Wir werden nie mehr nach Hause kommen. Vielleicht gibt es unser Zuhause gar nicht mehr", schluchzte sie.

Aus ihr brach nun all ihr Kummer, der sich in der gesamten Zeit aufgestaut hatte. Shatu nahm sie tröstend in seine Flossenarme und umschloss sie sanft. Er konnte sie leider nicht mit haltlosen Versprechungen trösten. Auch er wusste, wie schlecht es um sie stand. Sie konnten keine Hilfe von außen erwarten. Sie wussten nicht, inwieweit das Schiff in der Klemme steckte. Ob Captain Tarom schon einen Ausweg ausgemacht hatte, oder ob er genauso hoffnungslos war wie sie. Sie selbst konnten das Schiff auch nicht wieder flottbekommen. Wo sollten sie auch hin? Wenn das Eis in ihrer Heimat weiterhin so voranschreiten würde, dann konnten sie nirgends Zuflucht suchen. Shatu nahm ihr Gesicht in die Flossenhände und schaute in ihre Augen. Ihre Tränen lösten sich bereits im Wasser auf. Er sah genau die etwas dunklere Flüssigkeit aus ihren Augen fließen, die sich mit dem Wasser vermischte. Verlegen wandte sie sich von ihm ab und erzählte schließlich weiter.

„Die Auflösung des Rätsels liegt also nur in den beiden anderen Wörtern", sagte sie, nachdem sie sich wieder beruhigt hatte.

„Was sind das für Worte, die Ihr Professor nicht entschlüsseln konnte?", wollte Shatu aus berechtigtem Interesse nun endlich wissen.

Aber auch, um Zeru von den traurigen Gedanken abzulenken. Zeru schaute auf. Beruhigte sich etwas, nahm einen kräftigen Schwall Wasser in ihre Kiemen auf und sprach schließlich weiter.

„Nach dem, was ich in der wenigen Zeit herausfand, muss es sich bei dem einen Wort um die Beschreibung eines Ortes handeln. Es könnte sich dabei um unsere Welt handeln, die die Fremden besuchen wollen. Es muss sich um eine ähnliche Höhle handeln, in der wir gewesen sind. Nur mit dem Unterschied, dass dort diese intelligenten Wesen leben."

*

Shatu schaute sie voller Bewunderung an. Er hätte nie gedacht, dass er mal an Leben außerhalb ihrer Hemisphäre glauben würde. Aber nachdem, was er bis jetzt erlebt hatte, würde er sein Denken ändern müssen. Zeru erzählte weiter.

„Bei dem zweiten Wort könnte es sich um eine Sache handeln. Irgendetwas, das ihre Welt bedroht, und somit auch unsere."

„Sie meinen die Barriere?" Denn für ihn konnte es sich nur um die Barriere handeln. Sie war mächtig genug, auch die Intelligenzen zu bedrohen.

„Ja, ich denke auch, dass es sich nur um die Barriere handeln kann. Da bin ich mir ganz sicher, Shatu." Jetzt sah sie ihn eindringlicher an. Ihre Blicke schienen ihn zu durchbohren.

„Wir müssen sie finden, Shatu, nur so können wir die Katastrophe abwenden", flehte sie ihn an.

Auch wenn sie noch nicht hundertprozentig davon überzeugt war, dass Shatu nun endlich an ihre Intelligenzen glaubte, zog sie nun langsam ihr Artefakt aus ihrem Rucksack.

„Das habe ich in den Ruinen, nahe der nördlichen Barriere gefunden," erklärte sie ihm.

Langsam drehte sie ihr Artefakt vor den Augen des Regierungsbeauftragten so, dass er die seltsamen Schriftzeichen betrachten konnte. Seine großen, ovalen Augen weiteten sich, als sie die unterschiedlichen Strukturen der Schriftzeichen erfassten. Zeru drehte das Artefakt anschließend weiter herum, so dass die wie eine Schraube gearbeitete Außenseite sichtbar wurde. Auch diese betrachtete der Regierungsbeauftragte voller Ehrfurcht und Unglaube.

„Was ist das Zeru?", fragte er fassungslos.

Auf diesen Moment hatte Zeru so lange warten müssen. Einen wie Shatu ihr Artefakt vor die Augen zu halten und mit ansehen zu können, wie ihr Glaube über die Einzigartigkeit der Maborier mit diesem Artefakt dahin schwamm. Sie hätte es nie für unmöglich gehalten, es einem Regierungsbeauftragten je zu zeigen, aber hier und jetzt, in dieser ausweglosen Situation war das egal. Aber, da sie Shatu nun vertraute und er sowieso nichts dagegen tun konnte, wagte sie es endlich, es ihm vorzuzeigen.

„Sehen sie diese Schriftzeichen?", fragte sie Shatu, der weiterhin das Artefakt erstaunt ansah.

„Ja", stammelte er.

„Das sind Schriftzeichen der Intelligenzen, da bin ich mir ganz sicher. Sie ähneln keiner Art von Schriftzeichen der Maborier, weder der Vergangenheit noch der Gegenwart", sagte sie stolz.

„Es sieht wie ein Bohrer aus", stellte Shatu fest, der sich die Schrauben ähnlichen Einkerbungen genauer ansah.

„Daran hab ich auch schon gedacht. Aber wofür, Shatu?", rätselte auch sie schon lange über die Funktion des Artefakts.

Aber ehe sie weiter über den Verwendungszweck des Artefakts spekulieren konnten, ereignete sich erneut eine Erschütterung, die das Aufstiegsschiff vibrieren ließ.

Zeru sah aus dem Fenster, das sich an der Außenwand des Labors befand. Was sie dort sah, ließ sie Shatu erneut umfassen, um den drohenden Erschütterungen entgegenzuwirken. Hinter dem Fenster sahen sie, wie das mit unzähligen zersprungenen Eissplittern durchsetzte Wasser zu brodeln anfing. Immer stärker werdend ging ein heftiger Ruck durch das Schiff.

*

Das ausdehnende Eis vereinnahmte immer mehr den Platz, der unterhalb der Mondoberfläche so rar wurde. Maborien war nun schon so weit eingefroren, dass die Eismassen die restlichen

Wassermassen nach oben, zur Mondoberfläche, drückten. Diese Spannungen rasten durch den gesamten Mond, dessen Oberfläche nun von gewaltigen Geysiren erobert wurde. Die Spannungen drückten den großen Eisblock, der sich unter dem Schiff der Maborier verkeilt hatte, immer weiter gegen die Unterseite des Grottenbodens. Da die rechte Seite des Eisblocks dem massiven Boden des Grottenbodens mehr Widerstand entgegensetzen konnte als die linke Seite, drehte sich der Eisblock so, dass er mit der linken Seite in den Grottenboden eindrang. Die Risse, die sich dadurch ergaben, entließen unzählige leuchtende Kristalle in das aufwirbelnde Wasser.

*

Durch das linke Fenster konnte Tarom genau beobachten, wie der durchleuchtete Grottenboden unter dem Druck des Eisblocks langsam nachgab. Die Risse, die sich daraufhin bildeten, drangen weit in den Grottenboden ein und lockerten die vorher feste Struktur des Grottenbodens auf. Unter lautem Knacken drang die linke Seite des Eisblocks nun vollends in den mit weitverzweigten, leuchtenden Kristallen durchsetzten Grottenboden ein.

„Halten Sie sich fest, es geht wieder los!", schrie er vor Aufregung, als das Schiff in den Aufwirbelungen des Wassers herumgeschleudert wurde.
Die drei in der kleinen Kommandozentrale klammerten sich krampfhaft fest. Unter ihnen rutschte nun der Eisbrocken vollends ab und tauchte in die grün schimmernde Welt der Kristalle ein.

*

Die Wassermassen, die immer mehr durch das zu Eis erstarrende Wasser gegen die gewaltigen Eisschichten des Europa drückten, erreichten nun den Wert, der erforderlich war, um die massiven Eisschichten, die die Unterwasserwelt von dem Weltraum trennten, zu durchbrechen. Mit einem dumpfen, harten Knackgeräusch zerbarst der Boden der Grotte nun vollständig und gab unzählige grün schimmernde Kristalle frei, die im aufwirbelnden Wasser herumtrieben. Das im Gegensatz

zu den gewaltigen Eisbruchstücken winzige Aufstiegsschiff der
Maborier trieb unsanft zwischen den Eisbruchstücken einige
Sekunden lang ziellos umher. Nur einige Sekunden später
wurde es in diesem Wirbelsturm aus leuchtenden Kristallen und
Eisbruchstücken in dem aufsteigenden Strudel mit nach oben
gerissen. Da der Eisblock sich daraufhin so drehte, dass er in
dem Loch stecken blieb, welches er gerissen hatte, verfehlte er
nur knapp das kleine herum wirbelnde Schiff der Maborier.
Herumtrudelnd und immer wieder mit Eisbruchstücken
zusammenstoßend, sauste das Aufstiegsschiff durch den
geschwächten Grottenboden und passierte für nur wenige
Augenblicke die darüber befindliche Grotte. Die grünen Kristalle
schienen an ihnen vorbei zu sausen, bis sie diesen Bereich
verließen und durch einen seltsamen Wald geschossen wurden,
denen die Menschen so knapp entkommen waren. So trieb das
Aufstiegsschiff der Maborier immer weiter nach oben, zu dem
Oben, dass die Maborier so sehnsüchtig suchten. Nur einen
Augenblick später durchbrach das Wasser mit einer massiven
Gewalt die Eisschichten. Eine gewaltige Fontäne drang durch
diese neue Öffnung und ergoss sich in den Weltraum. Nachdem
die ersten zigtausend Kubikmeter Wasser durch diesen Spalt
durchgeströmt waren, wurde das kleine Schiff der Maborier
mitgerissen und in eine andere Welt gespült. Wie ein kleiner
Fisch in einem Geysir wurde das Schiff erst durch die Grotte mit
den seltsamen Bäumen gestoßen, um anschließend durch das
Vakuum des Weltalls geschleudert zu werden. Letztendlich
landete es auf der Oberfläche ihres Heimatmondes. So
durchbrachen die Maborier abermals die Membran zwischen
ihrer Welt und der Welt des Vakuums. Nur für wenige
Sekunden tauchten sie so in die Leere ein, die über der
Mondoberfläche herrschte, ehe sie unsanft auf dem, zu ewigen
Eis gefrorenen, Boden aufschlugen. Die Bruchstelle, die dadurch
am hinteren Teil des Schiffes entstand, wurde sofort von dem
gefrierenden Wasser, das sich über sie ergoss, verschlossen. Wie
eine gläserne Hülle umschloss das gefrierende Wasser das Schiff

der Maborier und würde es nie wieder freigeben.

*

Nur langsam rappelten sich Shatu und Zeru auf, nachdem das Schiff zur Ruhe gekommen war. Äußerst froh darüber, dass sie noch lebten, versuchten sie, sich neu zu orientieren. Die Gegenstände, die sie erst vor kurzem wieder ihren Plätzen zugeordnet hatten, trieben erneut in dem kleinen Labor herum. Durch das kleine Fenster drang seltsames orangefarbenes Licht, das sich an den perlmuttfarbenen Wänden spiegelte. Gemeinsam versuchten sie zu verstehen, was gerade geschehen war.

„Wo sind wir, Shatu?", fragte Zeru den Regierungsbeauftragten, der ebenso wie sie ungläubig die farblichen Veränderungen an den Wänden des Raumes betrachtete.

„Wir wurden in eine andere Höhle geschleudert, nehme ich an."

Ohne sich zu vergewissern, äußerte er seine erste Vermutung, die er mehr aus Unüberlegtheit als durch sachlich erfasste Eindrücke erlangte. Ohne auf seine Worte weiter einzugehen, drehte Zeru sich zum hinter ihnen befindlichen Fenster um. Sehr langsam folgte sie dem orangen Schein, der durch das Fenster schien und ihre allgegenwärtige grüne Umgebungsfarbe von ihren Netzhäuten verdrängte. Nur die linke Fussflosse benutzend, schwamm sie auf das Fenster zu und blieb fassungslos vor ihm stehen. Ihre Augen fingen die ersten Bilder von dem Ort auf, der die äußere Hülle ihrer Welt darstellte. Ungläubig setzte sie ihre Flossenhände auf den Rahmen des Fensters und stierte unentwegt nach draußen.

„Was ist das?", fragte sie verwundert.

Durch das Fenster sah sie eine seit Ewigkeiten vereiste Ebene, die unendlich weit zu reichen schien. Übersät mit tiefen Rissen, die von ihrem Fenster aus nur als schmale Gebirgszüge zu erkennen waren. Überall konnte sie graues, zerklüftetes Eis erkennen. Zeru nahm an, dass es sich um Eis handelte. Es glänzte nicht so wie bei ihnen. Es sah irgendwie matt aus, fand sie. Weiter entfernt konnte sie einen riesigen Strahl aus Wasser ausmachen, der sofort gefror, als er aus dem Boden aufstieg. Sie erkannte, dass sie offensichtlich auch durch einen solchen Strahl hier her geschleudert wurden waren. Nur langsam realisierte sie, dass ihre Sicht nichts behinderte, weder trübes Wasser, das von Algen verschmutzt wurde, noch klares Wasser, dass dennoch eine gewisse Sehbarriere bildet. Und schließlich verstand sie. Es war genauso wie in der Grotte. Wasserleer! Aber viel größer, viel weiter, viel gewaltiger. Sie sah den Horizont, konnte ihn aber nicht begreifen. Sich wundernd sah sie vom Horizont hinauf. Hinauf auf etwas, das sie nicht in Worte fassen konnte, geschweige denn in ihrem Gehirn zu irgendetwas Bekanntem zuordnen konnte.

Eine riesige Scheibe, nein eine Kugel, denn sie konnte genau die Wölbung erkennen, die dieses Ding zu einer Kugel machte, erhob sich aus einem tiefen, schwarzen Etwas. Diese Kugel schien riesig zu sein. Auch, wenn sie unermesslich weit weg sein musste, und Zeru nahm an, dass sich diese Kugel sehr weit innerhalb dieser Schwärze befand, bezweifelte sie nicht im Geringsten, dass dieses Objekt alles an Größe übertraf, das sie bisher kannte. Quer über der Kugel verliefen mehrere große und kleine Streifen, deren Farben von weiß über rot bis orange und braun sowie Gelbtöne variierten. Einige schimmerten sogar blau. Am unteren Rand, an einem Übergang zwischen einem bräunlichen und einem weißen Ring befand sich ein riesiger rötlicher, rundlicher Bereich, der sich deutlich von den übrigen Strukturen auf dieser Kugel unterschied. Er grenzte sich so deutlich von den Streifenstrukturen ab, dass Zeru diesen Bereich angestrengter betrachtete. Je länger sie auf diesen Bereich starrte, um so detailreicher erkannte sie herum wirbelnde Strukturen, die sich langsam zu drehen schienen. Ihr Blick schweifte langsam von dem großen roten Fleck ab, wieder hin zu den vielen Streifen, die die Kugel umgaben. Sogar innerhalb dieser Streifen schienen unzählige Wirbel zu wüten, die sich unablässig zu drehen schienen.

Die beiden konnten den Blick nicht von dieser Gewalt ablassen. Fassungslos stierten sie durch das Fenster. Neben dieser großen Kugel befand sich das wohl Erstaunlichste für die Maborier, die bisher nur ihre Unterwasserwelt kannten. Neben dieser großen Kugel am Ende dieser Eisebene sahen sie in eine Pechschwärze, übersät mit lauter kleinen hell blitzenden Punkten, die unendlich weit weg zu sein schienen. Ihre Gehirne konnten nicht begreifen, was sie dort sahen. Sie sahen zwar diese unendliche Tiefe dieser Schwärze mit den unzähligen blitzenden Punkten, nahmen auch die Tiefe des Weltalls wahr, in denen die Sterne wie ein Band aus funkelnden Kioskbeleuchtungen über ihnen strahlten. Sie konnten aber nicht das Gesehene mit ihren gewohnten, eng begrenzten Sichtweisen in Einklang bringen. Und sie wiederholte ihre Frage abermals.

„Wo sind wir?"

Sie wusste nicht, wie sie das Gesehene artikulieren sollte. Es war so fremd, so außergewöhnlich, so seltsam, dass sie keine Worte dafür fand, die das Gesehene beschreiben könnten. Auch Shatu, der inzwischen ebenfalls neben Zeru aus dem Fenster sah, konnte nur diese eine Frage stellen.

„Was ist das, wo sind wir, Zeru?" Ohne Unterlass blickte er auf die merkwürdigen Erscheinungen, die sich ihm dort draußen boten.

„Ich.... ich.., ich weiß es... auch nicht", stammelte Zeru, die aber langsam zu wissen glaubte, wo sie sich befanden.

„Ich glaube, das ist das Oben!!!. Wir sind außerhalb unserer Welt.

 Mit absoluter Gewissheit brannte dieser Gedanke in ihr Gehirn. Es gab dafür keinen Zweifel. Sie hatten das Geheimnis ergründet. Und das Schlimmste war, sie konnte nirgends ihre Intelligenzen ausmachen. Diese Welt schien toter zu sein als ihre Welt, Maborien.

Umso länger sie hinaussah, desto schwindliger wurde ihr. Diese Weite machte ihr so sehr Angst, dass sie wegschauen wollte aber doch immer wieder zu diesen seltsamen Dingen schauen musste. Sie erfasste immer wieder neue seltsamere Dinge, Dinge, die fern jeglicher Vorstellung waren. So machte sie eine Beobachtung von einem seltsamen Vorgang, der ihr völlig unverständlich war. Sie beobachtete über dem Horizont kurzzeitig einen von diesen hellen, glitzernden Punkten in der Schwärze, der nach wenigen Sekunden hinter dem Horizont verschwand. So sehr sie auch überlegte, wohin der Punkt verschwand, sie konnte keine Erklärung dafür finden.

Zeru legte diese Beobachtung stirnrunzelnd beiseite und richtete ihren Blick wieder auf die große runde Kugel in der Schwärze zu. Sie musste unermesslich groß sein, folgerte sie. Die Wirbel, die sie schon am Anfang auf der Kugel wahrnahm, erschienen ihr so detailreich, dass sie sogar deren plastische Struktur wahrnahm. Demnach schienen sie nicht nur oberhalb dieser Kugel zu wüten, sondern drangen tief in die Kugel ein. Wie die Wasserstrudel, die manchmal durch unterschiedliche Strömungen in ihrer Welt zu Verwüstungen führten, schienen auch diese Wirbel gigantische Stürme zu sein. Und schließlich bemerkte sie die Stille! In ihrer Welt herrschte ständig ein gewisser Lärmpegel, den sie und ihre Artgenossen gar nicht mehr wahrnahmen. Das Wasser war eben ein guter Schallleiter, dachte sie. Aber hier und jetzt herrschte eine Stille, die sie so sehr ängstigte, dass sie anfing, ihren Kopf mit den Flossenhänden zu umfassen, damit die Stille nicht in ihr Gehirn eindringen konnte.

*

In der Kommandozentrale spielten sich ähnliche Dinge ab. Auch sie schauten ungläubig aus den Fenstern, die aber im Unterschied zu Zeru und Shatu nicht diesen grandiosen Blick auf Jupiter mit seinem großen roten Fleck hatten. Sie mussten sich mit dem Blick in die Schwärze des Weltalls begnügen, da das Schiff so zum Stehen gekommen war, dass aus ihrem Fenster nur ein Bereich des Weltalls zu sehen war, der keinen Mond des Jupitersystems zeigte, geschweige denn den mächtigen Jupiter selbst.

„Was ist gerade passiert, wo sind wir, was ist das für eine Schwärze dort draußen?", fragte Tarom.

„Sehen Sie, Captain, diese vielen leuchtenden Punkte! Was ist das?", bestaunte Kakom die unzähligen Sterne, die die Schwärze des Weltalls schmückten.

„Sind wir in einer neuen Grotte, Jirum?", erhoffte Kakom eine Erklärung von dem Geologen.

Auch er fand keine plausible Erklärung für das, was sie dort draußen sahen.

„Es kann keine Grotte sein. Dafür sind die Dimensionen viel zu groß", versuchte Jirum nicht nur seinen Kameraden das Gesehene zu erklären, sondern auch sich selbst.

Die Fragen, die die drei sich stellten, rissen nicht ab. Sie hatten keine Erklärung für das, was sie sahen.

Nachdem auch sie realisiert hatten, dass ihr natürlicher Lebensraum, das Wasser, hier nicht existierte, begannen sie damit, ihre nähere Umgebung zu betrachten.

„Captain, draußen gefriert alles. Es muss unheimlich kalt außerhalb unseres Schiffes sein. Sehen Sie nur, wie schnell das Wasser gefriert. Wir müssen etwas unternehmen, sonst ergreift das Eis das gesamte Schiff!", flehte Jirum die Bedienungscrew des Aufstiegsschiffs an, doch nun endlich etwas zu unternehmen.

Unerbittlich kroch das gefrierende Wasser an dem Aufstiegsschiff der Maborier empor. Erst, nachdem der Geysir versiegt war, erstarkte die eisige Hand, die nun das Aufstiegsschiff nie mehr frei geben würde.

Voller Schrecken verweilte Tarom für Minuten in einer Art Starre, die ihn für jegliche Aufnahme unerreichbar machte.

„Captain, wir müssen etwas tun!", forderte Kakom ihn auf und riss ihn damit glücklicherweise aus seiner Lethargie. Sich zusammenreißend überblickte er kurz die Bordinstrumente und checkte die Lage, die sich draußen bot. Er erkannte schnell, dass die Eisschicht, die sich um das Schiff gebildet hatte, zwar recht dick war, aber auch schützende Eigenschaften aufwies. Die Instrumente sagten ihm, dass es im Heckteil zu einem Riss gekommen sein musste, der nun durch das Eis verschlossen wurde.

„Kakom, schalten Sie die Innenheizung etwas höher. Das sollte uns erst mal die eisigen Temperaturen von dort draußen fernhalten. Aber im Laderaum belassen Sie die Temperatur!", befehligte er Kakom, der ihn verwundert ansah.

„Aber, Captain, das Eis", verstand er Taroms Befehl nicht.

„Tun Sie, was ich Ihnen sage!" Wie ein Captain reagierte Tarom auf Kakoms Verwunderung.

Aber dann bemerkte Kakom ebenfalls die Anzeige auf dem Instrumentenpult, die ihm sagte, dass es im Laderaum zu einem Druckabfall kam, der aber glücklicherweise zum Stillstand gekommen war. Erst jetzt erkannte Kakom die weise Entscheidung des Captains, die ihnen wahrscheinlich das Leben gerettet hatte. Würden sie auch dort die Heizung aufdrehen oder sogar die Außenheizung benutzen lassen, würde diese natürliche Schutzhülle wegtauen. Somit würden sie den unerbittlichen Temperaturen machtlos gegenüberstehen. Kakom freute sich, dass der Captain endlich wieder wie ein Captain handelte. Er griff zum Heizungsregler und stellte die Heizung wenige Grad höher ein. Dabei vermied er es, den Heizungsregler, der für den Laderaum zuständig war, zu nahe zu kommen. Denn auch er wusste nun, dass nur diese dünne Eisschicht, die sich um ihr Schiff gebildet hatte, sie vor dem sicheren Tod rettete.

„Lange werden die Batterien das nicht aushalten. Wenn es hochkommt, haben wir noch ein paar Stunden, ehe die Heizungen versagen werden.", stellte Kakom fest.

Ohne Hoffnung auf Rettung für sich und vor allem für ihre Welt, ergaben sich die Maborier in ihrem Aufstiegsschiff den Begebenheiten der Außenwelt hin.

17. Die Erkenntnis

Das Raumschiff Carl Sagan behielt seine geostationäre Bahn über dem Mond Europa bei. Unter ihnen war deutlich die Spur des Kometen zu erkennen. Die Oberfläche sah aus wie das zerfurchte Gesicht eines alten Menschen, das kreuz und quer mit Falten durchzogen war, und in dessen Mitte sich eine große Narbe befand. Diese übergroße Narbe war vom Orbit aus deutlich zu sehen.

*

Franks, die Analytikerin des Schiffes, schritt mit eiligen Schritten den langen Korridor entlang, der sie zur Kabine des Kapitäns führen würde. In der Hand hielt sie einen Speicherstick, den sie fest mit ihren Händen umklammerte. Sie war sich bewusst, dass das, was der Speicherstick enthielt, sofort dem Kapitän vorgelegt werden musste. Nachdem die Umlaufsimulation beendet worden war, zögerte sie keine Sekunde, diese Daten auf den Stick zu laden und den Weg zum Kapitän anzutreten, damit er sofort von der prekären Situation erfuhr.

Gater bat sie vor seiner Abreise, sich um die Simulation zu kümmern. Auch, wenn sie dafür wenig Zeit übrig hatte, so befolgte sie doch Gaters Anordnung. Und sie hoffte, dass der Kapitän nicht lange zögern würde, um die Abreise anzuordnen. Sie wollte hier, am Rande des Sonnensystems, in der bald die Hölle losbrechen würde, nur wegen ein paar Proben nicht draufgehen. Und was die Mannschaft des Tauchbootes anbetraf, so hegte sie keine Zweifel, dass sie pünktlich zurück sein würden. Wenn nicht, würde das deren Problem sein, redete sie sich ein. Während sie an den vielen Laboren vorbeiging, die nun mit weniger Proben versorgt werden würden als vorgesehen war, kreisten ihre Gedanken ständig um die kommende

Katastrophe. Abgehetzt und innerlich äußerst nervös erreichte sie endlich die Kabine des Kapitäns.

„Ah, Franks, treten Sie ein, was gibt es Neues?"

Flynn sah von seinem Computermonitor auf und winkte Franks in seine Kabine, die Franks ohne zu zögern betrat. Stets des Kapitäns Augen anblickend, überreichte sie ihm den Stick, den er verstohlen ansah.

„Was ist das?", wollte der Kapitän wissen, während er ihn in den zuständigen Port seines PCs steckte.

„Der Stick enthält die Endberechnung der Bahnen der Jupitermonde, die Gater begonnen hatte", erklärte sie. Franks stand wissbegierig neben Flynn und wartete ab, bis sich das entsprechende Programm öffnete und die Simulation startete. Sie wollte die unmittelbare Reaktion des Kapitäns beobachten. Sie wollte feststellen, ob der Kapitän besorgt genug war oder ob ihm das Präsentierte nicht genug Angst bereitete.

„Es sieht nicht gut aus", sagte Franks, deren Gesicht zu einer angsterfüllten Maske versteinerte, nachdem Flynn keine Regung erkennen ließ.

Erst nachdem die Simulation mehrere Male hintereinander abgelaufen war, fielen jegliche Bedenken, die sie über das weitere Vorgehen des Kapitäns hegte, von ihr ab.

Die Simulation zeigte wieder die Bahnen der großen inneren Jupitermonde. Wie Europa von dem Kometen getroffen wurde und anschließend aus seiner bisherigen Bahn geworfen wurde. Diesmal ging die Simulation weiter. Zu erkennen war, wie Europa aus seiner Bahn geriet. Viele Umrundungen später, oder besser gesagt zwei Jahre später, erkannte man, dass der Mond Europa seinem nächsten entfernten Nachbarn, Ganymed, immer näherkam. Nach einigen Umrundungen mehr stieß er mit Ganymed zusammen.

„Europa wird in wenigen Stunden mit Ganymed zusammenstoßen", erklärte sie dem Kapitän, der die Simulation ohne eine erkennbare Regung betrachtete. Erst, nachdem er sie mehrere Male hatte ablaufen lassen, sah er die Analytikerin entsetzt an. Dieses Entsetzen in den Augen des Kapitäns beruhigte Franks nun ein wenig. Denn auf genau diese Reaktion des Kapitäns hoffte Franks, die nun Hoffnung hegte, doch noch rechtzeitig aus dem Bereich der kommenden Katastrophe zu entfliehen.

„Da haben die auf der Erde wieder Mist gebaut", fluchte Flynn, wobei er die ständige Wiederholung der Simulation wutentbrannt betrachtete.

„Scheiße, gerade jetzt, wo es richtig interessant wird", schrie er Franks an, die ruhig und wohlwollend die Reaktion des Kapitäns verfolgte.

Sie wusste, dass man ihm die impulsiven Ausbrüche gewähren lassen musste. Besonders bei solchen schlechten Nachrichten. Und schlechter konnten die Nachrichten nicht sein.

„Da sind wir zwei Jahre hierher unterwegs gewesen", fluchte Flynn lauthals unentwegt weiter, während Franks stirnrunzelnd danebenstand, „und kaum sind wir angekommen, entdecken wahrscheinlich Leben auf diesem verfluchten Mond, und schon müssen wir wieder abreisen. Verdammt noch mal. All diese Strapazen, alles um sonst gewesen", schrie er die Worte so heftig gegen die Metallwände, dass sie wie ein Schweißbrenner wirkten und unübersehbar darin einbrannten.

„Wir haben keine Zeit mehr, Kapitän", versuchte Franks den Kapitän eindringlich zu einer schnellen Entscheidung zu bewegen.

„Und da sind Sie sich sicher? Es gibt keine Zweifel?" Flynn konnte es einfach nicht glauben. Dies war die am schlechtesten vorbereitete Reise gewesen, die er bis jetzt geleitet hatte. Franks nickte Flynn mit einem leicht grinsenden Gesicht bestätigend zu. Endlich würde sie von hier fliehen können, wusste sie.

„Ja, ich bin mir sicher. Nein, es gibt keine Zweifel, Kapitän, die Berechnungen sind eindeutig."

Flynn schaute sich die graphische Darstellung der Kollisionsvorhersage immer wieder an. Bis er den Monitor ausschaltete und den Schalter für die Sprechanlage betätigte.

„Parker, melden Sie sich, verflucht noch mal." Voller Hektik brüllte er abermals ins Mikrofon. „Parker, melden Sie sich doch endlich."

„Ja, Parker hier, Captain, was gibst?"
Völlig überrascht, drang die Stimme des Shuttlepiloten aus dem Lautsprecher.

„Na endlich", sprach Flynn erleichtert ins Mikrofon.

„Parker, brechen Sie sofort die Bergung der Eisbrocken ab und kehren Sie unverzüglich zum Mutterschiff zurück."

„Ja, aber, Kapitän, Sie wissen doch, die Kühlaggregate. Von Daison wissen wir, dass sie immer noch nicht funktionieren. Wir haben bis jetzt nur Wasser in den Tanks", versuchte Parker zu erklären.

„Keine Widerrede, Parker, wir müssen sofort von hier weg."

„Es gibt aber noch so viele interessante Brocken zu bergen", versuchte Parker doch noch ein paar Minuten zu bekommen.

„Ich habe Ihnen einen Befehl erteilt, Parker." Flynns Worte wurden eindringlicher. Er hasste es, wenn seine Leute widersprachen.

„Zu Befehl, Kapitän", erwiderte er resigniert und beendete anschließend das Gespräch. Flynn, ebenso resigniert, ließ den Finger von der Sprechtaste los.

„Wir müssen sofort mit der U-Bootbesatzung Kontakt aufnehmen", versuchte Franks den Kapitän aus seiner Starre zu reißen.

„Ja, Sie haben recht, erledigen Sie das für mich, Franks", befehligte er Franks in einem leisen, unmotivierten Tonfall. Ruhelos und konzentriert rannte er durch das Zimmer, um nach einer Lösung zu suchen, „ich muss nachdenken", schallte es unentwegt in dem kleinen Raum, den Franks gerade verlassen wollte.

„Wann müssen wir spätestens hier weg sein?", fragte Flynn die Analytikerin.

„Die Simulationen, die von der Erde aus gemacht worden sind, waren alle nicht sehr genau. Deshalb gab es nie Befürchtungen, dass es zu so was kommen könnte. Aber seitdem wir vor Ort sind und genauere Werte in den Computer eingeben konnten, sind die Simulationen um wenige Grad abgewichen. Laut den Simulationen von der Erde aus, wäre Europa an Ganymed vorbei ins Weltall abgedriftet. So aber können wir von Glück reden, dass wir noch diese wenigen Stunden haben.

„Nun sagen Sie schon, wie viel Zeit wir noch haben", drängte der Kapitän Franks zu einer Antwort.

„Etwa sieben Stunden."

*

Franks beendete ihren Vortrag und schaute den Kapitän abermals ins Gesicht. Franks hoffte, dass er nicht wieder einen Wutanfall bekam und sie ihren Kopf dafür hinhalten musste.

„Ich werde sofort alles für einen Start veranlassen. Aber erst mal müssen wir unsere Leute von dort unten holen."

Franks fiel ein Stein vom Herzen. Nun würden sie hoffentlich doch schleunigst von hier verschwinden. Dies war vor dem Start das modernste Raumschiff der Erde gewesen und wird es wahrscheinlich auch heute noch sein. Sie, die von Anfang bis zur Fertigstellung der Carl Sagan mit bei der Konstruktion dabei gewesen war, war besonders prädestiniert, als Analytikerin an Bord zu gehen. Von Weltraumreisen hielt sie nicht viel. Aber davon würde sie sowieso nicht viel mitbekommen, da sie die meiste Zeit im Maschinenraum verbringen würde. Zu Außeneinsätzen war sie eh nicht vorgesehen. Daher würde es ein sicherer Flug für sie sein. Versicherte man ihr. Daher nahm sie den Job an, als man sie fragte. Und die Bezahlung stimmte auch. Aber nun wollte sie so schnell wie möglich das Jupitersystem   verlassen.

Der Kapitän und Franks gingen beide zusammen auf die Brücke, wo Clark, der 2. Steuermann, an den Instrumenten saß. Flynn zögerte nicht lange. Er setzte sich auf seinen Platz und rief die Besatzung des U-Bootes.

„Carl Sagan ruft U-Bootbesatzung. Können Sie mich hören?" Er versuchte es mehrere Male. Ohne Erfolg. Resigniert legte er das Mikrofon beiseite. Er drehte sich zu Clark um.

„Wir müssen in den nächsten Stunden aus dem Bereich des Europa weg sein. Er wird mit Ganymed zusammenstoßen. Clark schaute ihn entsetzt an.

„Wieso, was, wie meinen Sie das, Kapitän?", fragte er stotternd seinen Chef.

„So wie ich es sagte", antwortete er Clark wütend, „wenn die auf der Erde richtig gerechnet hätten, würden wir jetzt nicht diese Schwierigkeiten haben. Aber dafür sind diese Bürohengste nicht fähig", schimpfte er.

Clark sah ihn entgeistert an. Er kannte Flynn schon lange. Sie hatten sich vor Jahren in einer Bar auf dem Mond kennengelernt. Mit Vorgesetzten hatte Flynn so seine Schwierigkeiten. Er ließ sich nicht so schnell zu Dingen drängen, die gegen seine Überzeugung gingen. Hätte er vorher von diesen Schwierigkeiten gewusst, hätte er den Auftrag nie angenommen.

„Versuchen Sie, weiterhin Kontakt mit der U-Bootbesatzung aufzunehmen und teilen Sie ihnen mit, wie die Situation aussieht. Ich werde Vorbereitungen für den Start treffen." Clark wusste erst nicht, was er sagen sollte. Er war wie vor den Kopf gestoßen. Was passiert hier gerade? Eben noch hatten wir uns gefreut, Leben entdeckt zu haben. Wir hatten ein U-Boot irgendwo dort unten. Und nun müssen wir von hier so schnell wie möglich verschwinden. Aber, er war ja nur der Steuermann hier an Bord, daher nahm er die Situation so hin, wie sie war. Die Befehlsgeber und damit die Verantwortlichen waren andere.

„Ei, Kapitän, wird gemacht", bestätigte Clark.

*

Flynn stand von seinem Platz auf und ging zurück in sein Zimmer. Er wusste, wenn er keinen Kontakt zu der Besatzung des U-Bootes bekam, musste er sie zurücklassen. Er hatte noch nie Leute zurücklassen müssen. Er hoffte auch diesmal, alle seine Leute nach Hause zu bringen.

Laut Plan war es so vorgesehen, dass sie genügend Zeit hatten, den Mond zu erkunden. Diese neuen Erkenntnisse waren für ihn der Tropfen, der das Fass zum Überlaufen bringen könnte. Von Anfang an stand diese Mission unter keinen guten

Stern. Die vielen Fehlplanungen vor dem Start der Mission, die es in den letzten zwei Jahren auszubügeln gab, und nun diese gravierenden Fehlberechnungen, die wahrscheinlich das Leben seiner Kameraden kosten könnten. Das alles zerrte an seinen Nerven.

*

Clark, der sich immer noch auf der Brücke befand und versuchte die U-Bootbesatzung zu rufen, sah aus dem Fenster. Die große Scheibe des Jupiters, wovon nur die linke Hälfte aus dem Fenster zu sehen war, zeigte sich in seiner majestätischen Pracht. Am linken Rand tauchte die kleine Silhouette des Mondes Ganymed auf. Der größte Mond des Jupitersystems, mit seinen dunklen und hellen Bereichen, kroch er stetig hinter Jupiter hervor. Bis er in seiner vollen Pracht zu sehen war. Bis vor kurzem war niemandem auf dem Schiff bewusst, dass diese zwei Monde in wenigen Stunden nicht mehr existieren würden.

18. Maborien

Das havarierte U-Boot der Menschen sank immer tiefer. Es glitt hinab in eine ihnen fremde Welt. In eine sterbende Welt. In eine Welt, die Milliarden von Jahren in einem Dornröschenschlaf friedlich dahin existierte. Nur den Einflüssen ihrer inneren Welt ausgesetzt. Nichts ahnend, dass es außerhalb ihrer Grenzen eine weitere Welt gab, die sich in eine Fülle von unzähligen, millionenfachen Welten einreihte. Eine viel Gewaltigere, mit zerstörerischen Naturgewalten versehen, die ihre kleine, innere Welt in wenigen Stunden auslöschen würde.

Narrow versuchte unablässig das Boot zu stabilisieren. Er betätigte verschiedenste Regler und Schalter, die aber nicht die erhofften Reaktionen der Schaltmechanismen in den Ausgleichstanks bewirkten.

„Die Ausgleichstanks lassen sich nicht entleeren", informierte er seine Kameraden über die Fehlfunktion, die er einfach nicht beheben konnte.

Während er den Tiefenmesser argwöhnisch beobachtete, dessen Zahlenwerte ohne Unterlass stiegen, betätigte er beharrlich erneut die Schalter. Er betete darum, dass sein Handeln Früchte tragen würde und er das Sinken beenden könnte. Wenn nicht, würden sie unweigerlich dem Grund des Ozeans entgegen sinken. Wenn das geschah, dann würden sie nie wieder an die Oberfläche gelangen.

„Tun Sie doch etwas, Narrow!", forderte ihn Gater abermals auf.

Narrow tat, was er konnte. Aber, egal welche Schalter und Hebel er betätigte, die Druckausgleichstanks konnte er nicht entleeren. Sie füllten sich trotzdem mit Wasser, wodurch das Boot immer weiter sank. Unerbittlich musste Narrow mitansehen, wie sein U-Boot die Röhre immer tiefer hinabglitt. Schonungslos verengte sich der sichtbare Kreis über ihnen, der schließlich vollends zu einem punktuellen Nichts wurde. Wogegen unter ihnen der kreisrunde Schlund wuchs, der sie nun doch in den unermesslichen Abgrund entließ. Wie durch das Ende eines gigantischen Wasserschlauches tauchten sie in den Ozean ein, der von vielen Wissenschaftlern der Erde vorhergesagt wurde. Auch wenn Carter bewusst war, dass sie in wenigen Augenblicken tot sein könnte, schaute sie fasziniert nach draußen. Über ihnen entfernte sich die Unterseite des Eispanzers, den die Maborier das Oben nannten. Nun wurde auch dieses Loch über ihnen, das den einzigen Weg zurück an die Oberfläche markierte, so winzig, dass sich schließlich auch dieses im Wirrwarr der herabhängenden Eisschollen verlor. Miller, der ängstlich das Geschehen mitverfolgte, liefen bereits die ersten Schweißperlen vom Gesicht herunter. Bei dem Gedanken, dass das Boot jeden Moment implodieren könnte, wurde ihm wieder mulmiger zu Mute.

„Wie sieht es mit der Stabilität des Bootes in dieser Tiefe aus?", fragte der Astrogeologe Miller den Navigator. Unentwegt lauschte er den knackenden und knirschenden Geräuschen, die aus dem Innern des U-Bootes drangen. Nur von dem Willen erfüllt, das Sinken endlich zu stoppen, ignorierte Narrow die Frage des Geologen, der sich zitternd in seinem Sitz vergrub. Für Narrow spielte die Antwort auf diese Frage keine Rolle. Entweder hielt das Boot den Tiefen stand, in die sie gerade sanken, oder es war sowieso vorbei, dachte Narrow. Aber er wollte Miller und die anderen nicht unnötig mit ihren Ängsten allein lassen.

„Das Boot hält diesen Druck aus", sagte er nur knapp, wobei er sich nicht von seinen Bedienelementen abwandte. Für ihn war es selbstverständlich zu wissen, in welche Tiefe sie mit dem U-Boot vorstoßen konnten. Das U-Boot war für weit tiefere Fahrten konzipiert worden, daher beließ er es bei dieser knappen Antwort. Sie musste seine Kameraden zufrieden stellen.

„Narrow, ich bitte Sie!", flehte Gater zum wiederholten Male den Navigator an, endlich eine Lösung zu finden.

Auch wenn das U-Boot offensichtlich den Druck aushalten würde, wollte er hier nicht eingefroren werden.

„Jetzt lassen Sie mich in Ruhe arbeiten!", verlangte Narrow, nun doch wütend werdend.

Seine Gedanken rasten. All die Pläne, die er über das U-Boot studiert hatte, schwirrten vor seinem geistigen Auge herum. Mit einem gedanklichen Wimpernschlag blätterte er in den Seiten, um genau die Stelle zu finden, die ihm erklärte, wie er den Druckausgleichstank auf eine andere Art schließen konnte. Während Narrow duldsam die Konstruktionspläne des U-Bootes durchforstete, sank das Boot dem Lebensraum der Maborier stetig entgegen. Das Scheinwerferlicht, das sich dem gesamten Abstieg über in der endlosen, klaren Leere des Ozeans verlor, durchschnitten plötzlich grüne, im bleicher werdenden Wasser treibende Substanzen, die die Tauchfahrer argwöhnisch bestaunten. Je tiefer sie sanken, desto allgegenwärtiger beherrschte diese Substanz den Ozean. Die Schwierigkeiten, in denen sie steckten völlig vergessend, betrachtete Carter diese Substanz, die ihr so bekannt vorkam.

„Das sind Algen. Verdammt noch mal. Sehen Sie doch. Es sind Algen", staunte sie.
Fasziniert starrte sie die nun doch ersten entdeckten biologischen Erscheinungen an, die sich teppichartig nach allen Seiten ausbreiteten.

Noch während das U-Boot in diesem grünen Schimmer eintauchte, schienen die Algen aus der Tiefe her von einem grünen Leuchten angestrahlt zu werden. Immer intensiver werdend, erhellte es die gesamte Umgebung, die nun, wie in der Grotte, einen unglaublichen Anblick bot. So erreichten sie die ersten Außenbereiche Maboriens, die die Unterwasserwelt von Europa darstellte. So sehr sie aber die grüne Hintergrundbeleuchtung überwältigte, so wenig unbeschwert konnten sie sie betrachten, da mit jedem Meter, den sie dem Grund entgegen sanken, die Wahrscheinlichkeit stieg, dass sie nie wieder Planeten oder ihre Sonne sehen würden.

Erst als das Grün der Algen sowie die grüne Hintergrundbeleuchtung einem tiefen Blau wichen, erwachte erneut ihr Forschergeist, der sie staunend diese ungewöhnliche Erscheinung betrachten ließ. Sogar Narrow, der sich durch nichts ablenken lassen wollte, sah nach draußen. Was er dort sah, raubte ihm für kurze Zeit die Konzentration, die er brauchte, um endlich das Sinken zu beenden. Da er aber das Problem weiterhin nicht lösen konnte, tauchte das U-Boot in dunkelblau gefärbtes Wasser ein. Unmengen von blauen Schlieren, deren fadenförmige Ausläufer sich weit im Ozean verloren, bewegten sich durch das Wasser. Als sie immer tiefer in dieses Blau eintauchten, entdeckten sie große Brocken fleischiger Kadaver, deren zerrissene Körper nicht rot von Blut wie auf der Erde waren, sondern tief Blau. Das platschige Geräusch, das diese Kadaver erzeugten, während sie von dem U-Boot beiseitegeschoben wurden, drang ungehindert durch die dünne Wandung des U-Bootes, das die Insassen zusätzlich erschaudern ließen.

„Was ist das hier?", fragte Carter mit ekelerregendem Grauen die anderen. In ihren unmittelbaren Sichtbereich tauchten immer mehr Gedärm und Reste irgendwelcher großer Tiere auf.

„Seht euch genau diese Reste an, dann wisst ihr, was das für Tiere waren", forderte Gater die anderen auf, dem die ehemalige, massige Struktur der Tiere sofort auffiel. Carter, die Biologin, schaute sich, trotz größten Ekels, ebenfalls die Überreste genauer an. Sie erkannte, ebenso wie Gater, eine Übereinstimmung zu einem Tier, das sie erst vor kurzem entdeckt hatten. Es waren einmal sehr große massige Tiere gewesen, erkannte sie. Ähnlich den Walen auf der Erde.

„Ja genau, Sie haben recht, Gater, das ist das gleiche Tier, was wir im Eis gesehen haben. Es muss davon hunderte gegeben haben."

Erst jetzt sah sie wieder mit den Augen einer Exobiologin aus dem Fenster. Fasziniert erkannte sie die einzelnen Strukturen der verschiedensten Körperteile. Erkannte, wozu sie gedient haben könnten. Plötzlich schlug der anfängliche Ekel in wissenschaftliche Faszination um.

„Seht euch nur diese Strukturen an. Die Leiber sehen aus, als ob sie nach innen gedrückt wurden. Ja genau, sie haben oben nahe dem Eis gelebt, dort, wo wir das Eine gefunden haben. Durch die neuen Umweltbedingungen wurden sie dazu gezwungen, in die Tiefe abzutauchen und wurden dort vom enormen Druck zerdrückt."

*

Miller versuchte, die Ausführungen Carters nicht in sein Gehirn eindringen zu lassen. Aber das gelang ihm nicht. Er konnte nicht verhindern, dass er sich gerade in Gedanken vorstellte, wie es wäre, wenn sie dort draußen wären und diesen enormen Druck ertragen müssten.

„Bitte hören Sie damit auf, Carter, mir schaudert es bei dem Gedanken!", forderte er die Exobiologin inständig auf. Die schien aber von der neuen Sichtweise des Grauens vollkommen beflügelt zu sein.

„Sehen Sie sich doch diese faszinierten Tiere an, Miller!", feixte Carter, die der ernsten Lage, in der sie sich befanden, einen leichten Hauch Sarkasmus abringen konnte.

Auch Gater war nicht abgeneigt, sich auf ihre Äußerung ein leichtes Schmunzeln entgleiten zu lassen. Erst Narrow brachte ihnen die prekäre Situation, in der sie sich immer noch befanden, wieder in ihr Bewusstsein zurück.

„Wenn wir den Druckausgleich nicht schließen können", unterbrach Narrow den Disput, „dann sehen wir auch bald so aus wie diese Tiere dort draußen." warnte Narrow, während er weiter an den Schaltern hantierte.

Erst nachdem sie den Friedhof durchquert hatten, schauten Carter, Gater sowie Miller wieder auf die flinken Finger ihres Navigators, in der Hoffnung, dass sie den entscheidenden Schalter betätigten, der das Sinken beenden würde. Narrows Bemühen spiegelte sich in seinem ernsten, verzweifelten Gesicht wieder, dass merklich an vergnügendes Navigieren einbüßen musste. Aber nun, nachdem er seine virtuelle Bibliothek fast vollständig durchgeblättert hatte, zeigte sie ihm endlich einen Weg auf, der zum Erfolg führen könnte. Sofort setzte er die neu gewonnenen Erkenntnisse in die Tat um und betätigte die entsprechenden Schalter und Hebel. Das Summen, das er und seine Kameraden daraufhin aus dem Innern des Bootes hören konnten, ließ sie erleichtert aufatmen. Ein Servomotor schloss nun endlich das eine Ventil, dass die Wasserzufuhr unterbrach. Außerdem ließ sich endlich die Pumpe aktivieren, die Luft in die Ausgleichstanks presste und das überflüssige Wasser nach außen drückte.

Narrow spürte sofort, wie er leicht in seinen Sitz gepresst wurde, bedingt durch die abwärts gerichtete kinetische Energie, über die sein Körper noch verfügte. Diesen leichten Anpressdruck schnell verlierend, verzogen sich seine Mundwinkel wieder zu einem freudigen Grinsen, dass sofort von seinen Kameraden erleichtert wahrgenommen wurde.

„Na endlich", schrie Narrow fast heraus, als er das Sinken abbremsen konnte.

Nun konnte er auch endlich die Motoren wieder starten, die das U-Boot wieder navigierfähig machten. Aber ehe Narrow dem Boot den abwärts gerichteten Schwung nehmen konnte, tauchte das U-Boot in ein Meer aus grünem Licht ein, das von unzähligen, weit verbreiteten Anhäufungen von Lichtquellen zu kommen schien. Erst jetzt, nachdem die Tauchfahrer dem drohenden Tod entronnen waren, registrierten sie endgültig die Pracht, die sich unter ihnen ausbreitete. Völlig losgelöst von den vorherigen Schwierigkeiten, steuerte Narrow das U-Boot sanft in eine abwärts gerichtete Kurve, um sich der Erscheinung zu nähern.

„Nein, das glaube ich jetzt nicht, das übertrifft alles, woran die Wissenschaftler auf der Erde geglaubt haben". Miller konnte vor Erstaunen nicht weiterreden. Das Gesehene drang kaum in sein Hirn ein. Nie hätte er so was für möglich gehalten. Er hatte schon so viel auf und unter Europa gesehen, aber das übertraf alles Vorhergesehene.

Unter ihnen breitete sich die größte Stadt der Maborier aus. Die Stadt aus der die Wissenschaftlerin Zeru stammte, die sie nie mehr wiedersehen würde. Wie ein Standbild einer Kamera bewegte sich in der Stadt nichts mehr. Ein gigantischer Eissarkophag umschloss diese einst so prunkvolle Stadt, dessen kompakte Struktur von zahlreichen Spannungsrissen durchzogen wurden. Erst diese zahlreichen Spannungsrisse verliehen dem Eispanzer eine plastische, sichtbare Präsenz, die aber ansonsten aus der Entfernung nahezu unsichtbar geblieben wäre. Aber die kleinen länglichen U-Boote, es mussten U-Boote sein, die die Menschen im Eis sahen, schienen wie angewurzelt in der Luft zu hängen. Deshalb brauchte es keine Spannungsrisse, um die wahre Natur des Elements, das die Gebilde im Wasser umgaben, zu erkennen. Neben den einzelnen kleinen U-Booten tummelten sich tausende humanoide Lebewesen. Sie konnten es nicht glauben. Wirklich humanoide Lebewesen. Sie wiesen einen länglichen, flachen, schuppigen Körper auf, dessen dünne, lange Arme mit Fingern bestückt waren, die zwischen den Fingern kleine Schwimmhäute trugen. Dies konnten sie nur sehen, da einige der humanoiden Lebensformen sehr weit oberhalb ihrer Stadt im Eis steckten. Ihrem Körper entsprangen zwei ebenfalls dünne, lange Beine, an deren Ende sich breite, längliche Schwimmflossen befanden, die an der Oberseite die Struktur des knöchernen Aufbaus erkennen ließen. Der längliche Hals endete in einem flachen, breiten Kopf, der sich dadurch deutlich vom Hals abhob. Ihn zierte ein breiter Mund, der sich ähnlich eines Lurchs von einer Seite des Kopfes bis zur anderen Seite des Kopfes hinzog. An der Stirn sahen sie einen flossenartigen Ansatz, der über den Hals bis zum Nacken reichte. Die Augen, die wie eine Wulst aus dem flachen Kopf herausragten, waren große, leicht ovale Kugeln, die dem Gesicht eine intelligente Erscheinung verliehen. Das Erstaunlichste stellten aber die kleinen Rucksäcke dar, die einige der humanoiden Lebewesen unterhalb ihres mit grau melierten Schuppen bestückten Bauches trugen. Carter glaubte zu ahnen, wieso sie diese Rucksäcke trugen. Sie stellte sich vor, wie es wäre, wenn sie im Wasser leben würde und ihre vier Extremitäten zur Fortbewegung brauchte. Auch sie würde, um ihre persönlichen Habseligkeiten dabei zu haben, auf einen praktischen, stromlinienförmigen Rucksack zurückgreifen. Die Menschen konnten sich vor Staunen nicht rühren. Zu Tausenden, Abertausenden zierten die grauen Körper die Dächer, Straßen und Plätze dieser Stadt. Die Blicke der Menschen wanderten von den Anhäufungen in der Stadt zu den Randgebieten der Stadt über und erkannten die Herkunft der unzähligen Lebewesen. Erst danach begriffen die Menschen die ungeheure Tragweite des Kometeneinschlages. Zu dutzenden Reihen, die sternförmig in die Stadt einströmten, versuchten die Lebewesen aus weit entfernten Gegenden in diese Stadt zu gelangen.

„Von allen Seiten her kamen sie, um wahrscheinlich in dieser Stadt Schutz vor dem Eis zu suchen", folgerte Carter richtig.

Das Entsetzen, dass sie verspürte, durchdrang ihren gesamten Körper. Eigentlich kam sie hierher, zu diesem Mond, um nach Spuren außerirdischen Lebens zu suchen. Vielleicht nach Mikroben oder allenfalls Einzellern, die sie unter dem Mikroskop studieren konnte. Aber doch nicht eine gesamte Zivilisation, die einem solchen Grauen unterworfen worden war. Eine ganze Zivilisation, die für ewig im Eis eingefroren war. Solch einen Schrecken wollte sie nicht sehen.

„Diese Massen von Wesen, woher kommen die wohl?", riss Miller Carter aus ihren Gedanken.

„Das war bestimmt nicht die einzige Stadt in dieser Unterwasserwelt", folgerte Narrow, der mehr hinunter in die Stadt sah, als darauf zu achten, wohin er steuerte.

„Wenn so viele Wesen hier her unterwegs waren, dann muss es noch sehr viel mehr Städte hier unten gegeben haben." Carter bedauerte, dass der Wissensdrang der Menschheit sie erst jetzt hierher geführt hatte. Wie fantastisch wäre es doch gewesen, mit diesen Wesen in Kontakt zu treten. Zu spät, wie sie alle feststellen mussten. Dafür machte sie auch die vielen Kriege der Menschheit verantwortlich. Durch deren Wahnsinn wurden so viele wissenschaftliche Erfindungen zurückgedrängt, die erst sehr viel später ihre Entfaltung erleben konnten. Gäbe es diese Kriege nicht, würde die damals florierende Wissenschaft zu früherer Raumfahrt und zu früheren Kontakt zu diesen Lebewesen geführt haben. So aber kamen sie zu spät. Zu spät, um ihnen zu helfen. Vielleicht wäre man in der Lage gewesen, diesen Kometen abzulenken und diese Katastrophe zu verhindern. So aber wusste die Menschheit nichts von diesen Wesen. Sahen auch keinen Grund, viel Geld und Knowhow in die Ablenkung des Kometen zu stecken. Nun konnten die Raumfahrer nur noch diese tote Stadt bestaunen und hoffentlich noch davon zu Hause berichten.

Aus den Fenstern einzelner Gebäude, die wie Pilze übereinander und nebeneinander in die Höhe ragten, schimmerte schwaches Licht, das immer schwächer zu werden schien. Die gesamte Stadt durchzog ein Netz aus korallenartigen Gestängen, die die pilzartigen Gebäude einzäunten. Wie das Gerüst eines Regals trugen die Korallenarme ganze Pilzgebäudeverbände. Oberhalb der Stadt schlängelten sich Röhren in die Stadt, die ebenfalls wie die Flüchtlingstrecks sternförmig aus allen Himmelrichtungen dieser Welt in die Stadtmitte zusammenliefen. Ebenfalls konnten sie sehen, wie alle paar Meter Fenster die Röhren zierten, aus denen die Passagiere das fantastische Panorama ihrer Welt bestaunen konnten. Etwas links, außerhalb der Innenstadt gelegen, sahen die Menschen eine Röhre, die in der Mitte auseinandergerissen wurde. Ihr entsprang ein Zug ähnliches Gefährt, das zertrümmert unterhalb der Röhre im Eis steckte. Aus einer weiteren Röhre hingen drei Waggons heraus, deren äußerer Mantel völlig zerfetzt war. Unzählige Leichen schwebten um diesen Katastrophenschauplatz herum, der für ewig im Eis einkonserviert wurde. Sie hatten hier wahrhaftig Züge, richtige Technik gehabt. Staunend sahen die Menschen weiter in die eingefrorene Stadt, deren einstige Asylsuchende sich über der gesamten Stadt ausbreiteten. Über einen anderen Bereich der Stadt machten sie einige Kadaver der walähnlichen Tiere aus, die zerfetzt über zerborstenen Vakuumröhren oder über den Dächern der Gebäude schwebten.

„Seht euch diese Stadt an, Leute!", staunte Carter weiter.

„Die Gebäude, seht nur, diese Architektur, was wird das für ein Material sein, das unter Wasser zum Häuserbau verwendet wird", rätselte Gater.

Narrow ließ langsam das Boot über der Stadt gleiten, damit sie alles genau betrachten konnten. Das Boot schwebte in etwa dreifacher Höhe der Vakuumbahnen, die früher tausende Passagiere in die Stadt befördert hatten. Gemächlich trieben die Menschen über unzählige Bauten, Vakuumbahnen, prunkvolle Straßen sowie Freizeitparks. Sie nahmen an, dass das, was sie sahen, Freizeitparks sein sollten. Bunt geschmückte, langgezogene kleine Miniatur-Rohre befanden sich ebenso auf dem großen Gelände wie kleine Häuser, die den großen Nachempfunden waren. Und immer wieder bunte Lampen, die flackernd das letzte Licht abgaben. Überhaupt leuchteten nur noch spärliche Leuchten in den Häusern und Gassen dieser Stadt. Aus der Stadt entsprang der gleiche grüne Schimmer, der auch die Grotte ihren unverwechselbaren Glanz verlieh. Auch hier schienen die Kristalle die dominante Lichtquelle zu sein, die aber merklich an Intensität verloren. Die Scheinwerfer des U-Bootes überstrahlten die schwächer werdende Lichtemittierung der Kristalle und offenbarte den Besuchern weitere faszinierende Errungenschaften der einstigen Bewohner dieser Welt.

„Die grünen Kristalle kennen wir doch von der Grotte", störte Carter die Ruhe in der Kabine.

„Das scheint hier in dieser Welt die natürliche Leuchtquelle zu sein", spekulierte Gater.

„Ja, genau", griff Miller diese These auf, „deswegen dieses allgemeine grüne Hintergrundleuchten, das uns hier überall begegnet."

Miller war so dermaßen fasziniert, dass er an die Gefahr, in der sie sich momentan befanden, nicht mehr dachte.

Minutenlang ließ Narrow das U-Boot über der Stadt seine Bahnen ziehen, die sie über unzählige runde Gebäude mit weit über die Wände reichende Dächer führten. Überall zwischen diesen Gebäuden herrschte offenbar die Natur. Sie konnten in der Stadt eine üppige Vegetation sehen. Überall befanden sich Algen, die an den Wänden und Straßen wuchsen.

„Wie Naturverbunden diese Wesen waren", kombiniert Carter falsch.

Sie waren genau so viel oder genau so wenig naturverbunden wie sie selbst, die Menschen. Die Maborier hatten ihre Algenplage bis zum Schluss nicht mehr eindämmen können. Aber davon wussten die Menschen nichts.

Von dieser außergewöhnlichen außerirdischen Welt so sehr fasziniert, achtete Narrow nicht darauf, wohin er das U-Boot steuerte. Erst als Carter hysterisch aufschrie, wandte er seinen Blick langsam von der Stadt ab und erfasste den Grund für Carters Aufschrei. Nur wenige Meter trennte das U-Boot von einer massiven Eiswand, die aus der Stadt emporstieg und sich in der unendlichen Höhe verlor.

„Eissss....Eis...!", schrie Carter immer wieder, bis Narrow das Steuer herumriss und versuchte, dem Eis auszuweichen.

„Tun Sie doch was, Narrow, wir werden alle hier unten sterben", schrie auch Miller, dem auf einmal alle Faszination für diese Welt entsprungen war und seine allgegenwärtige Angst wieder die Oberhand erlangte.

„Festhalten", rief Narrow, der sich blitzartig wieder seinem eigentlichen Job zuwandte und versuchte, dem Eis auszuweichen.

Egal, wie sehr Narrow das Steuer herumriss, das U-Boot raste unaufhaltsam an der Innenseite eines gigantischen, aus Eis bestehenden, Flaschenhalses entlang, der sich stetig verengte. Mit Schrecken musste er feststellen, dass dieser Flaschenhals die letzte eisfreie Zone war, die senkrecht nach oben führte. Nach dem Oben, von dem sie vor nicht allzu langer Zeit gekommen waren. Und ihm war ebenso drastisch klargeworden, wenn sie dieses Oben wieder erreichen wollten, mussten sie diese tote

Welt sofort verlassen. Mit Mühe gelang es ihm, das U-Boot in letzter Sekunde von den Eisspitzen und den bullaugenähnlichen Vorwölbungen weg zusteuern, die ins Innere des Flaschenhalses hinein lugten.

„Huch, das war knapp!", feixte der Navigator, als er genügend Abstand zum Eis gewinnen konnte.

„Ihre Welt ist einfach eingefroren. Sie werden Millionen von Jahren hier friedlich gelebt haben. Nichts von der Außenwelt ahnend und auf einmal friert ihnen praktisch ihr Lebensraum ein. Und wissen nicht einmal, wieso das alles geschieht. Wie grauenvoll."

Carter gingen einfach die vielen eingefrorenen Leichen nicht aus dem Kopf. Ihr Mitleid fand kein Ende. Immer wieder schaute sie nach draußen, auf diese untergegangene Stadt, deren natürliche Lichtquellen zunehmend verblassten.

„Zeichnen wir immer noch auf, Narrow?", fragte Gater und riss mit dieser Frage seine Kameraden aus der Trauer, die sie in den letzten Minuten erfasst hatte.

Von dem vorherigen Schock noch völlig eingenommen, schaute Narrow nur kurz zu den Aufzeichnungsgeräten und überzeugte sich von der einwandfreien Funktionalität.

„Waren nie ausgeschaltet. Wir haben alles im Kasten."

Niemand würde ihnen das auf der Erde glauben, wenn sie keinen Beweis mit nach Hause bringen würden. Daher war er Gater auch nicht böse, dass er sie alle aus dieser Lethargie gerissen hatte.

Gater schmerzte es sehr, diese sterbende Welt zu verlassen und nun von ihr Abschied nehmen zu müssen, ohne jemals mit diesen Wesen in Verbindung getreten zu sein. Er bemerkte, wie Narrow versuchte, das U-Boot nochmals so zu navigieren, damit sie abermals einen Panoramablick erhaschen konnten. Auch der so gelassene Narrow schien von dieser Welt beeindruckt zu sein, dachte Gater. Die Scheinwerfer des U-Bootes durchbohrten währenddessen ungehindert die neugebildeten Eisschichten der immer enger werdenden Röhre. Der klägliche Rest einer warmen Strömung, die vermutlich diesen engen Korridor noch eisfrei hielt, versiegte unerbittlich. Als sie mit ihrem havarierten U-Boot hier eintrafen, musste diese Strömung noch größer gewesen sein. Auch wenn Narrow mit der Wiederherstellung des Druckausgleichsmechanismus beschäftigt war, so registrierte er während des unerbittlichen Abtauchens nicht die Enge, der sie nun versuchten zu entfliehen. Narrow zog nun endgültig das Steuerrunder vollends zu sich ran und brachte damit das U-Boot nun völlig in eine senkrechte Lage. Schraubenartig versuchte er, dem gefrierenden Flaschenhals zu entfliehen.

„Hoffentlich schaffen wir das", betete Carter.

Sie hatte nicht mal Angst um ihr eigenes Leben. Es wäre traurig, wenn sie es nicht schaffen würden, hier unten starben, und die Menschheit nie etwas von dieser Unterwasserstadt erfahren würde. Wie weit sie entwickelt waren, dachte Carter noch einmal über die Unterwasserwesen nach. Wie sie wohl der Natur getrotzt haben? Diese ganze Technik, wie wird das alles unter Wasser funktioniert haben? Sie klammerte sich an ihren Stuhllehnen fest, als Narrow den Geschwindigkeitsregler vollends nach vorne drückte und das U-Boot seine Geschwindigkeit massiv erhöhte.

*

Gleichzeitig stieg das U-Boot rapide in die Höhe. Vorbei an senkrechten Eisformationen, die jetzt in der immer dunkler werdenden Welt nur noch von den Scheinwerferstrahlen erhellt wurden. Ihren Fluchtweg versperrten immer häufiger Ausbuchtungen, die weit in den Flaschenhals hineinwuchsen. Trotz Narrows konzentriertem und besonnenem Navigieren, stießen sie mehrmals mit den sich bildenden Vorwölbungen zusammen, die das U-Boot gefährlich zum Trudeln brachten.

„Seihen Sie doch vorsichtig!", schimpfte Miller, der aber einsah, dass Narrow sein Bestes tat, um den neu entstehenden Eisstrukturen auszuweichen.

Seine panische Angst ließ ihn unentwegt Narrows Ausweichbemühungen kommentieren. Er sah aber in den Gesichtern seiner Kameraden die gleichen Ängste, die zu seinen

Äußerungen führten. Deren starre Blicke nach draußen suggerierten ihm, dass sie ebenso wie er befürchteten, dass sie diesem eisigen Tunnel nicht rechtzeitig entrinnen würden.

„Jetzt scheint der Punkt erreicht zu sein, an dem jede noch vorhandene warme Strömung versiegt und das Wasser ungehindert einfrieren wird", versuchte Miller zu erklären. Er hoffte mit dieser Feststellung Narrow dazu zu drängen, noch schneller und beherzter aufzusteigen, um dem sicheren Tod zu entgehen. Aber Narrow musste nicht auf das immer dichter werdende Eisnetz aufmerksam gemacht werden. Ihm trieben die neu entstehenden Eisausbuchtungen ebenso den Angstschweiß ins Gesicht, wie es vermutlich auch Miller und den anderen erging. Dennoch versuchte er das U-Boot unbeschadet durch diesen labyrinthartigen Wasserschlauch hinauf zur Oberfläche zu steuern.

*

Nachdem sie sich dem Oben der Maborier auf nur wenige Kilometer hatten annähern können, durchbrach die angespannte Lage im U-Boot ein Funkspruch aus der Welt, in die sie versuchten zu flüchten.

„Carl Sagan an U-Bootbesatzung", dröhnte es plötzlich aus dem Lautsprecher.
Wie erstarrt blickten die Besatzungsmitglieder auf die ovale Ummantelung des Lautsprechers, der sie daran erinnerte, dass es dort draußen immer noch Menschen gab, die auf ihre baldige Rückkehr warteten. Einzig allein Narrow, dem seine krampfhaft ums Steuer umfassten Hände schmerzten, blickte für einen Sekundenbruchteil von den vor ihm entstehenden Eisbarrieren weg, um erkennen zu müssen, wie paralysiert seine Mannschaft auf den Weckruf aus ihrem Raumschiff reagierte. Sofort forderte er Gater auf, sich des Funkspruchs zu widmen.

„Na los Gater, gehen Sie schon ran und schildern Sie unsere Situation."
Gater, dem seine Rolle des Kommandeurs wieder ins Bewusstsein rückte, griff zum Mikrofon und drückte nun wieder routiniert die Sprechtaste.

„Hier Gater. Hatten Schwierigkeiten mit unserem U-Boot. Sind jetzt auf den Weg zurück an die Oberfläche. Hier friert alles ein. Versuchen, dem Eis zu entfliehen. Sind von der Oberfläche noch etwa 40 Kilometer entfernt. Drohen, es nicht zu schaffen", brüllte er ins Mikrofon.

Der letzte Satz entglitt seinem Mund, ohne dass er ihn aussprechen wollte. Denn er befürchtete, dass mit diesem gesagten Satz, die Vermutung zur Realität werden könnte. Die entgeisterten Blicke seiner Kameraden ließen ihn das Mikrofon unbewusst sinken lassen.

„Wir schaffen es doch, Narrow, oder?", fragte Miller den Navigator, dessen unermüdlichen Versuche, den neu entstehenden Eisformationen auszuweichen, ungeahnte Kraftreserven entlockten.

Trotz seiner voll beanspruchten Konzentration riskierte er abermals einen Nackenschwenker zu Gater, um ihn unmissverständlich über dessen Aufgabe zu informieren.

„Machen Sie weiter", forderte er ihn gleichzeitig auf.

„Kommen", sagte Gater endlich und ließ euphorisch die Sendetaste los und wartete voller Anspannung auf Antwort von ihrem Mutterschiff.

Die Frage von Miller ignorierend, lauschten sie gemeinsam auf das Summen des Lautsprechers, der kurz darauf zu knacken begann. All ihrer Anspannung beraubt, lauschten sie ihrem Steuermann Clark, dessen kräftige, aber vor Angst bebende Stimme aus dem Lautsprecher plärrte.

„Sie müssen so schnell wie möglich zur Oberfläche zurückkommen", sagte er unmissverständlich.

Clark schien sehr nervös zu sein, stellte Gater fest und lauschte weiter den Ausführungen des unendlich weit entfernten Clark, der sich ebenso unsicher in seiner unmittelbaren Umgebung fühlte wie die Besatzung des U-Bootes.

„Neue Berechnungen bestätigen, dass Europa in zwei Stunden und 47 Minuten mit Ganymed zusammenstoßen wird." Entgeisterte Gesichter starrten den Lautsprecher an.

Sprachlosigkeit, die erst von Gater durchbrochen wurde, erfüllte die kleine Kabine.

„Was redet er da?", fragte er verdutzt. Er wusste nicht, ob er das richtig verstanden hatte. Wieso sollte Europa mit Ganymed zusammenstoßen? Das war nicht vorgesehen. Er drückte den Sendeknopf erneut.

„Hier U-Boot, habe ich richtig verstanden? Europa wird mit Ganymed zusammenstoßen?", fragte er ungläubig zurück. Gater traute sich eigentlich gar nicht, diese Frage zu stellen. Das war einfach zu idiotisch, dachte er. Gespannt warteten alle, dass Clark sich erneut melden würde und ihnen vorwerfen würde, dass sie zum nächsten Ohrenarzt gehen sollten. Dann, nach wenigen Sekunden, knackte es abermals im Lautsprecher und Clark meldete sich zurück.

„Es ist wahr. Europa wird mit Ganymed zusammenstoßen! In zwei Stunden und 10 Minuten müssen wir spätestens von hier starten. Ende."

„Also doch", dachte Gater.

Seine begonnenen Berechnungen mussten nun seit einiger Zeit abgeschlossen sein. Er rechnete schon mit abweichenden Kursänderungen des Mondes. Dass sie aber so gravierend ausfallen würden, ahnte er nicht. Narrow, der aufmerksam zugehört hatte, umklammerte sein Ruder noch fester und holte nun das Letzte aus den Maschinen heraus. Er wusste, dass sie nur sehr knapp das Oben erreichen würden. Und wenn sie durch das vor ihnen gefrierende Wasser zeitaufwendige Umwege fahren mussten, würden sie es garantiert nicht schaffen. Da war er sich ganz sicher.

„Was soll ich ihm sagen, Narrow?" Gater, der eigentlich das Kommando innehatte, wandte sich an Narrow, der als Steuermann bestimmt eher sagen konnte, ob sie es schaffen würden oder nicht.

„Sagen Sie ihm, dass wir es schaffen werden. Es wird zwar knapp werden, aber wir werden rechtzeitig an Bord sein. Sagen Sie ihm das und eiern Sie nicht rum."

Den letzten Satz musste er sagen, damit es keine Ausflüchte gab. Auch wenn Gater sich dadurch angegriffen fühlte. Er hatte seinen Job während der Expedition recht gut gemacht. Aber hier ging es um sein Überleben. Da duldete er keine Ausflüchte. Gater führte das Mikrofon wieder an seinen Mund und drückte die Sprechtaste.

„Wir werden pünktlich da sein. Bereiten Sie alles für die Aufnahme unseres Shuttles vor. Und noch was. Wir haben Unglaubliches gesehen. Schon deshalb müssen sie auf uns warten."

Er hoffte, durch den letzten gesagten Satz die Carl Sagan dazu zu bewegen, wirklich bis zur aller, aller letzten Sekunde mit dem Abflug zu warten. Er ließ die Sprechtaste wieder los und horchte, was Clark zu erwidern hatte.

„Verstanden. Werden alles für ihre Ankunft vorbereiten. Sind auf ihre Ergebnisse gespannt. Wünschen Ihnen viel Glück, Clark. Ende."

Unspektakulär verklang die Stimme Clarks, deren Nachhall schnell in der Kabine verebbte, die ansonsten nur von dem leisen Summen der Antriebsmotoren erfüllt wurde. Gater hing irritiert das Mikrofon an seinen angestammten Platz und dachte über das Gehörte nach. Wenn es tatsächlich zum Zusammenstoß von Europa und Ganymed kommen würde, dann würde Flynn die Carl Sagan aus dem Anziehungsbereich der kommenden Katastrophe heraus steuern, ungeachtet des gegenwärtigen Standpunktes ihres U-Bootes. Jetzt hing alles davon ab, inwieweit sie die Oberfläche erreichen würden. Sie hofften alle, dass die immer enger werdende Röhre, ihnen nicht die letzten Kilometer, die sie noch bis zur Unterseite des Eispanzers brauchen würden, versperren würde. Aber ebenso setzten sie auf Narrow, der mit seinen Fahrkünsten souverän das Tauchboot weiterhin durch diese Eiswelt steuerte.

*

Kilometer um Kilometer erkämpfte sich Narrow die immer geringer werdende Distanz, die nötig war, um das Oben der Maborier zu erreichen. Als im Licht der Scheinwerfer endlich die zu bizarren Gebilden mutierte Unterseite des Eispanzers erschien, atmeten die Besatzungsmitglieder erleichtert auf.

Ohne wertvolle Sekunden zu verlieren suchten die Tauchfahrer sofort nach der rettenden Öffnung, die sie an die Oberfläche bringen sollte. Der innere Raum des Flaschenhalses, der sich hier mit der oberen Barriere verband, verengte sich währenddessen immer mehr. Er maß aber dennoch viele hundert Meter, die es den Tauchfahrern sehr mühselig machten, die rettende Öffnung zu finden.

„Die Öffnung wird schon genauso eingefroren sein wie wir bald", sagte Carter resigniert, die nun langsam jede Hoffnung verlor, der Menschheit auf der Erde von diesem unsagbar schönen Ort berichten zu können.

„Geben Sie nicht auf, Carter!", versuchte Gater die Hoffnung zu schüren, von der er selbst nicht mehr überzeugt war.

Narrow steuerte das U-Boot durch jede erdenkliche, senkrecht nach unten gerichtete Eisscholle, in deren versteckten Spalten sich die Öffnung in die Freiheit verbergen musste. Auch er befürchtete mittlerweile, dass sich die Öffnung inzwischen geschlossen haben könnte und sie hier den unweigerlichen Kältetod erleiden würden.

Unter ihnen formten sich inzwischen weitere beulenartige Ausbuchtungen, die sich mit der gegenüberliegenden Flaschenhalswand verbanden. Immer enger werdend, schloss sich der letzte eisfreie Schlund dieses einst so mächtigen Ozeans, der sich nun unweigerlich auch mit dem Rest des Obens verbinden würde.

Fern jeglicher Hoffnung irrten die ersten Besucher dieser toten Welt im Wirrwarr der herabhängenden Eisschollen umher, die sich unaufhaltsam mit der verengenden Barriere verbanden. Unentwegt suchten sie die kleine Öffnung, deren Nichtvorhandensein sie unerbittlich in ihrem Glauben bestärkte, nie wieder nach Hause zu kommen. Ständig versperrten Eisschollen den Weg, den Narrow brauchte, um zur nächsten Eisscholle zu gelangen. Narrow hoffte inbrünstig, hinter jeder neuen Eisscholle den rettenden Fluchtweg zu finden. Erst als jeglicher Weg durch das gefrierende Wasser versperrt schien, durchbrach der Freudenschrei Gaters die Kabine. Für Bruchteile einer Sekunde sah Gater, wie der Lichtstrahl der Scheinwerfer über schwarze, im Eis eingeschlossene Brocken huschte.

„Dort!", rief er mit voller Kraft, dass sein Hals schmerzte.

„Was haben sie gesehen?", wollte nicht nur Miller wissen, der wieder Hoffnung schöpfte.

„Fahren Sie ein Stückchen zurück, Narrow. Ich glaube, ich habe Brocken des Kometen gesehen", forderte er Narrow auf. Abrupt zog Narrow den Geschwindigkeitsregler zu sich ran. Die Motoren im Innern heulten merklich auf, während sie ihre Drehrichtung änderten. Langsam bewegte sich das U-Boot rückwärts der Stelle entgegen, die Gater nur kurz sah.

„Ja, sie haben recht. Sehen Sie doch!", freute sich Carter, deren Gesicht sich merklich aufhellte.

Über ihnen tauchten die charakterlichen Schleifspuren des Kometen auf, die aber weit im Eis steckten. Während Narrow das Ruder in die Mittelstellung brachte und somit das U-Boot zum Stillstand zwang, suchten die Menschen nach Spuren der rettenden Öffnung. Auch, wenn die schwarzen Schlieren sich weit im Eis befanden, so erkannten sie dennoch deren kreisrunde Form, dessen Mittelpunkt die rettende Öffnung enthalten musste. Bedächtig aber zügig steuerte Narrow das U-Boot in Richtung des gedachten Mittelpunktes. Unter ihnen schloss sich beharrlich der Flaschenhals, dessen Eis sich mit den Eisschollen verband, zwischen denen die Tauchfahrer nach der ersehnten Öffnung suchten.

„Sie wird zugefroren sein!", sagte Miller ängstlich nach der Öffnung suchend.

„Geben Sie die Hoffnung nicht auf, Miller!", versuchte Carter ihn zu trösten, die aber selber Trust brauchte. Denn auch sie konnte das Loch im Schleier nicht erspähen.

„Wir sind verloren!", sagte er abermals, als Narrow das U-Boot über einer winzigen, durch unzählige Verschachtelungen von Eis durchzogene Öffnung zum Stehen brachte.

„Na endlich", entglitt es jedem Besatzungsmitglied, als sie die zu wenigen Dutzend Metern verengte Öffnung über ihnen erspähten.

Aber diese anfängliche Euphorie schlug nur wenige Augenblicke später in resignierte Panik um.

„Nein, das darf nicht wahr sein!", entglitt es nicht nur Miller, als auch er die Öffnung sah, deren einst gigantische Ausmaße zu einem winzigen Mauseloch mutierten. Den Innenbereich der Öffnung durchzogen bereits zahllose, stetig wachsende Eiszapfen, die kreuz und quer ihren Fluchtdurchgang mit jeder verstreichenden Sekunde verengte.

„Was nun?", fragte Carter nicht nur Narrow, der das U-Boot unter der immer mehr zuwachsenden Öffnung schweben ließ.

Narrow wusste, dass ihm keine Zeit mehr blieb, lange über passende Lösungen des Problems nachzudenken.

„Wir müssen da durch!", sagte er mehr zu sich selbst als zu seinem Kommandanten, Gater, den er richtigerweise um Erlaubnis fragen müsste.

„Sind sie verrückt? Das schaffen wir nie!", antwortete ihm Miller, der Gater panisch vor Entsetzen ansah.

„Sie haben recht. Wir haben keine andere Möglichkeit", pflichtete Gater dem Navigator bei.

*

Das Netz aus ständig wachsenden Eiszapfen betrachtend, die sekündlich die Öffnung enger werden ließen, steuerte Narrow das U-Boot dem spärlichen Rest einer kreisrunden Öffnung entgegen. Jeglicher Last in den Ausgleichstanks beraubt, begab sich das U-Boot der Menschen in Bewegung, um sich der Natur entgegenzustellen. Trotz der Enge der immer näher kommenden Röhre, drückte Narrow den Geschwindigkeitsregler bis zum Anschlag und brachte das U-Boot somit immer schneller den wachsenden Eisspitzen näher. Panisch vor Angst bedeckte nicht nur Miller seine Augen mit den Händen, um dem drohenden Tod nicht ins Angesicht blicken zu müssen. Einzig allein Narrow schaute konzentriert den stetig wachsenden Eisspitzen zu, wie sie unaufhörlich drohten, ihren Fluchtweg zu versperren.

Carters langgezogener Schrei, der ihr entglitt, als sie doch an Narrows Schultern vorbei zu dem drohenden Zusammenstoß schaute, begleitete das U-Boot, als es sich knirschend seinen Weg durch kristallisierende, zu jeder Seite der Röhre wachsende Eiszapfen suchte.

Narrows ruckartige Steuerbewegungen, die er ausführen musste, um den stetig wachsenden Eiszapfen auszuweichen, ließen die Besatzung ständig hin und her schwanken. Unablässig drangen bedrohliche Kratzgeräusche ins Cockpit des U-Bootes, das die Besatzung erschaudernd zusammenfahren ließ. So sehr Narrow versuchte, nicht mit den wachsenden Eiszapfen zu kollidieren, schrammte er trotzdem immer wieder über einige dieser Eiszapfen hinweg. Trotz dieser Kollisionen raste er weiter auf den nächsten, zuwachsenden Durchgang zu, ehe auch dieser Durchgang ihre Flucht beenden würde. So steuerte Narrow das U-Boot in die immer enger werdende Röhre ein, die einst der Komet P/Wolf hinterlassen hatte, als er in den Ozean der Maborier eindrang.

Mit stetig steigender Geschwindigkeit gelang es Narrow, den Abstand zu der sich unaufhörlich verengenden Röhre zu vergrößern. Erst nach bangen Minuten des Aufsteigens entkrampften sich seine Hände, während er erleichtert auf den mittleren Monitor blickte, auf dessen blassen Bildschirm, die sich immer mehr entfernende, zuwachsende Röhre abzeichnete. So überglücklich von jeglicher Last befreit, erkämpfte sich Narrow Meter für Meter der zuwachsenden Röhre und brachte das U-Boot immer weiter dem rettenden Oben entgegen. Narrow hoffte, dass die Röhre bis zur Oberfläche eisfrei sein würde und er ungehindert das U-Boot aufsteigen lassen konnte. Denn sein Spaßpegel war nun langsam restlos aufgebraucht. Wie er glücklicherweise feststellen konnte, gestaltete sich der weitere Aufstieg relativ problemlos. Unter ihnen gefror zwar die Röhre stetig zu einem dünnen Schlitz zusammen, der aber ihrem U-Boot hinterherhinkte. Erschreckend fand Narrow nur die Tatsache, dass die dunklen Schlieren des Kometen sich weit innerhalb der gefrierenden Röhre befanden. Dies stellte immer noch die Möglichkeit dar, dass schließlich über ihnen die Röhre schon verschlossen sein könnte. Dass das aber nicht der Fall war, konnte Narrow glücklicherweise kurze Zeit später feststellen.

Wehmütig schauten die Tauchfahrer zu den beiden waagerechten Röhrenenden, als sie diese passierten. Winzige Reste des grünen Schimmers, der sie zu der nun zerstörten Grotte führte, quollen aus zertrümmerten Eisschollen, die die Röhre versperrten. Nur für eine winzige Sekunde konnten die Tauchfahrer die Zerstörung betrachten, die während ihrer Flucht von der Grotte einsetzte. Kaum, dass ihre Augen diesen Anblick fokussieren konnten, sauste das U-Boot auch schon an der Stelle vorbei, die vor wenigen Stunden zur ersten Katastrophe während ihres Tauchganges geführt hatte.

*

Diese schrecklichen Ereignisse langsam aus seinem Bewusstsein verdrängend, konzentrierte sich Narrow auf den weiteren Aufstieg, der zwar danach von einigen engen Passagen behindert wurde, die aber Narrows Navigierfreude wieder zu einigen Prozentpunkten aktivierten.

„Seht nur, dort ist Licht", rief Gater überglücklich, als ein kleiner, oranger Lichtkegel, der immer größer wurde, über ihnen auftauchte. Jupiters Silhouette schien durch dieses Loch in die Tiefen seines Mondes, dessen Lichtstrahlen bis tief in die Röhrenwände eindrangen. Umso näher sie der Oberfläche kamen, desto blasser wurden die Scheinwerfer des U-Bootes. Die sich tief in der Röhre befindlichen Schlieren des Kometen warfen seltsame Schatten gegen die sich hinter ihnen befindlichen Eisschichten, die nun von neuen Eisschichten überlagert wurden. Narrow griff zum Schalter der Außenbeleuchtung und schaltete diese aus, ohne seinen Blick von dem langersehnten Jupiter abzulassen.

Je näher sie der Oberfläche des Sees kamen, umso detailreicher wurden die Streifen des Jupiters sichtbar.

„Wir sind gerettet!", freute sich Miller, dessen Gesicht plötzlich wieder Farbe bekam.

„Ja, das sind wir", pflichtete Gater ihm bei.

Nun würden sie endlich dieser eisigen Hölle entrinnen können und der Menschheit von den unglaublichen Begebenheiten unterhalb des Mondes Europa berichten können. Somit waren die enormen Strapazen und die Ängste, die sie ertragen mussten, nicht umsonst gewesen, dachte Gater. Überglücklich, dass sie es geschafft hatten, nickte Carter ihm zu und wandte ihren Kopf in Richtung des Navigators, der erschöpft das Steuerruder weiterhin mit seinen Händen fest umschloss. Mit unendlicher Dankbarkeit betrachtete sie ihn, dessen Navigierkünsten sie diese Rettung verdankten.

Nur Narrow, der sich seiner tragenden Rolle während der Flucht vor den gefrierenden Eismassen bewusst war, bezweifelte den Erfolg ihrer Rettung. Vor seinem Fenster sah er, wie sich eine Unmenge von Eiskristallen bildete und sich langsam zu einer dichteren Masse verband.

„Carter, Gater und Miller, legen Sie schon mal Ihre Raumanzüge an. Wir werden dafür nachher keine Zeit mehr haben", wies Narrow immer nervöser werdend die anderen an.

„Wieso so hektisch, Narrow?", fragte Carter, die erst Narrows ernstes Gesicht betrachtete und schließlich dessen besorgten Blick aus dem Frontfenster folgte.

„Was ist Carter, kommen Sie!", forderte Miller Carter auf, die wie erstarrt die sich zu immer größeren Klumpen formierten Eismassen betrachtete.

„Oh, mein Gott!", formten Millers Lippen während er ebenfalls den immer dichter werdenden Eisschlamm betrachtete. Wissbegierig wandte sich auch Gater den Ereignissen außerhalb ihres Bootes zu, erkannte aber schnell Narrows Drängen, eiligst seinen Anweisungen zu folgen.

„Kommen Sie schon", befehligte er hastig, während er sich dem hinteren Teil des U-Bootes zuwandte, in dem die Außenausrüstung auf sie wartete.

Den zunehmenden Ausweichmanövern geschuldet, taumelten Carter und Miller ihrem Kommandeur hinterher, der ohne zu zögern seinen Raumanzug anlegte. Sich gegenseitig helfend, stiegen auch Miller und Carter in ihre schützende zweite Haut, die sie nicht nur vor dem luftleeren Raum auf der Oberfläche des Mondes schützen sollte, sondern auch vor der eisigen Kälte.

Narrow erkämpfte sich Meter um Meter und reduzierte den Abstand zur Oberfläche auf nur wenige Meter, die ihm aber immer noch unendlich weit entfernt vorkamen. Die rettende Öffnung in ihre Welt des kalten Weltraums und dessen unzählige Galaxien, Sterne, Planeten und Monde vergrößerte sich mit jeder Sekunde. Wenn das Boot den äußeren Widrigkeiten widerstehen würde, müssten sie nur noch für wenigen Augenblicke in diesem eisigen Nass verbringen. Während das U-Boot die letzten Meter erklomm, stieß es immer wieder mit den sich bildenden Eisklumpen zusammen, die es krachend beiseiteschob.

„Was ist das Narrow?", wurde Narrow aus dem hinteren Bereich des U-Bootes gefragt, in dem nur noch Miller ohne Helm dastand und ängstlich weiter zum Cockpit sah.

„Tun Sie nur, um was ich Sie gebeten habe", schrie Narrow nach hinten.

Das Geschehen vor seinem Frontfenster bedurfte seine volle Aufmerksamkeit, daher konnte er sich jetzt nicht um sie kümmern. Ihn beschäftigte nur die eine Sorge, die ihr Überleben bedeutete. Er durfte jetzt auf keinen Fall in diesem sich bildenden Eisschlamm stecken bleiben, ansonsten würden sie nie die Oberfläche erreichen und würden, nur wenige Meter von der Oberfläche entfernt, den unweigerlichen Tod finden. Narrow spürte, wie sich das U-Boot immer schwieriger durch den Eisschlamm quälte und immer langsamer wurde. Jupiters Silhouette glitzerte in immer zahlreicheren Eiskristallen, die aber immer weniger Licht des Planeten durch die entstehende Masse durchdringen ließ. Nur wenige Sekunden bevor das U-Boot die Membran durchstieß, durch die vor wenigen Stunden auch die Maborier gestoßen worden waren, vernahm Narrow das scheppernde Geräusch der beiden Schiffsschrauben, die nun nicht nur durch Wasser zogen, sondern auch durch den gefrierenden Eisschlamm.

Mit einem heftigen Ruck durchdrang das U-Boot der Menschen eine Schicht aus Eis, die sich nun doch schon gebildet hatte. Nur wenige Minuten später gefror unter ihnen die Röhre vollends zu einem undurchdringbaren Stöpsel, der die Ureinwohner für ewig verbarg. Nur wenige Sekunden trennten die Menschen von dem gleichen Schicksal, das die Maborier zu Gefangenen dieser Eishölle machte.

*

Narrow versuchte, das Boot zu der Bucht zu steuern, von wo aus sie gestartet waren. Immer dichtere Eisschichten musste er durchpflügen. Von außerhalb des Bootes drangen laute Kratzgeräusche zu den Raumfahrern, die sich auf den Umstieg ins Shuttle vorbereiteten. Gebannt warteten Carter, Miller und Gater darauf, dass Narrow das U-Boot zu der Anlegestelle brachte, von der sie vor vielen Stunden gestartet waren. Bei jedem lauteren Geräusch zuckte Carter zusammen. Sie rechnete jedes Mal damit, dass das Boot zerquetscht wurde. Nach bangen Minuten des Hoffens erreichten sie endlich das rettende Ufer, das der Navigator behutsam, aber mit der entsprechenden Eile ansteuerte. Erleichtert und völlig erschöpft griff Narrow zum Steuerpult und schaltete die Motoren aus und begab sich in den hinteren Teil des Bootes, um sich ebenfalls seinen Raumanzug anzulegen.

Nachdem den Besatzungsmitgliedern klar geworden war, dass keine Zeit mehr blieb, um das U-Boot an Bord des Shuttles zu hieven, entschlossen sie sich dazu, das Boot zurückzulassen. Einzig allein die wertvollen Speichermedien, die die Aufzeichnungen der unglaublichen Unterwasserwelt enthielten entnahmen sie dem U-Boot. Deshalb waren Gater und Miller nun mit allerhand Gepäck bepackt.

„Dann verlassen wir mal unser treues U-Boot", erklärte Narrow.

Nachdem er die Schleuse geöffnet hatte, verließen die vier das U-Boot, das sie für so viele Stunden vor allerhand Gefahren geschützt hatte.

*

Zermürbt von den Ereignissen drehte sich Carter noch einmal zu dem See um und erschrak.

„Seht nur, das Wasser ist nun komplett gefroren. Wir sind wirklich in letzter Sekunde entkommen."
Ihr schauderte es beim Anblick der festen, zu schroffen Eisplatten gefrorenen Oberfläche des Sees. Wären sie nur wenige Sekunden später angekommen, säßen sie jetzt für immer dort fest.

Eiligen Schrittes erklommen sie wieder die treppenartige Wand, die sie vor so vielen Stunden zum ersten Mal herabgestiegen waren. Zehn Minuten später erreichten sie ihr Shuttle, das unversehrt am Rand der großen Bucht stand. Narrow betätigte den Öffnungsmechanismus der Einstiegsluke. Als sie die Servomotoren im Innern der Schleuse hörten, atmeten alle auf.

19. Die Flucht

Seit mehreren Stunden harrten die Maborier nun schon in ihrem Aufstiegsschiff in dieser fremden Welt aus. Um durch die immer noch verschlossene Luke mit dem Captain und den beiden anderen Kontakt halten zu können, begaben sich Zeru und Shatu in den Korridor des Schiffes. Sie sahen keine Möglichkeit, ihr Leben zu retten. Sie wussten nicht, wie diese neue faszinierende Welt sie vor dem sicheren Tod bewahren sollte. Im Gegenteil, sie würde ihr Tod sein. Davon waren alle überzeugt. Zurück in ihre sterbende Welt konnten sie auch nicht mehr, davon waren sie ebenso überzeugt. Nachdem sie diese Welt gesehen hatten, wurde ihnen im begrenzten Rahmen bewusst, was ihrer Unterwasserwelt zugestoßen war. Dieses große Ganze musste dafür verantwortlich sein, dass ihre Welt einfror, auch davon waren sie überzeugt. Immer mehr sprach dafür, dass irgendetwas mit ihrer Welt, auf der sie nun gestrandet waren, unwiederbringlich Schreckliches geschehen war. Sie hockten in dem kleinen Gefängnis und warteten auf ihren unweigerlich kommenden Tod.

*

Immer noch fasziniert, von dieser tiefen, unendlichen Schwärze, in der viele Millionen Lichter blinkten, sah Tarom unentwegt aus dem Fenster. Er versuchte zu begreifen, was diese Schwärze mit den vielen blinkenden Lichtern sein könnte. Er wusste, in ihrer Unterwasserwelt befanden sie sich nicht mehr. Sie wurden mit dem Sog irgendwohin nach oben geschleudert. Von Zeru und Shatu erfuhren sie, dass die beiden von ihrem Fenster aus eine riesige, runde Kugel in dieser Schwärze sehen konnten, auf deren Oberfläche unentwegt kleinere Stürme tobten. Er konnte sich keinen Reim daraus machen. Wie hing das mit dieser Schwärze zusammen, die er selbst beobachten konnte. Zeru meinte, dass sie das Oben erreicht hätten und sich jetzt oberhalb des Schleiers befanden. Sie nahm an, dass ihre Welt auch solch eine Kugel sei wie die, die sich dort in dieser Schwärze befand. Er verstand das trotzdem nicht.

Zweifelnd an sich und über Zerus seltsame Vermutungen, sah er aus dem Frontfenster des Aufstiegsschiffs, als sich eine gelblich, braune kleine Kugel in seinen Sichtbereich schob. Überaus langsam bewegte sie sich von rechts nach links und bedeckte auf ihrem Weg immer wieder einige der glitzernden Punkte. Überrascht blinzelte Tarom mit den Augen, um das Gesehene besser zu erfassen.

„Kakom, Jirum, seht mal aus dem Fenster."

Aus ihren trüben, von Tod und Verlorensein geprägten Gedanken gerissen, folgten sie Taroms Blick und erspähten ebenfalls diese Kugel, die sich stetig in ihren Sichtbereich schob.

„Was ist das?", fragten Kakom und Jirum fast gleichzeitig.

„Es muss sich um eine ebensolche Kugel handeln, wie sie Zeru und Shatu gesehen haben. Nur viel kleiner", versuchte Tarom zu erklären.

„Was kann das sein?", versuchte Jirum nochmals nur so für sich selbst zu erfragen.

Er konnte das Gesehene nicht für sich begreiflich machen. Wenn er es mit irgendetwas Bekanntem vergleichen könnte, würde er vielleicht eine Erklärung dafür finden. Auch das konnte er nicht. Deshalb fand sein Gehirn keinen Bezug dazu.

*

Europa befand sich nun auf der gleichen Bahn wie Ganymed. Mit immer kleiner werdendem Abstand kamen sich die beiden Jupiter Monde näher. Während die drei in der Kommandozentrale den herannahenden Ganymed bestaunten, versuchten sich Shatu und Zeru gegenseitig zu wärmen.

Sie hatten von Captain Tarom erfahren, dass es im Lagerraum zu einem Leck kam und er deshalb in diesem Bereich die Temperaturen drosseln musste. Da der Korridor direkt an der Luke zum Lagerraum grenzte, drang die Kälte bis zu ihnen durch. Um Energie zu sparen, hatte Tarom außerdem in den letzten Minuten sogar im gesamten Schiff die Temperatur absenken müssen. So ergab es sich, dass die Kälte sie dazu zwang, sich näher zu kommen. Um nicht an die Kälte denken zu müssen, begaben sich Zeru und Shatu noch einmal in den Rechnerraum zurück, um nachzusehen, ob der Rechner seine Berechnungen fortsetzte.

Zeru war äußerst erstaunt, dass er, trotz der erneuten Katastrophe, weiter gerechnet hatte. Wissbegierig schaute sie sich die Ergebnisse an, die wie ein offenes Tuch auf dem, mit einem langen, dünnen Riss durchzogenen Monitor vor ihren Augen flimmerten. Schnell überflog sie die Ergebnisse, ehe der Monitor vollends versagen würde. Noch ehe das Wasser durch den dünnen Riss ins Innere des Monitors drang und ihn durchbrennen ließ, las sie, mit welchen der Worte ihrer Welt der Rechner die beiden unentschlüsselten Worte als ehestes Verglichen hatte. Nachdem sich der Monitor nun doch den leitenden Eigenschaften des Wassers hingegeben und vollends versagt hatte, schwamm sie zu Shatu zurück.

Wieder musste Zeru feststellen, dass Shatu weder arrogant noch rechthaberisch war. In dieser Stunde des Todes bedauerte sie es sogar, dass sie keine gemeinsame Zukunft mehr haben würden. Alles schien jetzt keine Bedeutung mehr zu besitzen. Sogar die Erkenntnisse, die sie von dem Rechner erfahren hatte, waren jetzt gegenstandslos geworden. Wer würde die Ergebnisse jetzt noch gebrauchen können? Es war niemand mehr da. Aber trotzdem hatte sie das Bedürfnis, darüber zu reden. Mit einem Flossenschlag, wobei sie wieder nur ein Flossenbein benutzte, schwamm sie erneut an die Seite des Regierungsbeauftragten und ließ sich an seiner Seite nieder.

„Das war es wohl?", sagte Shatu leise, als er beobachten konnte, wie Zeru den Hauptschalter des Monitors betätigte, nachdem der Monitor im Innern zu blitzen begonnen hatte.

„Ja, sieht so aus!", antwortete sie ihm traurig.

Damit war nun die Nabelschnur zu Professor Bereu und ihrem alten Leben endgültig unterbrochen. Das machte sie trauriger, als die Tatsache, dass alles verloren war. Aber dennoch verspürte sie das Verlangen, über die Ergebnisse zu reden, die der Monitor kurz vor seinem elektronischen Tod herausrückte.

„Shatu, wollen Sie wissen, was der Rechner über die zwei Wörter herausgefunden hat, auch wenn das keine Bedeutung mehr hat?", Sie sah ihm in die Augen, wissend, dass sie dort kein Interesse vorfinden würde.

„Erzählen Sie. Ich bin immer bereit für Neuigkeiten", antwortete er wissbegierig und etwas sarkastisch.

Er hielt es für angebracht in dieser ausweglosen Lage durch etwas frischen Sarkasmus die Situation zu entschärfen. Ohne auf seinen Sarkasmus einzugehen erläuterte sie die Schlussfolgerungen des Computers, der unentwegt versucht hatte, die Funksprüche der Menschen zu entschlüsseln.

„Das eine Wort bedeutet Mond!", Sie machte eine kurze Pause, um zu sehen, wie Shatu auf diese überaus wichtige Erkenntnis reagierte. Erst nachdem sie erkannt hatte, dass er sie weder entrüstet noch ungläubig ansah, redete sie weiter.

„Dieses Wort, nehme ich an, bezeichnet unsere Welt. Das ist das Wort, mit dem die Fremden unsere Welt, diese Welt, die wir dort draußen sehen, ausdrücken." Sie machte wieder eine Pause. Er schaute sie erstaunt an.

„Demnach sind die Fremden nicht von hier", kombinierte Shatu, „auch nicht von der Grotte oder einer größeren Höhle, wie wir sie gesehen haben?", fragte er überrascht. Er war nun völlig davon überzeugt, dass die Intelligenzen existierten. Aber er war bis jetzt davon ausgegangen, dass sie in Höhlen oder Grotten lebten, wie sie die eine kennen gelernt hatten. Aber, dass sie nicht mal von dieser Welt stammten, irritierte ihn schon sehr.

„Nein, Shatu", sprach Zeru weiter, „sie kommen von dort!" Völlig von ihrem jetzigen Wissen überzeugt, zeigte sie mit ihren Flossenhänden aus dem Fenster zu der großen Kugel, in deren farbigen Streifen weiterhin unzählige Stürme wüteten. Sie senkte die Flossenhand und erwartete von Shatu eine absolute Gegenwehr. Er würde diese Behauptung niemals akzeptieren. Davon war sie völlig überzeugt. Aber nachdem sie sein nachdenkliches Gesicht betrachtet hatte, das den übergroßen

Jupiter ansah, erkannte sie, dass er ihre Worte keineswegs bezweifelte.

Dass, was Zeru sagte, war erstaunlich, fand Shatu. Ihm war immer eingeredet worden, dass es nur ihre Welt, Maborien, gab, sonst nichts. Wie sollte es auch anders sein, überlegte er. Ihre Technologie ließ zwar zu, dass sie schon enorme Höhen erreichen konnten, aber dennoch hatte es nie in ihrer tausende Zeitzyklen andauernden Geschichte Anzeichen dafür gegeben, dass es noch andere Lebensräume gab. Und nun sollte es sogar noch andere Scheiben geben, die Leben enthielten. Dass befand sich außerhalb seiner Wahrnehmung, aber dennoch glaubte er ihr.

„Sie meinen also, von diesem Ding, dieser Scheibe?"

Zeru unterbrach ihn abrupt. „Es ist eine Kugel, Shatu, genau solch eine Kugel, wie es unsere Welt ist. Unser Mond!", sprach sie den Namen ihrer Welt aus, so wie die Fremden sie nannten, „ja, sie kommen von dieser Welt, diesem anderen Mond", kombinierte sie falsch.

„Und was ist mit dem anderen Wort? Hat der Rechner dieses auch übersetzen können?", fragte Shatu.

„Nicht genau. Es muss sich um die Gefahr handeln, von der die Rede war. Aber um was es sich handelt, konnte der Rechner nicht übersetzen."

„Das ist überaus traurig, Zeru", sagte er amüsiert.

In Anbetracht dieser ausweglosen Situation zwar falsch am Platze, aber dennoch überaus zutreffend. Er wusste, egal wie viel sie auch über ihre jetzt neuen Erkenntnisse ihrer Welt und der anderen Welt herausfinden würden. Es würde ihnen nichts mehr nützen. Shatu dachte über das Gehörte nach. Er versuchte, die Dinge in Einklang zu bringen. Er war für solche Puzzles prädestiniert. Er war auf diese Mission nicht nur zur Beobachtung mitgeschickt worden, sondern um gerade solche Probleme zu lösen.

„Sie bezeichnen also unsere Welt als Mond. Dann muss zwangsläufig diese Welt", er zeigte mit den Flossenhänden zum

Planeten Jupiter, „nicht unbedingt auch als Mond bezeichnet werden." Er sah sie fragend an.

„Sie meinen, die Bezeichnung Mond ist der Eigenname, den sie unserer Welt gegeben haben."

„Genau, und deshalb nehme ich an, dieses andere Wort könnte ihre Welt bezeichnen." Zeru verstand nicht so richtig, worauf er hinauswollte.

„Sehen Sie, es könnte doch sein, dass die Gefahr von der sie reden, von ihrer Welt aus geht. Und diese Welt nennen sie Komet. Komet ist der Eigenname ihrer Welt."
Zeru sah ihn verblüfft an. Sie überlegte kurz und sah schließlich, dass er recht haben könnte,

„Und noch etwas, Zeru, wenn sie von der Welt Komet kommen, dann sind sie auf unserer Welt gelandet. Sie sind hier, Zeru", fiel es ihm plötzlich ein. „Sie sind hier auf unserer Welt, Zeru." Zeru sah ihn entgeistert an.

„Sie meinen, diese Wesen könnten mit einer Art Fahrzeug durch diese Schwärze, von dieser großen Kugel dort, gekommen sein?" Sie zeigte wieder mit den Flossenhänden durch das Fenster, durch das der übergroße Jupiter majestätisch auf die gestrandeten Maborier hinuntersah.

„Ja, genau, sie befinden sich vielleicht jetzt immer noch hier", überlegte Shatu laut.

„Das ist unglaublich, Shatu." Zeru war von Shatus Theorie begeistert. Aber für sie selbst hatte das alles keine Bedeutung mehr. Niemand würde sie von dem drohenden eisigen Grab retten können. Da war sie sich ganz sicher.

„Ja, ich weiß, was Sie denken."

„Was denke ich denn, Shatu?"

„Was nützt uns diese Erkenntnis, habe ich recht, Zeru?"

„Wir werden hier sterben, Shatu!" Resigniert legte sie ihren Kopf auf den schlanken Oberkörper Shatus, dessen Wärme sie tief in ihren Körper eindringen ließ. Sie wünschte sich zurück, zurück nach Lorkett, in ihre kleine Wohnung, in der sie so glücklich, jeden neuen Zyklus entgegen gesehnt hatte. Vielleicht würde sie Shatu, wenn sie die Chance hätten, nach Hause zu kommen, einladen, um mit ihm eine Beziehung einzugehen. Traurig hörte sie Shatu weiter zu.

„Reden Sie nicht von so was, Zeru, bis jetzt leben wir noch", versuchte er sie zu beruhigen.

Genau in diesem Augenblick drangen die Rufe Taroms durch den Korridor zu ihnen durch, die er durch Schläge gegen die Luke zu verstärken versuchte.

„Wir haben wieder diese Signale aufgefangen. Hören Sie Zeru, kommen Sie bitte an die Luke."

*

Völlig außer sich vor Aufregung schlug Tarom weiter auf die Luke ein, während er an ihr horchte. Immer wieder das linke Ohr an die Luke lehnend, horchte er in die Stille, in der Hoffnung, dass Zeru und Shatu ihn hörten.

*

„Hören Sie das Zeru, Tarom ruft uns." Von sehr weit weg vernahm sie bereits seit einiger Zeit die Rufe ihres Captains. Erst als Shatu ihren Namen rief, zwang sie sich in die Realität zurück. Sie wollte am liebsten in Shatus Armen für immer hier liegen bleiben. Sie war auf Tarom wütend, dass er diese Zweisamkeit so abrupt störte.

„Tarom", flüsterte sie leise.
Langsam löste sie sich von der Glückseligkeit, in der sie sich für eine kurze Zeit befunden hatte. Vor Kälte fröstelnd lösten sich die beiden voneinander und schwammen zu der Luke, von der immer noch Taroms Rufe durch schallten.

„Es sind wieder diese Funksprüche eingegangen. Zeru, Shatu hören Sie", versuchte Tarom, jetzt lauter, die beiden zu erreichen.

*

Die Traurigkeit und die Lethargie, die Zeru in den letzten Minuten empfunden hatte, waren plötzlich wie weggewischt. Sie empfand plötzlich wieder eine kleine Hoffnung, Hoffnung darauf, dass dieser Funkspruch ihre Rettung sein könnte. Wenn sich die Intelligenzen wirklich hier, auf ihrer Welt befanden, dann könnten sie mit ihnen Kontakt aufnehmen. Ohne den dunklen, hoffnungslosen Gedanken nachzuhängen, begaben sie sich in die Waagerechte und schwammen zu der verschlossenen Luke. Dort angelangt, ordnete Zeru all die Erkenntnisse über die Sprache der Intelligenzen und ließ sich vor der Luke nieder.

„Tarom, hören Sie mir jetzt gut zu", fing Zeru an, dem Captain Anweisungen zu geben. Abrupt hörte der Captain mit dem Rufen auf und hörte aufmerksam auf die Anweisungen der jungen Wissenschaftlerin.

„Sie müssen die Sende-Empfangseinheit mit dem Rechner im Computerraum verbinden und das Signal wieder hier herleiten. Der Monitor im Labor ist ausgefallen", Sie machte eine kurze Pause, überlegte kurz und sprach dann weiter, „Die Signale sind Funksprüche von den Intelligenzen, die sich wahrscheinlich hier aufhalten."

*

Tarom hörte aufmerksam zu. Zuerst konnte er nicht glauben, was die Wissenschaftlerin da sagte. Aber mit dem heute Erlebten machte das vielleicht einen Sinn. Er tat, was Zeru von ihm verlangte. Er stellte glücklicherweise fest, dass die Verbindung zu den Computersystemen im Labor noch funktionierte.

*

Nur einige Augenblicke vorher hatte Narrow das Shuttle von der Oberfläche des Mondes emporsteigen lassen. Gater, der sofort das Mikrofon in die Hand nahm, um dem Mutterschiff, das bald seine geostationäre Bahn um Europa verlassen würde, ihre derzeitige Position durchzugeben, sammelte sich und drückte die Sprechtaste.

„Hallo, Carl Sagan, sind jetzt im Shuttle, haben U-Boot zurücklassen müssen. Erheben uns in diesem Augenblick von der Oberfläche des Mondes", sagte er und beendete den Funkspruch mit dem üblichen „Ende."

Nicht nur die Menschen in der Carl Sagan fingen diesen Funkspruch auf, sondern auch die Ureinwohner dieses Himmelskörpers, die immer noch in ihrem havarierten Aufstiegsschiff auf das unvermeidliche und endgültige Ende warteten.

Als das Shuttle sich erhob, schmolzen die Feuersbrünste der Triebwerke zum letzten Mal einige Bereiche des Permafrostbodens, der unter ihnen immer kleiner wurde. Es setzte zu einer Rechtskurve an und zog noch einmal eine Bahn über dem See, der nun vollkommen zugefroren war. Innerhalb von wenigen Sekunden befand sich das Shuttle oberhalb des Kraterrandes. Überall begannen jetzt die restlichen flüssigen Wassermassen durch unzählige Geysire aus dem Mond auszutreten und an der Oberfläche zu gefrieren. Soweit sie sehen konnten, das gleiche Bild. Das Eis schien jetzt soweit den inneren Mond eingefroren zu haben, dass das letzte Wasser durch diese Geysire an die Oberfläche gedrückt wurde. Es wird nicht mehr lange dauern, glaubte Carter, bis auch das aufhört und der Mond eine riesige Eiskugel war, in der sämtliches Leben konserviert wurde. Unzählige, unförmige Eishügel aus erstarrten Geysiren huschten unter ihrem Shuttle hinweg. Sie flogen über Eisspalten, aus denen dickflüssiges Wasser drang und innerhalb von Sekunden zu meterdicken Erhebungen gefror. Eisschichten brachen auf, deren Eisschollen sich über andere Eisschollen schoben und sich zu bizarren, stufenförmigen Bergen auftürmten. Von den viele hundert Meter breiten Spalten brachen Teile gefrorener Abhänge ab und zerschellten in deren dunklen Abgrund. Kein Katastrophenfilm hätte diese Szene spektakulärer darstellen können. Immerwährende Zerstörung, die in absolute Erstarrung übergehen würde, begleitete die Raumfahrer auf ihrem Weg zurück in die menschliche Zivilisation.

Zwischen all der Zerstörung erspähten die Menschen plötzlich eine dunkle, längliche Silhouette, die in einem durch Geysire entstandenen Eishügel steckte, die im diffusen Licht des Jupiters metallisch glitzerte. Verwundert wiesen die vier Menschen mit den Händen auf dieses eigenartige Ding im Eis hin, dass, außer dem Bug, völlig im Eis feststeckte.

„Seht nur dort, Narrow haben Sie das gesehen?", fragte Carter den Navigator, der aber schon, während Carter die Frage aussprach, den Kurs änderte und auf dieses Ding zuflog.

„Das sieht aus wie ein U-Boot." Gater war der erste, der diese Vermutung aussprach, die jeder vertrat.

Nach dem, was sie im Innern des Mondes gesehen hatten, überraschte es sie nicht weiter, dass es sich um ein U-Boot handeln könnte. Völlig von dem offensichtlichen Gefährt unter ihnen eingenommen, durchbrach die Stille plötzlich eine gedämpfte, seltsam blubbernde Stimme, die aus ihrer Funkanlage ertönte. Die Worte waren kaum verständlich. Nur bruchstückhaft, so als ob es die ersten Worte eines Menschen waren, der nach einem Schlaganfall wieder lernte zu sprechen.

„...sind ..Wesen...dieser.. Welt,...brauchen...Hilfe", plärrte es mehrmals hintereinander aus dem Lautsprecher. Carter konnte es nicht glauben. Sollten dort in diesem U-Boot wirklich Wesen dieser Welt das Einfrieren überlebt haben? Das wäre eine Sensation. Aber vielmehr freute sie sich, dass wahrscheinlich noch jemand von diesem Volk lebte, der ihnen von dieser, ihrer Welt, erzählen konnte.

*

Tarom gelang es inzwischen, einen Notruf abzusetzen, der mit Hilfenahme der Rechnerumleitung mit den seltsamen Worten der Fremden versehen wurde. Laut Zeru würden seine gesprochenen Worte durch den Rechner in die Sprache der Fremden übersetzt werden und so auch gesendet werden. Als er das Mikrofon ergriff, fühlte er sich so sonderbar, dass er erst für wenige Sekunden innehielt, ehe er ins Mikrofon sprach. Da Zeru ihm versicherte, dass sie nur dadurch gerettet werden könnten, vertraute er ihr und Shatu, die wohl einen Weg fanden, mit irgendjemandem Kontakt aufzunehmen. Ihm war ebenso bewusst, dass ihre Batterien nicht mehr lange durchhalten würden und sie in dieser Eiswüste unweigerlich sterben würden. Daher tat er alles, um was man ihn bat. Auch wenn es noch so seltsam klang.

*

Die Menschen sahen entgeistert das Funkgerät an. Gater erkannte schnell, dass es sich tatsächlich um einen Hliferuf handelte, der wahrscheinlich aus diesem U-Boot am Boden kam.

„Kommt das wirklich von dort unten?", fragte Carter eindringlich.

Sie wollte endlich die Gewissheit haben, dass dieser Komet nicht alles Leben ausgelöscht hatte. Dass es noch Überlebende gab, die von ihrem Leid und ihrem Verlust erzählen konnten.

„Ich denke schon." Gater schien immer noch paralysiert zu sein. Er schaute zu Narrow und hoffte, von ihm eine Bestätigung zu bekommen.

„Woher soll der Funkspruch denn sonst kommen?", erwiderte Narrow.

Carter indes dachte über den Funkspruch der Fremden nach. Ihr schwirrten unentwegt deren Worte durch den Kopf, die zwar schwer verständlich waren, aber dennoch in ihrer Sprache gesprochen wurden. Wieso konnten sie in ihrer Sprache diesen Funkspruch abgeben, überlegte sie. Kaum darüber nachgedacht, dämmerte es ihr.

„Wenn die uns eine Nachricht in unserer Sprache schicken können, dann verstehen sie uns eventuell auch. Sie werden unsere Funksprüche mitgehört haben", spekulierte sie. Perplex über diese Erkenntnis betrachteten Gater und Narrow die Biologin, die sich das anders nicht erklären konnte.

„Sind sie sich da sicher?", fragte Gater, der sie respektvoll ansah.

„Woher sollten sie denn sonst unsere Sprache kennen?", antwortete Carter.

„Wenn das der Fall ist, dann ist es doch wahrscheinlich, dass sie uns verstehen", spekulierte Gater.

„Seht nur diese Außenhaut dieses Dinges an. Wie die Schuppen dieser Lebewesen", unterbrach Narrow den Disput über den Funkspruch der Fremden.

„Dort sind Lebewesen drin, die diesen Hilferuf senden", schrillte es aus Carters Mund.

Sie verstand nicht, wieso Gater so lange zögerte, um diesen Wesen zu antworten.

Miller, der nervös auf seinem Sitz hin und her rutschte, fand diese Unterbrechung ihrer Flucht von dieser Eiswüste gar nicht gut. Er befürchtete, nun doch nicht rechtzeitig von diesem Mond fliehen zu können.

„Wir haben keine Zeit mehr. Wir müssen hier weg. Sonst sind wir verloren."

Schweiß von der Stirn abwischend, versuchte er, die anderen von der sofortigen Weiterreise zu überzeugen. Auch, wenn er den Wesen auch gerne helfen würde, schon aus wissenschaftlichen Gründen. Aber er wollte auf keinen Fall Zeit verlieren. Und wer weiß, vielleicht kam der Hilferuf auch gar nicht von dort, überlegte er.

„Sie lassen die dort doch nicht zurück, Gater, oder?" Carter schaute ihn scharf und eindringlich an und erwartete sofortigen Kontakt zu den Ureinwohnern. Zufrieden registrierte sie, wie Gater ins Mikrofon sprach.

„Shuttle an Carl Sagan, wie viel Zeit bleibt uns noch, müssen noch was aufsammeln."

Auch Gater lag viel daran, den Fremden zu helfen. Aber vorher musste er an seine eigene Mannschaft denken, daher kontaktierte er zuerst die Carl Sagan. Das Aufsammeln betonte er besonders stark. Ihm war klar, dass nicht mehr viel Zeit blieb. Da stimmte er mit Miller überein. Aber dennoch musste er alles versuchen, um diese Wesen von diesem toten Mond zu schaffen. Nach nur wenigen Sekunden meldete sich die Carl Sagan.

Aus dem Cockpitfenster konnte Gater überdeutlich die Dringlichkeit ihrer Abreise erkennen. Denn Ganymed hatte inzwischen eine beachtliche Größe angenommen. Daraus schloss er, dass wirklich keine Zeit mehr blieb. Aber insbesondere blieb keine Zeit für lange, unnötige Überlegungen. Er müsste sich jetzt für eine Aktion entscheiden, ansonsten würden beide Varianten zur Katastrophe führen. Aus dem Lautsprecher der Funkanlage erklang erneut die Stimme Clarks, die sehr besorgt klang.

„Sie haben noch 15 Minuten, dann müssen sie hier sein. Egal, was sie noch einsammeln müssen. Wenn es nicht wichtig ist, lassen sie es lieber", ertönte es aus dem Lautsprecher.

„Da sehen Sie es, wir haben keine Zeit mehr", warf Miller nervös ein.

Gater sah in die Runde und sah bei allen die gleiche Entschlossenheit, den Wesen zu helfen. Außer bei Miller nicht. Aber den ignorierte er. Ohne weiter auf Millers Gegenwehr einzugehen, wies er Narrow an, zu dem Eishügel zu fliegen. Als Miller registrierte, dass Narrow tatsächlich über den Fremden in die Schwebe ging, schüttelte er erst langsam seinen Kopf und anschließend immer schneller. Er konnte es einfach nicht glauben, dass man sein Leben aufs Spiel setzte.

„Nein, nein, was tun Sie denn da Narrow, ich verlange... ", protestierte er.

Aber Narrow ignorierte den Geologen weiterhin und führte das Manöver weiter aus, indem er das Shuttle behutsam über dem fremden Schiff so zum Stehen brachte, dass es längsseits unter ihrer Ladeluke erschien.

Während Narrow das Shuttle den Fremden annäherte, schaltete Gater die Sprechfunkverbindung ein. Er nahm erneut das Funkgerät in die Hand und drückte die Sendetaste. Diesmal würde er nicht mit der Carl Sagan sprechen, sondern mit den Wesen in dem U-Boot. Er wusste nicht, was er sagen sollte, aber das war egal. Er wollte nur, dass sie wussten, dass Hilfe zu erwarten war.

„Rufen U-Boot auf der Mondoberfläche. Schweben über Ihnen. Wie können wir Sie an Bord nehmen?"

Er wusste nicht, wie sie weiter mit den Fremden verfahren sollten, wenn sie erst einmal an Bord ihres Shuttles sein würden. Aber darum würde man sich hinterher Gedanken machen müssen. Jetzt mussten sie erst mal von diesem Mond so schnell wie möglich verschwinden. Nachdem er die Sprechtaste losgelassen hatte, lauschten sie in die entstandene Stille.

*

Abwartend starrten die Maborier ihr Funkgerät an. Niemand sagte ein Wort, dass den eingehenden Funkspruch überlagern könnte. Erst als nach quälenden Minuten kein Ton die Lautsprecher der Funkanlage entsprang, wollte Tarom resigniert etwas sagen. Aber ehe er seinen Mund öffnen konnte, drangen wieder diese seltsamen Laute aus den Lautsprechern. Perplex darüber, dass man ihnen tatsächlich antwortete, ließ Tarom einige Sekunden ungenutzt verstreichen, ehe er endlich den Funkspruch zur Rechneranlage in Zerus Labor zur Übersetzung schickte. Nach weiteren bangen Sekunden traf die fertige Übersetzung im Cockpit ein, die Tarom sofort abspielen ließ.

„Sprechen U-Boot.... Mond .. über Barriere.. Eis .. innen...Schwimmen...drüber....wie...in ..uns.. befördern?"

Ungläubig lauschte Tarom den Worten, von denen er nun wusste, dass sie einer fremden Spezies entsprangen. Erst nachdem er endlich deren unantastbare Existenz akzeptiert hatte, fiel er in den Jubel mit ein, in den Jirum und Kakom sofort nach Beendigung des Funkspruchs ausgebrochen waren.

Der Jubel, der durch die Luke zu Zerus und Shatus Ohren drang, ließ Zeru erleichtert zusammensinken. Sie entledigte sich jeglicher Anspannung, die sie in den letzten Zeitzyklen so gequält hatte. Voller Stolz umarmte Shatu Zeru. Erst wollte sich Zeru dagegen wehren, schließlich ließ sie es doch geschehen. Sie drückte ihn ebenso fest an sich, wie er auch sie drückte.

„Sie haben es geschafft, werte Zeru", sagte er voller Stolz.
Nachdem sie sich wieder gelöst hatten, schaute Zeru in Shatus Gesicht und küsste ihn so innig, wie sie noch niemanden geküsst hatte. Shatu war so perplex, dass er darauf nicht reagieren konnte. Er ließ es einfach geschehen.

Als Tarom erneut aus dem Cockpitfenster sah, um Ganymed zum wiederholten Male zu bestaunen, registrierte er einen Schatten, der sich über ihr Aufstiegsschiff legte. Verwundert darüber, beugte er sich vor und sah langsam nach oben, wo er gleißendes Licht sah. Vier kreisrunde Feuer versprühende Öffnungen näherten sich langsam ihrem im Eis festsitzenden Aufstiegsschiff und sandten ihr gleißendes Feuer auf ihr Schiff. Von diesem Feuer so sehr geblendet, wandte er seinem Blick Kakom und dem Geologen zu, die ihn freudestrahlend ansahen.

„Sind sie es?", fragte Jirum, der hinter dem Captain und dem Mechaniker erwartungsvoll saß.

„Ich denke schon", erwiderte der Captain, dessen Gesicht den breit grinsenden Gesichtern seiner Kameraden in nichts nachstand.

„Sie sind über uns. Hören Sie Zeru, sie sind über uns. Wir können sie von unserem Fenster aus sehen." Begeistert beschrieb Tarom das Gesehene.

Zeru und Shatu fielen sich erneut freudestrahlend in die Arme und ließen ihre schlanken Hälse umeinander schlingen, so dass sie sich, über so viel Zweisamkeit verwundert, ansahen.

„Antworten Sie ihnen. Aber denken Sie daran, dass Sie erwähnen, dass wir ohne unser Lebenswasser nicht existieren können", forderte Zeru den Captain auf, nachdem sie sich von Shatu gelöst hatte und über die weitere Vorgehensweise nachdachte.

Ja, so wird es sein, dachte Tarom nach.

Zeru war brillant, musste er wieder feststellen. Die Wesen dort draußen sind Wesen dieser äußeren Welt. Sie atmen kein Wasser, schlussfolgerte er. Ihm war in diesem Moment völlig klar, dass diese Wesen sie aus dem eisigen Griff befreien würden, daher griff er sofort zum Schalter, auf dem „Außenhautheizung" stand und stellte ihn auf Höchstleitung.

„Was tun Sie da Captain", fragte Jirum, der den Captain entgeistert ansah.

„Wir müssen uns von dem Eis befreien, damit die uns aufnehmen können", erklärte er dem Geografen und griff anschließend zur Funkanlage, um den Menschen ihre Situation zu erklären.

*

Ganymed näherte sich inzwischen immer mehr seinem Nachbarmond an und erschien dadurch den Maboriern sowie den Menschen immer größer. Die alte graue, von Kratern verletzte, Oberfläche war jetzt deutlich zu sehen. Sie nahm jetzt ein Viertel des Himmels ein, erschien aber im Gegensatz zu Jupiter, in dessen großen, roten Fleck stetig der größte Sturm seit Jahrtausenden in unserem Sonnensystem wütete, wie ein winziger Gnom aus.

Gebannt lauschten die Menschen in die Stille, die sich im Cockpit ihres Shuttles ausbreitete, nachdem die Ureinwohner Europas zu ihnen gesprochen hatten. Nur Miller, der den näher kommenden Ganymed ängstlich betrachtete, hoffte, dass sich die Ureinwohner nicht erneut melden würden und sie sofort von diesem toten Mond fliehen konnten. Er wollte hier absolut nicht sterben. Wo doch das rettende Ufer so nah war, die Carl Sagan. Aber diese Samariter mussten ja noch in letzter Sekunde auf Rettungsmission gehen und ihrer aller Leben gefährden. Das konnte und wollte Miller nicht zulassen.

Ohne länger auf eine Antwort von den Ureinwohnern zu warten, löste er sich von seinem Sitz und griff über Narrows Schulter, um das Shuttle wieder hinauf ins Weltall zu steuern. Er wusste nicht, mit welcher Ruderbewegung er das Shuttle zum Aufsteigen zwingen konnte, aber das war ihm in diesem Moment egal, deshalb senkte er seine Hand über die Narrows und zog diese zu sich ran. Der heftige Ruck, der dadurch entstand, ließ Miller sofort wieder in seinen Sitz zurückfallen, wo er verärgert sitzen blieb. Narrow, dessen entsetztes Gesicht sofort aschfahl vor Überraschung wurde, drückte das Ruder sofort wieder nach vorn, um die unerwartete Rückwärtsfahrt zu beenden. Trotz dessen, dass das Shuttle sich von dem U-Boot der Ureinwohner mehrere Meter entfernte und dabei bedrohlich ins Schlingern geriet, gelang es Narrow, die vorherige Position wieder einzunehmen.

„Was tun Sie da, Miller, sind Sie verrückt geworden?", schrie Narrow ihn an.

„Wir haben dafür keine Zeit mehr", rechtfertige er sich und schaute bemitleidenswert seine Kameraden an.
Ehe Miller erneut ins Ruder greifen konnte, hielten ihn Carter und Gater fest und versuchten, ihn zur Vernunft zu bringen.

„Seien Sie vernünftig, Miller, wir werden rechtzeitig diesen Ort verlassen", versuchten sie Miller zu beruhigen, der sich aber nicht von seinem Standpunkt abbringen lassen wollte.

„Sie haben nicht das Recht, unser Leben aufs Spiel zu setzen", versuchte Miller, seine Tat zu rechtfertigen, "lassen Sie mich los", verlangte er inständig.

Narrow, der die wenige Zeit, die sie zur Rettung der Ureinwohner hatten, ungenutzt verstreichen sah, wandte sich an Miller und versuchte, die Situation zu schlichten.

„Beruhigen Sie sich, Miller", sagte er, „wir werden es rechtzeitig zurück zur Carl Sagan schaffen. Wenn Sie mich nicht weiter stören."

Schmollend rückte sich Miller in seinem Sitz zurecht und blickte aus dem Fenster, von wo aus er die weitere Rettungsaktion argwöhnisch beobachtete.

Behutsam brachte Narrow das Shuttle wieder über dem Aufstiegsschiff der Maborier zum Schweben, wo es sein glühendes Feuer, das aus den vier Triebwerken spie, entgegen sprühte.

„Brauchen...   Atemwasser...feindlicher ...Gasraum....Können ...U-Boot ...drin..lösen... Boot... vom...Eis."

Verwundert über diese Worte, die den Disput im Shuttle sofort im Keim erstickten, ließen Carter und Gater von Miller ab, der sich resigniert seinem weiteren Schicksal hingab. Stirnrunzelnd versuchten die Menschen den Sinn der Worte zu ergründen, die ebenso abgehackt und seltsam klangen wie beim ersten Mal.

„Was ist Atemwasser?", fragte Narrow als Erster.

Carter dachte über Narrows Frage kurz nach. Auch ihr schwirrte dieses seltsame Wort im Kopf herum. Aber, anders als Narrow, erkannte sie nach nur wenigen Sekunden deren Bedeutung. Denn, sie kombinierte die Tatsache, dass sie sich hier auf einen Mond mit einer Wasserwelt befanden, deren Bewohner wie Fische auf der Erde Sauerstoff zum Atmen brauchten. Und dieser Sauerstoff befand sich eben mal gebunden im Wasser.

„Ihr U-Boot ist mit Wasser gefüllt, das ihrem natürlichen Lebensraum entspricht. Der Gasraum wird die Leere des Weltalls sein, den sie nicht anders interpretieren können, als ihn als Gasraum zu bezeichnen. Und anscheinend besitzen sie eine Vorrichtung, um sich vom Eis zu befreien."

Verwundert und äußerst respektvoll sah Narrow die Exobiologin an und dachte über das Gesagte nach. Er überlegte, wie man diese Wesen an Bord ihres Shuttles nehmen könnte.

„Gater und Carter, Sie ziehen sofort ihre Raumanzüge an und gehen ins Hangardeck und machen sich bereit, um das Schiff der Fremden aufzunehmen. Wir werden dieses U-Boot statt unseres zur Carl Sagan bringen."

Die zwei genannten sahen ihn erst etwas entgeistert an. Aber eine Sekunde später begaben sie sich auf den Weg zum Hangardeck, um das fremde U-Boot an Bord des Shuttles zu befördern. Um Miller jegliche unnötige Angst zu nehmen, die er sicherlich wieder erleiden würde, drängte er die beide zu äußerste Eile.

„Beeilen Sie sich, es muss gleich beim ersten Mal klappen, wir dürfen keine Sekunde verlieren."

Er wusste, dass er das nicht hätte sagen brauchen. Die zwei wussten genau so gut wie er, wie eng es werden würde. Er hatte es eigentlich nur wegen Miller gesagt. Damit er sich etwas beruhigte und diese Aktion nicht behinderte. Genau zu diesem Zeitpunkt erreichte sie ein Funkspruch von der Carl Sagan.

„Wir wissen nicht, was Sie aufsammeln müssen. Da Sie aber noch nicht abgeflogen sind, scheint es etwas Wichtiges zu sein. Daher kommen wir ihnen entgegen. Wir werden unsere Position verlassen und ihnen bis auf einen km entgegenkommen", drang plötzlich Clarks Stimme aus dem Lautsprecher.

„Sehen Sie, wir haben keine Zeit mehr", protestierte Miller wieder.

„Sie haben uns dadurch noch mehr Zeit verschafft", entgegnete Narrow, der weiterhin ruhig das Manöver ausführte.

„In Ordnung, sind in kürze abflugbereit", bestätigte Narrow dem Mutterschiff, ohne auf weitere Erklärungen einzugehen.

*

Gater und Carter erreichten inzwischen in ihren schweren Raumanzügen den großen, leeren Laderaum, in dem sich eigentlich ihr U-Boot befinden sollte. Nun würde in Kürze diesen Platz ein außerirdisches U-Boot einnehmen, von dessen Vorhandensein die Menschen noch vor wenigen Minuten nichts geahnt hatten. Ob sie es schaffen würden, dieses fremde U-Boot sicher und vor allem rechtzeitig in ihr Shuttle zu befördern, wussten Carter und Gater nicht, aber sie hofften es inständig. Es wird eine letzte, schwierige Aktion sein. Sie wussten noch nicht, wie sie das U-Boot an ihren Halteseilen befestigen sollten, hofften aber, dass sie, wenn sie sich ihm nähern würden, dort eine Möglichkeit finden würden. Ihre Helmmikrofone leiteten lautes Zischen zu den Innenlautsprechern ihrer Helme, dass das Absaugen der Luft signalisierte, die sich im Laderaum befand. Carter wusste, dass sie nun gleich wieder der eisigen und vor allem luftleeren Atmosphäre des Jupitermondes ausgesetzt sein würden und sie ihre Ängste davor bewahren musste. Sie musste besonnen und schnell dafür sorgen, dass sie keine weitere Zeit verlieren würden.

Nachdem in den Lautsprechern das Zischen der entweichenden Luft verebbt war, legte sich eine unheimliche Stille über den Laderaum, dessen beide Bodenluken sich nur wenige Sekunden danach in die Innenwandung des Shuttles schoben und so den Blick auf das Aufstiegsschiff der Maborier frei gaben. Vor grenzenloser Begeisterung schauten die zwei nach unten durch die offene Ladeluke das seltsam geformte U-Boot der Ureinwohner an. Erleichtert konnten sie beobachten, wie von dessen Außenhaut tauendes Wasser herunterlief, das aber unmittelbar über dem Boden wieder gefror. Das U-Boot der Fremden war etwas kleiner, stellten beide fest, als das ihre. Es würde gut durch die Luke passen, dachte Gater. An der Oberfläche des Bootes legte das tauende Eis eine metallisch glänzende, schuppige Haut frei, die aber ansonsten keine sichtbaren Erhebungen aufwies. Tarom hatte nun sämtliche Energien auf die Außenheizung des Aufstiegsschiffes gegeben, die das Eis zum Schmelzen bringen sollte. Über Sprechfunk gab Gater Narrow Anweisungen, wie weit er noch sinken sollte. Ganz langsam stülpte sich das Shuttle über das fremde Boot.

Zentimeter für Zentimeter drang das fremde Schiff in die Ladeluke der Menschen ein. Aber umso weiter es ins Shuttle der Menschen eindrang, umso deutlicher konnten Carter und Gater erkennen, dass sich keine Möglichkeit darin befand, ihre Halteseile zu befestigen.

„Halt!", rief Gater, als das noch gefrorene Eis, dass sich weiterhin um das U-Boot wie eine Zange wölbte, es nicht erlaubte, es weiter ins Shuttle zu befördern.

Wieder suchten beide nach einer Möglichkeit zur Befestigung der Halteseile, die sie aber nicht fanden. Hilflos berichtete er Narrow diesen entmutigen Umstand und erhoffte sich eine Lösung von ihm, die er ihm aber wahrscheinlich nicht geben konnte.

„Hier gibt es nichts zum Befestigen der Halteseile", sagte er schnell. Auch wenn er Hilfe von Narrow erwartete, so erkannte er doch schnell, dass sie keine Möglichkeit finden würden, um das fremde U-Boot in ihr Shuttle zu befördern. Resigniert schaute er zu Carter, die ebenso wie er keine Chance mehr sah, die Fremden schnell von der Mondoberfläche zu befreien.

*

Ohne lange zu zögern ergriff Narrow das Funkgerät und kontaktierte die Fremden.

„Es tut uns leid, wir finden keine Möglichkeit unsere Halteseile an ihrem Schiff zu befestigen!", ließ er die Maborier wissen, in der Hoffnung, dass sie eine Möglichkeit kannten, um die Menschen bei ihrer Rettungsaktion zu unterstützen.

*

Im Aufstiegsschiff der Maborier grübelte Tarom über die Schwierigkeiten der Fremden. Er hatte das Aufstiegsschiff seit dem Start von Lorkett nicht mehr von außen gesehen. Wie an eine längst vergangene Sache, versuchte er sich zu erinnern, wie das Aufstiegsschiff von außen beschaffen war. Wie er sich langsam erinnerte, wiesen die verwobenen, schuppenartigen Strukturen der Außenhaut, mit ihren darin integrierten Heizelementen, keinerlei Möglichkeiten auf, an der die Fremden ihre Halteseile befestigen könnten. Davon war er völlig

374

überzeugt. Aber nachdem er in Gedanken die Außenhaut weiter herabgeglitten war, hin zu den Greifarmen, die sich hinter den Luken befanden, erhellte sich sein Gesicht zu einer freudigen Erkenntnis.

„Kakom, befördern Sie die Greifarme heraus. Aber nur ein wenig", forderte er den Mechaniker auf.

„Aber wieso Captain?" fragte er verwundert zurück.

„Damit die Fremden ihre Halteseile an ihnen befestigen können!"

Während Kakom seinen Befehl ausführte, beobachte Tarom, wie die Feuerbrünste der Fremden immer mehr das Eis, dass das Aufstiegsschiff immer noch fest umschloss, immer mehr zum tauen brachten.

*

Vergeblich auf Narrows Antwort wartend, sahen Gater und Carter, wie plötzlich seitlich des fremden U-Bootes Klappen in die Außenhaut des Bootes glitten und die Sicht auf Klauen freigaben, die langsam ihrem Gefängnis entglitten. Knirschend brachen die vier Klauen das immer instabiler werdende Eis von der Außenwandung des U-Bootes ab. Ehe die Greifarme vollständig ausfahren konnten, beendete Kakom deren Freigang und schaffte somit die nötige Befestigungsmöglichkeit für die Menschen.

„Das ist ja genial", sprach Carter in ihren Helm.

„Was meinen Sie, was ist geschehen?", fragte Narrow, der ängstlich nach hinten zu Miller sah, und hoffte, dass die Fremden endlich eine Lösung fanden, um Carter und Gater die Möglichkeit zu geben, ihre Halteseile irgendwo zu befestigen.

„Uns wurden gerade die Halteösen präsentiert", erwiderte Carter scherzhaft, die sich sofort gemeinsam mit Gater die Halteseile schnappte und diese jeweils um eine der Klauen umlegte und mit dem Karabinerhaken arretierte.

Nun konnte Narrow es mit Hilfe der Winde aus ihrem eisigen Grab befreien. Nach erledigter Arbeit traten Carter und Gater von dem Schiff der Fremden zurück und bestaunten fasziniert das fremde Schiff. Von dessen blau metallisch glänzender

Außenhaut angetan, die wie ein schuppiger Panzer aussah, warteten sie gebannt darauf, dass Narrow die Seilwinde in Gang setzen würde.

Langsam strafften sich die, aus synthetischen Fasern bestehenden, Seile und zerrten unentwegt an dem Aufstiegsschiff, das unnachgiebig von seinem Mond festgehalten wurde. Als die Seile zum Bersten gespannt waren und der Mond das Schiff nicht freigeben wollte, befürchteten Carter und Gater schon, dass das Boot zu fest im Eis steckte und die Seile reißen würden. Das tauende Eis, dass sich zu Nebelschwaden im Shuttle ausbreitete, schneite indes als kleine, weiße Schneeflocken herunter und legte sich als hauchdünne Schicht auf Gegenstände.

„Es löst sich nicht, Narrow", informierte Gater den Navigator. Er wusste, dass Narrow nur noch wenige Sekunden blieben, um vor der drohenden Katastrophe zu fliehen.

„Warten Sie noch einen Augenblick!", forderte Carter über Funk Narrow auf, die befürchtete, dass er durch Gaters Aussage nun doch das Schiff der Fremden zurücklassen würde.

Noch während sie Narrow um Aufschub bat, sah sie Eissplitter ins Shuttle schleudern, die das freikommende Boot von sich wegsprengten. Lautlos wippte es an den Halteseilen umher, dass aber schnell nachließ. Erleichtert sah Carter, wie sich das Boot der Ureinwohner des Europa endlich in der Obhut der Menschen befand. Nachdem sich Gater von seiner Freude über die glückliche Rettung hatte losreißen können, informierte er sofort den Navigator, damit er ohne Umschweife die Heimreise antreten konnte.

Erleichtert nahmen Carter und Gater den Anpressdruck hin, der entstand, nachdem Narrow das Shuttle hatte aufsteigen lassen. Unterwegs verschloss er die Ladeluke und begann damit, den Raum mit Luft zu füllen. Langsam kehrte das Geräusch der einströmenden Luft in Carters Helm zurück, dass zischend in den Ecken der Ladehalle erklang.

*

Gleichzeitig, als bei Narrow eine Signalleuchte aufleuchtete, die ihm signalisierte, dass die Luke verschlossen war, erhöhte er die Geschwindigkeit des Aufstiegs, um rechtzeitig bei der Carl Sagan anzukommen.

Die Düsen des Shuttles versprühten zum letzten Mal ihr Plasmafeuer der eisigen Mondoberfläche entgegen, deren letzter Rest an flüssigem Wasser aus auseinanderbrechenden Eispanzern quoll und an der Oberfläche sofort zu Eis gefror. Eisschollen bewegten sich langsam über andere, die sich zu bizarren Ungetümen auftürmten. Den gesamten Mond ergriff nun ein umspannender letzter Aufschrei, der der letzte Atem des Mondes zu sein schien. Dieses letzte, verzweifelte Ausatmen verebbte zu spärlichen, sachte dahin erstarrenden Ausbrüchen, die langsam zum Erliegen kamen. Nur an wenigen Stellen trat noch zählflüssiges Wasser aus und legte sich erstarrend auf die sich darunter befindliche Oberfläche. Den verebbenden Geysiren wichen Explosionen, die in mehreren Kilometern Entfernung in der dünnen Atmosphäre des Mondes verhallten. Die Explosionen begleiteten gewaltige Spannungserschütterungen, die ganze Kontinente große Eisformationen von anderen Kontinente großen Eisschollen sprengten, die sich daraufhin erhoben und gegen ihre Nachbarn stießen und an ihnen zerschellten. Als das Shuttle eine annehmbare Höhe erreicht hatte, sahen die Raumfahrer, wie es auf dem Mond zu noch gewaltigeren Rissen kam. Die vorhandenen, seit Millionen Jahren existierende, hunderte von Kilometern langen Risse drifteten auf einmal auseinander. Riesige geometrische Stücke wurden aus dem Verbund des Mondes gerissen. Plötzlich tauchten aus den zerberstenden Eisbruchstücken orangefarbene Eisplatten auf. Soweit die Raumfahrer sehen konnten, erblickten sie diese, aus den Tiefen des Mondes, aufsteigende Überreste vieler solcher Grotten, von der sie eine besucht hatten. Orangefarbenes, vor Kälte dickflüssig gewordenes, Wasser schwappte auf die Oberfläche von Europa. Immer mehr von diesen Grottenresten wurde aus der Tiefe emporgerissen. Bis zum Horizont färbte sich die Oberfläche von Europa an etlichen Stellen orange.

„Ich vermute mal", fing Carter an, dieses Phänomen zu erklären, „dass die gesamte äußere Eisschicht des Europa von diesen Biotopen umspannt ist."

„Umspannt war, müssen sie richtigerweise sagen", schlussfolgerte Miller weiter, der sich langsam wieder beruhigt hatte, nachdem er über sich die Carl Sagan gesehen hatte.

„Es ist sehr bedauerlich."

„Was meinen Sie, Carter." Carter bewegte ihren Kopf zu Gater.

„Es ist bedauerlich, dass wir nun keine Chance mehr haben, diese einzigartige Welt zu erforschen. Sehen Sie sich doch das an. Wie viel verschiedenartiges Leben es dort gegeben haben muss. Jedes dieser Biotope war seit Millionen von Jahren ein eigenständiges Reservat an Leben. In jeder dieser Grotten könnte sich unterschiedliches Leben gebildet haben."

*

Die Raumfahrer sahen sie begeistert und betrübt an. Sie begriffen jetzt noch mehr, was für ein Schaden durch den Kometen entstanden war. Die Wissenschaft hätte für viele Jahre hier forschen können.

„Dafür haben wir ein außerirdisches U-Boot an Bord!", warf Narrow in die Runde, „und das ist nicht weniger großartig."

„Da haben Sie natürlich recht." Die vier lehnten sich entspannt zurück und genossen den Flug zu ihrem Mutterschiff.

Das Shuttle schwenkte nun in eine Bahn ein, von wo aus sie den herannahenden Ganymed in seiner vollen Größe sehen konnten. Eigentlich war es ja ein Trugschluss. Nicht der Ganymed kam dem Europa zu nahe. Von ihrer Position aus, sah es so aus. Aber es war Europa, der Ganymed auf seiner Bahn immer näherkam.

Das Shuttle beschleunigte weiter, um eine höhere Geschwindigkeit zu erzielen. Es steuerte zielbewusst dem Mutterschiff entgegen. Über ihnen prangte majestätisch die Carl Sagan, die dem Shuttle auf dem halben Weg entgegenkam.

Stillschweigend ertrugen die Maborier in ihrem Aufstiegsschiff die Kräfte des aufsteigenden fremden Fahrzeuges, dass sie von ihrer Heimatwelt so unsanft fortriss. Vorübergehende Erleichterung ergriff sie, als sie sahen, wie sich ihr Boot von dem Eis löste und sich in Obhut der Fremden begab. Nun mussten sie nicht mehr befürchten, zu erfrieren. Aber dennoch konnten sie nicht entspannt ihrem weiteren Schicksal entgegensehen, da sie nicht wussten, wie es nun mit ihnen weitergehen würde.

Zeru und Shatu stierten aus dem Fenster, das sich ihnen gegenüber befand und den Blick aus einem Fenster des fremden Fahrzeuges zuließ, das sich unmittelbar gegenüber ihrem Fenster befand. Aus diesem Doppelfenster konnten sie genau mitverfolgen, was sich außerhalb ihres Schiffes ereignete. Von dort aus verfolgten sie den Start des Shuttles, dessen enorme Schubkraft sie bleiern auf den Boden ihres Bootes drückte. Erst als diese ungewohnte starke Kraft nachließ, blickten sie entspannt und dennoch ängstlich aus den Fenstern und mussten mit ansehen, wie ihre Welt unter ihnen zu einer winzigen Kugel schrumpfte, die in dieser Schwärze hing. Das letzte Mal, als sie unter sich etwas hatten schrumpfen sehen, war an dem Zyklus, als sie in Lorkett aus dem Hangar emporgestiegen waren.

Dieser erste Blick auf ihre kleiner werdende, sterbende Welt, ließ Zeru verzweifelt ihre erste Vermutung bestätigen, die sie über das Oben erlangte, als sie auf ihrem Mond strandeten.

„Es ist genauso eine Kugel wie diese Kugel über uns. Wir befanden uns im Innern dieser Kugel."

Zerus Behauptung wurde auf dramatische Weise bestätigt. Sie war entsetzt von diesem Gedanken, dass sie keine Ahnung von dieser Außenwelt hatten. Dass sie ewige Gefangene waren.

„Wir wurden seit Millionen von Jahren unserer Freiheit beraubt. In dieser Kugel eingeschlossen, mit Grenzen, von denen wir keine Ahnung hatten. Nicht wussten, dass dahinter etwas Anderes existiert. Nur ein winziger Teil von diesen Ganzen." Sie zeigte nach draußen, in die Unendlichkeit des Weltraums, dessen unzählige Sterne und Planeten sie zum ersten Mal sahen.

Shatu nahm sie fester in seine Flossenarme und sah weiterhin, ohne ein Wort zu sagen, aus dem Fenster. Er sah wie ihre Kugel, ihre Welt, von der sie nun wussten, dass es ihre Heimat war, sich immer weiter von ihnen entfernte. In ihren Sichtbereich schob sich nun eine andere Kugel, dessen braune, zerklüftete Oberfläche deutlich zu erkennen war, die sich bedrohlich ihrer Kugel näherte. Dann, urplötzlich, schob sich eine metallische, graue Wand ins Bild, an der sich verschiedenste Bedienpulte und Verkabelungen befanden. Zerus Augen weiteten sich, als sie die dazu gehörigen Schriftzeichen erspähte. Das Shuttle schwenkte nun in die Ladeluke der Carl Sagan ein und ließ sich auf dessen Boden nieder.

„Shatu, sehen Sie, dort die Schriftzeichen!"
Hastig griff sie zu ihrem Rucksack und entnahm ihm das Artefakt. Voller Eile drehte sie es so, damit sie die Schriftzeichen darauf sehen konnte und blickte erneut die Schriftzeichen in dem fremden Fahrzeug an. Auch Shatu verglich die Schriftzeichen miteinander, deren Ähnlichkeit unverwechselbar war.

„Sie haben von Anfang an recht gehabt, werte Zeru. Es sind wahrhaftig die Intelligenzen, die wir gesucht haben. Von denen ihr Artefakt stammt!"
Voller Stolz betrachtete er Zeru, die, trotz ihrer Freude über das Auffinden der Intelligenzen, traurig ihr Artefakt ansah.

*

Vorsichtig steuerte Narrow das Shuttle in den Ladehangar der Carl Sagan, wo es kurz über dem Boden schwebte, ehe es über dem Ankerplatz zum Stillstand kam und sich schließlich herabsenkte. Als es fest auf dem Boden stand, griffen Halteanker die Kufen des Shuttles und hielten es so fest. Die Ladeluke schloss sich wieder. Sofort, nachdem dies in die große Kommandozentrale signalisiert worden war, startete Clark die großen Triebwerke. Sofort begannen die Triebwerke damit das Schiff langsam vorwärts zu schieben, um sich aus dem Anziehungsbereich des Europa, und nun auch langsam des Ganymeds, zu lösen. Sechs starke Düsen schoben das Schiff von den beiden Monden weg, deren zerstörerische Wucht in wenigen Minuten die Umgebung erschüttern würde.

Nicht nur Miller war außerordentlich froh, wieder zu Hause, in der Carl Sagan zu sein, sondern auch Narrow, Gater und Carter. Wenn auch Narrow fand, dass es sein aufregendstes Abenteuer war, was er bis jetzt erlebt hatte, so bedauerte er doch den Ausgang ihrer gesamten Expedition. Wie toll wäre es doch gewesen, in einen Shuttlebetrieb überzugehen, um mit den Wesen in Verbindung zu bleiben. Er wäre sicherlich der ausführende Navigator gewesen. Nun aber gab es nur noch die Flucht aus dem Jupitersystem.

Auch Carter dachte ähnlich. Sie dachte über die Zivilisation nach, deren Überreste sie im eingefrorenen Ozean gesehen hatten. Bis vor einigen Stunden hatte niemand von ihnen geahnt, dass unter dem Eispanzer von Europa eine Zivilisation existierte und nun war diese Zivilisation untergegangen. Sie musste an die Wesen denken, die sich in dem U-Boot befanden, das sie von der Mondoberfläche aufgesammelt hatten. Wie werden die auf das sich nun vor ihnen befindliche Weltall reagiert haben? Sie kamen aus ihrer völlig abgeschirmten Welt nichts ahnend auf die Mondoberfläche und stellten plötzlich fest, dass ihre Welt nur ein winziger Teil des Ganzen war. Carter musste dabei an Galileo Galilei denken, der ja ähnlichen Trugschlüssen unterworfen war und schließlich im Jahre 1610, also vor über 500 Jahren, mit seinem selbstgebauten Fernrohr den Jupiter beobachtete. Nur, dass er und all die anderen Menschen in den Himmel sehen konnten und dort die Sterne, die Sonne und den Mond sahen, die ihre Bahnen zogen.

Die Wolken, die anfingen ihre götterähnlichen Blitze auf die Menschen zu schleudern, suggerierten den Menschen, dass dort oben noch etwas Anderes sein musste. Aber wenn diese Wesen nach oben blickten, dann sahen sie nur dieses graue Etwas, dass sie nie auf die Idee brachte, dass dort oben noch etwas Anderes existieren könnte. Aber als Galileo Galilei dann zwei kleine „Sterne", die Jupitermonde, neben Jupiter entdeckte, die sich schließlich am darauffolgenden Tag woanders befanden, begriff auch er, dass die Erde nicht der Mittelpunkt allen Lebens war. Dass dort draußen noch eine andere Welt existierte. Nur mit dem Unterschied, dass er in die Sterne blicken konnte.

Aber die Wesen der Unterwasserwelt nur das trübe Wasser über sich sahen. Ihnen suggerierten keine aufwühlenden Wolken, aus denen Blitze auf ihnen geschleudert wurden, dass es dort oben noch etwas Anderes gab. Nicht mal Götter kamen ihnen in den Sinn, die sie fälschlicherweise für die Blitz schwingenden Boten halten könnten.

„Aber dieser sterbenden Welt konnten zum Glück einige entfliehen", dachte Carter, die mit Gater im Laderaum des Shuttles geblieben war und das U-Boot der Fremden bestaunte.

Nachdem Narrow das Schott geöffnet hatte, sprang Carter sofort aus dem Shuttle und begab sich zum Aquarium, um Vorbereitungen zu treffen, die eine sichere Überführung der Aliens bereitstellen sollte. Auf halbem Weg kam ihr Daison entgegen, der auf dem Weg zum Aquarium war, um weitere Versuche anzustellen, damit die Kühlung doch noch funktionierte. Sie stoppte vor Daison ihren Weg und fragte ihn ohne Umschweife nach der Beschaffenheit des Aquariums.

„Wie viel Eis habt ihr in den Tanks geschafft?"
Daison sah sie verständnislos an und versuchte, seinen Weg fortzusetzen. Er wollte es nicht sein, der ihr sagen musste, dass das Problem mit dem Kühlsystem nicht gelöst werde konnte. Sie nun nur Wasser vorfinden würde, mit dem sie aber bestimmt genauso viel herumexperimentieren konnte, wie mit hartem, gefrorenem Eis.

Carter, die merkte, dass Daison sie nicht ernst nahm, versuchte eindringlicher auf ihn einzureden. Wenn sie die Eurianer, wie sie sie nun nannte, retten wollte, dann war jetzt keine Zeit zum Diskutieren.

„Wir haben in unserem Shuttle ein U-Boot mit Aliens an Bord. Die müssen sofort in ein beheiztes Becken."
Er sah sie entgeistert an. Was redete sie da, Aliens? Er glaubte, dass sie an einen Tiefenrausch oder an Ähnliches litt.

„Hören Sie Carter, es tut mir leid, aber ich habe die Kühlung nicht hinbekommen", entschuldigte er sich immer noch, ihr Anliegen falsch interpretierend, für seine Unfähigkeit.

„Das ist wunderbar, Daison, da ich ein warmes, geheiztes Becken brauche", sprach sie nun ganz langsam und deutlich zu ihm.

Er sah sie immer noch verständnislos an. Aber langsam drangen Carters Worte in sein Bewusstsein vor und wurden dort zu dem zusammengesetzt, was Carter auch wirklich ausdrückte.

„Was habt ihr in eurem U-Boot... ja, da ist genug Wasser drin und es dürfte etwas wärmer sein als vorgesehen", entschloss er sich zu sagen, als er Carters ernstes Gesicht ansah. Das sagte ihm, dass sie absolut keine Scherze machte.

„Ich bitte Sie, gehen Sie sofort zum Aquarium und stellen Sie wenigsten erst mal zehn Grad ein!", verlangte sie von ihm.

Daison sah sie noch verwunderter an. Er glaubte, sie falsch verstanden zu haben, deshalb fragte er sicherheitshalber noch mal nach.

„Wie, meinen Sie minus zehn Grad, oder wie jetzt?"

Carter konnte es nicht glauben, wie begriffsstutzig Daison war. Eigentlich hatte sie ihn so nicht kennen gelernt.

„Daison, hören Sie mir ganz genau zu", sie sah ihm streng in die Augen und sprach schließlich weiter, „dort im Ladehangar des Shuttles befindet sich ein außerirdisches U-Boot mit Aliens drin. Die brauchen beheiztes Wasser zum Überleben, also gehen Sie und schalten Sie dort die Heizung ein!"

Sie wusste nicht, wie sie ihn sonst von der Ernsthaftigkeit ihrer Aussage überzeugen sollte. Aber offensichtlich kapierte er nun endlich ihr Anliegen, da er, zwar immer noch verwundert, aber dennoch begreifend, in Richtung Aquarium ging. Das beruhigte Carter ein wenig. Sie sah ihm trotzdem noch nach, bis er durch die Luke glitt, die zum Aquarium führte. Zufrieden und etwas belustigt, denn sie konnte sich vorstellen, wie ihre Aussage von den Aliens auf Daison gewirkt haben musste, ging sie zurück zum Shuttle. Sie hoffte, dass Gater inzwischen von den Euraniern die Werte erfahren hatte, mit denen sie das Aquarium letztendlich beheizen mussten, damit die sie sicher und wohlbehalten dort verweilen konnten.

Gater versuchte inzwischen, mit den Eurianern weiter zu kommunizieren. Er wollte von ihnen spezifische Werte über deren Umgebungsbedingungen herausfinden, damit sie dem Aquarium die Werte einprogrammieren konnten. Nach längeren Gesprächen erfuhr er endlich, was er wissen wollte. Die Eurianer übermittelten die betreffenden Parameter und Gater erklärte ihnen, dass sie ein Aquarium besaßen, das sie auf diese Werte eichen konnten. Während dieses Gesprächs erfuhr er von der prekären Situation, in der sich die Fremden befanden. Nicht nur, dass ihnen ihr atembares Wasser ausging, sondern auch, dass durch den unsanften Aufprall auf der Mondoberfläche der Öffnungsmechanismus ihrer Luken nicht mehr funktionierte. Ohne zu zögern gab er diese Werte sofort an Carter weiter, die Daison folgte, damit er diese Werte dem Programm übermitteln konnte.

Nachdem Narrow die Systeme des Shuttles abgeschaltet hatte, ging er gemeinsam mit Miller in den Ladebereich des Shuttles, wo sie gemeinsam Vorbereitungen trafen, um den Transfer der Eurianer ins Aquarium sicher und schnell über die Bühne gehen zu lassen. Als Gater sämtliche Informationen von den Eurianern erhalten hatte, gesellte er sich zu Narrow und Miller. Sie versuchten gerade herauszufinden, wo sich die Ausstiegsluke befand, um diese gewaltsam zu öffnen versuchten. Seine Gedanken kreisten um Carter, die mit den Informationen der Eurianer unterwegs war, um diese Daison zu übergeben. Es müsste nun schnell gehen, das Aquarium auf die nötige Temperatur zu bringen. Er hoffte, dass Daison wenigstens das Becken auf ein paar Grad über Null aufheizen konnte. Ihm war völlig unklar, welche natürliche Umgebungstemperatur im Europaozean herrschte, bevor die Kältekatastrophe eingesetzt hatte. Aber, da sie sowieso schon seit einiger Zeit den unnatürlichen, eisigen Temperaturen ausgesetzt sein mussten, glaubte er, dass diese wenigen Grade über Null erst mal ausreichen mussten.

Noch während er sich zu Miller und Narrow gesellte, die an der glatten, metallischen, schuppigen Haut des fremden U-Bootes nach der Ausstiegsluke suchten, betrat Carter den Laderaum des Shuttles. Eiligst gesellte sie sich zu Gater, der zusah, wie Narrow und Miller sich an dem U-Boot zu schaffen machten.

„Wie sieht es aus Gater?", informierte sie sich über die Befreiungsaktion, die Miller und Narrow zum Schwitzen brachte. Sie fand, dass es höchste Zeit wurde, dass man den Kreaturen half. Carter hoffte nur, dass das Aquarium die Umweltbedingungen deren Welt gut genug nachbilden konnte.

Sie wusste davon, dass das Aquarium, wenn es nicht als Probenlager genutzt würde, als Pool für die Mannschaft während der Rückreise dienen sollte. Deshalb kam ihr sofort die Idee, die Eurianer dort unterzubringen. Der Umstand, dass Daison dessen Kühlung noch nicht reparieren konnte, empfand sie als glückliche Fügung. Jetzt kam es auf jede Sekunde an. Die Sekunden, die sie brauchten, um die Eurianer von ihrem, mit Wasser gefüllten U-Boot durch die Gaswelt bis ins Aquarium zu transportieren, würden die schwierigsten Sekunden für diese Wesen sein. Carter wusste nicht, wie lange sie dieses fremde Medium ertragen konnten, ob sie das überhaupt überleben würden. Aber, da sie nun wussten, dass ihr Atemwasser fast erschöpft war, blieb ihnen keine andere Wahl, als ihr U-Boot so schnell wie möglich zu verlassen. Um die Rettungsaktion aber nicht durch diese unnötigen Überlegungen zu behindern, verdrängte sie sofort diese Gedanken.

„Carter, sie haben Schutzanzüge, die sie kurz vor dem Gasvakuum schützen, wie sie es ausdrücken", unterbrach Gater ihre Gedanken. Noch eine glückliche Fügung, stellte Carter fest.

„Wir haben Glück, Gater, Daison sagt, dass das Kühlaggregat immer noch nicht funktioniert", erklärte sie Gater, der sich vorstellte, wie wohl Daison auf Carters Frage reagiert haben musste. Ein leichtes Schmunzeln machte sich auf seinem Gesicht breit.

„Das ist gut, Carter", sagte er und half Narrow, und Miller, die nun endlich die Luke fanden und versuchten, diese zu öffnen.

„Ich habe Daison erst mal zehn Grad einstellen lassen. Ich denke, das müsste erst mal genügen", sagte sie ihm. Mit einem zustimmenden Nicken stimmte er ihr zu.

Verärgert über Carter ging Daison die vielen Korridore entlang, an deren metallischen Wände seine vor Wut stampfenden Schritte widerhallten.

„Was redet die da für Blödsinn? Aliens, solch ein Quatsch", schimpfte Daison.

Kurz vor dem Shuttlehangar versuchte er sich zu beruhigen, um Carter nicht die Genugtuung zu geben, die sie offensichtlich über diese Gemeinheit verspürte. Er fand es ziemlich mies von ihr, ihn so zu veräppeln. Er war mit ihr immer gut ausgekommen und nun dies! Womit hatte er das nur verdient, überlegte Daison.

„Aquarium ist bereit, Carter", sagte Daison deshalb verhalten, der nun durch die Luke trat und das Innere des Shuttles betrat.

Verwundert schaute er zu Carter und Gater, die sich im hinteren Teil des Laderaumes befanden, wo eigentlich ihr so verhasstes U-Boot hängen sollte. Nur, dass das U-Boot, das dort hing, nicht ihres war. Es sah völlig anders aus, stellte Daison fest. Er überlegte, ob deren Scherze so weit gehen würden, dass Carter und Gater sogar ihr U-Boot so tarnen würden, dass es wie ein außerirdisches aussehen würde. Aber nachdem er es näher betrachtete, musste er erkennen, dass solch eine Täuschung völlig ausgeschlossen war. Überaus perplex und froh darüber, dass man ihn nicht veräppelte, ging er auf das fremde Boot zu.

Aus den Seiten traten Roboterklauen aus, an denen die Halteseile befestigt waren. Daison konnte genau in deren Vertiefungen schauen, aus denen die Roboterklauen lugten. Deren Innenwandung schien aus perlmuttfarbenen Muschelgehäusen zu bestehen. Und erst mal die Oberfläche dieses Gefährts faszinierte ihn dermaßen, dass er beinahe über mehrere Kabel gestolpert wäre, die quer über den Laderaum verliefen. Verblüfft trat er zu Gater und Carter, die zusahen, wie Narrow und Miller an einer Art Luke hantierten.

„Carter hat irgendwas von Aliens gesagt?", fragte er Gater dennoch ungläubig.

Stirnrunzelnd trat er näher an das fremde U-Boot heran, um Narrow und Miller dabei zuzusehen wie sie mittels einer Brechstange versuchten die Luke zu öffnen. Weiterhin ungläubig das fremde Gefährt anstarrend, erkannte er hinter den Fenstern, die in einer Reihe längsseits der Mitte angebracht waren, eine Flüssigkeit, die herum schwabbte, während Miller und Narrow an der Luke zerrten. Es handelte sich offensichtlich um Wasser, wie er feststellte. Jedenfalls bewegte sich im Innern eine Flüssigkeit. Das konnte er genau beobachten.

„Daison, hören Sie zu", versuchte Carter zu ihm durchzudringen, während er völlig erstarrt das U-Boot betrachtete. Es dauerte seine Zeit, bis sie ihn aus seiner Lethargie herausreißen konnte.

„Hören Sie, Daison, Sie gehen und holen sofort aus dem Erste Hilfe Schrank die Wärmefolien. Soviel wir wissen, brauchen wir fünf Stück."

Während Carter weiter an ihm rüttelte, wandte er seinen Blick von dem fremden U-Boot ab und sah langsam Carter verstört an, die versuchte zu ihm durchzudringen. Nur langsam verstand er, was sie von ihm verlangte.

„Ja, ich geh ja schon." Vor Verwunderung erst taumelnd, erhöhte er schnell seine Geschwindigkeit und rannte zu dem gegenüber liegenden Erste Hilfe Schrank und holte die Isolierdecken heraus, die er sofort zu Gater und Carter brachte.

„Jetzt muss wirklich alles sehr schnell gehen. Sobald Narrow und Miller die Luke aufbekommen haben, werden wir mit den Isolierfolien die Aliens einzeln einwickeln und dann ins Aquariums bringen", erklärte Carter den Vorgang der Umsiedlungsprozedur.

Zustimmend nickten ihr die anderen zu, die nervös der Öffnung der Luke entgegenfieberten.

Nachdem Narrow endlich die Brechstange in die Wandung der, mit dem seltsamen Schuppengeflecht besetzten Außenhaut des Schiffes, eindringen konnte, zogen er und Miller gemeinsam diese nach unten. Aber ehe sich die Luke nach unten bog, ertönte ein summen, dass Narrow sofort einem Servomotor zuordnete, der die Luke langsam in die Seitenwandung fahren ließ. Sofort strömte ein kräftiger Schwall Wasser aus der Luke, der sich über Narrow und Miller ergoss. Miller, der vor dem tödlichen Beinehegrab unter dem Eispanzer Europas in Panik geraten war, geriet in Angesichts der Tatsache fast wieder in Panik, dass dieses Wasser potentielle Krankheitserreger beinhalten könnte. Aber, da dieses Wasser sowieso nun ihr Raumschiff kontaminierte, spielte das auch keine Rolle mehr, dachte er.

Als der Wasserschwall langsam versiegte, tauchten zwei kleine Gestalten an der Luke auf, die dem letzten Rest Wasser, dass aus ihrem U-Boot heraus plätscherte, hinterher sahen. Die etwas größere stützte die kleinere Gestalt, die erschöpft in deren Armen hing. Sie waren etwa halb so groß wie sie selbst. Genau solche Wesen, wie sie unten in der eingefrorenen Stadt von weitem gesehen hatten. Nur, dass die Schuppen dieser Wesen nicht grau waren wie die vielen Toten, die sie in der eingefrorenen Stadt gesehen hatten. Ihre Schuppen schimmerten in einem metallischen Blau, das aber schnell verblasste. Zwischen ihren Fingern befanden sich tatsächlich Schwimmhäute, die nun ebenfalls lasch zwischen den Fingern hingen. An ihren langen, schmalen Beinen befanden sich breite, dünne Flossen, deren dünne Flossenstruktur ebenfalls lasch herunterhing. Die flachen Köpfe der beiden Eurianer hingen kraftlos an ihren schmalen Hälsen. Die kleinen Flossen, die sich vom Kopf bis zum Rücken der Lebewesen erstreckten, hingen ebenfalls lasch an der Seite des Halses herunter. Man sah den Wesen an, dass sie sehr schwach und ausgelaugt waren. Der offensichtlich männliche Eurianer versuchte, das weibliche Wesen zu stützen, was ihm aber nur bedingt gelang. Die Gesichter sahen traurig und niedergeschlagen aus. Trotz des traurigen Anblicks, den diese Wesen boten, war Carter von diesen Wesen fasziniert. Sie hätte nie geglaubt, dass sie mit lebendigen, außerirdischen Lebewesen an Bord der Carl Sagan nach Hause kommen würde.

*

Shatu und Zeru, die das Treiben außerhalb ihres U-Bootes aufmerksam verfolgten, fürchteten sich vor dem Moment, an dem sie diese wasserlose Welt betreten mussten. Die Wesen versuchten mit Gewalt, die Außenluke zu öffnen. Sie erfuhren von ihnen, dass diese Wesen eine Art Mini-Unterwasserwelt für sie bereitgestellt hatten. Aber, um in diese zu gelangen, müssten sie erst einmal aus ihr Aufstiegsschiff gebracht werden und anschließend für kurze Zeit die Gasblase betreten und ertragen müssen.

Zeru sah den Wesen aus dem Fenster zu, wie sie sich aufgeregt hin und her bewegten. Seltsamerweise benutzten sie ihre Beine nicht so wie die Maborier. Sie standen mit den Beinen voran auf dem Fußboden, also aufrecht. Sie setzten ein Bein vor das andere, um sich aufrecht vorwärtszubewegen. Ihre Körper bedeckte sonderbare, flatternde Bekleidung, die nur die schwimmhautlosen Hände und die blassen, schuppenfreien Gesichter freigaben. Ihre nicht stromlinienförmigen Körper bewegten sich seltsam schlaksig und völlig widerstandslos durch die unsichtbare Gaswelt. Das fand Zeru äußerst sonderbar. Sie wusste nicht, wie sie sich in dieser Lebenslage aufrecht vorwärtsbewegen könnte. Sie stellte sich vor, wie sie aufrecht durch das Wasser schwimmen würde. Sie überlegte, ob sie dazu wirklich noch schwimmen sagen konnte. Sie wusste es nicht, aber sie stellte sich vor, wie seltsam komisch das aussehen würde und vor allem, dass sie gar nicht vorwärtskommen würde. Sie würde das Wasser vor sich nur schwer beiseite drängen können. Aber in dieser Gaswelt waren die Gesetzte der Dynamik wohl Grund verschieden anders gegenüber ihren.

Ihr fiel plötzlich ein anderer Umstand ein, der sie fragen lies, wie die Senkrechten, wie sie sie nannte, höhere Ebenen erreichen würden. So wie es aussah, hielt die Schwerkraft die Senkrechten erbarmungslos auf dem Fußboden, auf dem sie sich fortbewegten. Sie hatte sich nie Gedanken darübergemacht, wie leicht es den Maboriern fiel, aufzusteigen und frei und ungezwungen in jeder Höhe zu schwimmen. Natürlich setzte die Höhe dem Schwimmen schon eine Grenze, die durch den Wasserdruck definiert wurde, der je höher sie aufstiegen, umso niedriger wurde. Aber ganz natürliche Dinge, wie etwa hinauf in ihre Wohnung zu schwimmen, schien bei den Senkrechten ein unerreichtes Ziel zu sein. Aber ehe dieser Umstand in ihrem Gehirn zu unnötigen Überlegungen führte, sah sie, wie ein Senkrechter zum hinteren Teil des Hangars ging und ihr die Lösung dieses Problems präsentierte. Bevor er durch die Tür ging, die etwas erhöht gegenüber dem Fußboden war, beobachtete sie, wie dieser Senkrechte auf übereinander gesetzte schmale Fußböden trat, die ihn die Höhendistanz ohne Probleme meistern ließ.

Während die Senkrechten sie retteten, standen sie ständig mit ihnen in Verbindung. Tarom berichtete ihnen, dass er und zwei weitere noch in der Kommandozentrale eingeschlossen seihen. Sie versprachen, sich auch um dieses Problem zu kümmern. Zeru sah verstohlen all diese seltsamen Begebenheiten an, die in ihr Zweifel streuten, ob sie mit den Senkrechten zusammenleben könnte. In ihre Welt konnten sie nicht mehr zurück. Das war aussichtslos. Ihre Welt war ein riesiger Eisklumpen geworden. Aber sie konnte sich auch nicht vorstellen, wie sie in der neuen Welt, mit diesen Senkrechten existieren sollte. Wie viel Wasser wird es dort geben? Wird es ihren Bedingungen genügen? Alles Fragen, für die sie jetzt keine Antworten finde konnte. Wie auch? Erst mal mussten sie diesen Übergang in die neue provisorische Wasserwelt überstehen. Erst danach konnten sie darüber nachdenken, inwieweit sie in die neue Wasserwelt eintauchen konnten.

Plötzlich hörte sie, wie der Mechanismus der Luke zu arbeiten begann. Ihre beginnende Panik ließ sie Shatu fest umklammern, damit er sie halten konnte. Voller Entsetzen schaute sie zu dem Spalt, der immer größer wurde und ihr Lebenswasser entließ, dass sich außerhalb ihres Aufstiegsschiffes verteilte. Der Riss im Schiff entließ schon einiges ihres Lebenswassers, das aber immer noch ausreichte, um jegliche Ängste beiseite zu drängen. Nun aber rannen die ersten Kubikmeter Wasser an ihr vorbei und ersetzten es durch das ungewohnte Gas. Sie befürchtete dies nicht zu überleben, nachdem der eindringende Luftzug zwischen ihren schuppigen Körper drang und ungewohnte, heftige Schmerzen erzeugte.

„Shatu, wir werden das nicht schaffen", flehte sie ihn an.

„Seien Sie ganz ruhig, Zeru und geben Sie sich diesen Ereignissen hin." Shatu hoffte inständig, dass diese Wesen wussten, was sie taten. Er entschied sich dazu, sein Leben und das von Zeru in die flossenlosen Hände dieser Wesen zu legen.

„Ja, ich weiß, wir haben keine andere Chance." Zeru sah ihm traurig ins Gesicht.

Er drückte sie fester an sich, um sie vor den ungewohnten Umgebungsbedingungen zu schützen, die nun auch ihn ängstigten. Auch er sah den Fluten hinterher, die den Korridor verließen. Seine Schuppen richteten sich schmerzlich auf, während das Medium Gas zwischen sie drang und die letzten Tropfen Wasser heraus spülte. Immer größere Mengen Gas strömten an ihren beiden Körpern vorbei und tauschten das Medium Wasser gegen das Medium Luft. Zeru merkte nun, wie die Schwerkraft an ihr zerrte und ihre Glieder kraftlos nach unten zog. Ihr gesamter Körper wurde immer schwerer, bis sie schlaff in Shatus Flossenarmen hing, die ebenso wie ihre der Schwerkraft erlagen. Sie erinnerte sich mit Schrecken an Warus grauenvolle Schilderung, als sie planten, in diese Gaswelt einzutreten, während sie die Grotte erreichten „Wir wären wie Steine im Wasser", erinnerte sie sich an seine Worte. Ihr fiel es immer schwerer, Wasser in die Kiemen zu saugen. Mit aller Kraft versuchte sie, die letzten Lebenswasserreste in ihre Kiemen zu bekommen.

„Ich bekomme kein Wasser mehr durch meine Kiemen", versuchte sie Shatu zu erklären, der selbst mit diesen neuen Phänomen zu kämpfen hatte.

Zerus Stimme wurde immer unverständlicher. Sie wusste nicht, ob Shatu sie noch verstehen konnte. Sie selbst verstand ihre eigenen Worte nicht mehr. Shatu versuchte standhaft zu bleiben, damit er ihr in dieser schweren Stunde beistehen konnte. Aber auch er merkte, wie seine Kräfte dahinschwanden. Seine Flossenarme wurden immer schwerer, nachdem auch die letzten Rinnsale den Korridor des Aufstiegsschiffes verlassen hatten. Ihm fiel es immer schwerer, Zeru in den Armen zu halten.

„Wir werden es schon schaffen, Zeru, bleiben Sie ganz ruhig. Sie werden sich um uns kümmern", versuchte er ihr zu versichern, was sie aber schon gar nicht mehr hörte.

Shatu merkte, wie Zeru durch den Wegfall ihres natürlichen Auftriebs immer stärker in seine Flossenarme gedrückt wurde. Er selbst konnte sich auch kaum noch halten. Er erkannte, dass Zeru ohnmächtig geworden war. Vielleicht war das besser so, dachte er. Er sah, wie die Luke vollständig in der Seitenwandung verschwand und seltsam gestaltete Hände, die keine Schwimmhäute zwischen den Fingern aufwiesen, Zeru ergriffen. Schließlich tauchten zwei Gesichter auf, die er aber nicht mehr richtig erkennen konnte, da seine Augen in dem Medium Gas nicht richtig funktionierten. Ehe er seine Augen schloss, um sie so vor dem Medium Gas zu schützen, sah er, wie diese zwei Hände Zeru ergriffen und sie aus ihrem Aufstiegsschiff zerrten. Nachdem auch er sich den großen, rauen, seltsam geformten Händen hingab und nur bruchstückhaft mitbekam, wie er in eine goldene Decke gehüllt wurde, erlag auch er den ungewohnten Bedingungen. Sanft glitt er in eine Ohnmacht, die ihn die Strapazen ersparen ließ.

*

Narrow und Miller zogen die erste Gestalt aus der Luke und legten diese in die Isolierplane, um sie so gleich in Richtung Aquarium zu tragen. Dort entließen sie das Wesen in das vorgeheizte Becken, wo es schnell wieder zu sich kam. Wenige Augenblicke später erschienen Carter und Gater, die die zweite Gestalt, die etwas größer war, in ihrem neuen Zuhause entließen. Gleichzeitig ging Daison in das fremde Boot, wobei er sich unbequem bücken musste und versuchte, die Luke zum Kommandostand zu öffnen.

*

Auf der Brücke der Carl Sagan überschlugen sich währenddessen die Ereignisse. Flynn und Clark waren damit beschäftigt, das Schiff aus dem Bereich der beiden Monde heraus zu manövrieren. Bevor sie sämtliche Schubdüsen einschalten konnten, mussten sie umfangreiche Berechnungen anstellen. Sie durften nicht zu viel Treibstoff bei der Flucht verbrauchen, sonst reichte es nicht mehr für nötige Kursänderungen, die sie vollziehen mussten, um zur Erde zurück zu gelangen.

„Wie lange noch, Clark?", fragte Flynn den Steuermann, „Wann sind die Berechnungen fertig?"

Clarks Hände huschten über die Touchscreenmonitore, die für die Berechnungen nötig waren. Skalen tauchten auf. Skizzierte Darstellungen von Treibstofftanks sowie den acht Triebwerken, die durch Leitungen und Ventile mit den Tanks verbunden waren. Sofort tauchten, nach komplizierten Computerberechnungen, Zahlenwerte auf dem Monitor auf.

„Mit den sechs Triebwerken, die wir bereits nutzen, können wir acht Minuten Schub geben. Mit allen acht verringert sich das auf fünf Minuten."

Clark las ohne große Emotionen die Werte von seinem Display ab. Er wusste, egal, wie viel Schub sie geben würden, dass sie dem Inferno wahrscheinlich nicht entfliehen würden. Der Kapitän überlegte kurz und betätigte, ohne große Umschweife, die Hebel, die die anderen beiden Triebwerke zuschalteten. Ein leichter Ruck ging durch das Schiff. Trotz künstlicher Schwerkraft machte sich der Anfangsschub immer kurz bemerkbar. Mit allen acht Triebwerken schob sich das lange Raumschiff langsam von dem Schauplatz der Katastrophe weg.

Auf der linken Cockpitseite konnte Flynn immer noch den gewaltigen Jupiter sehen. Was hinter ihnen passierte, sah er nur auf den Monitoren, die zwischen den beiden großen Fenstern angebracht waren. Die Scheibe des Europa erstreckte sich immer noch über den gesamten Monitor. Auf dem anderen war eine

393

andere Perspektive zu sehen, die aber nicht weniger spektakulär wirkte. Weiter rechts des Geschehens, aus Sicht der Heckkamera. Dort sah man, wie Europa sich langsam vor Ganymed in dessen Bahn schob. Es würde nur noch wenige Minuten dauern, bis dann schließlich Ganymed auf dem vorbeiziehenden Europa stößt. Europa würde also vor Ganymed in dessen Bahn eintreten. Zu allem Übel für die Eurianer und auch für die Menschen, passierte das alles so, das Ganymed nur wenige Sekunden zu früh oder zu spät hier eintraf, dasselbe auf Europa zutreffen würde. Wäre er nur wenige Sekunden eher hier eingetroffen, würde er vor Ganymed vorbeiziehen, würde er nur wenige Sekunden später hier eintreffen, würde er hinter Ganymed vorbeiziehen. So wäre die Katastrophen der Eurianer verhindert wurden. Aber die Natur war eben unerbittlich und wollte es so, dass sie genau zur selben Zeit denselben Platz einnahmen.

*

Die Menschen hatten es rechtzeitig geschafft, die Maborier ins Aquarium zu schaffen. Die drei in der Kommandozentrale konnten sie aus der misslichen Lage befreien und ebenfalls ins Aquarium schaffen. Der Übergang von ihrem U-Boot-Wasser ins Aquarium konnte niemand von ihnen bewusst miterleben. Der Druck ihrer eigenen Körper erwies sich als so schwer, dass sie alle mehr oder weniger das Bewusstsein verloren hatten.

Die angenehme Wärme, die Zeru und Shatu sofort empfanden, als sie aus ihrer Ohnmacht erwachten, ließ sie glauben, dass die schreckliche Barriere und der damit verbundene Horror nur ein böser Alptraum waren, der nun endlich vorbei war. Aber nachdem sie sich in ihrem neuen, provisorischen Zuhause umgesehen hatten, realisierten sie schnell die Wirklichkeit, die schrecklicher nicht sein konnte. Kurze Zeit später tauchten auch Tarom, Kakom und Jirum in ihrem neuen Zuhause auf. Auch sie übermannte die Ohnmacht und ließ sie erst hier erwachen.

Zeru war den Senkrechten, wie sie sie nun nannte, sehr dankbar für ihre Rettung. Sie empfand trotzdem großen

Schmerz über den Verlust ihrer Freunde und Bekannten. Aber besonders schmerzte sie die Tatsache, dass sie ihre Welt nie wiedersehen würde. Inzwischen bezweifelte sie sogar die Richtigkeit ihrer Entscheidung, von ihrem Heimatmond, wie die Senkrechten ihre Heimatwelt nannten, zu fliehen. In ihren Gedanken sah sie, wie sich die Barriere wieder zurückbildete und ihre Welt zur Normalität zurückkehrte. Und sie saßen nun hier, bei diesen Fremden, fernab ihrer Welt und würden nun irgendwo hingebracht werden, wovon sie nie wieder zurückkehren würden.

Sie sah sich in dem Aquarium um, das etwa so groß war, wie die Hangarhalle, in dem ihr Aufstiegsschiff vor so unendlich langer Zeit zum Start aufgebrochen war. Also Platz genug, um sich zu bewegen. Am hinteren Ende ließen einige Fenster den Blick in diese schwarze Leere zu, in der sie sich jetzt wohl befanden. Dieses riesige Gefährt, in das sie gebracht wurden, konnte in dieser Leere zwischen diesen Welten pendeln, erfuhr sie von den Senkrechten. Voller Neugierde durchquerten die geretteten Schiffbrüchigen das Aquarium und schauten aufgeregt aus den Fenstern.

„Das ist fantastisch", staunte Kakom, der keine anderen Worte fand, für das was er sah.
Shatu und Zeru stoppten vor dem Fenster, dass sich rechts neben Kakom befand. Tarom und Jirum schwammen zu Kakom und schauten ebenfalls in die unbekannte Schwärze, die jetzt, nachdem das Schiff ein kleines Wendemanöver vollzogen hatte, gar nicht mehr so schwarz war.

Jupiter schob sich langsam von rechts nach links vor die Fenster der Zuschauer. Zeru und Shatu kannten dieses Bild bereits. Erstaunten aber wiederum über die schiere Größe dieses Himmelskörpers. Nur wenige Sekunden später, als Jupiter an der rechten Seite des Fensters erst voll zu sehen war und schließlich hinter der linken Fensterseite verschwand, schoben sich zwei andere Himmelkörper ins Bild. Zum Schrecken der Maborier blieb der Blick auf Europa und Ganymed weiterhin bestehen.

*

Flynn versuchte, die Geschwindigkeit des Schiffes zu erhöhen, indem er den Vorschubhebel mit aller Kraft nach vorne schob. Er merkte gar nicht, dass nicht mehr Vorschub möglich war, da der Hebel sich schon längst am Anschlag befand. Für ihn bewegte sich das Schiff wie eine Schnecke, die gemächlich dahinglitt. Der Monitor, der die Sicht nach hinten freigab, zeigte, wie sich die beiden Monde immer näherkamen.

*

Für Zeru und Shatu lag die einzige Veränderung der Perspektive darin, dass die beiden Himmelskörper sehr langsam kleiner wurden, da sie stetig Abstand zu ihnen gewannen. Aber trotzdem erkannte Zeru ihre Heimatwelt, die von ihr verlassen wurde.

„Der kleinere mit den vielen Gräben, die übrigens aus Eis bestehen", erklärte sie den drei anderen," ist unsere Heimatwelt. Wir lebten in dieser Kugel. Das Oben war die Außenhaut, das Eis dieser Welt", sagte sie traurig.

Sie betrachtete die beiden Monde, die sich immer näherkamen. Die Senkrechten erzählten ihr, dass ihre Heimatwelt mit einer anderen solcher Kugel, Mond, zusammenstoßen würde. Anscheinend stand das jetzt kurz bevor, stellte sie traurig fest. Mit ausdruckslosem Blick schaute sie nach draußen, wo das Schauspiel der Zerstörung seinen erbarmungslosen Lauf nahm. Angsterfüllt umklammerte sie Shatu, der sie sanft an sich drückte.

*

Die Schubdüsen der Carl Sagan beschleunigten das Raumschiff unaufhaltsam, um dem Inferno zu entkommen. Noch reichte die Entfernung zu dem kommenden Inferno nicht aus, um der eigenen Zerstörung zu entfliehen. Die anschließende Druckwelle, die unweigerlich erfolgen würde, konnte sie immer noch erreichen. Captain Flynn rechnete damit, dass sie von Trümmern getroffen werden könnten, die aus der Trümmerfront herausgeschleudert wurden. Er gab das Signal zum Anschnallen, das auf dem gesamten Schiff angezeigt wurde. Auf sämtlichen Monitoren wurde das Videosignal von den Heckkameras übertragen, so dass jeder die Katastrophe mitverfolgen konnte.

*

Die letzten Maborier, die in ihrem neuen Zuhause weiterhin mit Entsetzen dem Treiben außerhalb der Carl Sagan zusahen, pressten ihre flachen Köpfe an die dicken Fenster. Sie starrten voller duldsamer Erwartung auf die zwei Kugeln, die sich immer näherkamen. Sekunde um Sekunde näherten sie sich immer weiter an, bis kaum noch Platz zwischen ihnen blieb. Sie betrachteten den kleineren Mond, Europa, ihre Heimatwelt, wie er sich vor den größeren Mond schob. Mit Entsetzen musste Zeru feststellen, dass er nicht rechtzeitig die Bahn des größeren Mondes durchquert haben würde.

So geschah es auch. Noch bevor Europa an Ganymed vorbeiziehen konnte, schlug er an der rechten Mondseite auf Ganymed auf. Wenn das Weltall Schallwellen übertragen könnte, müssten sich die Besatzung und die Gäste die Ohren zuhalten, um den gewaltigen dumpfen Knall nicht in ihr Gehirn eindringen zu lassen. Da aber das Weltall leer war und Vakuum keinen Schall überträgt, konnten sie nur die Lautstärke erahnen. Deshalb gab es nur eine lautlose gewaltige Explosion, deren zerstörerische Kraft nicht sofort sichtbar wurde.

Der kleine Mond tauchte für einen Bruchteil einer Sekunde in den größeren Mond unbeschadet ein. Zeru wollte schon erleichtert aufatmen, da geschah das für sie traurigste, was sie je in ihrem Leben sehen musste. Der kleine Mond, ihr Mond, zerschellte auf dem größeren Mond und zerbarst in tausende Teile, die sich kreisförmig um den großen Mond ergossen. Schirmartig spannte sich eine gewaltige Trümmerlawine über Ganymed, die sich anschließend um den gesamten Mond legte. Augenblicke später, nachdem der flüssige, heiße Eisenkern Europas tief ins Innere von Ganymed eingedrungen und dort den größeren Mond regelrecht gespalten hatte, zerbarst auch der große Mond in drei große Teile, die sich mit den Trümmerteilen ihres Mondes vermischten.

Fassungslos starrten die Maborier ihre unwiederbringlich untergegangene Welt an, deren Trümmerteile sich im Weltall verteilten. Zeru versuchte, voller Scharm darüber, dass sie noch lebte und die vielen tausend Maborier nicht mehr, wegzuschauen. Sie wollte das einfach nicht sehen. Aber dieses Schauspiel faszinierte sie so sehr, dass sie den Blick nicht abwenden konnte. Shatu drückte sie so sehr, dass dieser Schmerz nur bedingt ihren Schmerz über den endgültigen Verlust ihrer Heimat verdrängte.

„Nein, das darf nicht sein", schrien Tarom und Jirum fast gleichzeitig. Auch sie begriffen nun, dass ihre Welt, Maborien, endgültig ausgelöscht war.

Nachdem sich Zeru erneut der Katastrophe zugewandt hatte, erblickte sie mehrere Trümmerteile, die sich aus dem Trümmerverband lösten und dem flüchtenden Schiff nachjagten. Den sich ausbreitenden Trümmerstaub hinter sich lassend, holten sie schnell die Carl Sagan ein, so dass die Maborier unzählige Einzelheiten auf ihnen erkennen konnten, deren Vertrautheit sie erschaudern ließen.

Mehrere große Brocken wurden mit einer unglaublichen Geschwindigkeit in Richtung des flüchtenden Schiffes geschleudert. Teile der inneren Kruste des Mondes Europa überholten das Schiff, an dessen Fenstern entsetzt die Maborier saßen und die vertrauten, übergroßen Bruchstücke bestaunten. Sie konnten viele Einzelheiten erkennen. Zu viele Einzelheiten. Auf einem der Trümmerstücke erkannten sie Reste einer ihrer Städte. Sie sahen genau, wie gerissene Rohre, Vakuumbahnröhren, aus den Trümmern herausragten. Die jetzt mit Eis gefüllten Rohre endeten nun im Weltall. Überhaupt konnten sie nun zum ersten Mal seit ihrer Abreise sehen, dass ihre Welt tatsächlich im Eis versunken war. Die Trümmer wurden allesamt von massiven Eisblöcken umgeben. Ein anderes Trümmerteil zeigte ganz deutlich in Eis eingeschlossene Maborier. Tausende kleiner grauer Körper wurden in diesem Eis sichtbar, das durchs Weltall flog. Ebenso waren mehrere kleine Trümmerbrocken zu sehen, die offensichtlich Teile des Kerns darstellten. Dort brannte immer noch ein kleines Feuer des Lebens, das aber in der Kälte des Weltalls schnell versiegen würde. Das war das Ende ihrer Zivilisation, dachte Zeru jetzt. Nun waren sie die letzten Überlebenden ihrer toten Welt. Sie hatte nun alle Hoffnungen verloren, doch noch zurückzukehren. Verloren sank sie an der Wand herunter und blieb dort liegen. Sie würde nichts mehr von dem dort draußen sehen wollen. Ihre Gedanken entschwanden ihr. Sie würde am liebsten nichts mehr denken wollen.

*

Flynn versuchte, den Trümmern so gut wie das Schiff es zuließ, auszuweichen. Er wusste, dass er mit Kurskorrekturen sparsam umgehen musste. Sonst würden sie es nicht mehr bis zur Erde schaffen. Aus Europa und Ganymed bildete sich inzwischen eine längliche Trümmerlandschaft, die sich um Jupiter ausbreitete. Jetzt würde ein neuer Planet mit einem imposanten Ringsystem, wie Saturn es besitzt, aufwarten können. Das Schiff erlangte eine immer höhere Geschwindigkeit. Sie war inzwischen so hoch, dass sie die eben erst an sich vorbeiziehenden Trümmer einholten. Die Maborier im Aquarium, bis auf Zeru, die nie wieder aus diesem verfluchten Fenster sehen wollte, konnten so alles noch einmal genau betrachten. Sehr langsam bewegte sich das Schiff an den Trümmern vorbei und überholte sie damit. Es würde für ein letztes Mal den Kurs ändern müssen, um noch einmal die Gravitation des mächtigen Jupiters ausnutzen zu können und damit eine höhere Fluchtgeschwindigkeit zu erreichen, um mit den neuen Passagieren die Heimreise zur Erde anzutreten.

ENDE

Nachwort

Nachdem ich in wissenschaftlichen Sendungen von den Vermutungen der Wissenschaftler gehört hatte, dass es unter dem massiven Eispanzer, der den Jupitermond Europa umgibt, einen gigantischen Ozean geben könnte, schwirrten mir die ersten Fetzen dieser Geschichte im Kopf herum. Von Wesen die am Grund dieses Ozeans leben, ihrem alltäglichen Leben nachgehen. Schon damals machte ich mir Gedanken darüber, wie wohl diese intelligenten Wesen darauf reagieren würden, wenn durch irgendeine Katastrophe, ihr Lebensraum einfriert. Ob es einigen Wesen dieser Welt gelingt, an die Oberfläche ihres Mondes zu gelangen. Sie von der Oberfläche ihres Mondes, hinauf in den unendlichen Kosmos blicken würden. Dort staunend den mächtigen Jupiter über sich betrachtend, darüber spekulieren würden, um was es sich bei dieser Kugel handeln könnte. Wie sie langsam begreifen würden, dass ihre Welt, in der sie lebten, eine ebensolche Kugel darstellt. Sie den unendlichen Kosmos, von dem ihre Welt nur ein winziger Teil ist, sehen und langsam begreifen würden, dass sie all die vielen Millionen Jahre in Gefangenschaft ihrer eigenen Welt lebten. All die vielen Jahre der Unendlichkeit des Universums beraubt wurden. Genau diese Schlüsselszene, in der Zeru und Shatu das erste Mal aus dem Fenster ihres Aufstiegsschiffes schauten, nachdem sie auf der Oberfläche des Europas gelandet waren, fiel mir ein, nachdem ich diese wissenschaftlichen Sendungen über Europa gesehen hatte!

Aber genauso wie Carter und wahrscheinlich auch die vielen Wissenschaftler, die sich mit dem eventuellen Leben unterhalb des Europa-Eispanzers beschäftigen, denke auch ich, dass, wenn es dort tatsächlich Leben gibt, es sich wahrscheinlich nur um Mikroben, Einzeller oder Ähnliches handelt wird.

Aber nicht nur seitdem Jacques Picard und Don Walsh, mit ihrem Tauchboot Trieste, bis zum Marianengraben, einem der tiefsten Punkte der irdischen Ozeane, tauchten und in 10740 Metern Tiefe, wo noch nie ein Sonnenstrahl hingelangte, noch Leben entdeckten, wissen wir, dass das Leben in den unwirtlichsten Orten entstehen kann. Dort wird bekanntlich der Ozean, von den sich am Meeresboden befindlichen Schwarzen Rauchern, erhitzt. Das umgebende Wasser vermischt sich dabei mit den heißen Strömen, die den röhrenförmigen Gebilden entströmen.

Der Dehnungsrhythmus der Jupiter Monde Ganymed und Europa findet tatsächlich statt, der, genauso wie die Schwarzen Raucher in der Tiefsee, das umliegende Wasser erwärmen wird und so Leben entstehen lassen könnte. Genau dieser Dehnungsrhythmus, nehmen Wissenschaftler an, könnte die Quelle dieses Lebens im Ozean Europas sein. Wie schon Dr. Ian Malcolm aus „Jurassic Park" sagte: „Das Leben findet einen Weg!".

Aber schon Carl Sagan forschte auf diesem Gebiet. Er überlegte sich, wie sich Leben auf anderen Planeten entwickelt haben könnte. Wie die unterschiedlichsten Bedingungen auf fremden Planeten, sich das Leben ihres Lebensraums Untertan gemacht haben könnten.

Aber all diese Fragen könnten wir in einigen Jahren von der NASA oder der ESA beantwortet bekommen, denn dann wollen sie ihre Schmelzsonden durch den massiven Eispanzer des Europa schicken und mittels eines Tauchroboters anschließend im Ozean herum tauchen lassen. Anders als in meiner Geschichte hoffe ich, dass diese Schmelzsondenmissionen zum Erfolg führen werden!

Diese Geschichte wirft aber ebenso die Gefahren einer hermetisch abgeschlossenen Welt auf, deren Bewohner ihren eng begrenzten Lebensraum umstrukturieren und sich Untertan machen. Wie diese Umstrukturierung zu Umweltbeeinflussung und Umweltverschmutzung führt. Die Maborier zerstören ihre Umwelt genauso wie wir Menschen mit den für sich notwendigen Gebrauchsgütern. Auch wenn unsere Erde von keinem Eispanzer umgeben ist wie bei den Maboriern die ja, noch mehr als wir Menschen, hermetisch abgeriegelt sind, können wir Menschen dennoch NOCH nicht von unserem Heimatplaneten fliehen, um von unserer selbsterzeugten Umweltvernichtung zu fliehen! Also denkt daran: Wir besitzen nur diesen einen Planeten, der für uns Menschen noch für viele Jahrzehnte oder sogar Jahrhunderte, wenn wir weiterhin Millionen Euro in Rüstungsindustrie und andere irrsinnige Dingen stecken, der einzige bewohnbare Ort sein wird!

Uwe Roth